Technische Physik in Einzeldarstellungen Band 17
Begründet von W. Meissner
Herausgegeben von F. X. Eder

Theorie und Praxis der Halbleiterdetektoren für Kernstrahlung

von

Harald Büker

Mit 168 Einzelabbildungen

Springer-Verlag Berlin · Heidelberg · New York
J. F. Bergmann Verlag · München
1971

Dr.-Ing. Harald Büker
Institut für Reaktorentwicklung
der Kernforschungsanlage Jülich GmbH

ISBN-13:978-3-642-80614-8 e-ISBN-13:978-3-642-80613-1
DOI: 10.1007/978-3-642-80613-1

Gesamtherstellung: Druckhaus Sellier OHG Freising vormals Dr. F. P. Datterer & Cie.

Vorwort

Die schnelle Entwicklung der Halbleiterdetektoren für Kernstrahlung in den letzten Jahren, besonders in Amerika, und die ständig zunehmende Anzahl ihrer Anwendungsmöglichkeiten in Kernforschung und Kerntechnik machte auch für den deutschsprachigen Raum eine zusammenfassende Darstellung dieses Problemkreises dringend erforderlich. Aufgabe des vorliegenden Buches soll es sein, einen Beitrag zur Erfüllung dieser Forderung zu liefern.

Als Einleitung wird in den ersten beiden Kapiteln eine kurze, summarische Darstellung der verschiedenen Kernstrahlungsarten und ihrer Wechselwirkungen mit Materie sowie der gebräuchlichsten Nachweismethoden – ohne Berücksichtigung der Halbleiterdetektoren – gegeben. Im Kapitel 3 werden die physikalischen Grundlagen des Halbleiterdetektors sowie die Effekte behandelt, die zu einer Verschlechterung der optimal möglichen Detektoreigenschaften führen. In diesem Abschnitt wurde besonderer Wert darauf gelegt, die physikalischen Grundlagen so darzustellen, daß zu ihrem Verständnis keine umfangreichen theoretisch-physikalischen Vorkenntnisse erforderlich sind. In den beiden folgenden Abschnitten werden die Herstellung und Kapselung von Halbleiterdetektoren sowie die zu ihrem Betrieb notwendige rauscharme Elektronik erörtert. Das sechste Kapitel behandelt eine Auswahl aus den verschiedenen Anwendungsmöglichkeiten der Halbleiterdetektoren in Forschung und Technik.

Um den Umfang des Buches in einem vertretbaren Rahmen zu halten, konnten viele Einzelprobleme nur kurz behandelt werden. Um dem Leser die Möglichkeit zu geben, sich über die ihn speziell interessierenden Fragen eingehender zu informieren, befindet sich am Ende eines jeden Kapitels ein Literaturverzeichnis. Wegen der großen Anzahl von Arbeiten, die auf dem Gebiet der Halbleiterdetektoren bisher schon erschienen sind und täglich neu erscheinen, stellen die hier angegebenen Zitate naturgemäß eine individuelle Auswahl dar, die keinen Anspruch auf Vollständigkeit erheben kann. Die Entwicklung der Halbleiterdetektoren ist zur Zeit noch so sehr im Fluß, daß eine Literaturzusammenstellung auf diesem Gebiet bei ihrem Erscheinen bereits veraltet ist. Trotzdem hofft der Verfasser, daß das vorliegende Werk eine wertvolle Hilfe für alle die Wissenschaftler und Techniker ist, die sich bei ihren Arbeiten mit dem Nachweis von Kernstrahlung befassen.

Der Verfasser möchte an dieser Stelle allen denen danken, die ihm mit Rat und Tat bei dem Erstellen des Manuskriptes hilfreich zur Seite standen. Besonderer Dank sei in diesem Zusammenhang der Zentralbibliothek der Kernforschungsanlage Jülich GmbH gesagt, deren Dokumentationsabteilung bei der Literaturzusammenstellung für die einzelnen Kapitel dem Verfasser sehr geholfen hat. Fernerhin seien dem Herausgeber und dem Verlag für die angenehme Zusammenarbeit und die gute Ausstattung des Buches gedankt.

Etwaige Fehler, die sich trotz gründlicher Korrekturen eingeschlichen haben, bittet der Verfasser zu entschuldigen. Er bittet den Leser, ihm diese mitzuteilen. Außerdem wird er Hinweise auf Verbesserungsmöglichkeiten des Werkes aus dem Kreise der Leser dankbar entgegennehmen.

Jülich, im Juli 1971

H. Büker

Inhaltsverzeichnis

1. Arten und Eigenschaften der Kernstrahlung

1.1 Die Arten der Kernstrahlung

Die Entdeckung der Radioaktivität des Urans durch Becquerel im Jahre 1896 sowie die bald darauf folgenden Untersuchungen der Radioaktivität des Poloniums und Radiums durch Marie und Pierre Curie im Jahre 1898 bilden den Ausgangspunkt für die Untersuchungen der radioaktiven Atomkerne, die bis heute noch nicht abgeschlossen sind, und deren Ende auch noch nicht abzusehen ist.

Radioaktive Substanzen zeigen Eigenschaften, die durch die von ihnen emittierte Strahlung verursacht werden: Sie ionisieren Gase, erzeugen in Festkörpern Ladungsträger, schwärzen photographische Emulsionen, bringen einige fluoreszierende Substanzen zum Leuchten und bewirken durch die von ihnen abgestrahlte Energie, daß die Präparate selbst immer eine höhere Temperatur haben als ihre Umgebung.

Man kennt drei Strahlungsarten: die α-, die β- und die γ-Strahlung. Sie unterscheiden sich durch folgende Eigenschaften:

a) Die α-Strahlen haben ein sehr geringes Durchdringungsvermögen und eine starke ionisierende Wirkung. Da sie in elektrischen und magnetischen Feldern abgelenkt werden, besitzen sie eine elektrische Ladung. Diese Ladung ist positiv und gleich $+2e$, d.h. gleich der doppelten absoluten Elementarladung. Ihre Masse entspricht der der Heliumatome.

b) Die β-Strahlen haben ein größeres Durchdringungsvermögen als die α-Teilchen und eine geringere ionisierende Wirkung. Sie stellen einen Teilchenstrom von Elektronen dar. Demzufolge besitzen sie die negative elektrische Ladung $-e$ und werden in elektrischen und magnetischen Feldern entsprechend abgelenkt.

c) Die γ-Strahlen haben das größte Durchdringungsvermögen und die geringste ionisierende Wirkung. Sie stellen einen Photonenstrom, d.h. eine reine Wellenstrahlung, dar. Man spricht in diesem Falle auch von Quantenstrahlung. Aufgrund des Wellencharakters dieser Strahlung kann man den γ-Quanten weder Masse noch Ladung in dem Sinne zuordnen, wie es bei der α- und β-Strahlung der Fall ist. Daraus folgt, daß γ-Quanten ohne Bahnänderung elektrische und magnetische Felder passieren.

Die genannten Kernstrahlungsarten werden beim Zerfall von radioaktiven Kernen ausgesandt. Der häufigste radioaktive Prozeß, der sich beim Kernzerfall ereignet, ist der β-Zerfall. Bei diesem Vorgang ändert sich die Kernladung um eine Einheit, während die Massenzahl unverändert bleibt. Es wird ein Neutron in ein Proton umgewandelt, wobei ein

Antineutrino und ein Elektron (β^--Prozeß) emittiert werden. Auch die Umwandlung Proton-Neutron ist möglich. Dabei wird u.a. ein Positron (β^+-Prozeß) ausgesandt. Dieses hat jedoch in Gegenwart von Materie nach Abgabe seiner Bewegungsenergie nur eine sehr kurze Lebensdauer (10^{-7} bzw. 10^{-10} s). Eine dritte in diesem Zusammenhang mögliche Art der Kernumwandlung ist der K-Einfang, bei dem der Kern ein Elektron aus einer der inneren Schalen der Elektronenhülle absorbiert. Auf den β^+-Zerfall und den K-Einfang soll hier nicht näher eingegangen werden.

Da der beim β-Zerfall entstehende Kern nicht immer in seinem Grundzustand entsteht, sondern häufig in einem angeregten Zustand, aus dem er durch Emission eines oder mehrerer Gammaquanten erst in seinen Grundzustand übergeht, ist der β-Zerfall in diesen Fällen mit der Emission von Gammaquanten gekoppelt. Beim Aussenden von Gammastrahlung ändert der betreffende Atomkern nur seinen Energieinhalt, während Masse und Ladung unverändert bleiben.

Ähnlich wie beim β-Zerfall findet man auch beim α-Zerfall häufig die Kombination zwischen einem emittierten α-Teilchen und einem Gammaquant. Die Ursache hierfür ist dieselbe wie beim β-Zerfall.

Der α-Zerfall kommt unter allen natürlichen und künstlich erzeugten Isotopen wesentlich seltener vor als der β-Zerfall. Man findet die α-Umwandlung bevorzugt bei den schweren Kernen. Häufig werden die α-Strahlen von diesen in Form mehrerer Teilchengruppen mit bestimmten Energien emittiert. Dabei besitzt die Gruppe mit der Maximalenergie meistens auch die größte Intensität. Die Zerfälle, bei denen niederenergetische α-Teilchen auftreten, führen zu angeregten Niveaus des „Tochterkernes". Man beobachtet bisweilen jedoch neben der Hauptgruppe auch Gruppen von α-Teilchen mit bedeutend höherer Energie (α-Teilchen großer Reichweite). Sie werden durch β-Zerfälle verursacht, die dem α-Zerfall vorausgegangen sind, und zu angeregten Zuständen des „Mutterkernes" führten.

Wegen der zweifach positiven Ladung des α-Teilchens ändert sich bei seiner Emission die Ladung des emittierenden Kernes um $2\,e$, während sich seine Masse um vier Masseneinheiten verringert.

Auf weitere Einzelheiten des radioaktiven α- und β-Zerfalls kann hier nicht näher eingegangen werden. Hierzu sei auf die reichlich vorhandenen Lehrbücher der Atom- und Kernphysik verwiesen.

1.2 Wechselwirkungen zwischen Kernstrahlung und Materie

1.2.1 Die Wechselwirkungen zwischen Ionen und Materie

Unter Ionen versteht man alle geladenen Teilchen vom Proton bis zu schwersten Spaltfragmenten schwerer Kerne. Die Ionenladung liegt zwischen e und ze, wobei e die Elementarladung ist und z die Ordnungszahl des betrachteten Ions. Die Ionen entstehen dadurch, daß die neutralen

Atome ein oder mehrere Elektronen ihrer Hülle, z.B. durch Stoßprozesse, verlieren und als entsprechend geladene positive Ionen zurückbleiben.

Die einfachsten natürlich auftretenden Ionen sind die α-Teilchen. Meistens treten die Ionen jedoch nicht frei auf, sondern müssen erzeugt werden. Je nach ihrer Schwere und ihrem Ionisierungsgrad kann man sie entweder in einer Gasentladung erzeugen oder durch Beschuß der neutralen Atome mit hochbeschleunigten Geschoßteilchen (z.B. mit Protonen, Elektronen oder α-Teilchen). Aber auch durch den Beschuß schwerer Kerne mit schnellen und thermischen Neutronen können schwere Ionen erzeugt werden.

Treten energiereiche Ionen in Materie ein (Absorbermaterial), so verlieren sie sehr schnell ihre Energie. Je nach der Dichte des Absorbers (Gas oder Festkörper) und der Größe der Einfallsenergie haben sie eine Reichweite von Bruchteilen von Millimetern bis zu einigen Zentimetern. Ein α-Teilchen mit 5 MeV Energie hat beispielsweise in Silizium eine Reichweite von 0,02 mm und in Luft bei Atmosphärendruck eine solche von etwa 2 cm.

Die geladenen Teilchen geben auf verschiedene Weise ihre Energie an den Absorber ab. Ein großer Teil der Einfallsenergie wird zur Ionisation der Absorberatome verbraucht. Sie kommt durch die Wechselwirkung des elektromagnetischen Feldes der geladenen Teilchen mit den Hüllenelektronen der Atome des Absorbermaterials zustande. Ein weiterer Teil dient zur Anregung der Absorberatome. Sie wird ebenfalls durch die Feldwechselwirkung verursacht. Falls der Absorber ein Gas ist, können auch Molekülschwingungen angeregt werden. Bei einem Festkörperabsorber werden Gitterschwingungen (Phononen) angeregt. Eine eingehendere Betrachtung der Prozesse, die bei Stößen geladener Teilchen mit Atomen oder Molekülen eines Absorbergases eine Rolle spielen, findet sich in [1.1]. Die Frage, wie die primäre Ionisation in einem Absorber entsteht, ist sehr schwer genau zu beantworten, da dieser Vorgang sehr komplex ist, und stark von den speziellen Eigenschaften des jeweils betrachteten Absorbermaterials abhängt.

Werden bei dem Ionisationsprozeß auf die von den Absorberatomen abgelösten Elektronen wesentliche kinetische Energien übertragen, so können diese ihrerseits durch Stoßionisationen zur Gesamtionisation mit beitragen (δ-Strahlen). Hat das Primärteilchen die Masse M und die Energie E und das Elektron, auf das es stößt, die Masse m_e, dann bestimmt sich die Energie, die das Elektron maximal aufnehmen kann, zu

$$E_{\max} = \frac{4\, m_e M}{(m_e + M)^2}\, E\,. \tag{1.1}$$

Da man bei geladenen Teilchen immer davon ausgehen kann, daß gilt $M \gg m_e$, ergibt sich aus Gl. (1.1) mit guter Näherung $E_{\max} \approx 4\, m_e E/M$. Das bedeutet, daß man bei dem Ionisationsprozeß, den ein hochenergetisches (einige MeV) leichtes Ion erzeugt, die Elektronenbindungsenergie vernachlässigen kann. Für 10 MeV Protonen liegt beispielsweise $E_{\max}$ in der Größenordnung von etwa 20 keV, d.h., daß man das jeweilige Elektron des Absorberatoms als freies Elektron betrachten kann. Wegen des relativ geringen Energieverlustes pro Stoß, werden die geladenen Primärteilchen bei diesen Stoßreaktionen nur sehr geringfügig aus ihrer Flugrichtung abgelenkt, so daß man trotz der vielen Stöße, die ein Ion beim Durchgang durch einen Absorber erleidet, annehmen kann, daß es eine geradlinige Flugbahn im Absorber besitzt.

Der Energieverlust, den geladene Teilchen beim Durchgang durch Materie pro zurückgelegtem Wegstück erleiden, führt im wesentlichen zur Anregung und Ionisation der Absorberatome. Er wird anhand der Formel von Bethe [1.2] und Moeller [1.3] so dargestellt:

$$-\frac{dE}{dx} = \frac{4\pi e^4 z^2 Z N}{m v^2}\left\{\ln\frac{2 m v^2}{I} - \ln\left(1-\frac{v^2}{c^2}\right) - \frac{v^2}{c^2}\right\}. \tag{1.2}$$

Hierin bedeuten: e die Elektronenladung, m die Ruhemasse des Elektrons, z die Ladung des Primärteilchens, Z die Ordnungszahl des Absorbermaterials, N die Anzahl der Absorberatome pro Volumeneinheit, v die Teilchengeschwindigkeit, c die Lichtgeschwindigkeit und I das mittlere Ionisationspotential der Absorberatome. Der Ausdruck in der geschweiften Klammer in Gl. (1.2) ändert sich bis etwa 1000 MeV nur sehr wenig mit der Energie. In diesem Energiebereich ist praktisch nur das erste Glied in der Klammer von Bedeutung. Daraus folgt, daß der Energieverlust für nichtrelativistische Teilchen näherungsweise proportional zu z^2/v^2 ist. Es ergibt sich also

$$-\frac{dE}{dx} \sim \frac{z^2}{v^2} \sim \frac{z^2}{E}. \tag{1.3}$$

Dieser Zusammenhang ist physikalisch einleuchtend; denn je langsamer das geladene Teilchen fliegt, d.h. je geringer seine Energie ist, desto größer ist die Zeit, die zur Wechselwirkung zwischen seinem elektrischen Feld und den Hüllenelektronen der Absorberatome zur Verfügung steht. Weiterhin folgt aus Gl. (1.3), daß der spezifische Energieverlust unabhängig von der Masse des geladenen Teilchens ist.

Bloch [1.4] hat gezeigt, daß I in etwa proportional zu Z ist. Es hat einen Wert von etwa $10\,Z$ (z.B. für Al $11{,}5\,Z$ und für U $8{,}8\,Z$). Daraus folgt, daß für ein geladenes Teilchen mit der Geschwindigkeit v der Energieverlust pro Wegeinheit (dE/dx) in einem Absorber proportional der Elektronendichte in diesem Absorber (ZN) ist. Whaling [1.5] hat experimentell ermittelte Daten für den spezifischen Energieverlust in einer Anzahl von Absorbermaterialien als Funktion der Energie zusammengestellt. Die sich für Protonen in Germanium und Silizium ergebenden Kurven sind in Abb. 1.1 wiedergegeben.

Aus Gl. (1.3) ergibt sich, daß der spezifische Energieverlust verschiedener geladener Teilchen für einen bestimmten Absorber aus den Daten ermittelt werden kann, die für Protonen in diesem Absorber gelten. Wenn z.B. das geladene Teilchen die Masse M hat, dann muß die Größe v^2 in Gl. (1.3) einen Wert haben, der gleich dem für Protonen der Energie

E/M ist. Der sich so ergebende spezifische Energieverlust muß noch mit der Größe z^2 multipliziert werden. Wenn man also die Kurven in Abb. 1.1 für $(^3He)^{++}$-Ionen verwenden will, muß man die Energieskala auf der Abszisse mit 3 multiplizieren und die Skala des spezifischen Energieverlustes auf der Ordinate mit 4.

Bei mehrfach geladenen schweren Ionen, die eine relativ niedrige Geschwindigkeit haben, kann das obige einfache Verfahren nicht mehr angewendet werden, da sich die Ladung dieser Ionen beim Durchgang durch die Absorbermaterie mehrfach ändern kann.

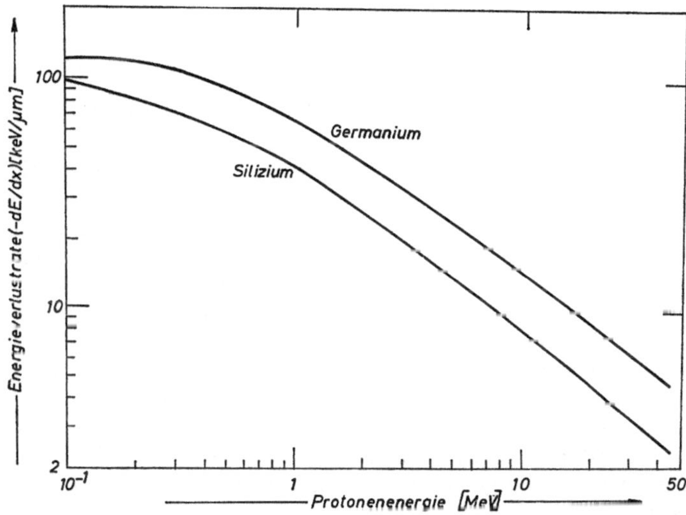

Abb. 1.1. Die Energieverlustrate von Protonen in Germanium und Silizium in Abhängigkeit von der Energie [1.5]

Die Reichweite eines geladenen Teilchens in einem Absorber ist durch die Weglänge gegeben, die dieses Teilchen in dem betreffenden Medium zurückgelegt hat, wenn es durch Stöße mit den Absorberatomen soviel Energie verloren hat, daß seine kinetische Energie nicht mehr ausreicht, eine weitere Anregung oder Ionisation eines Absorberatoms zu verursachen. Dementsprechend ergibt sich die Reichweite R eines geladenen Teilchens in einem Absorber durch Integration von Gl. (1.2) zu

$$R = -\int_0^E \frac{dE}{dE/dx} = \frac{m\,M}{4\pi e^4 z^2 N Z} \int_0^v \frac{v^3\,dv}{B(v)}\,. \tag{1.4}$$

Dabei wurde für die kinetische Energie E des Teilchens der Ausdruck $1/2\,Mv^2$ gesetzt. Ferner bedeutet $B(v)$ eine Abkürzung für den Ausdruck in der geschweiften Klammer von Gl. (1.2). Da $B(v)$ sich nur sehr langsam mit der Teilchenenergie ändert, kann man mit Hilfe von Gl. (1.3) vereinfacht schreiben

$$M v \frac{dv}{dx} = \frac{z^2}{v^2} f(v) . \tag{1.5}$$

Aus dieser Gleichung kann durch Integration eine Reichweite-Geschwindigkeits-Beziehung für nichtrelativistische Teilchen gewonnen werden. Falls die Energieabhängigkeit der Funktion $f(v)$ vernachlässigt werden kann, was bei den hier betrachteten Teilchen und Energien der Fall ist, erhält man für die Reichweite eines gegebenen Teilchens

$$R \sim \frac{M}{z^2} v^4 = \text{const}\, v^4 . \tag{1.6}$$

Aus Gl. (1.6) geht hervor, daß bei einer vorgegebenen Geschwindigkeit in einem gegebenen Absorbermaterial die Reichweiten verschiedener Teilchen proportional zu M/z^2 sind. Dadurch hat man die Möglichkeit, viele Energie-Reichweite-Kurven von einer Standardkurve – etwa der für α-Teilchen – abzuleiten. Es müssen nur jeweils kleine Korrekturen angebracht werden, die die Neigung der geladenen Teilchen zur Elektronenanlagerung und Wiederabgabe beim Durchgang durch die Absorbermaterie berücksichtigen. Für Teilchen gleicher Ladung und Geschwindigkeit sind die Reichweiten direkt der Teilchenmasse proportional. Beispielsweise stehen die Reichweiten für Protonen, Deuteronen und Tritonen mit Energien von 10, 20 und 30 MeV im Verhältnis 1 : 2 : 3.

Die Energie-Reichweite-Kurve für Protonen in Luft kann zum Beispiel aus der entsprechenden Kurve für α-Teilchen mit Hilfe der oben genannten Gleichungen gewonnen werden. Dabei erhält man schließlich die Beziehung

$$R_p = \frac{(M/z^2)_p}{(M/z^2)_\alpha} (R_\alpha - 0{,}2\ \text{cm}) . \tag{1.7}$$

Hierin ist die Größe 0,2 cm eine Korrektur für die unterschiedliche Neigung zum Ladungsaustausch mit den Absorberatomen der Umgebung am Ende der Teilchenbahn. In Abb. 1.2 sind experimentell ermittelte Energie-Reichweite-Kurven für Protonen und α-Teilchen in Silizium und Germanium wiedergegeben.

Lithiumionen, Protonen und α-Teilchen treten häufig vollständig ionisiert auf. Sie behalten ihre Ladung über fast ihre ganze Reichweite. Dieses Verhalten ist bei schwereren Ionen und besonders bei Spaltfragmenten nicht mehr vorhanden. Die Ladung eines Spaltfragmentes beträgt im allgemeinen beim Eintritt in einen Absorber 20 e. Es verliert sie schrittweise auf seinem Wege im Absorber, d.h. während des Abbremsprozesses, durch die Aufnahme von Elektronen der Absorberatome.

Bohr [1.6] machte die Annahme, daß die Spaltfragmente alle die Elektronen abgeben, die im Atom Bahngeschwindigkeiten haben, die kleiner sind, als die Geschwindigkeit des Spaltfragmentes selbst. Für die effektive Ladung eines so ionisierten Spaltfragmentes ergibt sich dann folgender Ausdruck

$$z' = z^{1/3} \frac{\hbar v}{e^2}. \tag{1.8}$$

Hierin bedeutet $z'e$ die effektive Ladung (Ionisationsgrad) eines Spaltfragmentes mit der Ordnungszahl z, das sich mit einer Geschwindigkeit v bewegt. $\hbar$ ist das Planck'sche Wirkungsquantum h dividiert durch 2π. Unter Vernachlässigung eines Energieverlustes durch Stöße mit den Atomkernen des Absorbers erhielt Bohr folgenden Zusammenhang zwi-

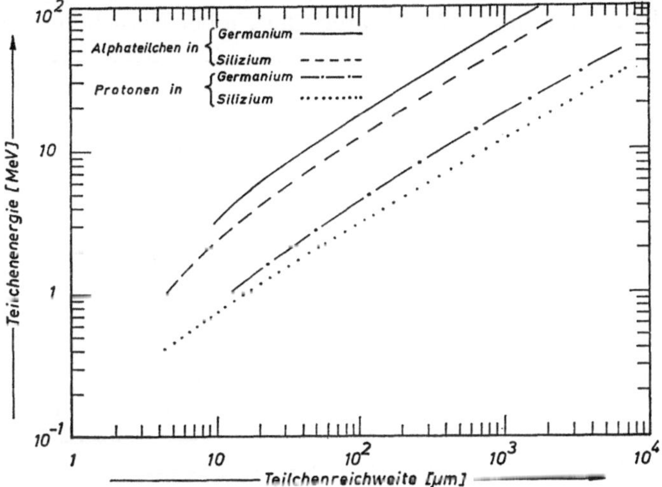

Abb. 1.2. Energie-Reichweite-Kurven für Alphateilchen und Protonen in Germanium und Silizium

schen der Reichweite R_f eines Spaltfragmentes der Massenzahl A und der eines α-Teilchens R_α derselben Anfangsgeschwindigkeit v

$$\frac{R_f}{R_\alpha} \sim \frac{7A}{(z')^2}. \tag{1.9}$$

Dieser Ausdruck stimmt gut mit den experimentellen Ergebnissen von Katcoff, Miskel und Stanley [1.6] überein.

Am Ende der Flugbahn des Spaltfragmentes im Absorber gewinnen jedoch die Stöße zwischen dem Fragment und den Kernen der Absorberatome mehr an Bedeutung gegenüber den Wechselwirkungen mit den Absorberelektronen. Das Verhältnis zwischen dem Energieverlust aufgrund von Kernstößen und dem aufgrund von Elektronenstößen läßt sich näherungsweise durch das Verhältnis $Z m z^2/M z'^2$ beschreiben. Es ist physikalisch einleuchtend, daß dieses Verhältnis um so größer werden muß, je kleiner z', d.h. der Ionisationsgrad des Spaltfragmentes, wird.

In Abb. 1.3 ist für leichte und schwere Spaltfragmente die Energieverlustrate (dE/dx) in Abhängigkeit von der Reichweite in Argon bei Normalbedingungen wiedergegeben [1.7]. Wie aus den Kurven hervorgeht, ist die Energieverlustrate am Anfang der Flugbahn am größten. Das beruht darauf, daß hier auch der Ionisationsgrad der Spaltfragmente seinen Maximalwert hat.

Der gesamte Energieverlust, den ein geladenes Teilchen in einem Absorber erleidet, teilt sich auf in den Energieverlust durch direkte Kernstöße (Stöße mit den Kernen der Absorberatome) und den Verlust durch Anregung und Ionisation der Absorberatome. Lindhard und Mitarbeiter [1.8] haben ermittelt, daß 6 MeV α-Teilchen beim Durchgang durch Silizium nur etwa 12 keV ihrer Energie bei Kernstößen abgeben,

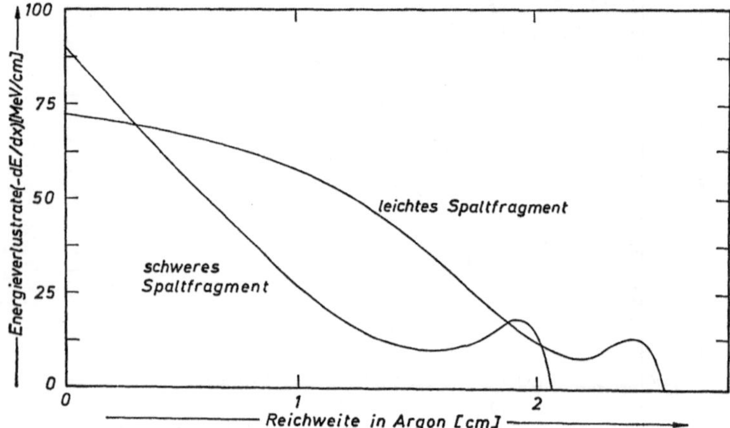

Abb. 1.3. Die Energieverlustrate leichter und schwerer Spaltfragmente in Abhängigkeit von der Reichweite in Argon bei Normalbedingungen [1.7]

während dieses bei Spaltfragmenten für den größeren Teil ihrer Energie gilt. Diese Tatsache macht sich besonders bemerkbar beim Vergleich des Ansprechvermögens von Festkörperdetektoren für Spaltfragmente und α-Teilchen.

Wenn man als absorbierendes Medium kein Gas sondern einen Festkörper betrachtet, muß man zusätzlich zu dem oben Gesagten noch beachten, daß dieser eine kristalline Struktur hat. Es ist leicht einzusehen, daß bei anisotropen Absorberkristallen das Bremsvermögen für geladene Teilchen von der Richtung abhängt, in der diese den Absorber durchsetzen. Man hat festgestellt, daß sogar bei isotropen kubischen Kristallen wie beispielsweise bei Silizium und Germanium das Bremsvermögen richtungsabhängig ist. Diese Richtungsabhängigkeit ist durch die Lage der Absorberatome und damit durch die Lage der Gitterebenen gegeben. Wenn die Bahn des Teilchens in einem solchen Absorber parallel zu den Kristallebenen verläuft, bewegt sich das Teilchen gewissermaßen in einem „offenen Kanal". Es treten dann bevorzugt streifende Stöße mit den Absorberatomen auf, die auf der „Wand“ dieses Kanals sitzen. Die Stöße sind miteinander korreliert und verursachen eine Fokussierung des Teilchens auf eine Flugbahn, die in der Mitte des Kanals verläuft. Dieses ist jedoch ein Bereich geringer Elektronendichte. Die Elektronendichte, die das Teilchen bei einer solchen ausgezeichneten Flugbahn vorfindet, ist wesentlich geringer als die auf einer weniger ausgezeichneten Bahn. Das bedeutet, daß der Absorber für Teilchen auf diesen Bahnen ein geringeres Bremsvermögen besitzt.

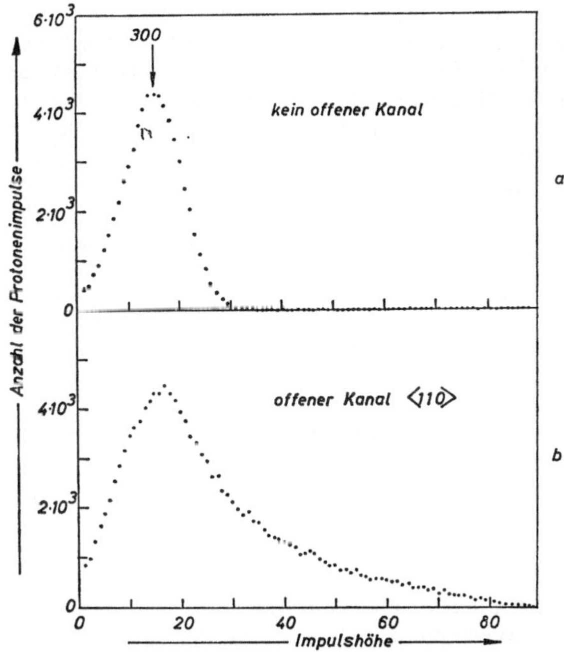

Abb. 1.4. Zur Erläuterung der Richtungsabhängigkeit des Bremsvermögens. Protonenspektrum hinter einem Silizium-Einkristall, der
a die Bildung eines „offenen Kanals“ nicht erlaubt und
b die Bildung eines „offenen Kanals“ in der ⟨110⟩-Richtung erlaubt

Die Richtungsabhängigkeit des Bremsvermögens wurde für Protonen, α-Teilchen und Ionen mit Energien bis zu 30 MeV schon mehrfach beobachtet und untersucht [1.9–1.13]. Abb. 1.4 zeigt zwei Protonenspektren, die hinter einem dünnen Siliziumeinkristall aufgenommen worden sind, der in zwei verschiedenen Richtungen relativ zum einfallenden Protonenstrahl orientiert war. Im oberen Teil der Abbildung war die Kristallorientierung so gewählt, daß die Protonenbahnen nicht in „offenen Kanälen“ verlaufen konnten, während im unteren Teil der Abbildung die Protonenbahnen entlang der $<110>$ Richtung im Kristall verliefen. Diese Richtung stellt jedoch einen sehr großen „offenen Kanal" dar. Wie man sieht, treten in diesem Falle hinter dem Kristall viele Protonen auf, die beim Durchgang durch den Absorber weniger Energie verloren haben als es bei der Messung im oberen Teil der Abbildung der Fall war. Das führt zu einer charakteristischen Unsymmetrie der Impulshöhenverteilung. Diese Ergebnisse sind von besonderer Bedeutung für den Einsatz von dünnen Einkristall-Halbleiterscheiben (z.B. Siliziumscheiben) als (dE/dx)-Detektoren bei der Teilchenidentifikation, da hier die geladenen Teilchen beim Durchgang durch diesen Detektor einen möglichst konstanten Energieverlust erleiden sollen.

Abschließend sei noch erwähnt, daß die hier beschriebene Art der „Kanalbildung" in Einkristallabsorbern von derjenigen unterschieden werden muß, die Davies [1.14] und Robinson und Oen [1.15] bei sehr langsamen, schweren Ionen beobachteten bzw. voraussagten. Dabei haben die Kernstöße den entscheidenden Einfluß auf die Teilchenfokussierung. Darauf soll hier jedoch nicht weiter eingegangen werden.

1.2.2 Die Wechselwirkungen zwischen Elektronen und Materie

Beim Durchgang von Elektronen durch Materie treten folgende Erscheinungen auf: 1. Elastische Streuung, 2. Anregung und Ionisation und 3. Bremsstrahlung. Je nach Art des Absorbers sind für Elektronen mit Energien bis zu einigen MeV für den Energieverlust die Anregung und die Ionisation der Absorberatome die entscheidenden Faktoren (z.B. bei einem Pb-Absorber bis zu etwa 6,4 MeV). Aus diesem Grunde ist der spezifische Energieverlust hier ebenfalls durch Gl. (1.2) gegeben, nur mit dem Unterschied, daß $z = 1$ ist. Es gilt also für Elektronen

$$-\frac{dE}{dx} = \frac{4\pi e^4 Z N}{m v^2} B \,. \tag{1.10}$$

B wird bisweilen auch „Bremszahl" genannt. Unter der Voraussetzung $v \ll c$ (nichtrelativistische Elektronen) ergibt sich nach Bethe [1.2] die Größe B zu

$$B = \ln\left(0{,}583 \, \frac{m v^2}{I}\right). \tag{1.11}$$

Diese Gleichung unterscheidet sich von dem Klammerausdruck in Gl. (1.2), weil man die beiden Elektronen, die an einem Stoßprozeß teilgenommen haben, nicht mehr voneinander unterscheiden kann. Man bezeichnet per definitionem dasjenige Elektron, das die höhere Energie nach dem Stoß hat, als das Primärelektron.

Bei höheren Elektronenenergien (relativistische Elektronen) gilt Gl. (1.11) nicht mehr. An ihre Stelle tritt die Gleichung von Moeller [1.3]. Sie lautet

$$2B = \ln\left\{\frac{m v^2 E}{2 I^2 (1-\beta^2)}\right\} - (\ln 2)\left(2\sqrt{1-\beta^2} - 1 + \beta^2\right) + 1 - \beta^2 \,. \tag{1.12}$$

Hierin ist $\beta = v/c$.

Wegen der geringen Masse der Elektronen im Vergleich zu anderen geladenen Teilchen ist bei der Beschreibung ihrer Wechselwirkungsprozesse beim Durchgang durch Materie darauf zu achten, daß man sie schon bei relativ niedrigen Energien relativistisch behandeln muß. Bei 100 keV ist ihre Masse beispielsweise schon um 20% größer als die Ruhemasse, und ihre Geschwindigkeit beträgt 0,55 c, d.h. etwa halbe Lichtgeschwindigkeit; bei 1 MeV hat das Elektron schon fast die dreifache Ruhemasse und β ist 0,94. Bei noch höheren Energien, etwa bei 16 MeV, ist das Verhältnis bewegte Masse zu Ruhemasse 31,6 und die Elektronengeschwindigkeit 0,9995 c.

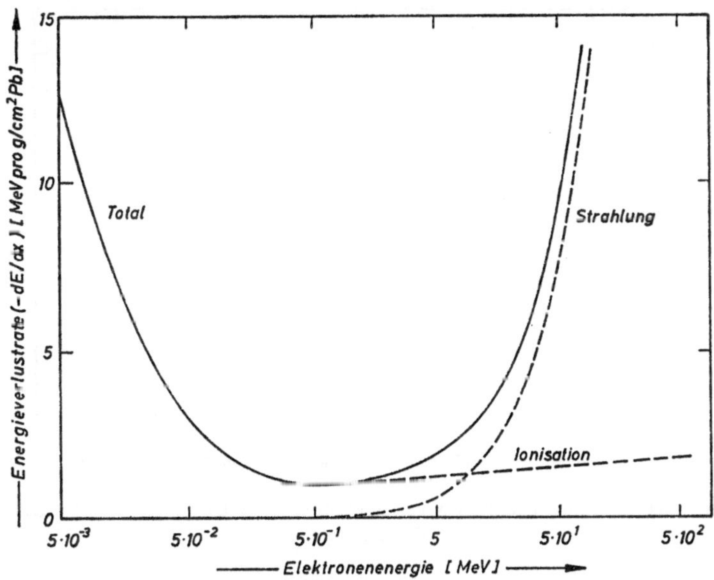

Abb. 1.5. Die Energieverlustrate von Elektronen in Blei in Abhängigkeit von der Energie

Bestimmt man den spezifischen Energieverlust von Elektronen beim Durchgang durch Materie in Abhängigkeit von der Energie, so findet man, daß dieser durch ein breites Minimum geht. Dieses liegt bei einem Pb-Absorber bei etwa 0,5 MeV. Bis zu dieser Energie erfolgt der Energieverlust praktisch nur durch Ionisationsprozesse. Von da an besteht außerdem mit zunehmender Energie eine zunehmende Wahrscheinlichkeit für Energieabgabe durch Strahlung. Das stimmt mit experimentellen Beobachtungen gut überein. Dieser Effekt ist physikalisch durch die relativistische Kontraktion des Coulomb-Feldes – das sphärisch-symmetrische elektrische Feld schnürt sich im äquatorialen Bereich zusammen – der Elektronen längs ihrer Flugrichtung zu erklären. Durch die damit verbundene Bündelung der Feldlinien senkrecht zur Flugrichtung nimmt die Stärke der Wechselwirkung mit den Kernen der Absorberatome zu. Um eine anschauliche Erklärung für die bei Energien oberhalb von etwa 6–10 MeV wieder stark zunehmenden Energieverluste der Elektronen zu geben, sei davon ausgegangen, daß ein hochenergetisches Elektron mit großer Geschwindigkeit das elektrische Feld eines Atomkernes mit der Ladung $+Ze$ durchfliege. Aufgrund der starken Wechselwirkung des Elektrons mit dem Kern, ändert dieses seine Geschwindigkeit im Kernfeld. Da aber jede ungleichförmig bewegte Ladung Energie abstrahlt, beginnt das betrachtete Elektron beim Durchfliegen des Kernfeldes zu strahlen, d.h. es verliert Energie. Die so entstehende

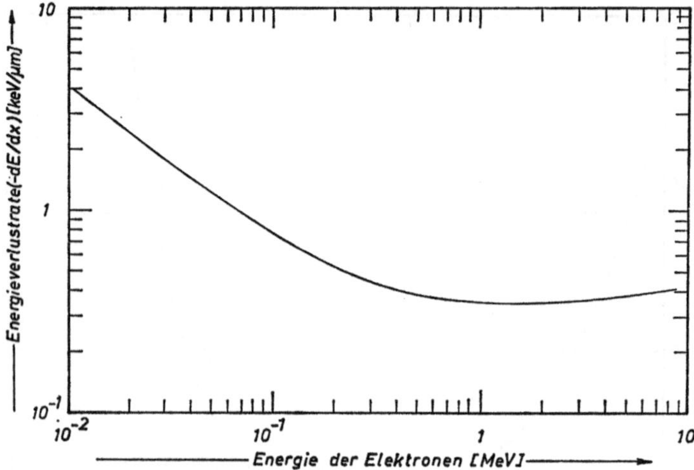

Abb. 1.6. Die Energieverlustrate von Elektronen in Silizium in Abhängigkeit von der Energie

Strahlung wird „Bremsstrahlung" genannt. Eine exakte Durchrechnung dieser Vorgänge würde hier zu weit führen. Die Größe des durch Strahlung entstehenden Energieverlustes ist dem Quadrat der Ordnungszahl der Absorberatome proportional, während sie dem Quadrat der Masse des geladenen Teilchens umgekehrt proportional ist. Daraus ergibt sich, daß schwere Teilchen durch Strahlung nur wenig Energie verlieren (ein Proton z.B. $34 \cdot 10^5$-mal weniger als ein Elektron). Da die Energieverluste durch Strahlung proportional zu Z^2 sind, sind sie in schweren Substanzen erheblich größer als in leichten.

Zur Verdeutlichung dieser Verhältnisse ist in Abb. 1.5 die Energieverlustrate eines Elektrons in Blei in Abhängigkeit von der Energie dargestellt. Wie man sieht, spielen bei kleineren Energien die Energieverluste durch Stöße (Ionisation) die vorherrschende Rolle. Erst oberhalb einer kritischen Energie E_k, die für jeden Absorber charakteristisch ist (für Elektronen in Blei gilt $E_k = 6{,}4$ MeV), überwiegt der Energieverlust durch Strahlung.

Die Bremsstrahlung führt also dazu, daß sehr schnelle Elektronen in Absorbersubstanzen stark zu strahlen beginnen, und somit sehr schnell ihre Energie verlieren. Ein Elektron mit einer Energie von 10 MeV verliert beispielsweise in einer 4 mm dicken Bleiplatte die Hälfte seiner Anfangsenergie.

Für den spezifischen Energieverlust eines hochenergetischen Elektrons, der durch Bremsstrahlung verursacht wird, gilt folgende Proportionalität

$$-\frac{dE}{dx} \sim N E Z^2 . \tag{1.13}$$

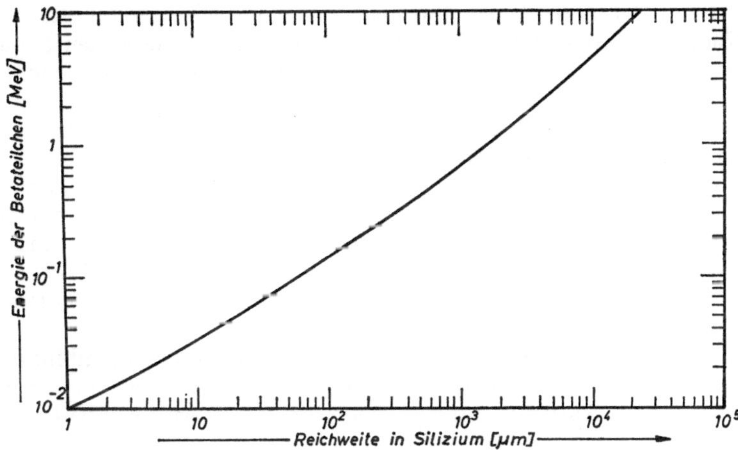

Abb. 1.7. Die Energie-Reichweite-Kurve für Elektronen in Silizium

Hierin bedeuten Z die Ordnungszahl des Absorbermaterials, N die Zahl der Absorberatome pro Kubikzentimeter und E die Gesamtenergie des Primärelektrons.

Den spezifischen Energieverlust von Elektronen in Silizium in Abhängigkeit von der Energie zeigt Abb. 1.6. In Abb. 1.7 ist die entsprechende Energie-Reichweite-Kurve wiedergegeben. Wegen der starken Streuungen der Reichweiten von Elektronen in Materie, ist der Reichweitenbegriff in diesem Falle ein relativ unbestimmter Begriff.

1.2.3 Die Wechselwirkungen zwischen Gammaquanten und Materie

Bei der Gamma- und Röntgenstrahlung handelt es sich um eine sehr kurzwellige (harte) elektromagnetische Strahlung. Beim Durchtritt von Gammaquanten durch Materie können drei verschiedene Wechselwirkungen zwischen den Quanten und den Absorberatomen auftreten, bei denen das Gammaquant Energie verliert oder ganz verschwindet: der Photoeffekt, der Compton-Effekt und der Paarbildungseffekt. Die Wirkungsquerschnitte für jeden dieser Prozesse hängen von der Energie der Gammaquanten und der Ordnungszahl der Absorberatome ab.

Beim Photoeffekt wird die gesamte Energie des Gammaquantes (E_γ) dazu benutzt, aus einer der Elektronenschalen – im allgemeinen einer der inneren Schalen (K-, L-, . . .-Schale) – ein Elektron herauszuschleudern. Dieses hat die Energie

$$E_e = E_\gamma - E_b\,. \tag{1.14}$$

Hierin bedeutet E_b die Bindungsenergie des herausgeschlagenen Elektrons. Beim Photoeffekt verschwindet das primäre Gammaquant. Durch das Nachrutschen von Elektronen der weiter außen liegenden Schalen auf den durch Photoeffekt frei gewordenen Platz ist ein Photoeffekt im allgemeinen von der Emission eines oder mehrerer Röntgenquanten mit der Gesamtenergie E_b begleitet. Aber auch Auger-Elektronen können bei diesem Prozeß emittiert werden. Die räumliche Verteilung der Photoelektronen ist durch eine Asymmetrie gekennzeichnet, die darin besteht, daß bei weichen Gammaquanten die Flugrichtung der Photoelektronen einen größeren Winkel (bevorzugt 90^0) mit der Einfallsrichtung der Quanten bildet, als dieses bei höherenergetischen Gammaquanten der Fall ist. Bei den letzteren ist die Winkelverteilung bevorzugt in Vorwärtsrichtung.

Für Gammaenergien, die größer sind als die Elektronenbindungsenergie in der K-Schale des betreffenden Absorberatoms, hat Heitler [1.16] folgenden Ausdruck für den Photoeffekt-Absorptionskoeffizienten abgeleitet

$$\mu_{\text{Phot}} \sim 10^{-33}\, N\, Z^5\, E_\gamma^{-3,5}\ [\text{cm}^{-1}]\,. \tag{1.15}$$

Hierin bedeuten N die Anzahl Absorberatome pro Kubikzentimeter, Z die Ordnungszahl der Absorberatome und E_γ die Energie des einfallenden Gammaquants. Aus Gl. (1.15) geht hervor, daß der Photoeffekt-Absorptionskoeffizient sehr stark mit der Ordnungszahl des Absorbers zunimmt und mit der Photonenenergie schnell abnimmt. In Silizium ($Z = 14$) spielt der Photoeffekt beispielsweise nur bis zu Photonenenergien von etwa 200 keV eine merkliche Rolle, während dieses bei Germanium ($Z = 32$) bis etwa 600 keV der Fall ist.

Der Compton-Effekt kann als inelastischer Stoß zwischen einem Photon und einem Hüllenelektron eines Absorberatoms verstanden werden. Dabei ist die Elektronenbindungsenergie klein im Verhältnis zur Energie des einfallenden Gammaquantes, so daß sie vernachlässigt werden kann. Die Energie, die das primäre Photon mitbringt, teilt sich nach dem Stoß auf das gestreute Gammaquant und das Rückstoßelektron (Compton-Elektron) auf. Mit zunehmender Energie der primären Gammastrahlung gewinnt dieser Streuprozeß im Vergleich zur photoelektrischen Absorption immer mehr an Bedeutung. Er ist in Silizium im Energiebereich zwischen 60 keV und 15 MeV und in Germanium zwischen 160 keV und 8,5 MeV der für den Energieverlust von Gammastrahlung vorherrschende Prozeß.

Dieser Streuprozeß unterscheidet sich wesentlich von der elastischen Thomson-Streuung, da beim Compton-Streuprozeß das gestreute Gammaquant eine größere Wellenlänge, d.h. niedrigere Energie, hat als das primäre Gammaquant. Die Energie des Streuquantes hängt vom Streuwinkel, d.h. dem Winkel zwischen der Einfalls- und Streurichtung der Quanten ab. Wenn ein Photon mit der Energie E_γ auf ein Hüllenelektron eines Absorberatoms trifft und ein Compton-Streuprozeß stattfindet, tritt das gestreute Quant mit der Energie E'_γ unter dem Streuwinkel Θ auf. Unter der Annahme, daß die Elektronenbindungsenergie vernachlässigt werden kann, hat Compton folgenden Zusammenhang zwischen der Einfallsenergie E_γ, der Energie des gestreuten Quantes E'_γ und dem Streuwinkel Θ ermittelt

$$E'_\gamma = \frac{E_\gamma}{1 + \frac{E_\gamma}{m_0 c^2}(1 - \cos\Theta)}. \tag{1.16}$$

Hierin bedeutet $m_0 c^2$ die Elektronenruheenergie. Die Energie des Rückstoßelektrons ergibt sich zu $E_e = E_\gamma - E'_\gamma$. Die Rückstoßelektronen können alle Energien haben zwischen Null und einem Maximalwert, der einem Minimum von E'_γ entspricht. Aus Gl. (1.16) folgt, daß dieser Wert dann auftritt, wenn das Compton-Gammaquant zurückgestreut wird, d.h. wenn gilt $\Theta = 180^0$. Dann ergibt sich die Maximalenergie des Rückstoßelektrons zu

$$(E_e)_{\max} = \frac{2 E_\gamma^2}{(m_0 c^2 + 2 E_\gamma)}. \tag{1.17}$$

Da jedes Elektron im Absorbermaterial zum Compton-Effekt beitragen kann, ist der Compton-Absorptionskoeffizient zur Elektronendichte im Absorber, d.h. zur Größe NZ proportional. Klein und Nishina [1.17] haben für ihn im Energiebereich $E_\gamma > 1$ MeV folgenden Ausdruck abgeleitet.

$$\mu_{\text{Compt}} \sim 1{,}25 \cdot 10^{-25} N Z / \left\{ E_\gamma \cdot \left(\ln\,[2 E_\gamma / m_0 c^2] + \frac{1}{2} \right) \right\} \,[\text{cm}^{-1}]. \tag{1.18}$$

Daraus geht hervor, daß der Absorptionskoeffizient für Compton-Effekt unter anderem umgekehrt proportional zur Einfallsenergie der primären Gammaquanten ist.

Liegt die Energie der einfallenden Gammaquanten über 1,02 MeV, dann kann bei der Wechselwirkung dieser Quanten mit den Atomen des Absorbers ein dritter Prozeß auftreten, der zu einer starken Absorption führt, der Paarbildungseffekt. Er gewinnt mit zunehmender Einfallsenergie der Primärquanten immer mehr an Bedeutung und überwiegt bei hohen Energien ($E_\gamma > 15$ MeV bei Si und $E_\gamma > 8{,}5$ MeV bei Ge) den Compton-Effekt. Photonen mit Energien oberhalb 1,02 MeV werden wie beim Photoeffekt im starken Coulomb-Feld der Absorberatomkerne vollkommen absorbiert. Dabei entsteht jeweils ein Teilchenpaar und zwar ein negatives und ein positives Elektron (Positron). Es ist für diesen Prozeß charakteristisch, daß das Elektron und das Positron nicht aus dem Atomkern oder der Elektronenhülle stammen, sondern aus dem sogenannten allgemeinen „Untergrund" entstehen (Dirac'sche Löchertheorie). Aus Gründen der Impuls- und Energieerhaltung kann der Paareffekt nur im Feld eines dritten Teilchens – im allgemeinen eines Atomkernes – stattfinden.

Die Energie des absorbierten primären Gammaquantes wird beim Paarbildungseffekt so verteilt, daß 1,02 MeV zur Erzeugung des Elek-

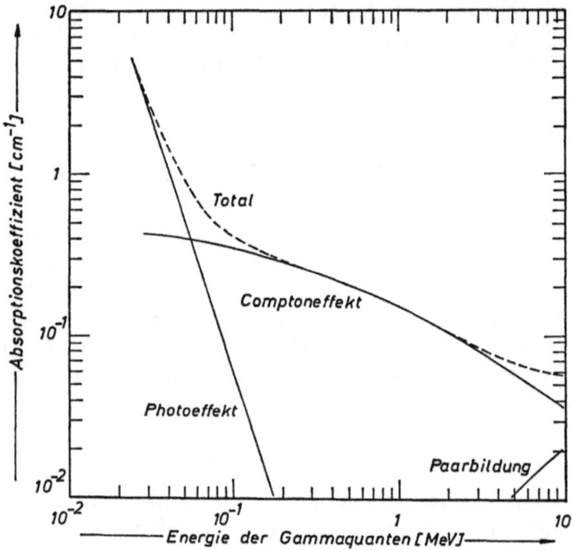

Abb. 1.8. Die Absorptionskoeffizienten für Gammaquanten in Silizium in Abhängigkeit von der Energie [1.18]

tron-Positronpaares verbraucht werden, da die Ruheenergie jedes dieser Teilchen $m_0 c^2 = 0{,}511$ MeV beträgt. Die restliche Energie ($E_\gamma - 1{,}02$ MeV) erscheint als kinetische Energie der gebildeten Teilchen und des Rückstoßkernes, in dessen Feld das Paar entstand. Auf den Mechanismus der Paarbildung und die Natur des „Untergrundes" soll in diesem Zusammenhang nicht näher eingegangen werden. Hier sei auf die zahlreich vorhandenen allgemeinen Lehrbücher der Kernphysik verwiesen. Wenn die Energien der primären Gammaquanten in der Größenordnung der Schwellenergie für den Paareffekt liegen, ergibt sich für den Paareffekt-Absorptionskoeffizienten folgende Abhängigkeit von der Einfallsenergie der Primärquanten (E_γ) und der Ordnungszahl der Absorberatome (Z)

$$\mu_{\text{Paar}} \sim N Z^2 (E_\gamma - 2 m_0 c^2) . \tag{1.19}$$

Bei höheren Energien der Primärquanten, ergibt sich folgender Zusammenhang

$$\mu_{\mathrm{Paar}} \sim N Z^2 \ln E_\gamma . \tag{1.20}$$

In Abb. 1.8 ist der Verlauf der Absorptionskoeffizienten für Photo-, Compton- und Paarbildungseffekt in Abhängigkeit von der Energie für Silizium dargestellt [1.18]. In Abb. 1.9 sind die entsprechenden Kurven für Germanium wiedergegeben [1.18]. Außer den drei Einzelabsorptionskoeffizienten ist in den beiden Abbildungen auch der totale Absorptions-

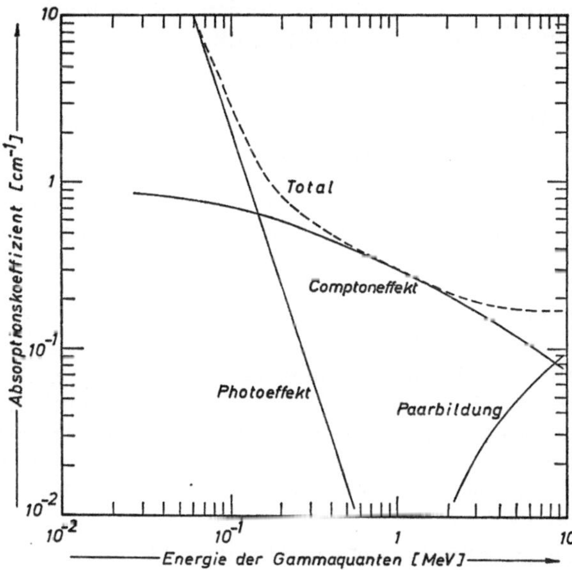

Abb. 1.9. Die Absorptionskoeffizienten für Gammaquanten in Germanium in Abhängigkeit von der Energie [1.18]

koeffizient eingezeichnet. Er setzt sich additiv aus den Einzelabsorptionskoeffizienten zusammen

$$\mu_{\mathrm{tot}} = \mu_{\mathrm{Phot}} + \mu_{\mathrm{Compt}} + \mu_{\mathrm{Paar}} . \tag{1.21}$$

Durch jeden der drei beschriebenen Prozesse werden Gammaquanten eines schmalen, parallelen und monoenergetischen Gammastrahls, der auf einen Absorber fällt, nach einer Wechselwirkung mit einem Absorberatom schon aus dem Strahl als niederenergetischere Quanten herausgestreut oder absorbiert. Die Verhältnisse sind hier also anders als bei den Abbremsprozessen geladener Teilchen. Die Zahl der Photonen, die in einem Absorber der Dicke dx gestreut bzw. absorbiert werden, ist proportional zu dx und zur Strahlintensität. Das führt auf folgende

Gleichung für die Intensität I der Gammastrahlung hinter einem Absorber der Dicke x

$$I = I_0 \exp(-\mu_{\text{tot}}\, x)\,. \tag{1.22}$$

Hierin bedeutet I_0 die Intensität der Gammastrahlung vor Eintritt in den Absorber. μ_{tot} ist der Gesamtabsorptionskoeffizient (Schwächungskoeffizient) des betrachteten Absorbers. Er setzt sich nach Gl. (1.21) aus drei Komponenten zusammen.

Bei den hier durchgeführten Überlegungen sind die elastischen Gammastreuprozesse vernachlässigt worden, da sie im Rahmen dieses Buches von untergeordneter Bedeutung sind.

1.2.4 Die Wechselwirkungen zwischen Neutronen und Materie

Die Wechselwirkungen zwischen Neutronen und Materie unterscheiden sich wesentlich von den bisher besprochenen. Das ist darauf zurückzuführen, daß das Neutron ein neutrales Teilchen ist und somit von den elektrischen Feldern der Atomelektronen und Atomkerne nicht beeinflußt werden kann. Das bedeutet, daß eine direkte Neutron-Elektron-Wechselwirkung praktisch nicht vorhanden ist. Da ein Neutron den Coulomb-Wall eines Atomkerns ohne weiteres durchqueren kann, sind hier nur die Kernkräfte von Bedeutung. Es gibt eine große Anzahl von Wechselwirkungsreaktionen zwischen Neutronen und den Atomkernen eines Absorbers. Die relativen Wahrscheinlichkeiten für die einzelnen Wechselwirkungen hängen stark vom Absorbermaterial und der Energie der Neutronen ab.

Die Vorgänge beim Zusammenstoß eines Neutrons mit dem Kern eines Absorberatoms können folgendermaßen beschrieben werden: Vor dem Zusammenstoß befinde sich der Zielkern A in einem Quantenzustand mit der Energie E_0. Bei dem Zusammenstoß mit einem Neutron N, das die Energie E_N besitzt, wird dieses vom Zielkern absorbiert, wobei sich ein angeregter Zwischenkern C^* bildet. Dieser stößt nach einer Zeit, die groß ist im Vergleich zur Einheit der Kernzeit τ ($\tau = 10^{-22}$ s), ein Teilchen Q mit der Energie E_Q aus und bleibt selbst als neuer Kern B in einem Zustand mit der Energie E_B zurück. Der gesamte Stoßprozeß verläuft also nach dem Schema

$$A + N \to C^* \to B + Q\,. \tag{1.23}$$

Der Zwischenkern kann seine Anregungsenergie auch durch die Emission von einem oder mehreren Gammaquanten abgeben. In diesem Falle wird der Kern B nicht gebildet.

Wenn das ausgestoßene Teilchen Q und das primäre Neutron N identisch sind, bezeichnet man den obigen Stoßprozeß als Streuung.

Wenn dabei die gesamte kinetische Energie im System erhalten bleibt, handelt es sich um eine elastische Streuung, im anderen Fall um eine inelastische.

Wenn die Teilchen N und Q nicht identisch sind, ist bei dem Zusammenstoß eine Kernreaktion abgelaufen. Je nach der Energie der primären Neutronen und der Art der Absorberatome, können bei diesem Prozeß Protonen, zwei oder mehr Neutronen, Alphateilchen, schwere geladene Teilchen bzw. Spaltfragmente oder, wie bereits erwähnt, Gammaquanten emittiert werden.

Bei einem elastischen Streuprozeß kann die Energieübertragung mit Hilfe der klassischen Stoßgesetze ermittelt werden. Für den Nachweis energiereicher Neutronen ($E_N < 10$ MeV) ist besonders die Streuung an Protonen von großer Bedeutung. Da die Protonen- und die Neutronenmasse praktisch gleich sind, kann bei einem zentralen Stoß die gesamte Energie des Neutrons auf das Proton übertragen werden. Die übertragene Energie, d.h. die Protonenenergie E_P, hängt vom Streuwinkel Θ ab. Hier gilt die Beziehung

$$E_P = E_N \cos^2 \Theta . \tag{1.24}$$

Mit Hilfe der Stoßgesetze kann man ebenfalls zeigen, daß unter der Annahme einer isotropen Streuung im Schwerpunktsystem für die Rückstoßprotonen alle Energien von Null bis zur vollen Neutroneneinfallsenergie gleich wahrscheinlich sind. Das bedeutet, daß ein monoenergetischer Neutronenstrahl in einem leichten Absorbermaterial ein Rückstoßprotonenspektrum erzeugt, dessen Energie gleichmäßig über den Bereich von Null bis E_N verteilt ist.

Bei einer (n, γ)-Reaktion entsteht ein neuer Atomkern, der dieselbe Ordnungszahl wie der ursprüngliche Absorberkern hat, dessen Massenzahl jedoch um eine Einheit erhöht ist. Es handelt sich hierbei also um ein Isotop des Absorberkernes. Dieser Atomkern, der gleichzeitig der Zwischenkern ist, entsteht meistens in einem sehr hoch angeregten Zustand, da er die Bindungsenergie des Neutrons (7–8 MeV) und dessen kinetische Energie aufnehmen muß. Beim (n, γ)-Prozeß gibt er diese Energie in Form von Gammastrahlung ab. Die (n, γ)-Reaktion wird bevorzugt von sehr langsamen und thermischen Neutronen verursacht.

Mit zunehmender kinetischer Energie der Neutronen wird der Zwischenkern immer höher angeregt. Er ist schließlich in der Lage, seine überschüssige Energie durch die Emission von einem oder mehreren Nukleonen (z.B. Protonen oder Alphateilchen) abzugeben. Da die Anregungsenergien des Zwischenkernes für diese Prozesse so groß sein müssen, daß er sich in einem Zustand mit positiver Energie befindet, dessen Niveau über dem Coulomb-Potentialwall liegt, sind diese Reaktionen im allgemeinen nur mit schnellen Neutronen und bei leichten und mittelschweren Kernen möglich. Es gibt jedoch auch einige (n, p)- und (n, α)-Reaktionen, die durch langsame Neutronen ausgelöst werden können.

Eine andere Möglichkeit, mit Hilfe derer der angeregte Zwischenkern seine Energie abgeben kann, ist die Spaltung. Hierbei wird er durch die Neutronenabsorption so hoch angeregt, daß er in zwei Atomkerne vergleichbarer Masse auseinanderbricht. Diese sind selbst wieder hoch angeregt und emittieren Teilchen und Quanten. Die Möglichkeit der Spaltung ist jedoch nur auf sehr schwere Atomkerne ($M > 100$) beschränkt.

Wenn ein Neutronenstrahl einen Absorber der Dicke x durchsetzt, haben die Neutronen aufgrund des bisher Gesagten verschiedene Wechselwirkungsmöglichkeiten mit den Kernen der Absorberatome. Die Wahrscheinlichkeit für eine solche Wechselwirkung wird durch den „Wirkungsquerschnitt" (σ) des jeweiligen Prozesses charakterisiert. Diese Wir-

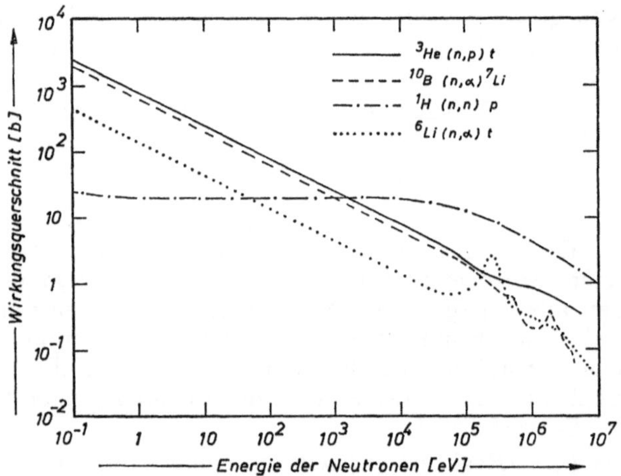

Abb. 1.10. Wirkungsquerschnittsverlauf einiger neutroneninduzierter Kernreaktionen [1.19]

kungsquerschnitte sind im allgemeinen stark energieabhängig. Man kann für die Intensität des Neutronenstromes nach Durchgang durch einen Absorber, analog zu den Verhältnissen bei der Absorption von Gammastrahlung (vgl. Gl. (1.22)), folgenden Ausdruck ableiten

$$I = I_0 \exp(-\mu_{\text{tot}}\, x)\,. \qquad (1.25)$$

Hierin ist I die Intensität des Neutronenstromes nach dem Durchtritt durch einen Absorber der Dicke x, I_0 die Intensität beim Eintritt in den Absorber und μ_{tot} der Schwächungskoeffizient. Er setzt sich additiv aus den entsprechenden Koeffizienten für die einzelnen Wechselwirkungen zusammen. μ hängt mit dem Wirkungsquerschnitt des zugehörigen Prozesses über folgende Beziehung zusammen

$$\mu = N\sigma\,. \qquad (1.26)$$

Hierin ist N die Anzahl der Absorberatomkerne pro Kubikzentimeter und σ der Wirkungsquerschnitt des betrachteten Prozesses. Er hat die Dimension cm^2 bzw. b ($1 b = 10^{-24} cm^2$).

Man unterscheidet zwischen dem totalen Wirkungsquerschnitt und den Wirkungsquerschnitten für die einzelnen Prozesse. Ein Neutron kann, wie oben erläutert wurde, von einem Absorberatomkern gestreut oder absorbiert werden. Die Wirkungsquerschnitte für diese beiden Prozesse σ_s und σ_a ergeben zusammen den totalen Wirkungsquerschnitt σ_{tot}. Es gilt also

$$\sigma_{tot} = \sigma_s + \sigma_a \,. \tag{1.27}$$

Die Größen σ_s und σ_a setzen sich dabei wieder additiv aus den Wirkungsquerschnitten für die Einzelprozesse (z.B. elastische und inelastische Streuung oder (n, γ)-, (n, p)-Prozesse usw.) zusammen. In Abb. 1.10 ist der Verlauf der Wirkungsquerschnitte einiger Neutronenreaktionen in Abhängigkeit von der Energie dargestellt [1.19]. Es handelt sich dabei um Reaktionen, die für den Nachweis von Neutronen von großer Wichtigkeit sind. Deutlich geht aus der Abbildung hervor, daß sich in einem großen Energiebereich die Wirkungsquerschnitte mit $E^{-1/2}$, d.h. mit $1/v$, ändern, wobei E die kinetische Energie der Neutronen und v ihre Geschwindigkeit bedeuten.

Literatur Kapitel 1

[1.1] Fulbright, H. W.: Handb. d. Physik Bd. 45, 1, Berlin-Göttingen-Heidelberg: Springer 1958.

[1.2] Bethe, H. A.: Handb. d. Physik Bd. 24, 273, Berlin: Springer 1933.

[1.3] Moeller, C.: Ann. d. Physik **14,** 571 (1932).

[1.4] Bloch, F.: Z. Physik **81,** 363 (1933).

[1.5] Whaling, W.: Handb. d. Physik Bd. 34, 193, Berlin-Göttingen-Heidelberg: Springer 1958.

[1.6] Katcoff, S., Miskel, J. A., Stanley, C. W.: Phys. Rev. **74,** 631 (1948).

[1.7] Lassen, N. O.: Kgl. Dan. Vid. Selskab., Mat.-Fys. Medd. **25,** 11 (1949).

[1.8] Lindhard, J.: Kgl. Dan. Vid. Selskab., Mat.-Fys. Medd. **33,** 10 (1963).

[1.9] — Physics Letters **12,** 126 (1964).

[1.10] Nelson, R. S., Thompson, M. W.: Phil. Mag. **8,** 1677 (1963).

[1.11] Dearnaley, G.: IEEE Trans. Nucl. Sci. **NS-11,** Nr. 3, 249 (1964).

[1.12] — Sattler, A. R. (z.Z. im Druck).

[1.13] Erginsoy, C.: BNL — 8374 (1964).

[1.14] Davies, J. A., Sims, G. A.: Can. J. Chem. **39,** 601 (1961).

[1.15] Robinson, M. T., Oen, O. S.: Phys. Rev. **132,** 2385 (1963).

[1.16] Heitler, W.: The Quantum Theory of Radiation, Kap. 3, O. U. P. London 1944.

[1.17] Klein, O., Nishina, Y.: Z. Physik **52,** 853 (1929).

[1.18] Grodstein, G. W.: N. B. S. Circular, 583 (1957).

[1.19] Dearnaley, G., Ferguson, A. T. G.: Nucleonics **20,** 84 (1962).

2. Nachweismethoden für Kernstrahlung

2.1 Einführung

Man kann die Nachweismethoden für Kernstrahlung grundsätzlich in zwei große Gruppen einteilen: Bei der ersten Gruppe wird die von einem geladenen Teilchen in einem bestimmten Volumen erzeugte Ionisation gemessen, während bei der zweiten Gruppe die Bahn des Teilchens unmittelbar sichtbar gemacht und zur Identifizierung und Energiemessung benutzt wird. Als Nachweisgeräte für die zweite Gruppe seien erwähnt: die Kernspurplatte, die Wilson'sche Nebelkammer, die Blasenkammer und die Funkenkammer [2.1]. Auf diese Geräte soll hier nicht näher eingegangen werden. Zu den Nachweisgeräten der ersten Gruppe gehören: die gasgefüllten Zähler, die Szintillationszähler und die Halbleiterdetektoren. Das sind die am weitesten verbreiteten Nachweisgeräte für Kernstrahlung.

Bevor mit der eigentlichen Behandlung der Halbleiterdetektoren begonnen wird, soll als Einführung noch kurz auf die Arbeitsweise von gasgefüllten Zählern und Szintillationszählern eingegangen werden. Halbleiterdetektoren verhalten sich in vielen Punkten ähnlich wie diese Zähler. Außerdem soll abschließend noch die Arbeitsweise von Neutronendetektoren, die zum Strahlungsnachweis einen der genannten Zählertypen verwenden, kurz erläutert werden.

2.2 Gasgefüllte Zähler

Das Prinzip eines gasgefüllten Zählers besteht darin, daß die Ladungsträger, die von einem geladenen Primärteilchen durch Ionisation im Zählgas gebildet werden, von einem angelegten starken elektrischen Feld getrennt und zu der positiven bzw. negativen Elektrode des Zählrohres gezogen werden. Hierdurch entsteht ein Spannungsimpuls am Arbeitswiderstand des Zählers.

Das Verhalten der Ladungsträger im elektrischen Feld eines solchen Detektors hängt von der Stärke dieses Feldes, d.h. von der Höhe der angelegten Spannung ab. Dementsprechend unterscheidet man verschiedene Arten von Zählrohren: Ionisationskammern, Proportionalzählrohre und Geigerzählrohre.

Um die Verhältnisse in einem gasgefüllten Zähler besser verstehen zu können, sei davon ausgegangen, daß der Zähler aus einem zylindrischen Metallrohr besteht, in dessen Achse ein dünner Draht als Mittelelektrode angeordnet ist, der von der Zählrohrwand isoliert ist. Die an diesen Zähler angelegte Spannung sei so gepolt, daß der Pluspol an der Mittelelektrode liegt und der Minuspol (im allgemeinen Erdpotential) an der Zählrohrwand. Wenn das Zählrohr mit einem Gas gefüllt ist, werden durch das in dem Zähler herrschende elektrische Feld die im Gas gebildeten positiven Ionen in Richtung der Zählrohrwand und die Elektronen in Richtung der Mittelelektrode fliegen. Abb. 2.1 verdeutlicht dieses.

Um die verschiedenen Arbeitsbereiche eines solchen Detektors besser erläutern zu können, soll die Abhängigkeit der an den Zählrohrelektroden gesammelten Ladung von der angelegten Zählrohrspannung betrachtet werden. Durch die Kurven in Abb. 2.2 wird diese Abhängigkeit wiedergegeben. Wie man sieht, lassen sich die Kurven in folgende 6 Bereiche unterteilen: I. Rekombinationsbereich, II. Ionisationskammerbereich,

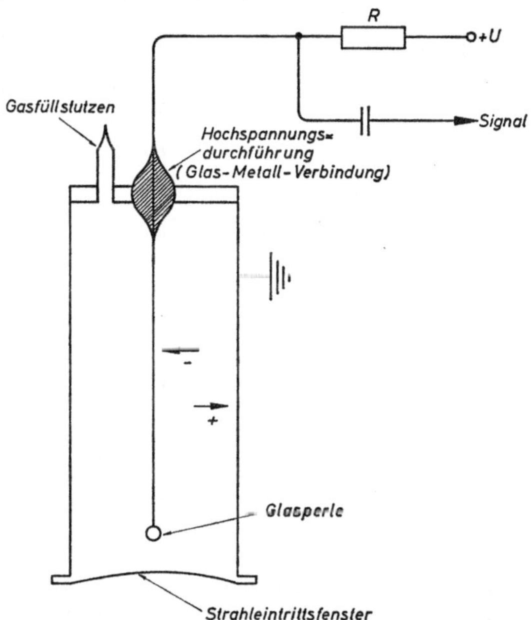

Abb. 2.1. Der Aufbau eines gasgefüllten Zählrohres

III. Proportionalbereich, IV. begrenzter Proportionalbereich, V. Geigerbereich (Auslösebereich), VI. Entladungsbereich.

Die untere Kurve in Abb. 2.2 (Kurve A) entsteht, wenn das Zählrohr einem Strahlungsimpuls ausgesetzt wird, der als Primärionisation 10 Ladungsträgerpaare im Zählgas erzeugt, während bei der oberen Kurve (Kurve B) der Strahlungsimpuls eine Primärionisation von 1000 Ladungsträgerpaaren im empfindlichen Volumen des Detektors bildet.

Im Bereich I bewegen sich die durch die Kernstrahlung gebildeten Ionen und Elektronen in dem schwachen elektrischen Feld so langsam auf die Zählrohrelektroden zu, daß ein großer Teil von ihnen schon mit Ladungsträgern umgekehrten Vorzeichens rekombiniert, bevor er die Elektroden erreicht. Mit zunehmender Zählrohrspannung nimmt die

Geschwindigkeit der gebildeten Ladungsträger zu, so daß immer weniger von ihnen rekombinieren können. Schließlich wird ihre Geschwindigkeit so groß, daß für sie auf ihrem Wege zu den Elektroden praktisch keine Rekombinationsmöglichkeit mehr besteht, d.h. alle gebildeten Ladungsträger werden an den Elektroden gesammelt. Der Spannungsbereich, in dem dieses geschieht, ist der sogenannte „Ionisationskammerbereich" (Bereich II). Eine weitere Erhöhung der Zählrohrspannung ändert zunächst an der gesammelten Ladungsmenge nichts.

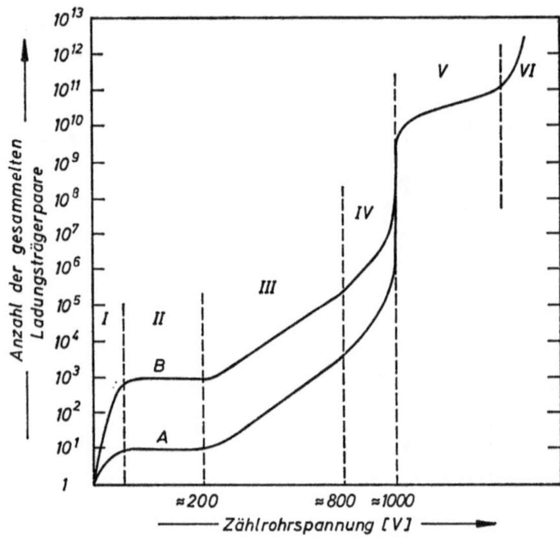

Abb. 2.2. Zur Erläuterung der verschiedenen Arbeitsbereiche gasgefüllter Zähler (*I* Rekombinationsbereich, *II* Ionisationskammerbereich, *III* Proportionalbereich, *IV* begrenzter Proportionalbereich, *V* Geigerbereich (Auslösebereich), *VI* Entladungsbereich)

Erhöht man die Zählrohrspannung über den Bereich II hinaus, so tritt im Bereich III eine neue Erscheinung auf. Bei dem gleichen Bestrahlungsimpuls, d.h. bei der gleichen Anzahl primär gebildeter Ladungsträger, werden in diesem Spannungsbereich mehr Ionen und Elektronen gesammelt als im Ionisationskammerbereich. Die gesammelte Ladungsmenge ist jedoch der primär erzeugten Ladungsmenge proportional. Aus diesem Grunde nennt man diesen Bereich den „Proportionalbereich". Hier ist die Feldstärke im Zählrohr so groß, daß die primär gebildeten Elektronen auf ihrem Wege zur Anode so viel Energie aufnehmen, d.h. eine so hohe Geschwindigkeit bekommen, daß sie in der Lage sind, selbst Ionisationen im Zählgas auszulösen. Die dadurch entstandenen Sekundärelektronen können bei entsprechend hoher Zählrohrspannung ihrerseits ebenfalls wieder Ionisationen auslösen und so weiter.

Die Folge davon ist, daß die an den Elektroden gesammelte Ladung im Proportionalbereich größer ist als die primär erzeugte Ladungsmenge.

Die Anzahl der Ladungsträgerpaare, die von einem primären Ionenpaar erzeugt wird, wird als Gasverstärkungsfaktor bezeichnet. Er ist im Ionisationskammerbereich Eins und kann im Proportionalbereich bis auf 10^4 und größer ansteigen. Dementsprechend ist die in diesen Bereichen gesammelte Ladung gleich dem Produkt aus primär gebildeter Ladungsmenge und dem Gasverstärkungsfaktor. Aus Abb. 2.2 geht hervor, daß im Proportionalbereich der Gasverstärkungsfaktor etwa exponentiell mit der Zählrohrspannung zunimmt. Außer von der Zählrohrspannung hängt er jedoch auch stark vom verwendeten Zählgas und der Elektrodenanordnung des jeweiligen Zählrohres ab.

Erhöht man die Zählrohrspannung weiter, so kommt man in einen Bereich, in dem der Gasverstärkungsfaktor stärker ansteigt, als es im Proportionalbereich der Fall war. Dieser Bereich wird der „begrenzte Proportionalbereich" genannt (Bereich IV). Die sehr starke Zunahme der Gasverstärkung in diesem Bereich ist auf das Auftreten intensiver und energiereicher Licht- und UV-Strahlung zurückzuführen, die durch Elektronenstoßanregung der Zählgasatome und Moleküle entsteht. Diese energiereichen Photonen schlagen durch Photoeffekt aus dem Kathodenmaterial, d.h. aus der Zählrohrwand, zusätzliche Elektronen heraus, die sich im Zählrohr genauso verhalten, wie die durch Ionisation erzeugten. Sie tragen also zu einem schnelleren Anwachsen der Elektronenlawine im Gasraum bei und bewirken somit eine stärkere Zunahme der gesammelten Ladungsträgermenge. Diese Verhältnisse wurden von Korff [2.2] näher untersucht.

Wie man aus Abb. 2.2 entnimmt, treffen in diesem Bereich auch die Kurven A und B zusammen. Das bedeutet, daß die effektiv gesammelte Ladungsmenge, die von der stärkeren Primärionisation herrührt (Kurve B), immer mehr hinter der theoretisch zu erwartenden Ladungsmenge zurückbleibt. Das ist auf den zunehmenden Einfluß der in der Entladungslawine gebildeten positiven Ionen zurückzuführen. Da diese eine um etwa den Faktor 10^3 geringere Beweglichkeit haben als die Elektronen, scheinen sie zunächst nach einem Ionisationsprozeß an ihrem Entstehungsort stehen zu bleiben. Da aber die meisten Ionisationsprozesse wegen der höheren Feldstärke in unmittelbarer Nähe der Mittelelektrode (dem Zähldraht) stattfinden, baut sich hier durch die positiven Ionen eine Raumladungswolke auf. Diese schirmt das Feld in unmittelbarer Zähldrahtnähe ab, d.h. sie verringert den großen Feldgradienten an dieser Stelle. Dadurch vermindert sie die Erzeugungsrate weiterer Ladungsträgerpaare in diesem Bereich. Der Einfluß der Raumladung wurde für einen He-Zähler von Brown [2.3] abgeschätzt.

Erhöht man die Zählrohrspannung weiter, so gelangt man in einen Bereich, in dem die an den Elektroden gesammelte Ladungsmenge von der Größe der Primärionisation unabhängig ist und nur noch von der Zählrohrspannung abhängt. In diesem Bereich ist der Gasverstärkungsfaktor sehr groß, er liegt etwa in der Größenordnung von 10^8, hat aber keinen genau definierten Wert mehr. Dieser Bereich wird als „Geigerbereich" bezeichnet (Bereich V). Häufig wird er auch „Auslösebereich" genannt.

Das Verhalten des Zählrohres im Geigerbereich kann folgendermaßen erklärt werden: Wenn das Zählrohr im Proportionalbereich betrieben wird, ist die Entladung auf den Entstehungsort der Primärionisation beschränkt (Townsend-Lawinen). Sie breitet sich in Richtung des elektrischen Feldes von der Kathode zur Anode aus. Bei etwas höheren Zählrohrspannungen treten durch die zusätzlich erzeugten Photonen Abweichungen von dieser Art der Entladung auf. Steigert man die Zählrohrspannung weiter, so nimmt die Zahl der gebildeten Photonen sehr stark zu. Das verursacht wiederum eine starke Vergrößerung der Anzahl der gebildeten Photoelektronen und außerdem eine seitliche Ausbreitung der Entladung (Korona-Entladung) entlang dem Zähldraht [2.4–2.5]. Bei genügend hoher Spannung erfaßt diese Entladung das ganze Zählrohr. Nun ist die an den Elektroden gesammelte Ladungsmenge nur noch von der angelegten Spannung und der Zählrohrlänge abhängig, d.h. die Höhe der abgegebenen Impulse ist bei konstanter Zählrohrspannung etwa gleich groß und von der Primärionisation unabhängig.

Erhöht man die Zählrohrspannung über den „Geigerbereich" hinaus, dann ist die Feldstärke so groß, daß eine durch eine Primärionisation eingeleitete Entladung sich sehr schnell über das ganze Zählrohr ausbreitet, und eine Dauerentladung verursacht (Glimmentladung), die schließlich zum Kurzschluß und damit zur Zerstörung des Zählrohres führt. Dieser Bereich wird als „Entladungsbereich" bezeichnet (Bereich VI). Ein hier betriebenes Zählrohr kann nicht mehr als Strahlungsdetektor benutzt werden.

In Abb. 2.3 ist die Abhängigkeit des Gasverstärkungsfaktors in einem Zählrohr von der Zählrohrspannung wiedergegeben [2.6]. Die verschiedenen Entladungsbereiche sind ebenfalls angegeben.

Gasgefüllte Detektoren, die im Ionisationskammerbereich arbeiten, haben in der Kernstrahlungsmeßtechnik vielfache Anwendung gefunden. Als Beispiele hierfür seien die Arbeiten [2.7–2.14] genannt.

Grundsätzlich kann man zwei verschiedene Betriebsarten von Ionisationskammern unterscheiden: die integrierende und die nicht integrierende Betriebsart. Wenn der Detektor als nicht integrierende Ionisationskammer betrieben wird, wird die Ionisation, die von jedem einzelnen Primärteilchen im empfindlichen Detektorvolumen erzeugt wird, getrennt gemessen. Im folgenden soll auf den Aufbau des Ausgangsimpulses einer solchen „Impulskammer" näher eingegangen werden. Dazu sei davon ausgegangen, daß ein ionisierendes Teilchen so in eine Parallelplatten-Ionisationskammer eintritt, daß seine Flugbahn senkrecht zur Richtung der elektrischen Feldlinien verläuft (Abb. 2.4) [2.15]. Zwischen den Platten, die im Abstand l voneinander angeordnet sind, befinde sich das Zählgas, z.B. Argon. An eine der Platten sei eine hohe negative Gleichspannung gelegt, während die andere über einen

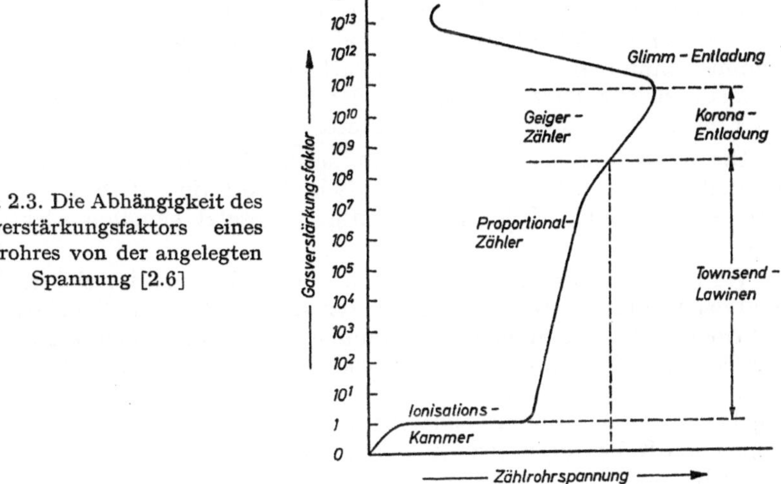

Abb. 2.3. Die Abhängigkeit des Gasverstärkungsfaktors eines Zählrohres von der angelegten Spannung [2.6]

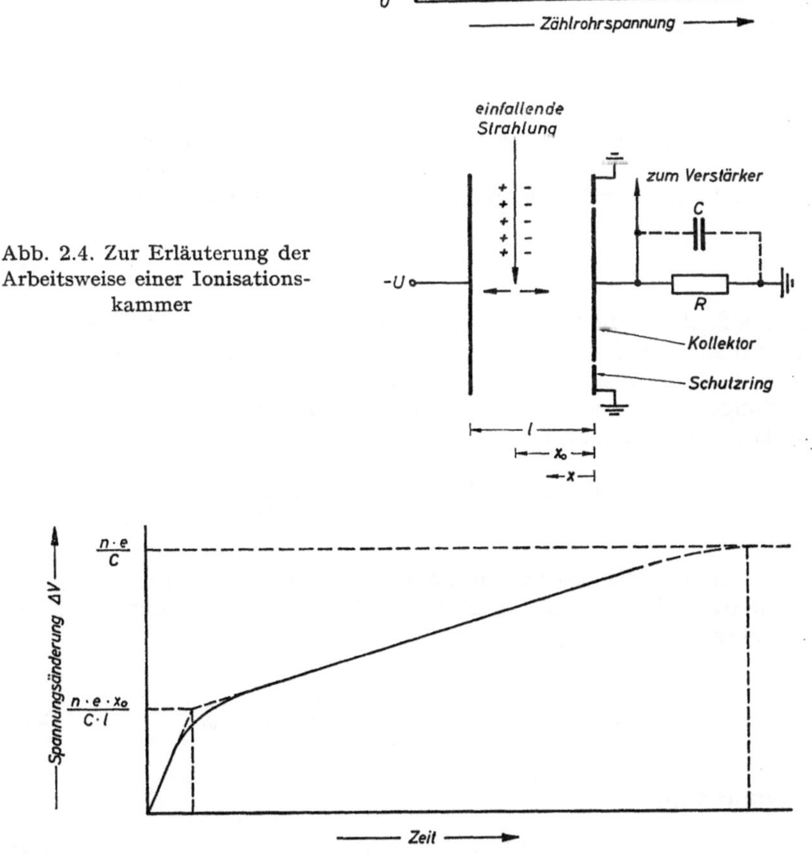

Abb. 2.4. Zur Erläuterung der Arbeitsweise einer Ionisationskammer

Abb. 2.5. Der Aufbau des Ausgangsimpulses einer Ionisationskammer

großen Widerstand R (10^{10}–10^{13} Ω) geerdet sei. Diese Platte (Kollektor) ist von einer geerdeten Elektrode, dem Schutzring, umgeben. Eine solche Kammer kann man sich als Parallelplatten-Kondensator vorstellen. Der Widerstand R bildet zusammen mit der Kammerkapazität C einen Teil des Eingangskreises des nachgeschalteten Verstärkers.

Die durch die Ionisation erzeugten Ladungsträgerpaare werden durch das in der Kammer herrschende elektrische Feld E (in x-Richtung gerichtet) getrennt, und zu der jeweils entgegengesetzt gepolten Elektrode gezogen.

Während sich die erzeugten Ionen und Elektronen im elektrischen Feld der Kammer bewegen, influenzieren sie Ladungen an den Kammerelektroden. Das macht sich als Spannungsimpuls am Arbeitswiderstand des Detektors bemerkbar. Da die Elektronen eine um etwa den Faktor 1000 größere Beweglichkeit haben als die positiven Ionen, wird der abgegebene Spannungsimpuls zunächst sehr schnell ansteigen, bis alle Elektronen den Kollektor erreicht haben, und dann langsamer, bis alle Ionen an der Kathode gesammelt worden sind. Wenn alle gebildeten n Ladungsträgerpaare gesammelt sind, ist am Kollektor eine Spannungsänderung $\Delta V = n\,e/C$ aufgetreten. Hierbei bedeutet e die Elementarladung und C die Kammerkapazität. In Anlehnung an die Darstellung in [2.15] kann man diese Vorgänge wie folgt beschreiben: Wenn man annimmt, daß R so groß ist, daß während des Impulses praktisch keine Ladung abfließen kann, ergibt sich der Energieinhalt des gesamten Systems zu

$$E = \frac{1}{2}\,C\,V_0^2\,. \tag{2.1}$$

Hierin bedeuten C die Kammerkapazität und V_0 die angelegte Spannung. Nimmt man an, daß die Ladungen im Abstand $x = x_0$ von der Kollektorplatte entstanden sind (Abb. 2.4), dann führt eine Verschiebung der n Ladungen von $x = x_0$ nach x zu einer Änderung der Energie des Systems, so daß sich ergibt

$$\frac{1}{2}\,C\,V^2 = \frac{1}{2}\,C\,V_0^2 - \int_{x_0}^{x} n\,e\,E\,dx\,, \tag{2.2}$$

Setzt man für die dabei auftretende Spannungsänderung $\Delta V = V_0 - V$ und für die Feldstärke in der Kammer $E = V_0/l$, dann geht unter der Voraussetzung $\Delta V \ll V_0$ Gl. (2.2) über in

$$C\,V_0\,\Delta V = \int_{x_0}^{x} \frac{n\,e\,V_0}{l}\,dx = \frac{n\,e\,V_0}{l}\,(x - x_0)\,. \tag{2.3}$$

Daraus ergibt sich

$$\Delta V = \frac{n\,e}{C\,l}\,(x - x_0)\,. \tag{2.4}$$

Ist v_+ die Ionengeschwindigkeit und v_- die Elektronengeschwindigkeit im konstanten elektrischen Feld E, dann ist $x = x_0 + \int_0^t v\,dt$ und man erhält für die beiden Anteile am Gesamtimpuls

$$\Delta V_\pm = \frac{n e}{C l} v_\pm t . \tag{2.5}$$

Das besagt, daß der Ausgangsspannungsimpuls wegen der wesentlich höheren Elektronengeschwindigkeit zunächst linear mit der Steigung $(n e) v_-/C l$ zeitlich ansteigt, bis alle Elektronen am Kollektor angekommen sind, d.h. der Impuls steigt an bis zur Spannung $\Delta V_- = (n e \cdot x_0)/C l$. Dann steigt er weiter an, nun aber mit der Steigung $(n e) v_+/C l$, da jetzt die positiven Ionen zum Impulsaufbau beitragen. Nach Sammlung aller positiven Ionen, ergibt sich ihr Spannungsbeitrag zur Gesamtimpulshöhe zu $\Delta V_+ = [n e \cdot (l - x_0)]/C l$. Die Gesamthöhe des vom Zählrohr abgegebenen Spannungsimpulses ergibt sich dann zu

$$\Delta V_- + \Delta V_+ = \Delta V = \frac{n e}{C} . \tag{2.6}$$

In Abb. 2.5 sind diese Verhältnisse schematisch dargestellt. Wie man aus den obigen Darlegungen ersieht, sind für den Impulsaufbau die Wanderungsgeschwindigkeiten der Elektronen (v_-) und der Ionen (v_+) von entscheidender Bedeutung. Die Beweglichkeit positiver Ionen beträgt beispielsweise in Argon bei einem Druck von 1 Torr 10^3 cm/s pro V/cm und diejenige der Elektronen unter den gleichen Bedingungen etwa $5-10 \cdot 10^5$ cm/s pro V/cm. Bei einer Ionisationskammer mit einer Tiefe von $l = 1$ cm und einer Argonfüllung mit einem Druck von 1 atm beträgt bei einer Zählrohrspannung von etwa 1000 V die Elektronensammelzeit rund 1 μs. Der abgegebene Impuls hat seine Endhöhe aber erst nach rund 0,5 ms erreicht.

Für viele Meßzwecke ist es von großer Wichtigkeit, daß die Anstiegszeit des vom Zähler abgegebenen Impulses möglichst kurz ist. Um das zu erreichen, muß man versuchen, nur den von den Elektronen herrührenden Teil des Ausgangsimpulses einer Ionisationskammer auszunutzen. Das kann man beispielsweise durch eine entsprechende Wahl der Zeitkonstante $R C$ des Kammerkreises bewirken. Diese Zeitkonstante muß klein sein gegenüber der Sammelzeit der Ionen.

Auf die Probleme der Ionisationskammer soll hier nicht weiter eingegangen werden. Der interessierte Leser sei auf die entsprechenden Fachbücher, wie z.B. [2.15], und auf die Originalarbeiten verwiesen, die diesen Problemkreis behandeln. Als Beispiele seien hier die Arbeiten [2.16–2.23] genannt. Entsprechendes gilt für die beiden anderen wichtigen Typen gasgefüllter Zähler, die Proportional- und die Geigerzähler [2.24–2.26].

2.3 Szintillationszähler

Das Prinzip des Szintillationszählers beruht darauf, daß gewisse anorganische und organische Substanzen durch ionisierende Strahlung zur Aussendung von Lichtimpulsen angeregt werden können. Diese Lichtblitze werden von Photovervielfachern, auch Photomultiplier genannt, in elektrische Impulse umgewandelt. Die Photovervielfacher bestehen aus einer Photokathode und einem Sekundärelektronenvervielfacher. Die Ausgangsimpulse der Photovervielfacher sind so groß, daß sie mit Hilfe geeigneter elektronischer Systeme leicht weiterverarbeitet werden können. Als Szintillatoren kommen Festkörper, Flüssigkeiten und Gase in Frage.

Der große Vorteil eines Festkörper-Szintillationszählers gegenüber einer Gasionisationskammer besteht darin, daß das Detektormedium eine hohe Elektronendichte besitzt, und deswegen hier die geladenen Teilchen und Gammaquanten nur eine kurze Reichweite haben. Man erreicht also besonders für Gammaquanten ein hohes Ansprechvermögen auf relativ kleinem Raum. Hinzu kommt, daß die Szintillationszähler Ausgangsimpulse mit steilem zeitlichem Anstieg liefern, was besonders bei Plastikszintillatoren der Fall ist. Organische Szintillatoren ermöglichen außerdem noch, falls ein Gemisch verschiedenartiger Teilchen auf den Detektor trifft, durch Impulsformdiskriminierung die einzelnen Strahlungsarten zu analysieren. Durch die Kürze der Szintillationsdauer – sie beträgt bei einigen Szintillatoren (organische Szintillatoren) etwa 10^{-9} s und ist damit um einige Größenordnungen kleiner als die Ladungssammelzeiten bei Zählrohren – ist es möglich, mit Hilfe geeigneter Szintillatoren eine hohe Zeitauflösung zu erreichen.

Der Aufbau eines Festkörper-Szintillationszählers geht aus Abb. 2.6 hervor. Nach Eintritt der Primärstrahlung in den Szintillationskristall, der mit einer dünnen Aluminiumhülle gekapselt ist, wird sie abgebremst bzw. absorbiert. Ein Teil der dabei abgegebenen Energie wird in Form von Lichtquanten emittiert. Dieses Licht gelangt auf die Photokathode des Photovervielfachers. Um dabei möglichst keine Lichtverluste auftreten zu lassen, muß man für einen möglichst guten optischen Kontakt zwischen Kristall und Photokathode sorgen. Die Aluminiumkapsel, in der der Szintillationskristall sitzt, hat in der Seite, die der Photokathode zugewandt ist, ein Fenster, so daß die Lichtquanten ungehindert zur Photokathode durchtreten können. An der Photokathode lösen diese Lichtquanten Elektronen aus, die durch geeignet ausgebildete elektrische Felder auf die erste Dynode fokussiert werden. Abb. 2.7 zeigt den Aufbau eines Photovervielfachers. An der ersten Dynode wird der auftreffende Elektronenstrahl verstärkt, was dadurch geschieht, daß die Primärelektronen aus der Dynode Sekundärelektronen herausschlagen, und zwar so viele, daß die Sekundärelektronenemission größer ist, als die Anzahl der primär eingefallenen Elektronen. Das wiederholt sich bei allen weiteren Dynoden. Wenn beispielsweise n Dynoden vorhanden sind, und bei jeder Dynode die Sekundärelektronenemission um einen Faktor δ größer ist als die Anzahl der eingefallenen Elektronen, dann ergibt sich eine Gesamtverstärkung des Elektronenstromes von δ^n. Wenn $n = 10$ ist und $\delta = 4$, liegt die Gesamtverstärkung in der Größenordnung von 10^6. Die hohen Gesamtverstärkungen, die mit modernen, leistungsfähigen Photovervielfachern erreichbar sind, können aus [2.27] entnommen

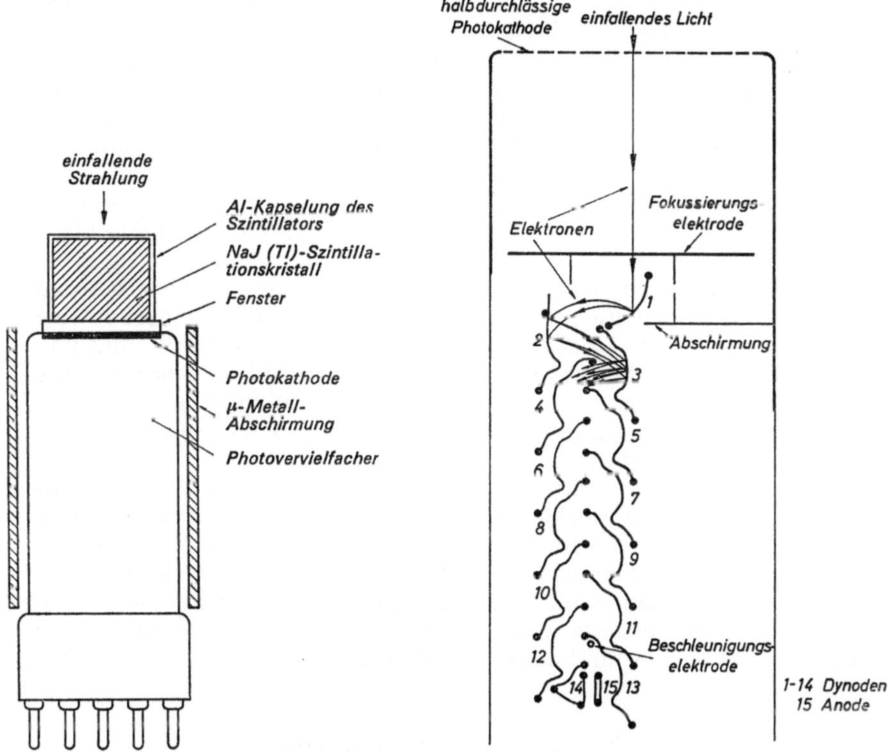

Abb. 2.6. Der Aufbau eines Festkörper-Szintillationszählers mit Photovervielfacher

Abb. 2.7. Der Aufbau eines Photovervielfachers (RCA 6810)

werden. Am Ende des Verstärkungszyklus im Sekundärelektronenvervielfacher trifft der Elektronenstrahl auf eine Anode, an deren Arbeitswiderstand R er einen Spannungsimpuls hervorruft, der dann in einem nachgeschalteten elektronischen Verstärkersystem weiterverarbeitet werden kann. Die Spannungsversorgung der Dynoden erfolgt über Spannungsteiler aus einer stabilisierten Hochspannungsquelle.

Da der Elektronenstrahl auf seinem Wege von der Photokathode zur Anode immer sehr gut auf die einzelnen Dynoden fokussiert werden muß, um am Arbeitswiderstand einen großen, sauberen Ausgangsimpuls zu bekommen, muß man dafür sorgen, daß möglichst keine magnetischen Felder in dem Raume vorhanden sind, in dem der Vervielfacher betrieben wird; denn diese Felder verursachen erhebliche Störungen der Fokussierung. Um diese Störungen zu vermeiden, umgibt man den Photovervielfacher mit einer „Mumetall"-Abschirmung.

Wie bereits erwähnt wurde, unterscheidet man anorganische und organische Szintillatoren. Die anorganischen Szintillatoren – es werden im allgemeinen Alkalijodidkristalle verwendet – sind Ionenkristalle. Bei ihnen ist das Kristallgitter wesentlich am Szintillationsmechanismus beteiligt. Der Teil der Primärteilchenenergie, der in Lichtenergie umgewandelt wird (Lichtausbeute), ist bei anorganischen Szintillatoren größer als bei organischen. Ein wesentlicher Nachteil anorganischer Szintillatoren ist jedoch, daß die Abklingzeiten der Szintillationen relativ lang sind. Für NaJ(Tl)-Kristalle liegen sie etwa bei 0,25 μs. Im Vergleich dazu haben organische Szintillatoren Abklingzeiten, die bei einigen Nanosekunden liegen.

Im Gegensatz zu den anorganischen Szintillatoren spielt bei den organischen das Kristallgitter für den Szintillationsmechanismus eine untergeordnete Rolle. Bei ihnen sind die einzelnen Moleküle und ihre Wechselwirkungen die entscheidenden Faktoren. Auf die Vorgänge, die sich in den beiden genannten Szintillatortypen im einzelnen abspielen, soll hier nicht eingegangen werden. Dazu sei auf die Spezialarbeiten [2.28–2.31] verwiesen.

Auf die im Zusammenhang mit der Anwendung von Szintillationszählern bei der Energiespektroskopie ionisierender Teilchen und Quanten wichtigen Fragen des Zusammenhanges zwischen absorbierter Strahlungsenergie und Ausgangsimpulshöhe, sowie der mit diesen Detektoren optimal erzielbaren Energieauflösung, kann hier ebenfalls nicht eingegangen werden. Der interessierte Leser sei in diesem Zusammenhang auf die Arbeiten [2.32–2.36] und auf das Werk von Neuert [2.15] hingewiesen

2.4 Neutronendetektoren

Im Gegensatz zu geladenen Teilchen und Elektronen, die aufgrund der durch sie im Detektor erzeugten Primärionisationen unmittelbar nachgewiesen werden können, lassen sich Neutronen nur indirekt nachweisen. Sie müssen zunächst mit einem Konvertermaterial wechselwirken. Die dabei entstehenden Reaktionsprodukte, bei denen es sich im allgemeinen um geladene Teilchen oder Elektronen handelt, können dann mit herkömmlichen Methoden registriert werden.

Man kann grundsätzlich zwei Gruppen von Wechselwirkungen unterscheiden, die im Zusammenhang mit Neutronendetektoren von Bedeutung sind:

a) Die elastische Streuung von Neutronen an leichten Kernen, im allgemeinen an Protonen. Dabei überträgt das stoßende Neutron soviel

Energie auf das Targetteilchen, daß dieses im ionisierten Zustand nachgewiesen werden kann, z.B. als Rückstoßproton. Die Rückstoßprotonen können beim Stoß eine Maximalenergie bekommen, die gleich der kinetischen Energie des stoßenden Neutrons ist.

b) Neutroneninduzierte Kernreaktionen, bei denen geladene Teilchen (z.B. Protonen, Alphateilchen oder Spaltfragmente) und zum Teil auch Gammaquanten emittiert werden, die dann mit Hilfe herkömmlicher Meßverfahren registriert werden.

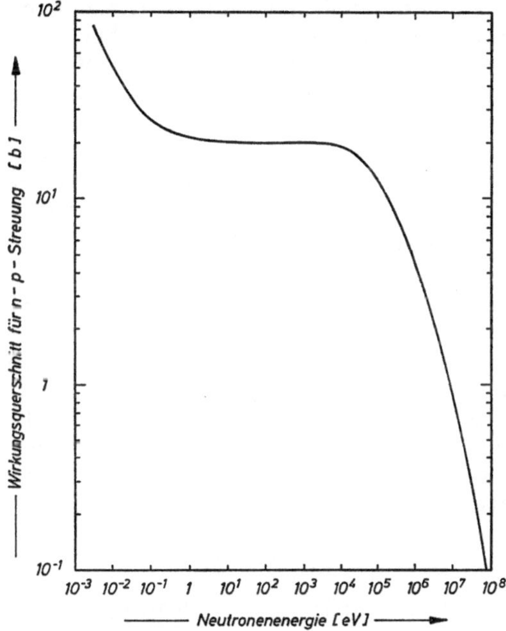

Abb. 2.8. Der Wirkungsquerschnittsverlauf der Neutron-Proton-Streuung [2.37]

Für den indirekten Neutronennachweis mit Hilfe der Neutron-Proton-Streuung können gasgefüllte Zähler, Szintillationszähler und Halbleiterdetektoren benutzt werden. Der Einsatz der letzteren auf diesem Gebiet wird in einem späteren Kapitel eingehender behandelt werden.

Für Energien bis zu 10 MeV ist die Neutron-Proton-Streuung im Schwerpunktsystem isotrop. Daraus folgt, daß die Rückstoßprotonen bei einer Neutronenenergie E_N Energien im Bereich zwischen $E_P = 0$ und $E_P = E_N$ mit einer konstanten Häufigkeit annehmen können. Die Impulshöhenverteilung der Rückstoßprotonenimpulse ist daher eine Rechteckverteilung. Das wurde von Allen [2.38] experimentell bestätigt. In Abb. 2.8 ist der Verlauf des Wirkungsquerschnittes für die Neutron-Proton-Streuung in Abhängigkeit von der Neutronenenergie wiedergegeben [2.37]. Wie man sieht, ist dieser Wirkungsquerschnitt im Bereich von 1 eV bis 10^4 eV praktisch konstant und nimmt dann bis 100 MeV näherungsweise nach einem $1/v$-Gesetz ab. Aus dem Rückstoßprotonenspektrum kann durch Differentiation das Neutronenspektrum ermittelt werden. Das Konvertermaterial kann bei gasgefüllten Zählern durch die Verwendung von wasserstoffhaltigen Zählgasen in den Detektor gebracht werden. Eine andere Möglichkeit besteht darin, daß man eine wasserstoffhaltige Folie unmittelbar vor dem Detektor oder in ihm anordnet. Als Detektoren können hierbei auch anorganische Szintillatoren verwendet werden. Eine hohe Empfindlichkeit für Neutronen haben auch Stoffgemische aus protonenempfindlichen anorganischen Szintillationssubstanzen und wasserstoffhaltigen Materialien [2.39–2.40]. Auch organische Szintillatoren sind wegen ihres hohen Wasserstoffgehaltes gut zum Neutronennachweis geeignet. Hier sind besonders diejenigen Szintillatoren von Bedeutung, bei denen die Abklingzeiten der Szintillationen von der Teilchenart abhängen. Sie ermöglichen mit Hilfe der Impulsformdiskriminierung eine Unterscheidung von Teilchen mit unterschiedlicher Ionisierungsdichte [2.41–2.42].

Die zweite Möglichkeit des Neutronennachweises besteht in der Registrierung der bei neutroneninduzierten Kernreaktionen emittierten Teilchen oder Quanten. Bei einigen der hier bevorzugt verwendeten (n,p)- und (n,α)-Reaktionen mit leichten Kernen wird außer den Reaktionsprodukten auch noch ein Energiebetrag Q freigesetzt. Nach einer solchen Reaktion sind also zwei hochenergetische Teilchen vorhanden, deren gesamte kinetische Energie gleich der Summe aus Neutroneneinfallsenergie und Energiefreisetzung Q ist. Die für den Neutronennachweis wichtigsten Reaktionen dieses Typs sind

$$
\begin{aligned}
{}^{10}\mathrm{B}\ (n,\alpha)^{7}\mathrm{Li};\quad & Q = 2{,}78\ \mathrm{MeV},\\
{}^{6}\mathrm{Li}\ (n,\alpha)^{3}\mathrm{H};\quad & Q = 4{,}78\ \mathrm{MeV},\\
{}^{3}\mathrm{He}\ (n,p)^{3}\mathrm{H};\quad & Q = 0{,}76\ \mathrm{MeV}.
\end{aligned}
$$

Wie aus Abb. 1.10 hervorgeht, haben diese Reaktionen besonders im thermischen und epithermischen Energiebereich der Neutronen große Wirkungsquerschnitte, so daß sie für den Nachweis von Neutronen in diesen Energiebereichen hervorragend geeignet sind. Bei der ${}^{10}\mathrm{B}(n,\alpha)$-Reaktion führen 93% der Reaktionen auf einen angeregten Zustand des ${}^{7}\mathrm{Li}$-Kernes (Anregungsenergie 480 keV). Das bedeutet, daß der Q-Wert dieser Reaktionen praktisch nur 2,3 MeV beträgt. Als Detektoren kommen bei Verwendung der ${}^{10}\mathrm{B}(n,\alpha)$-Reaktion im wesentlichen gasgefüllte Zähler und Halbleiterdetektoren in Frage. Als Zählrohrfüllung verwendet man bei den gasgefüllten Zählern im allgemeinen BF_3-Gas, das mit dem Isotop ${}^{10}\mathrm{B}$ angereichert ist. Abb. 2.9 zeigt das Spektrum monoenergetischer, thermischer Neutronen, das mit einem BF_3-Zählrohr aufgenommen wurde [2.43].

Beim Einsatz der ^{6}Li(n,α)-Reaktion benutzt man vorzugsweise Halbleiterdetektoren und ^{6}Li-haltige Szintillatoren. Gasgefüllte Zähler werden hier im allgemeinen nicht verwendet, da es keine geeigneten ^{6}Li-haltigen Dämpfe gibt, die dem Zählgas beigemischt werden könnten.

^{3}He-Gas ist ebenfalls ein hervorragender Konverter zum Neutronennachweis. Es wird als Zählrohrfüllung und zusammen mit Halbleiterdetektoren verwendet. Um ein möglichst großes Ansprechvermögen zu bekommen, betreibt man solche Zähler häufig mit einem ^{3}He-Druck von mehreren Atmosphären [2.44–2.45]. Für thermische Neutronen beträgt der Reaktionswirkungsquerschnitt etwa 5327 b. Bei höheren Neutronenenergien (10 eV) gehorcht er einem $1/v$-Gesetz, wie Abb. 1.10 zeigt. Das

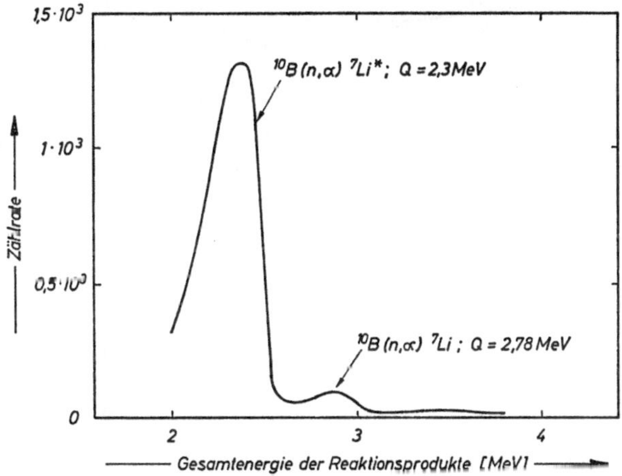

Abb. 2.9. Mit einem BF_3-Zählrohr aufgenommenes Impulshöhenspektrum thermischer Neutronen [2.43]

Energieauflösungsvermögen dieser Detektoren beträgt für thermische Neutronen etwa 3%, während ihre Gammaempfindlichkeit vernachlässigt werden kann. Man hat mit ^{3}He-Proportionalzählern für schnelle Neutronen Energieauflösungen in der Größenordnung von 70 keV erreicht. Die Neutronennachweiswahrscheinlichkeit betrug etwa 0,2%.

Die Neutronenspektroskopie mit Halbleiterdetektoren unter Verwendung der drei genannten Kernreaktionen wird in einem späteren Kapitel behandelt werden.

Eine andere Gruppe von Kernreaktionen zum Neutronennachweis sind die neutroneninduzierten Kernspaltungen. Es gibt eine Anzahl spaltbarer Substanzen mit einem hinreichend großen Spaltwirkungsquerschnitt für langsame oder schnelle Neutronen. In Abb. 2.10 ist der Verlauf des Spaltwirkungsquerschnittes in Abhängigkeit von der Energie für die wichtigsten durch Neutronen spaltbaren Substanzen dargestellt [2.46]. Für den Nachweis thermischer Neutronen benutzt man bevorzugt die spaltbaren Stoffe ^{233}U, ^{235}U und ^{239}Pu. Für den Neutronenenergiebereich von 1 MeV bis zu einigen MeV stehen ebenfalls geeignete Elemente zur Verfügung. Einige davon haben bestimmte Schwellenergien für Spaltung. Die nachzuweisenden Neutronen müssen deshalb Energien oberhalb dieser Schwellen haben. Zu diesen Stoffen gehören z.B. ^{238}U (Schwellenergie 1,45 MeV), ^{232}Th (Schwellenergie 1,75 MeV) und ^{237}Np (Schwellenergie 0,75 MeV). Zum Nachweis sehr hochenergetischer Neu-

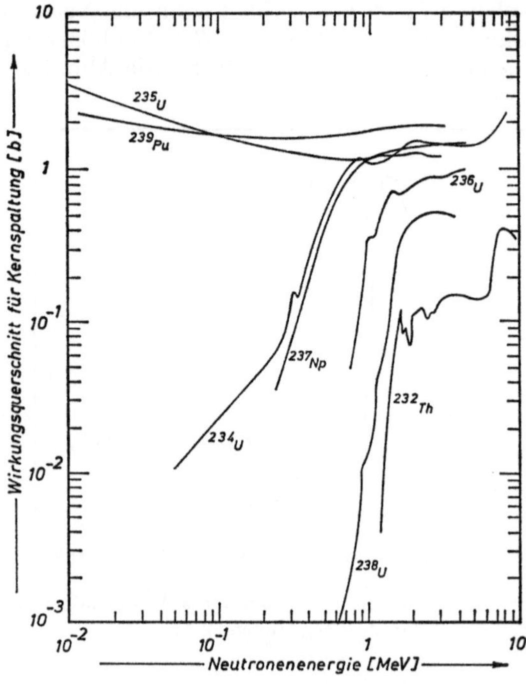

Abb. 2.10. Der Verlauf des Wirkungsquerschnitts für Kernspaltung durch Neutronen bei ^{232}Th, ^{234}U, ^{235}U, ^{236}U, ^{238}U, ^{237}Np und ^{239}Pu [2.46]

tronen ($E_N \approx 100$ MeV) kann man Wismuth benutzen, dessen Schwellenergie für Spaltung bei 50 MeV liegt. Da die hier in Frage kommenden schweren Substanzen im allgemeinen nicht in gasförmigen Verbindungen auftreten, verwendet man meistens dünne Folien oder aufgedampfte Schichten dieser Stoffe in den Detektoren. Diese Schichten müssen sehr dünn sein (einige mg/cm²) wegen der geringen Reichweite der Spaltprodukte in denselben. Im allgemeinen werden als Detektoren in diesem Zusammenhang Ionisationskammern und Proportionalzähler benutzt. Der Einsatz von Halbleiterdetektoren ist hier von geringerer Bedeutung, da die hochenergetischen Spaltfragmente Strahlenschäden im Detektorkristall verursachen.

Literatur Kapitel 2

[2.1] Finkelnburg, W.: Einführung in die Atomphysik, Berlin-Göttingen-Heidelberg-New York: Springer 1964.

[2.2] Rose, M. E., Korff, S. A.: Phys. Rev. **59**, 850 (1941).

[2.3] Brown, S. C.: Phys. Rev. **62**, 244 (1942).

[2.4] Greiner, E.: Z. f. Phys. **81**, 543 (1933).

[2.5] Jaffe, A. A.: Proc. Phys. Soc. **62**, 39 (1949).

[2.6] Friedmann, H.: Proc. IRE **37**, 791 (1949).

[2.7] Rossi, B., Staub, H.: Ionization Chambers and Counters, New York: McGraw-Hill 1949.

[2.8] Kurent, V., Kuhn, A.: Technik des Messens radioaktiver Strahlung, Leipzig: Akad. Verlagsges. 1960.

[2.9] Kirchner, F.: Phys. Z. **38**, 969 (1937).

[2.10] Eutsler, B. C.: Nucleonics **14**, Nr. 9, 114 (1956).

[2.11] Brownell, G. L., Lochhart, H. S.: Nucleonics **10**, Nr. 2, 26 (1952).

[2.12] Janney, C. D., Mayer, B. J.: Rev. Scient. Instr. **19**, 667 (1948).

[2.13] Bothe, W.: Phys. Z. **16**, 33 (1915).

[2.14] Fränz, H., Weiss, C. F.: Phys. Z. **36**, 486 (1935).

[2.15] Neuert, H.: Kernphysikalische Meßverfahren zum Nachweis für Teilchen und Quanten, Karlsruhe: Braun 1966.

[2.16] Frisch, O.: British Atomic Energy Report BR — 49, 1944.

[2.17] Buneman, O.: Canad. J. Res. **A 27**, 191 (1949).

[2.18] Miller, H. L.: Rev. Scient. Instr. **27**, 331 (1956).

[2.19] Cranshaw, T. E., Harvey, J. A.: Canad. J. Res., **26**, 243 (1948).

[2.20] Vorob'ev, A. A.: J. E. T. P. **43**, 426 (1962). Englische Übersetzung in Journ. Exp. Theor. Phys. **16**, 306 (1963).

[2.21] Trepka, L., Neuert, H.: Z. f. Naturf. **18a**, 1295 (1964).

[2.22] Jaffé, G.: Phys. Z. **30**, 849 (1929).

[2.23] Aglinzew, K. K.: Dosimetrie ionisierender Strahlung, Berlin: Deutscher Verlag der Wissenschaften 1961.

[2.24] Getting, I. A.: Phys. Rev. **53**, 103 (1938).

[2.25] Maier-Leibnitz, H. W.: Rev. Scient. Instr. **19**, 500 (1948).

[2.26] Trost, A.: Z. f. Phys. **105**, 399 (1937).

[2.27] VALVO-Handbuch, Spezialröhren II, VALVO GmbH (Hamburg 1964).

[2.28] Sciver van, W.: IRE Trans. Nucl. Sci. **NS-3**, Nr. 4, 39 (1956).

[2.29] Meyer, A., Murray, R. B.: Phys. Rev. **122**, 815 (1961).

[2.30] Birks, J. B.: Phys. Rev. **94**, 1567 (1954).

[2.31] Schram, E.: Organic scintillation detectors, Amsterdam: Elsevier Publ. Comp. 1963.

[2.32] Wright, G. T.: Phys. Rev. **91**, 1282 (1953).

[2.33] Morton, G. A.: Proc. 1st Geneva Conf. **14**, 246, U. N. O., New York 1956.

[2.34] Martinez, P., Senftle, F. E.: Rev. Scient. Instr. **31**, 974 (1960).

[2.35] Zerby, C. D.: Nucl. Instr. and Meth. **12**, 115 (1961).

[2.36] Kelley, G. G.: I. R. E. Trans Nucl. Sci. **NS-3**, Nr. 4, 57 (1956).

[2.37] Hughes, D. J., Harvey, I. A.: Neutron cross sections, UACD, New York: McGraw-Hill 1955.

[2.38] Allen, W. D.: Proc. Phys. Soc. London **A 68**, 650 (1955).

[2.39] Emmerich, W. S.: Rev. Scient. Instr. **25**, 69 (1954).

[2.40] Hornyak, W. F.: Rev. Scient. Instr. **23**, 264 (1952).

[2.41] Litherland, A. E.: Phys. Rev. (**L**) **2**, 104 (1959).

[2.42] De Vries, L. J., Udo, F.: Nucl. Instr. and Meth. **13**, 153 (1961).

[2.43] James, D. B.: Canad. J. Phys. **33**, 219 (1955).
[2.44] Mills, W. R.: Rev. Scient. Instr. **33**, 866 (1962).
[2.45] Krohn, V. E.: Nucl. Instr. and Meth. **27**, 351 (1964).
[2.46] Lamphere, R. W.: Fission detectors, in Marion, J. B. und Fowler, J. L., Fast neutron physics I, 449, New York: Interscience Publ. Inc. 1960.

3. Der Halbleiterdetektor

3.1 Einführung

Die Arbeitsweise eines Halbleiterdetektors läßt sich analog zu der einer gasgefüllten Ionisationskammer oder eines Proportionalzählers beschreiben. Auch hier wird die Gesamtzahl der Ladungsträgerpaare, die von der Primärstrahlung im Zählvolumen erzeugt werden, zum Nachweis dieser Strahlung verwendet. Als Detektorvolumen dient hier jedoch kein Gas sondern ein isolierender Einkristall, bei dem zwei gegenüberliegende Flächen als Elektroden ausgebildet sind, an die die Detektorbetriebsspannung gelegt wird (Abb. 3.1). Diese wird über einen Arbeitswiderstand zugeführt, an dem das Ausgangssignal des Detektors abgegriffen werden kann. Dringt ein geladenes Teilchen in diesen Detektor ein, so erzeugt es auf seinem Wege durch den Kristall längs seiner Bahn Elektronen-Defektelektronen-Paare. Diese können ihrerseits wieder weitere Ladungsträgerpaare bilden, falls ihre Energie hinreichend groß ist. Dieser Kaskadenprozeß läuft so lange, bis alle Elektronen ihre Energien soweit abgegeben haben, daß sie keine weiteren Ionisationen mehr durchführen können. Aus diesem Grunde hängt im allgemeinen die Anzahl der gebildeten Elektronen-Defektelektronen-Paare nur von der Energie ab, die die Primärstrahlung beim Durchgang durch den Detektor an diesen abgibt, und nicht von der Art der Strahlung. Durch das starke elektrische Feld, das durch die Detektorbetriebsspannung im Kristall erzeugt wird, werden die gebildeten Ladungsträgerpaare getrennt und zu den entsprechenden Elektroden gezogen. Hier influenzieren sie einen Ladungsimpuls, der am Arbeitswiderstand des Detektors als Ausgangsspannungsimpuls abgegriffen wird. Mit Hilfe dieses Impulses kann in einem nachgeschalteten elektronischen System (z.B. Impulshöhenanalysator) die Energie des nachgewiesenen Teilchens bestimmt werden.

Halbleiterdetektoren haben viele Vorteile gegenüber herkömmlichen Ionisationskammern. Hier ist zunächst die Tatsache zu nennen, daß bei ihnen die Dichte des Detektormediums etwa um einen Faktor 10^3 größer ist als bei gasgefüllten Zählern. Das führt dazu, daß der spezifische Energierverlust bei der Abbremsung geladener Teilchen entsprechend größer ist. Das Bremsvermögen eines Festkörperdetektors ist so gut, daß hochenergetische Betateilchen und Protonen, die in Luft bei Normalbedingungen Reichweiten bis zu mehreren Metern haben, in einem einige Millimeter dicken Siliziumdetektor völlig abgebremst werden können. Bei-

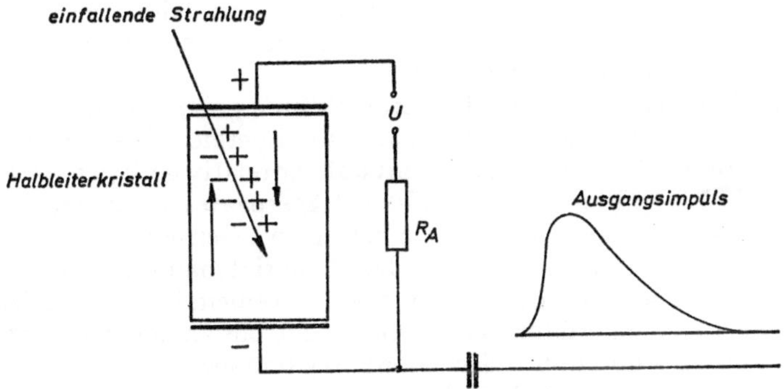

Abb. 3.1. Die Festkörperionisationskammer

spielsweise können Protonen mit Energien bis zu 18 MeV in Siliziumdetektoren mit 2 mm dicker empfindlicher Zone ihre Energie vollständig abgeben. Andererseits ist es möglich, sehr dünne Halbleiterdetektoren

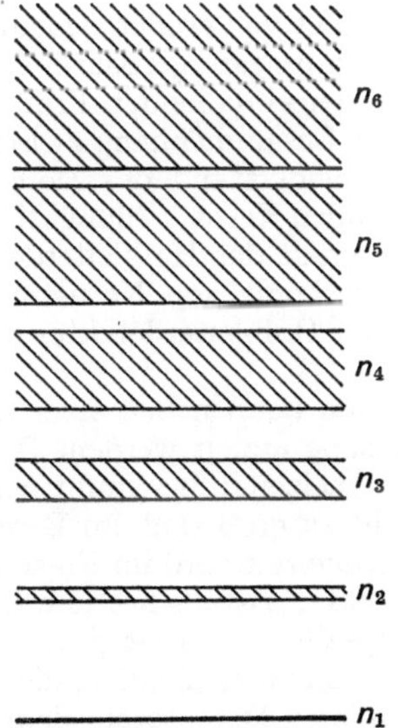

Abb. 3.2. Das Energiebänderschema der Elektronen in einem Kristall (n_i = Hauptquantenzahl)

herzustellen, die nur einen geringen Teil der Energie der sie durchdringenden ionisierenden Teilchen absorbieren. Mit solchen Detektoren kann der spezifische Energieverlust (dE/dx) dieser Teilchen ermittelt werden. In einem nachgeschalteten dickeren Halbleiterzähler wird dann die verbleibende Restenergie absorbiert, so daß man mit Hilfe dieser beiden Größen das Teilchen identifizieren kann, wie in einem späteren Kapitel noch genauer dargelegt werden wird.

Ein weiterer Vorteil der Halbleiterdetektoren gegenüber den anderen Kernstrahlungsdetektoren ist die sehr gute Energieauflösung, die mit ihnen erreicht werden kann. Das beruht auf der relativ geringen mittleren Energie, die zur Bildung eines Ladungsträgerpaares in einem solchen Detektor absorbiert werden muß. Sie beträgt bei Germanium nur 2,8 eV und bei Silizium 3,6 eV. Im Gegensatz dazu benötigt man zur Bildung eines Ionenpaares in einer Ionisationskammer bzw. in einem Proportionalzähler etwa 20 bis 30 eV. Zur Bildung eines Photoelektrons an der Photokathode einer Szintillator-Photomultiplier-Anordnung sind sogar mindestens 300 eV notwendig. Daraus folgt, daß die Anzahl der Ladungsträgerpaare, die von einem ionisierenden Teilchen mit einer bestimmten Einfallsenergie erzeugt wird, bei einem Halbleiterdetektor wesentlich größer ist als in den anderen Detektoren. Das bedeutet aber, daß hier die statistische Schwankung der Höhe des Ausgangsimpulses bei Bestrahlung mit monoenergetischen Teilchen viel kleiner und damit das Energieauflösungsvermögen entsprechend größer ist.

Für die Energiespektroskopie geladener Teilchen und Gammaquanten mit Halbleiterdetektoren ist es von großer Bedeutung, daß hier die Energie, die zur Bildung eines Ladungsträgerpaares erforderlich ist, praktisch von der Art und Energie der einfallenden Primärstrahlung unabhängig ist. Es besteht ein linearer Zusammenhang zwischen der Höhe des Ausgangsimpulses am Arbeitswiderstand des Detektors und der Energie der auf den Detektor fallenden Kernstrahlung. Neben der hohen Energieauflösung ist diese Eigenschaft der Halbleiterdetektoren für ihren Einsatz in der Energiespektroskopie von Kernstrahlung entscheidend. In diesen Eigenschaften ist der Halbleiterdetektor den Szintillationszählern erheblich überlegen.

Mit Halbleiterdetektoren kann neben einer hohen Energieauflösung auch eine hohe Zeitauflösung erzielt werden. Die Impulsanstiegszeiten, die durch die Ladungssammelzeiten bestimmt werden, liegen hier, wenn die Detektorkristalle nicht zu groß sind, im Bereich von 1 μs bis 0,1 ns. Die wirkliche Ladungssammelzeit wird im Einzelfall durch die Güte und Größe des jeweiligen Detektorkristalls bestimmt.

Wegen des großen spezifischen Energieverlustes der ionisierenden Teilchen im Halbleiterkristall ist es möglich, die Baugröße dieser Detektoren im Vergleich zu anderen Detektoren klein zu halten, was für bestimmte kernphysikalische und neutronenphysikalische Versuche von entscheidender Wichtigkeit ist, da man dadurch die durch den Detektor verursachten Störungen des Strahlungsfeldes klein halten kann. Auch die Handhabung von Festkörperdetektoren ist, mit Ausnahme der der gekühlten Germaniumdetektoren, recht einfach. Weitere sehr nützliche Eigenschaften von Halbleiterdetektoren sind ihre Einbaumöglichkeit ins Vakuum und ihre relativ große Unempfindlichkeit gegenüber äußeren Magnetfeldern.

Bei der Herstellung des Detektormaterials und beim Bau der Detektoren treten im allgemeinen Störeffekte auf, die dazu führen, daß die Eigenschaften eines „realen“ Halbleiterdetektors von denen eines „idealen“ abweichen. Man ist aus diesem Grunde bei der Detektorentwicklung darum bemüht, diese „Idealbedingungen“ möglichst gut angenähert zu erreichen. Die meisten Abweichungen vom „idealen“ Verhalten eines Halbleiterdetektors werden durch die Eigenschaften des Kristallgitters bestimmt, in dem die Elektronen-Defektelektronen-Paare durch die Strahlung erzeugt werden, und durch das die so erzeugten Ladungen zu den Sammelelektroden wandern. In diesem Zusammenhang ist zunächst zu erwähnen, daß ein „realer“ Halbleiterkristall auch bei Temperaturen, bei denen der „ideale“ Kristall nichtleitend wäre, noch eine endliche elektrische Leitfähigkeit hat. Diese wird durch die immer im Kristall vorhandenen Verunreinigungen verursacht.

Die Folge dieser „Störleitfähigkeit“ ist, daß, nach Anlegen einer Spannung, ein konstanter Strom durch den Detektor fließt, der durch Vergrößern des Detektorrauschens die Energieauflösungseigenschaften des Zählers erheblich verschlechtert. Bei schlechten Kristallen kann dieses Rauschen in die Größenordnung des Nutzsignals kommen, so daß ein solcher Detektor unbrauchbar ist.

Eine weitere Eigenschaft „realer“ Halbleiterkristalle ist die, daß sie teilweise eine Anzahl Störstellen enthalten, die auf die im Kristall erzeugten freien Ladungsträger wie Einfangzentren wirken können, und dadurch ebenfalls eine Verschlechterung der Energieauflösung verursachen. Die Einfangzentren können diesen Effekt auf zweierlei Arten bewirken: durch Rekombination der Ladungsträger oder durch Einfang in einem Haftzentrum. Im ersten Falle wird beispielsweise ein Elektron in einem Einfangzentrum des Gitters solange festgehalten, bis ein Ladungsträger des entgegengesetzten Vorzeichens an dieser Stelle vorbeikommt und mit dem Elektron rekombiniert. Dadurch verschwindet das Elektron aus der Gesamtzahl der freigesetzten Ladungsträger, was sich in einer Verringerung der Höhe des Ausgangsimpulses des Detektors bemerkbar macht. Im zweiten Falle wird das Elektron auch in einem Einfangzentrum festgehalten. Es wird aber von diesem Zentrum wieder freigegeben, bevor ein Ladungsträger anderen Vorzeichens mit dem Elektron rekombinieren kann. Dieses kann einem Elektron auf seinem Wege zur Sammelelektrode mehrmals passieren. Da solche Elektronen im Mittel verspätet an der Sammelelektrode ankommen, tragen sie im allgemeinen nicht mehr mit zur Bildung des Hauptimpulses am Detektorarbeitswiderstand bei. Das bedeutet, daß sich hierdurch eine verringerte Ausgangsimpulshöhe ergibt.

Bei der Herstellung der Detektorkristalle wird man also einerseits Wert darauf legen, die Fehlstellenkonzentration möglichst gering zu halten, andererseits hat man jedoch festgestellt, daß die Kristalle, die eine sehr kleine „Störleitfähigkeit“ besitzen, d.h. die sehr rein sind, häufig zahlreiche Einfangzentren in ihrem Gitter haben. Zwischen diesen beiden Störeffekten „realer“ Kristalle muß man bei der Detektorherstellung also einen Kompromiß schließen. Die genannten Störeffekte wurden hier nur kurz erwähnt, um den Unterschied zwischen „realen" und „idealen" Halbleiterkristallen zu verdeutlichen. Es wird die Aufgabe späterer Kapitel sein, die wichtigsten Störeffekte und deren Beseitigung eingehender zu behandeln. Nichtsdestoweniger lassen sich jedoch viele Eigenschaften von „realen" Halbleiterdetektoren an dem Modell eines „idealen" Halbleiterdetektors gut erklären. Das wird der Inhalt des Kapitels 3.4 sein. Zuvor jedoch sollen die allgemeinen physikalischen Eigenschaften eines Halbleiters näher erläutert werden.

3.2 Physikalische Eigenschaften von Halbleitern

Die physikalischen Eigenschaften eines Halbleiters kann man am besten mit Hilfe des Energiebändermodells beschreiben. Es ist bekannt, daß ein freies, ungestörtes Atom eine Anzahl scharfer, genau definierter Energieniveaus der gebundenen Elektronen hat, und daß diese bei entsprechend hohen Energien in den kontinuierlichen Energiebereich der freien, ionisierten Elektronen übergehen. Aus quantenmechanischen Überlegungen ergibt sich, daß bei zwei gekoppelten atomaren Systemen gleicher Energie wegen der Energieresonanz die diskreten Energiezustände (Hauptquantenzahl n) der Einzelatome jeweils in zwei Energieniveaus aufspalten. Der Abstand dieser Niveaus ist um so größer, je stärker die Kopplung der beiden atomaren Systeme ist. Sind die Atome in einem Kristallgitter eingebaut, so liegt eine starke Kopplung der einzelnen atomaren Systeme vor, da hier wegen der Identität der einzelnen Gitterbausteine ein Elektronenaustausch zwischen zwei benachbarten Gitteratomen möglich ist. Besteht beispielsweise das Gitter aus N Atomen, so wird wegen der genannten Austauschmöglichkeit jedes Elektrons mit jedem der $N-1$ anderen jeder Energiezustand eines Gitteratoms in N Zustände aufspalten. Diese werden in der Quantenmechanik im allgemeinen mit der Quantenzahl k charakterisiert. Wegen des Pauli-Prinzips kann jedes dieser Energieniveaus mit maximal zwei Elektronen besetzt sein, die entgegengesetzte Spinrichtungen haben. Da in jedem Mol des Kristalles $6 \cdot 10^{23}$ Atome eingebaut sind, spalten die einzelnen, diskreten Energiezustände der freien Gitteratome nach ihrem Einbau ins Gitter in eine so große Zahl von Niveaus auf, daß diese als Energieband erscheinen. Der Abstand einzelner Terme in einem solchen Energieband ist im allgemeinen kleiner als 10^{-20} eV. Da sich die starke Kopplung der atomaren Systeme im Gitter besonders bei den Elektronen bemerkbar macht, die auf weiter außen liegenden Schalen der Gitteratome sitzen (große Hauptquantenzahl n) und dementsprechend auch lockerer gebunden sind, wird hier die Breite der Energiebänder am größten sein. Auf die fester gebundenen Elektronen in den weiter innen liegenden Schalen ist der Einbau des Atoms ins Gitter von geringerem Einfluß, d.h. hier nimmt die Breite der Energiebänder ab. Die Energiezustände der innersten Elektronen werden schließlich durch die benachbarten Gitteratome überhaupt nicht mehr beeinflußt. Sie bleiben daher ungestört und scharf. In Abb. 3.2 ist das Energiebänderschema der Elektronen in einem Kristall wiedergegeben. Deutlich ist die Zunahme der Bandbreite in den höheren Niveaus zu erkennen.

Das oberste besetzte Energieband im Kristall wird das Valenzband genannt, denn die Elektronen in diesem Band sind die Valenzelektronen der Gitteratome. Die Elektronen in diesem Energiezustand sind jedoch nicht frei, sie sind noch an die Gitteratome gebunden. Das nächsthöhere Energieband ist das sogenannte Leitungsband. Dieses Band ist im Normalfall frei von Elektronen. Wenn sich jedoch Elektronen in demselben befinden, dann können sie als quasifreie Elektronen betrachtet werden, d. h. sie sind nicht an ihre Gitteratome gebunden, wohl aber an den Kristall als Ganzen. Aus der Lage dieser beiden Energiebänder relativ zueinander und aus der Besetzungsdichte des Valenzbandes können die Unterschiede zwischen metallischen Leitern, elektronischen Halbleitern (Eigenhalbleitern) und Isolatoren abgeleitet werden. Dieses soll im folgenden in Anlehnung an die Darstellung in [2.1] kurz erfolgen, um das Verständnis der Vorgänge im Halbleiter und im später noch zu behandelnden Metall-Halbleiter-Kontakt zu erleichtern.

Da nach den oben gemachten Ausführungen nach dem Pauli-Prinzip jeder k-Zustand mit zwei Elektronen entgegengesetzter Spinrichtung besetzt werden kann, hat jedes Energieband eines aus N Atomen bestehenden Kristalls Platz für $2\,N$ Elektronen. Das bedeutet, daß bei den einwertigen Metallen das Valenzband nur halb besetzt ist. Die Elektronen können also aus einem elektrischen Feld, das man durch Anlegen einer Spannung in diesem Metall erzeugt, Energie aufnehmen und dadurch in höhere Bereiche des Valenzbandes gehoben werden. Da diese Elektronen noch im Valenzband sind, sind sie nicht völlig frei. Sie können lediglich zwischen den Potentialmulden benachbarter Gitteratome hin und her schwingen, und, indem sie von einer Mulde zur nächsten usw. wandern, eine elektrische Leitfähigkeit des Kristalls verusachen. Daraus folgt, daß einwertige Metalle elektrische Leiter sind.

Bei den zweiwertigen Metallen zeigen die beiden äußeren Elektronen eine starke Wechselwirkung. Das führt zu einer derartigen Verbreiterung der Energiebänder, daß sich die obersten Bänder teilweise schon überlappen. Da der Gleichgewichtszustand derjenige geringster potentieller Energie ist, werden die $2\,N$ Elektronen nicht das eine Band voll besetzen und das andere unbesetzt lassen, sondern sie werden die hohen Niveaus des Valenzbandes nicht besetzen, dafür aber die niedrigen des Leitungsbandes. Da es hier gleichsam einen kontinuierlichen Übergang vom Valenz- ins Leitungsband gibt, liegen in einem solchen Kristall immer quasifreie Elektronen vor, der Kristall ist ein elektrischer Leiter.

Die dritte Möglichkeit besteht darin, daß das Valenzband voll besetzt ist, die Breite der Energiebänder aber nicht so groß ist, daß sich Valenz- und Leitungsband überlappen. Beide Bänder haben einen geringen Abstand, der weniger als 2 eV beträgt. Nun können Elektronen beispielsweise durch thermische Anregung vom voll besetzten Valenzband ins Leitungsband gelangen und sich hier als quasifreie Elektronen bewegen, d.h. bei nicht zu niedrigen Temperaturen hat ein solcher Kristall eine gewisse elektronische Leitfähigkeit. Diese ist aber sehr stark temperaturabhängig. Sie nimmt mit steigender Temperatur zu und ist beim absoluten Nullpunkt Null. Einen solchen Kristall nennt man einen elektronischen Halbleiter, oder, wenn es sich um einen ideal reinen Kristall handelt, einen „Eigenhalbleiter". Dieser Festkörpertyp stellt den Werkstoff für den Bau von Halbleiterdetektoren dar.

Die vierte Möglichkeit, die eine charakteristische Eigenschaft bestimmter Festkörper ergibt, ist die, daß Valenz- und Leitungsband einige eV voneinander getrennt sind und daß das Valenzband voll besetzt ist. In diesem Falle können keine Elektronen, beispielsweise durch thermische Anregungen, ins Leitungsband gelangen. Ein solcher Kristall hat keine elektrische Leitfähigkeit und wird als „Isolator" bezeichnet. In Abb. 3.3 sind die vier verschiedenen Möglichkeiten der Besetzungsdichte des Valenzbandes und der relativen Lagen von Valenz- und Leitungsband für die oben beschriebenen verschiedenen Festkörpertypen nochmals schematisch dargestellt [2.1].

Im Rahmen dieses Buches wird nur die dritte Möglichkeit, d.h. der elektronische Halbleiter, eingehend behandelt werden.

Aufgrund des oben Gesagten versteht man unter einem elektronischen Halbleiter einen Kristall, der am absoluten Nullpunkt ein Isolator ist, der dann also keine Elektronen im Leitungsband hat, und der mit zunehmender Temperatur immer mehr an Leitfähigkeit gewinnt, da die Elektronen-Besetzungsdichte im Leitungsband zunimmt. Das kommt dadurch zustande, daß die Elektronen durch die mit zunehmender Temperatur immer stärker angeregten Gitterschwingungen (Phononen) soviel Energie erhalten (ähnlich wie bei thermischen Stößen in einem Gas), daß sie ins Leitungsband gehoben werden können.

Aber nicht nur durch thermische Energie sondern auch durch Einstrahlung von Licht und besonders durch Kernstrahlung können Elektronen aus dem Valenzband herausgelöst werden. Es sei an dieser Stelle nochmals darauf hingewiesen, daß sich die aus dem Valenzband herausgelösten Elektronen immer noch im Kristall befinden und als diesem zugehörig betrachtet werden müssen. Sie sind also „quasifrei", d.h. sie sind lediglich von ihrem Atom losgelöst und können sich im Kristallgitter bewegen.

Mit Hilfe der klassischen Stoßtheorie kann man errechnen, daß die Maximalenergie, die bei einem primären Stoßprozeß eines geladenen Teilchens mit einem Elektron auf das letztere übertragen werden kann, durch folgenden Ausdruck gegeben ist:

$$E_{\max} = 4 \frac{m_e M}{(m_e + M)^2} E . \tag{3.1}$$

Hierin bedeuten m_e die Elektronenmasse, M die Masse des geladenen Teilchens und E seine Einfallsenergie. Bei einem solchen Stoß können die Elektronen sehr hoch angeregt werden. Sie können dabei in unbesetzte

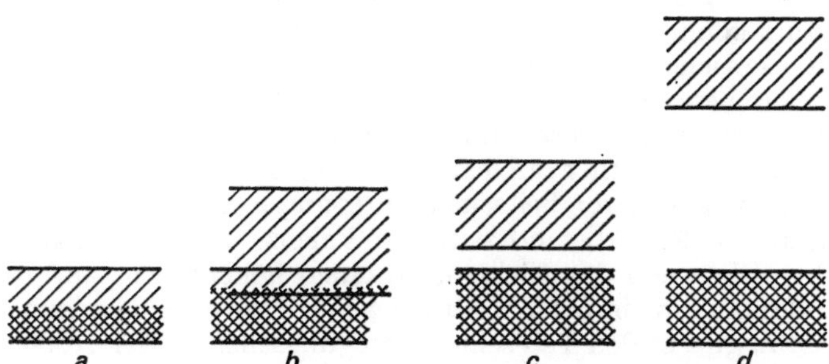

Abb. 3.3. Energiebänderanordnung bei einem Einelektronenmetall (a), einem Zweielektronenmetall (b), einem Eigenhalbleiter (c) und einem Isolator (d). Die kreuzschraffierten Energiebänder bzw. Bandteile sind mit Elektronen voll besetzt [2.1]

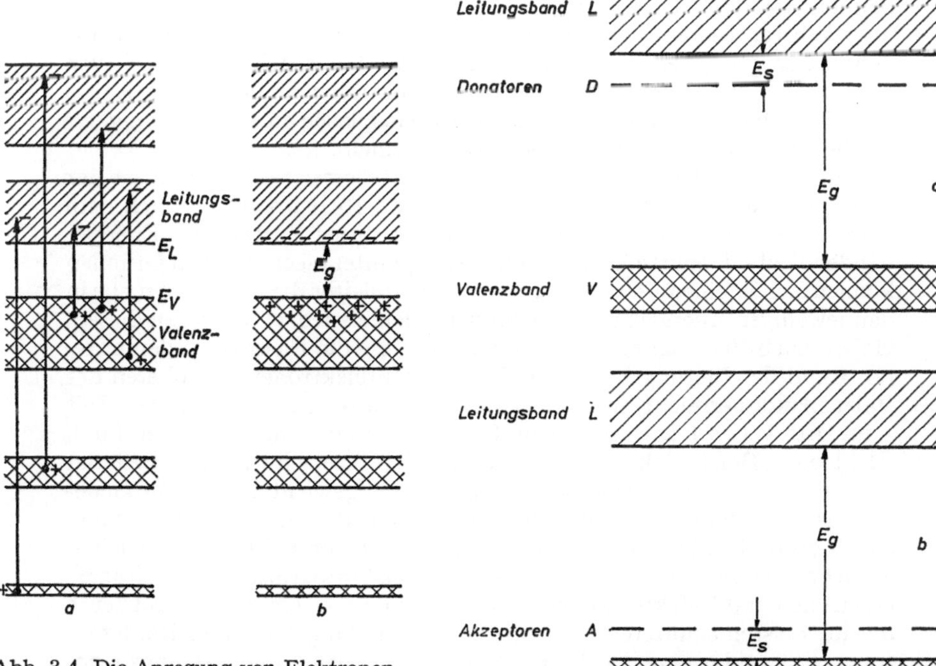

Abb. 3.4. Die Anregung von Elektronen in einem Halbleiter [3.1]
a beim Durchgang eines geladenen Teilchens,
b nach Ablauf der Sekundärprozesse

Abb. 3.5. Energiebändermodell eines n-Halbleiters (a) und eines p-Halbleiters (b)

Energiebänder geraten, die noch oberhalb des Leitungsbandes liegen. Andererseits können die angeregten Elektronen aber auch aus Bändern stammen, die tiefer als das Valenzband liegen. Die Verhältnisse sind in dem Niveauschema in Abb. 3.4a dargestellt [3.1]. Im Valenzband und den tiefer liegenden Bändern entsteht nach Anregung eines Elektrons an der Stelle, an der es vorher saß, ein positives „Loch", ein Defektelektron. Falls das Leitungselektron bei seiner Anregung mehr Energie mitbekommen hat, als es dem Abstand zwischen Valenz- und Leitungsband (E_g) entspricht, d.h. wenn das Elektron in einen höheren Zustand des Leitungsbandes oder in ein noch höher gelegenes Energieband gehoben worden ist, dann gibt es den Teil seiner Anregungsenergie, der größer ist als E_g in Sekundärprozessen wieder ab. Diese Sekundärprozesse bestehen teilweise in der Erzeugung weiterer Elektronen-Defektelektronen-Paare und teilweise in der Anregung von Gitterschwingungen. Bildlich gesprochen kann man sagen, daß die Elektronen von den höher angeregten Niveaus unter Energieabgabe auf den unteren Rand des Leitungsbandes herabfallen. Hier füllen sie von unten nach oben fortschreitend unter Beachtung des Pauli-Prinzips die niedrigsten Energieniveaus auf. Für die in den tieferen Niveaus des Valenzbandes und den tiefer liegenden Energiebändern gebildeten Defektelektronen gilt sinngemäß dasselbe, nur mit umgekehrter Bewegungsrichtung. Hier rutschen Valenzelektronen aus den höher gelegenen Energieniveaus in die tiefer gelegenen positiven Löcher, so daß sich schließlich die Defektelektronen an der oberen Kante des Valenzbandes sammeln, ähnlich wie Gasblasen in einer Flüssigkeit an die Oberfläche steigen und sich dort sammeln.

Dieser nach Ablauf der Sekundärprozesse erreichte Zustand ist der geringster potentieller Energie. Er wird etwa 10^{-12} bis 10^{-10} s nach dem Anregungsprozeß erreicht. In Abb. 3.4b ist dieser Zustand im Energiebänder-Bild schematisch dargestellt. Aus quantenmechanischen Gründen können sich in einem reinen, ungestörten Halbleiter die Elektronen nur in den jeweiligen Energiebändern befinden, niemals jedoch zwischen diesen. Haben nach Beendigung der Sekundärprozesse die Elektronen den unteren Rand des Leitungsbandes und die Defektelektronen den oberen des Valenzbandes erreicht, so können sie in diesen Niveaus über längere Zeit – im Mittel etwa 1 μs – verweilen. Dann können die Ladungsträger durch Elektronen-Defektelektronen-Rekombination verschwinden. Befindet sich der Kristall im thermodynamischen Gleichgewicht, so sind die Generationsraten und die Rekombinationsraten der Ladungsträgerpaare gleich groß, d.h. bei einer bestimmten Temperatur stellt sich im Gleichgewichtszustand eine bestimmte, zeitlich konstante Anzahl von Leitungselektronen und Defektelektronen ein. Silizium und Germanium sind heute die am meisten benutzten Elemente zur Herstellung von Halbleiterdetektoren. Für sie beträgt der Abstand zwischen Valenz- und Leitungsband, d.h. die Größe E_g, 1,09 eV bei Silizium und 0,79 eV bei Germanium.

Baut man in einen Silizium- oder Germaniumhalbleiter-Kristall einen geringen Prozentsatz fünfwertiger Atome ein, z.B. Phosphor- oder Arsenatome, so werden nur je vier der fünf Valenzelektronen der Störatome durch Bindungen mit den vier benachbarten Gitteratomen abgesättigt. Das fünfte Elektron wird nicht an der Gitterbindung beteiligt und ist demzufolge auch nur sehr schwach an das Störatom gebunden. Das bedeutet, daß im Energiebändermodell die Energiezustände der Atome mit Überschußelektronen in einem geringen Abstand unter dem Leitungsband angeordnet sind. Der Abstand wird durch die Abtrennenergie des fünften Valenzelektrons gegeben. Sie beträgt in einem Germaniumkristall, der mit Elementen der V. Gruppe verunreinigt ist, etwa 0,01 eV. Wegen der geringen Konzentration der Störatome, treten diese als ortsfeste Energiezustände auf, deren Niveaus kaum verbreitert sind. Wegen des geringen Bandabstandes des gebundenen Zustandes des fünften Elektrons vom Leitungsband, kann dieses schon durch thermische Anregungen bei sehr niedrigen Temperaturen ins Leitungsband gelangen. Ein solcher Halbleiter besitzt dann bereits bei Temperaturen, bei denen er, wenn keine Störatome vorhanden wären, noch als Isolator wirken würde, eine erhebliche Leitfähigkeit. Diese Leitfähigkeit wird Störleitfähigkeit genannt im Gegensatz zur Eigenleitfähigkeit des ungestörten Kristalls, die bei höheren Temperaturen erst einsetzt. Die Elemente der V. Gruppe machen aus Germanium- oder Siliziumhalbleitern „Überschußhalbleiter" oder „*n*-Halbleiter", weil hier der Strom wesentlich durch die von den Störatomen abgegebenen Elektronen verursacht wird. Solche Störatome werden „Donatoren" genannt. Analog zum Überschuß- oder *n*-Halbleiter gibt es auch einen „Mangel-" oder „*p*-Halbleiter". Dieser entsteht durch den Einbau von Verunreinigungsatomen der III. Gruppe, z.B. Bor oder Gallium in den Silizium- oder Germanium-Kristall. An den Stellen im Gitter, an denen diese Störatome eingebaut sind, fehlt jeweils ein Elektron zur Absättigung der Bindungen mit den vier Nachbaratomen. Eine solche Bindungslücke kann als „Defektelektron" oder „Elektronenloch" interpretiert werden. Durch geringe Erhöhung der thermischen Bewegungsenergie im Gitter, kann ein Elektron eines Nachbaratoms in diese Bindungslücke springen (Anregungsenergie etwa 0,01 eV). Dadurch beginnt das Defektelektron zu wandern. Im Energiebändermodell müssen die Energiezustände solcher Störatome unmittelbar über dem bei tiefen Temperaturen voll besetzten Valenzband angeordnet werden. Auch diese Verunreinigungen sind lokalisiert. Durch geringe Erhöhung der thermischen Energie können Elektronen aus dem Valenzband in die Bindungslücke dieser Störatome gelangen, wodurch im Valenzband eine entsprechende Anzahl beweglicher „Elektronenlöcher" entsteht. Diese Defektelektronen bewegen sich in einem elektrischen Feld, das man in dem Kristall erzeugt, in umgekehrter Richtung wie die negativen Elektronen, sie verhalten sich also gleichsam wie „positive Elektronen". Wegen der Eigenschaft der Verunreinigungsatome der III. Gruppe nach ihrem Einbau ins Silizium- oder Germaniumgitter von einem ihrer Nachbaratome ein Elektron aufzunehmen, nennt man sie „Akzeptoren". Da sich die Defektelektronen in einem elektrischen Feld wie positive Ladungen bewegen, bezeichnet man einen so verunreinigten Halbleiter als „*p*-Halbleiter". In Abb. 3.5 ist das Energiebändermodell eines *n*- und eines *p*-

Halbleiters wiedergegeben. Hierin bedeuten L das Leitungsband, V das Valenzband, D das Donatorniveau, A das Akzeptorniveau, E_g der Abstand Valenzband–Leitungsband und E_s der Abstand Akzeptor- bzw. Donatorniveau vom Valenz- bzw. Leitungsband.

Aufgrund des bisher Dargelegten kann man über die Ursache der Leitfähigkeit in einem Halbleiter folgendes sagen: Bei der Eigenleitung eines Halbleiters werden durch thermische Gitterschwingungen oder durch Stöße Elektronen aus ihren gebundenen Zuständen im Valenzband befreit und ins Leitungsband gehoben. Dadurch entsteht ein bewegliches Elektron im Leitungsband und ein bewegliches Defektelektron im Valenzband. Beide tragen zur Leitfähigkeit des Kristalles bei. Allerdings ist die Beweglichkeit der Defektelektronen kleiner als die der Elektronen. Im Gegensatz zur Eigenleitung wird die Störleitung nur durch die von den Donatoren (n-Halbleiter) oder Akzeptoren (p-Halbleiter) gebildeten Ladungsträger verursacht. Hierbei sind die Donatoratome (als positive Ionen) bzw. die Akzeptoratome (als negative Ionen) fest an ihren Gitterplatz gebunden und nur die durch sie erzeugten Elektronen bzw. Defektelektronen sind beweglich. Bei tiefen Temperaturen wird die Leitfähigkeit eines realen Halbleiters (Halbleiter mit Störstoffverunreinigung) praktisch nur durch die Störleitung bestimmt. Mit steigender Temperatur gewinnt die Eigenleitung eines solchen Kristalles immer mehr an Bedeutung, bis sie die Störleitung überwiegt. Germanium kann man heute mit einer so großen Reinheit herstellen, daß man fast in den Bereich der Eigenleitung kommt, d.h. daß man fast einen idealen Halbleiterkristall vor sich hat.

Sind in einem verunreinigten Halbleiterkristall Donatoren und Akzeptoren in gleicher Konzentration und Dichteverteilung vorhanden, so werden die von den Donatoren im Leitungsband erzeugten Elektronen mit den von den Akzeptoren im Valenzband gebildeten Defektelektronen rekombinieren. In diesem Falle sind in dem betreffenden Kristall keine freien Ladungsträger mehr vorhanden, d.h. dieser Halbleiter weist keine Störleitung mehr auf. Die Verunreinigungen sind in den Kristall als ortsfeste ionisierte Störatome eingebaut. Wegen der geringen Konzentration der Störatome im Kristall ist es sehr unwahrscheinlich, daß das leicht gebundene Elektron eines neutralen Donators unmittelbar auf einen neutralen Akzeptor übergeht bzw. umgekehrt. Man muß deshalb annehmen, daß ein von einem Donator abgegebenes Elektron durch den Kristall diffundiert, bis es auf einen neutralen Akzeptor stößt, der es aufnimmt und sich dadurch in ein negatives Ion verwandelt. Entsprechendes gilt für ein Defektelektron, das mit einem neutralen Donator zu einem ortsfesten positiven Ion rekombiniert.

Außer den Elementen der III. und V. Gruppe, die als „normale Störstoffe“ bezeichnet werden, gibt es auch noch andere Stoffe, die als Störatome in ein Halbleitergitter eingebaut werden können und dort Akzeptor- bzw. Donatorniveaus bilden. Diese Niveaus liegen zum Teil viel weiter von den Rändern des Valenz- bzw. Leitungsbandes entfernt als die der „normalen Störstoffe“ [3.2]. Darauf soll jedoch hier nicht weiter eingegangen werden.

Wie weiter oben schon erläutert wurde, hat ein idealer Halbleiterkristall am absoluten Nullpunkt keine elektrische Leitfähigkeit, da keine Elektronen im Leitungsband sind, während das Valenzband voll besetzt ist. Mit zunehmender Temperatur werden immer mehr Elektronen im Valenzband soviel Anregungsenergie mitbekommen, daß sie ins Leitungsband gehoben werden können. Im Gleichgewichtszustand werden genausoviel Leitungselektronen mit Defektelektronen rekombinieren wie neue Leitungselektronen durch Anregung erzeugt werden. Die Be-

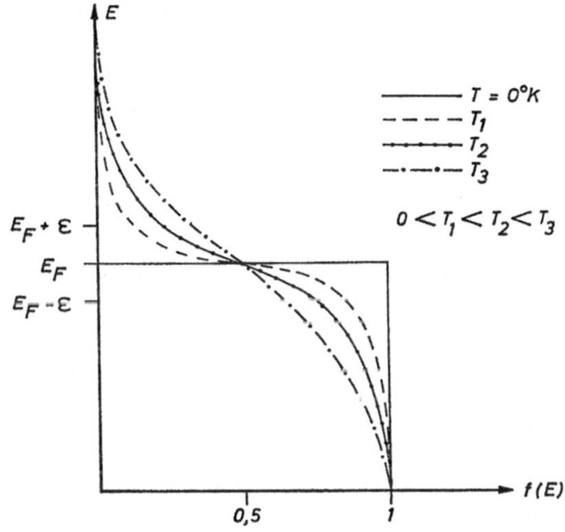

Abb. 3.6. Die Fermi-Verteilung $f(E)$

setzungswahrscheinlichkeit der im Kristall vorhandenen Elektronenniveaus wird durch die Fermi-Verteilung beschrieben. Danach ist die Besetzungswahrscheinlichkeit für einen Quantenzustand mit der Energie E gegeben durch

$$f(E) = \frac{1}{1 + \exp\{(E - E_F)/k\,T\}}\,. \tag{3.2}$$

Hierin bedeuten k die Boltzmann-Konstante, T die absolute Temperatur und E_F die Fermi-Energie oder das Fermi-Niveau.

Die Fermi-Energie ist diejenige Energie, bei der die Besetzungswahrscheinlichkeit für einen erlaubten Quantenzustand 1/2 ist. Die Verteilung $f(E)$ ist symmetrisch zu der Linie $E = E_F$ in dem Sinne, daß gilt

$$f(E_F + \varepsilon) + f(E_F - \varepsilon) = 1 \quad \text{mit} \quad \varepsilon > 0\,.$$

Der Verlauf ist in Abb. 3.6 schematisch dargestellt. Wie man aus dem Kurvenverlauf entnimmt, geht die Verteilungsfunktion für $E > E_F$

gegen Null und für $E < E_F$ gegen Eins. Außerdem hängt diese Funktion erwartungsgemäß stark von der Temperatur ab. Mit steigender Temperatur nimmt die Besetzungswahrscheinlichkeit der Energieniveaus oberhalb E_F zu und die der Niveaus unterhalb E_F ab. Verteilen sich beispielsweise n Elektronen auf eine Anzahl von Quantenzuständen, so sind am absoluten Nullpunkt ($T = 0$ °K) alle Zustände unterhalb $E = E_F$ besetzt und alle darüberliegenden unbesetzt. Die Lage des Fermi-Niveaus ist dann unter Berücksichtigung des Pauli-Prinzips gegeben durch die Anzahl n der Elektronen pro Volumeneinheit und die Niveaudichte $N(E)$. Damit ergibt sich folgende Bestimmungsgleichung für die Fermi-Energie E_F

$$n = 2\int_0^\infty N(E)\, f(E, E_F)\, dE\,. \tag{3.3}$$

Der in dieser Gleichung auftretende Faktor 2 ergibt sich aus der doppelten Besetzungsmöglichkeit jedes Quantenzustandes mit Elektronen verschiedenen Spins (Pauli-Prinzip).

In einem reinen Halbleiter liegt die Fermi-Energie E_F etwa in der Mitte der „verbotenen Zone", d.h. zwischen Leitungs- und Valenzband, da die Niveaudichte etwa symmetrisch bezüglich dieser Energie verläuft. Für Niveaus in der Nähe der unteren Grenze des Leitungsbandes gilt in guter Näherung $(E - E_F) = E_g/2$. Da man bei einem Halbleiter im allgemeinen annehmen kann, daß gilt $E_g \gg kT$, vereinfacht sich hier die Fermi-Funktion zu einer Exponentialfunktion $\exp\{-E_g/2\,kT\}$. Dadurch ergibt sich die Anzahl der Elektronen im Leitungsband eines reinen Halbleiters zu

$$n_i = N(E) \exp\{-E_g/2\,k\,T\}\,. \tag{3.4}$$

Für die Anzahl der Defektelektronen im Valenzband lautet die Gleichung genauso, da gilt $n_i = p_i$.

Anschaulich gesprochen, kann man sagen, daß der Halbleiterkristall mit „Elektronenflüssigkeit" bis zum Fermi-Niveau angefüllt ist. Beim absoluten Nullpunkt definiert dieses Niveau eine scharf begrenzte Oberfläche. Mit zunehmender Temperatur löst sich diese Oberfläche mehr und mehr auf, da „Elektronenflüssigkeit" ins Leitungsband gelangt, denn die Fermi-Verteilung reicht jetzt ins Leitungsband. Diese Verhältnisse sind für einen reinen Halbleiterkristall in Abb. 3.7a schematisch dargestellt.

Durch „Hinzufüllen von Elektronenflüssigkeit" kann man in einem Halbleiter das Fermi-Niveau anheben. Das geschieht beispielsweise dann, wenn man einen Halbleiterkristall (z.B. einen Si- oder Ge-Kristall) mit einem Element der V. Gruppe des Periodensystems der Elemente verunreinigt (dotiert). Diese Elemente wirken, wie oben erläutert wurde, als Donatoren und bilden unmittelbar unterhalb der unteren Bandgrenze des Leitungsbandes lokalisierte Donatorniveaus (E_D), die von dem fünften Valenzelektron dieser Elemente besetzt sind. Bei sehr niedrigen Temperaturen muß dieses Niveau besetzt sein, so daß dann gelten muß $E_D < E_F < E_L$. Hierin bedeutet E_L die untere Grenzenergie des Leitungsbandes. Das Fermi-Niveau ist also gegenüber dem reinen Halbleiter nach oben verschoben. In Abb. 3.7b sind diese Verhältnisse verdeutlicht. Mit zunehmender Temperatur werden immer mehr Donatorniveaus frei, da die Elektronen ins Leitungsband übertreten. In einem bestimmten Temperaturbereich liegen schließlich alle Donatoratome im ionisierten Zustand vor, während das Valenzband noch voll mit Elektronen angefüllt ist. Die Anzahl der freien Ladungsträger im Leitungsband ist dann gleich der Anzahl der Störatome. Mit steigender Temperatur werden immer mehr Elektronen aus dem Valenzband ins Leitungsband gehoben, so daß bei hohen Temperaturen sich wieder eine Verteilung der Besetzungswahrscheinlichkeiten einstellt, wie sie beim ideal reinen Halbleiter vorliegt (Abb. 3.7a).

Baut man in den reinen Halbleiterkristall als Verunreinigungen Elemente der III. Gruppe ein (Akzeptoren), so wird der entgegengesetzte Effekt erreicht, das Fermi-Niveau wird gesenkt. In der Nähe des absoluten Nullpunktes ist das Akzeptorniveau (E_A) unbesetzt, während das Valenzband voll besetzt ist, so daß gilt $E_A > E_F > E_V$. Hierin bedeutet E_V die obere Grenze des Valenzbandes. Abb. 3.7c zeigt die für einen solchen p-Halbleiter charakteristische Verteilung der Besetzungswahrscheinlichkeit der Elektronenniveaus. Durch den Einbau von Akzeptoren wird gleichsam „Elektronenflüssigkeit" aus dem Kristall abgezogen.

Baut man in einen Halbleiterkristall soviel Donatoren und Akzeptoren ein, daß die Donatorkonzentration gleich der Akzeptorkonzentration ist, so liegt bei diesem Kristall das Fermi-Niveau wieder etwa in der Mitte der „verbotenen Zone". Ein derartig kompensierter Kristall verhält sich wie ein reiner Halbleiterkristall, d.h. seine Leitfähigkeit wird praktisch nur durch die Eigenleitfähigkeit bestimmt.

Sind in einem Halbleiterkristall sowohl Donatoren als auch Akzeptoren vorhanden, deren Konzentrationen N_D und N_A sich jedoch stark voneinander unterscheiden, so bestimmen die im Überschuß vorhandenen Störatome die Art der Störleitung des betreffenden Halbleiters. Bei hinreichend niedrigen Temperaturen können die in diesem Kristall in der Minderheit vorhandenen Ladungsträger, die Minoritätsladungsträger, vernachlässigt werden. Die den Leitungstyp des Halbleiters bestimmenden Ladungsträger werden Majoritätsladungsträger genannt. Bei erhöhter Temperatur (noch vernachlässigbare Eigenleitung) ist bei Donatorüberschuß die Anzahl n der freien Elektronen im Leitungsband nicht mehr gleich der Anzahl N_D der vorhandenen Donatoratome, sondern es gilt $n = N_D - N_A$, da jetzt eine teilweise Kompensation der Dotierung eintritt. Bei Akzeptorüberschuß gilt entsprechend $p = N_A - N_D$.

In einem eigenleitenden Halbleiter ist die Bildungsrate von Elektronen-Defektelektronen-Paaren eine temperaturabhängige Konstante und die Rekombinationsrate proportional dem Produkt aus Elektronen- und Defektelektronendichte, d.h. proportional dem Ausdruck $n\,p = n_i^2$. Hierin bedeutet n_i die Eigenleitungsdichte. Durch Anwendung des Mas-

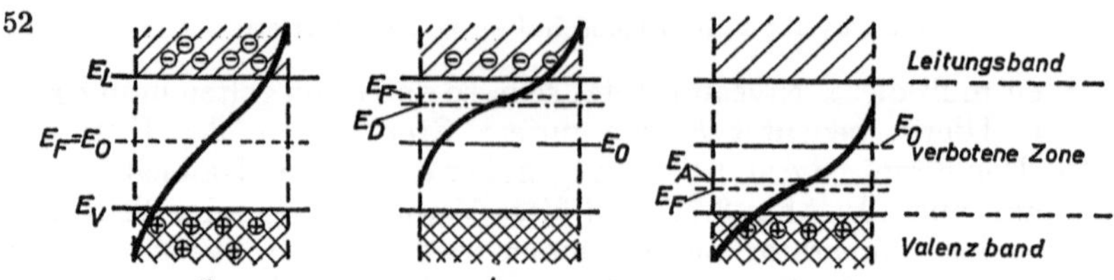

Abb. 3.7. Die Verteilung der Besetzungswahrscheinlichkeiten der Elektronenniveaus a reiner Eigenhalbleiter, b n-leitendes Material, c p-leitendes Material

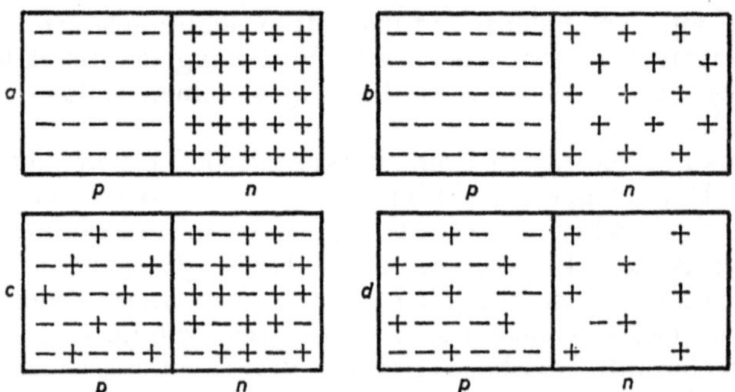

Abb. 3.8. Verschiedene Möglichkeiten eines p-n-Überganges (— bedeuten Akzeptoren, + bedeuten Donatoren) [3.3]
a symmetrischer p-n-Übergang, b unsymmetrischer p-n-Übergang, c symmetrischer p-n-Übergang in teilweise kompensiertem Material, d flacher p-n-Übergang mit konstanter Donatordichte

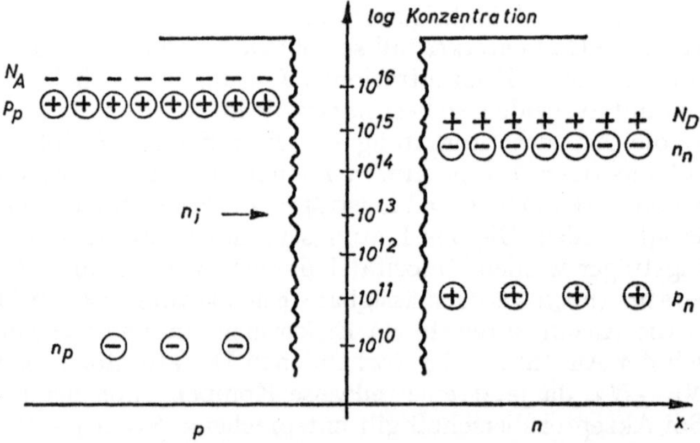

Abb. 3.9. Störatom- und Ladungsträgerkonzentrationen in zwei Halbleiterkristallhälften mit verschiedenem Leitungstyp [3.3]
(N_A = Akzeptorkonzentration, N_D = Donatorkonzentration, p_p = Defektelektronendichte im p-Kristall, n_p = Elektronendichte im p-Kristall, p_n = Defektelektronendichte im n-Kristall, n_n = Elektronendichte im n-Kristall)

senwirkungsgesetztes kann man zeigen, daß dieser Zusammenhang auch bei Störleitung gilt [3.3].

Der Einbau von Donator- oder Akzeptoratomen in einen Halbleiterkristall macht sich jedoch nicht nur in einer Erhöhung der Leitfähigkeit des Kristalles durch zusätzlich auftretende Ladungsträger bemerkbar. Diese Fremdatome können wie andere Verunreinigungen und Fehler im Halbleitergitter auch als Haft- oder Rekombinationszentren für die beweglichen Ladungsträger wirksam werden. Dadurch können sie zu einer Verfälschung des Ausgangsimpulses am Arbeitswiderstand des Detektors beitragen.

Im Normalfall, d.h. bei nicht zu niedrigen Temperaturen, werden das Valenzband und das Leitungsband nur teilweise mit Elektronen besetzt sein, während am absoluten Nullpunkt das Valenzband ganz besetzt ist und das Leitungsband leer ist. Die Besetzungsdichte des Leitungsbandes bei höheren Temperaturen wird jedoch wesentlich geringer sein als die des Valenzbandes. Die Elektronen im Leitungsband können sich praktisch frei und unabhängig voneinander bewegen, während die Bewegungsmöglichkeiten der Elektronen im Valenzband viel eingeschränkter sind. Erzeugt man beispielsweise in einem solchen Halbleiterkristall durch Anlegen einer Gleichspannung ein elektrisches Feld, so nehmen die Elektronen in diesem Feld Energie auf. Da das Leitungsband nur schwach besetzt ist, gibt es hier mehr Möglichkeiten der Energieaufnahme, da eine größere Anzahl freier Niveaus zur Verfügung steht als im Valenzband. Im Valenzband können die Elektronen nur soviel Energie aufnehmen, daß sie in die frei gewordenen Niveaus gelangen, die durch solche Elektronen gebildet wurden, die durch Anregung bereits ins Leitungsband gehoben worden sind. Auf das dynamische Verhalten der Kristallelektronen soll hier nicht näher eingegangen werden. Hierzu sei auf die entsprechende Spezialliteratur verwiesen [3.3]. Unter Verwendung des früher schon erläuterten Bildes der „Defektelektronen" kann man die gesamte Stromdichte $\vec{I}$, die durch ein Feld $\vec{E}$ erzeugt wird, durch folgenden Zusammenhang ermitteln

$$\vec{I} = \vec{E}\, e\, (n\, \mu_n + p\, \mu_p)\,. \tag{3.5}$$

Hierin bedeuten μ_n die Beweglichkeit der Elektronen im Leitungsband, μ_p die Beweglichkeit der Defektelektronen im Valenzband, n und p die Elektronen- und Defektelektronendichte in den entsprechenden Bändern und e die Elementarladung.

Befindet sich ein Halbleiterkristall im thermischen Gleichgewicht, so ist dieser Zustand dadurch charakterisiert, daß eine bestimmte Anzahl von Elektronen und Defektelektronen in ihm vorhanden ist. Ihre Geschwindigkeitsverteilung wird durch die Gittertemperatur bestimmt. Führt man diesem Kristall nun durch kurzzeitige Injektion aus einem Kontakt oder durch Beschuß mit ionisierenden Teilchen eine Anzahl zusätzlicher elektrischer Ladungsträger zu, so wird sich diese zusätzliche

Ladung in sehr kurzer Zeit (ca. 14 ps für Ge) über den ganzen Kristall verteilen und mit Ladungsträgern entgegengesetzten Vorzeichens rekombinieren.

Führt man dem Kristall beispielsweise eine gewisse Menge Elektronen zu, dann wird diese Elektronenwolke, falls es sich um einen p-Halbleiter handelt, durch Zufluß von Defektelektronen neutralisiert, während die Elektronenwolke in einem n-Halbleiter zerfließt. Entsprechendes gilt für eine Defektelektronenwolke in n- bzw. p-Material.

Führt man einem n-Halbleiter, der im thermischen Gleichgewicht ist, zur Zeit $t_0 = 0$ eine kleine Anzahl Defektelektronen δp_0 zu, so daß nur eine geringe Abweichung vom Gleichgewichtszustand entsteht, so erhöht sich nach dem vorher Gesagten innerhalb sehr kurzer Zeit die Elektronendichte um denselben Betrag, d.h. um den Betrag $\delta p_0 = \delta n_0$. Man kann zeigen [3.3], daß zu einem späteren Zeitpunkt t die Anzahl der zusätzlich injizierten Defektelektronen auf folgenden Wert abgenommen hat

$$\delta p(t) = \delta p_0 \exp\{-t/\tau_p\}. \tag{3.6}$$

Hierin bedeutet τ_p die Rekombinationszeit für Defektelektronen oder die Defektelektronenlebensdauer. Die zeitliche Abnahme einer in p-Material injizierten Elektronenzahl δn_0 gehorcht demselben Zeitgesetz jedoch mit der Elektronenlebensdauer τ_n. Die Lebensdauern der Minoritätsladungsträger τ_p bzw. τ_n sind charakteristisch für den betreffenden Halbleiter. Sie hängen sowohl von der Majoritätsladungsträger-Dichte als auch von Gitterstörungen und von der Temperatur ab. Genaueres hierüber ist in den Arbeiten von Shockley [3.4] und Hoffmann [3.5] zu finden.

Die Zeit, die nach Injektion einer Anzahl von Überschußladungen notwendig ist, bis der Halbleiterkristall wieder elektrisch neutral geworden ist, wird durch die „dielektrische Relaxationszeit" τ_0 bestimmt. Diese Größe ist definiert durch die Gleichung

$$\tau_0 = \frac{\varrho\,\varepsilon}{4\pi}. \tag{3.7}$$

Hierin ist ϱ der spezifische Widerstand und ε die Dielektrizitätskonstante des betrachteten Halbleiterkristalls. Man kann diese Relaxationszeit interpretieren als die RC-Zeitkonstante eines Detektormaterials, dessen Widerstand $R = \varrho\, d/A$ und dessen Kapazität $C = \varepsilon\, A/4\pi\, d$ ist. Dabei bedeuten d die Länge des Halbleiterkristalls (Abstand zwischen den Elektroden) und A seine Querschnittsfläche. Bei sehr hochohmigen Halbleitermaterialien kann diese Zeitkonstante im Millisekundenbereich liegen.

3.3 Der p-n-Übergang

Aus den Darlegungen im letzten Kapitel geht hervor, wie stark die Verunreinigung eines Halbleiterkristalls mit Donator- oder Akzeptoratomen seine Leitfähigkeit beeinflußt. Bei hochdotierten n- und p-

Halbleitern ist es beispielsweise bei Zimmertemperatur kaum noch möglich, sie bezüglich ihrer elektrischen Leitungseigenschaften von einem metallischen Leiter zu unterscheiden. Solche Halbleiter weisen bei dieser Temperatur quasimetallische Leitfähigkeit auf. Die Ladungsträgerdichte in Halbleitern liegt im allgemeinen im Bereich zwischen 10^{13} und 10^{18} cm^{-3}. Bei großer Störstoffkonzentration in Überschußhalbleitern kann sie jedoch auf über 10^{19} cm^{-3} ansteigen.

Bei den Ausführungen im letzten Kapitel wurde immer angenommen, daß die Störstoffkonzentrationen gleichmäßig über den ganzen Halbleiterkristall verteilt seien. Liegen jedoch räumlich veränderliche Störstoffdichten in einem Halbleiterkristall vor, so entstehen Konzentrationsgradienten von Elektronen und Defektelektronen, die Diffusionsströme der Ladungsträger verursachen, die die Tendenz haben, die Dichteunterschiede auszugleichen. Die Donator- und Akzeptorionen, die fest auf ihren Gitterplätzen sitzenbleiben, bilden dabei eine ortsfeste Raumladung, deren elektrisches Feld dem Diffusionsstrom entgegenwirkt. Im Gleichgewichtszustand ist dieses Feld so stark, daß es den Diffusionsstrom zum Verschwinden bringt. Einen Spezialfall räumlich veränderlicher Störstoffdichte stellt der *p-n*-Übergang dar. Er ist besonders im Zusammenhang mit Halbleiterdetektoren von sehr großer Wichtigkeit. Aus diesem Grunde soll im folgenden auf ihn näher eingegangen werden.

Ein *p-n*-Übergang kommt dadurch zustande, daß ein *p*- und ein *n*-Halbleiter zusammengebracht werden, oder daß sich die Donator- und Akzeptordichten in einem Kristall so stark räumlich ändern, daß in benachbarten Gebieten zwei verschiedene Leitungstypen vorliegen. In Abb. 3.8 sind vier verschiedene Möglichkeiten eines *p-n*-Überganges schematisch dargestellt [3.3]. Die Möglichkeiten in Abb. 3.8a und b stellen den einfachsten Fall dar, bei dem beide Zonen nur Verunreinigungsatome des jeweiligen Leitungstyps enthalten, d.h. in der *p*-Zone sind nur Akzeptoren und in der *n*-Zone nur Donatoren. Der *p-n*-Übergang in Abb. 3.8a wird als symmetrischer Übergang bezeichnet, da links und rechts von der Grenzschicht die gleichen Störatomkonzentrationen vorliegen. Im Gegensatz dazu ist der Übergang in Abb. 3.8b unsymmetrisch, da Donator- und Akzeptorkonzentrationen auf beiden Seiten des Überganges verschieden groß sind. In der Praxis sind jedoch in beiden Gebieten die Störatome teilweise durch Störatome entgegengesetzten Vorzeichens kompensiert, wobei der Leitungstyp des jeweiligen Gebietes durch die Verunreinigungen bestimmt wird, die in der Mehrzahl vorhanden sind. Diese Situation ist in Abb. 3.8c dargestellt. Im Gegensatz zu den Fällen a–c, bei denen sich die Störstoffdichte an der Grenzfläche zwischen dem *n*- und *p*-Gebiet sprunghaft ändert, ist in Abb. 3.8d ein *p-n*-Übergang dargestellt, bei dem die Donatordichte überall konstant ist, und die Akzeptordichte von links nach rechts abnimmt. Ein entsprechender *p-n*-Übergang läßt sich durch abnehmende Donatordichte und konstante Akzeptordichte herstellen. Dieses Beispiel ist besonders für die Herstellung von Halbleiterdetektoren wichtig. Der *p-n*-Übergang liegt in diesen Fällen an der Stelle, wo die Akzeptorkonzentration gleich der Donatorkonzentration ist.

Zum Verständnis des Gleichstromverhaltens eines p-n-Überganges sei davon ausgegangen, daß zwei Hälften eines Halbleiterkristalles jeweils verschiedene aber räumlich konstante Akzeptor- bzw. Donatorkonzentrationen enthalten. In Abb. 3.9 sind die Störatom- und Ladungsträgerkonzentrationen in den Kristallhälften zu beiden Seiten eines p-n-Überganges als Funktion der Entfernung von der Grenzfläche aufgetragen [3.3]. Hier sind die Kristallhälften noch nicht zusammengebracht, so daß noch keine Ladungsträgerdiffusion eingesetzt hat. Wegen der großen Unterschiede in den darzustellenden Ladungsträgerkonzentrationen wurden diese logarithmisch aufgetragen. Wie aus Abb. 3.9 hervorgeht, ist die linke Kristallhälfte p-leitend mit einer Akzeptorkonzentration N_A, während die rechte Hälfte n-leitend ist mit einer entsprechenden Donatorkonzentration N_D. Bei Zimmertemperatur sind im allgemeinen die Störatome in einem Halbleiter alle ionisiert, so daß in diesem Falle, bei Vernachlässigung der Eigenleitung, im p-Material die Defektelektronendichte p_p gleich der Akzeptorkonzentration N_A ist und im n-Material entsprechend gilt $n_n = N_D$. In dem p-leitenden Material ist außer der hohen Defektelektronenkonzentration jedoch auch noch eine geringe Elektronenkonzentration (n_p) vorhanden. Diese Konzentration ist so groß, daß gilt $p_p\, n_p = n_i^2$, wie im vorigen Kapitel schon erwähnt wurde. Entsprechend ist auf der n-leitenden Seite eine geringe Defektelektronenkonzentration vorhanden, so daß hier gilt $p_n\, n_n = n_i^2$.

Da in dem hier diskutierten Fall für die Dichten der durch Störatome erzeugten Ladungsträger gilt $n_n < p_p$, ist aus Gleichgewichtsgründen die Defektelektronendichte p_n im n-Gebiet größer als die Elektronendichte n_p im p-Gebiet. Für alle Temperaturen gilt

$$p\, n = n_i^2 \sim \exp\{-E_g/k\,T\}. \tag{3.8}$$

Da die Störatome in dem hier behandelten Beispiel praktisch alle ionisiert sind, ändert sich die Dichte der Majoritätsladungsträger mit der Temperatur fast nicht. Die gesamte Temperaturabhängigkeit wird durch die Minoritätsladungsträger bestimmt.

Bringt man die beiden Kristallhälften zusammen, so entsteht ein Diffusionsstrom, der die Tendenz hat, einen Ausgleich der beweglichen Ladungsträgerkonzentrationen herbeizuführen. Dabei fließen Defektelektronen über die Grenzfläche zwischen den Kristallhälften in das n-Gebiet und Elektronen in das p-Gebiet. Die ionisierten Störatome bleiben jedoch fest auf ihren Plätzen im Gitter sitzen. Sie erzeugen eine Raumladung, die den Ladungsträgeraustausch auf einen engen Raum begrenzt. Dieses Gebiet, in dem durch die Raumladungen ein elektrisches Feld erzeugt wird, wird Raumladungs- oder Feldzone genannt. Da dieser Bereich an freien Ladungsträgern verarmt ist (hochohmiger Bereich) nennt man ihn auch häufig Verarmungszone. Der Konzentrationsverlauf der beweglichen Ladungsträger im p-n-Übergang des oben betrachteten Beispiels ist in Abb. 3.10 wiedergegeben [3.3]. Wie man aus dieser Abbildung entnehmen kann, ist im Übergangsbereich die p-Zone stark von Defektelektronen entblößt, während die n-Zone stark an Elektronen verarmt ist.

Legt man an den p-n-Übergang eine Gleichspannung, die so gepolt ist, daß das durch sie erzeugte Feld dieselbe Richtung hat wie das durch die Raumladung der ortsfesten Störatome erzeugte Feld, so verbreitert sich die Raumladungszone. Die Elektronen werden weiter ins n-Gebiet gezogen, während die Defektelektronen weiter ins p-Gebiet gezogen werden. Eine solche Spannung wird „Sperrspannung" genannt. Eine Sperrspan-

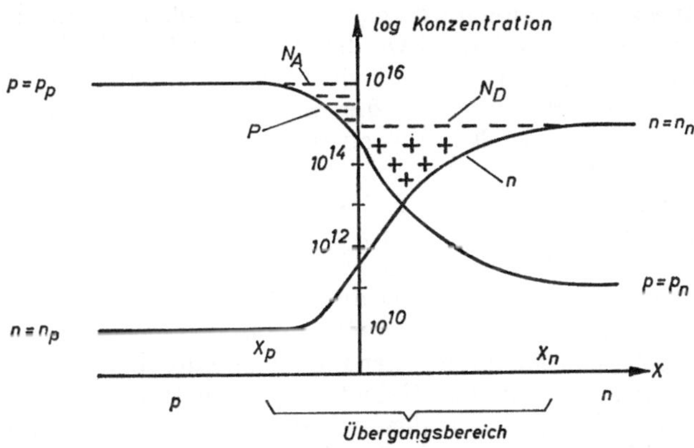

Abb. 3.10. Verlauf der Ladungsträgerkonzentrationen in einem p-n-Übergang im Gleichgewicht [3.3]. (Bedeutung der Buchstaben wie in Abb. 3.9)

nung für einen p-n-Übergang ist also so gepolt, daß der Pluspol der Spannungsquelle an der n-leitenden Seite des Kristalles liegt und der Minuspol an der p-leitenden Seite. Bei einem so vorgespannten p-n-Übergang kann von den Majoritätsladungsträgern kein Strom durch die Grenzfläche verursacht werden. Lediglich die Minoritätsladungsträger können einen Stromfluß bewirken (Sperrstrom). Sie werden durch das von der angelegten Spannung erzeugte Feld in den jeweils anderen Teil des Kristalles gedrückt. Dieser Strom ist jedoch sehr klein und in weiten Bereichen unabhängig von der Größe der angelegten Sperrspannung. Das hat seinen Grund darin, daß die Minoritätsladungsträger-Konzentration nur sehr klein ist, und daß die Bildung weiterer Minoritätsladungsträger nur durch thermische Generation erfolgt. Erst bei sehr hohen Sperrspannungen treten Spannungsdurchbrüche auf.

Wählt man eine umgekehrte Polung der angelegten Spannung, so bewirkt das hierdurch verursachte elektrische Feld eine Verkleinerung der Raumladungszone. Es ist dem Feld der ortsfesten Raumladungen entgegengesetzt gerichtet, d.h. Defektelektronen werden ins n-Gebiet und Elektronen ins p-Gebiet gedrückt. Ein solcher p-n-Übergang ist in „Durchlaßrichtung" vorgespannt. Da die Elektronenkonzentration im n-Gebiet und die Defektelektronenkonzentration im p-Gebiet sehr groß sind, verursacht eine solche Spannung einen starken Ladungsträgerstrom durch die Grenzfläche des Überganges. Dieser Strom steigt sehr stark mit zunehmender „Durchlaßspannung" an.

Ein mit einer Sperrspannung vorgespannter p-n-Übergang kann als ein Kondensator aufgefaßt werden mit einem Plattenabstand, der gleich der Dicke der Verarmungszone ist. Da die Dicke der Verarmungszone aber von der Größe der Sperrspannung abhängt, ist die Kapazität eines solchen p-n-Überganges sehr stark spannungsabhängig. Dieser Effekt ist für den Betrieb von Halbleiterdetektoren von großer Wichtigkeit, wie später noch eingehender erläutert werden wird. Für die Arbeitsweise eines Halbleiterdetektors ist nur der mit einer Sperrspannung vorgespannte p-n-Übergang von Bedeutung. Aus diesem Grunde befassen sich die weiteren Ausführungen dieses Kapitels auch nur mit diesem Übergang.

Wie oben bereits dargelegt wurde, entsteht an einem p-n-Übergang durch die ortsfesten ionisierten Störatome eine Raumladung, die ein elektrisches Feld erzeugt, das vom n-Gebiet ins p-Gebiet gerichtet ist, und das der Diffusion der beweglichen Überschußladungsträger entgegenwirkt. Das elektrische Potential Φ dieses Feldes verläuft vom p- ins n-Gebiet ansteigend. Das Potential steigt an bis auf einen Wert V_D. Diese Größe wird „Diffusionsspannung" genannt, da sie durch die Diffusion der Majoritätsladungsträger in das Gebiet entgegengesetzten Leitungstyps verursacht wird. Sie liegt im allgemeinen in der Größenordnung von einigen Zehntel Volt. Legt man in dem hier betrachteten Beispiel an die p-Seite des Kristalls eine positive Spannung U, so entsteht hierdurch am p-n-Übergang ein elektrisches Feld, das dem durch die Diffusionsspannung erzeugten entgegengesetzt gerichtet ist. Das elektrische Potential auf der p-Seite wird um den Betrag U angehoben, während das auf der n-Seite den Wert V_D beibehält. Die durch die Überlagerung der beiden Felder entstehende „effektive Diffusionsspannung" ist kleiner als V_D, sie beträgt $V_D - U$. Das bedeutet, daß weniger ortsfeste positive und negative Störatomionen zur Aufrechterhaltung dieses Feldes notwendig sind, die Feldzone wird schmaler. Wenn die angelegte Spannung so groß ist, daß gilt $U = V_D$, dann verschwindet die Feldzone vollständig, da sich jetzt die elektrischen Felder am p-n-Übergang genau kompensieren. Legt man an die p-Seite eine negative Spannung (Sperrspannung), dann tritt, wie oben schon erläutert wurde, eine Feldzonenverbreiterung ein. Das durch die negative Spannung entstehende Feld unterstützt die Wirkung des durch die Diffusionsspannung erzeugten Feldes. Jetzt sind mehr ortsfeste positive und negative Raumladungen notwendig, um das resultierende elektrische Feld im p-n-Übergang aufrecht zu erhalten, was nur durch Vergrößerung der Feldzonenbreite erreicht werden kann. In Abb. 3.11 ist der Potentialverlauf in einem p-n-Übergang für die eben besprochenen Fälle wiedergegeben [3.3].

Wenn man an einen p-n-Kristall eine Spannung legt, so fällt diese praktisch vollständig an der sehr hochohmigen Feldzone ab, während die an die Feldzone anschließenden Gebiete des Kristalls annähernd feldfrei sind. Sie sind nicht ganz feldfrei, da eine geringe Feldstärke erforderlich ist, um die Ströme durch den Kristall zu treiben. Diese Gebiete außerhalb der Feldzone sind raumladungsfrei. Legt man beispielsweise an einen p-n-Übergang eine Durchlaßspannung, so fließen Defektelektronen aus der Raumladungszone in den n-leitenden Bereich des Kristalls. Entsprechend fließen Elektronen in den p-leitenden Bereich. Da die Minoritätsladungsträger außerhalb der Verarmungszone kein merkliches elektri-

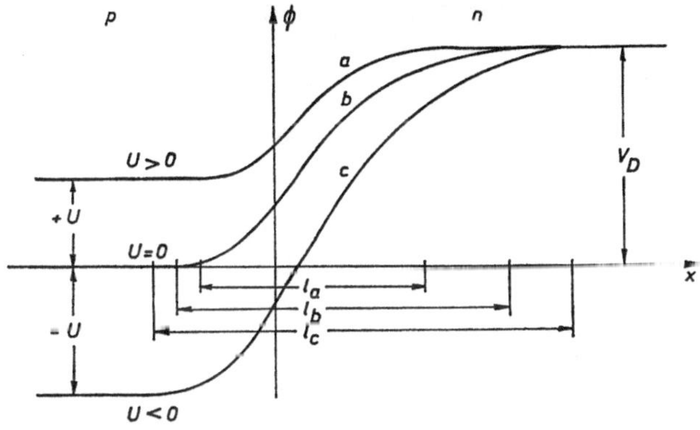

Abb. 3.11. Potentialverlauf in einem p-n-Übergang [3.3]
a bei Vorspannung in Durchlaßrichtung ($U > 0$), b bei Gleichgewicht ($U = 0$), c bei Vorspannung in Sperrichtung ($U < 0$)
(U = Vorspannung am p-n-Übergang, V_D = Diffusionsspannung, l = Dicke der Raumladungszone in den Zuständen a—c)

sches Feld vorfinden, kommt der Ladungsträgerstrom hier praktisch nur durch die Diffusion der Ladungsträger zustande, die durch den Konzentrationsgradienten vom Feldzonenrand zum Kristallinneren hin verursacht wird. Diese Diffusionsströme bestimmen die Strom-Spannungs-Charakteristik eines Halbleiterkristalles mit einem p-n-Übergang. Genaueres hierüber findet sich in [3.3]. An dieser Stelle soll darauf jedoch nicht näher eingegangen werden.

Wenn man an den p-n-Übergang eine Sperrspannung legt, tritt, wie bereits erwähnt, eine Verbreiterung der Raumladungszone ein. Die Breite dieses Gebietes (d) wird um so größer, je geringer die Störstellenkonzentration, d.h. je höher der Widerstand des Materials ist. Aus diesem Grunde benutzt man zur Herstellung von p-n-Detektoren bevorzugt hochohmiges Material; denn hier ist man an einer möglichst großen Tiefe der Raumladungszone interessiert, da diese Zone das empfindliche Volumen eines p-n-Halbleiterdetektors darstellt. Ihre Tiefe kann mit Hilfe der

Poisson-Gleichung durch eine Betrachtung des Feld- und Potentialverlaufes am p-n-Übergang ermittelt werden. Zur Vereinfachung dieser Betrachtungen seien folgende zwei Annahmen gemacht:

a) Die Störstellenkonzentrationen N_A im p-Gebiet und N_D im n-Gebiet seien räumlich konstant bis zum Rand des Nachbargebietes, an den Grenzen der jeweiligen Gebiete sollen sie abrupt auf vernachlässigbar kleine Werte abfallen;

b) Die Raumladungszone sei frei von Majoritätsladungsträgern.

Die Poisson-Gleichung verknüpft das elektrische Potential Φ mit der Ladungsdichte ϱ. In ihrer allgemeinen Form lautet sie

$$\Delta\Phi(\vec{r}) = -\frac{4\pi}{\varepsilon}\,\varrho(\vec{r})\,. \tag{3.9}$$

Hierin stellt Δ einen Operator der Form

$$\text{div grad} = \frac{\partial^2}{\partial x^2} + \frac{\partial^2}{\partial y^2} + \frac{\partial^2}{\partial z^2}$$

dar (Deltaoperator), und ε ist die Dielektrizitätskonstante des Halbleiterkristalls. Für die im folgenden durchzuführenden Betrachtungen kann Gl. (3.9) auf den eindimensionalen Fall beschränkt werden. Sie vereinfacht sich dadurch auf

$$\frac{d^2\Phi}{dx^2} = -\frac{4\pi}{\varepsilon}\,\varrho(x)\,. \tag{3.10}$$

Die Lage der x-Achse bei diesen Betrachtungen geht aus den Abbildungen 3.9–3.11 hervor.

Aufgrund des bisher Gesagten ergibt sich für die Raumladungsdichte $\varrho(x)$

$$\varrho(x) = -e\,N_A \quad \text{im } p\text{-Gebiet} \quad x_p < x < 0\,, \tag{3.11a}$$

$$\varrho(x) = e\,N_D \quad \text{im } n\text{-Gebiet} \quad 0 < x < x_n\,. \tag{3.11b}$$

Hierin bedeuten: e die Elementarladung, x_p das Ende der Raumladungszone auf der p-Seite und x_n das Ende der Raumladungszone auf der n-Seite.

Mit Hilfe von Gl. (3.10) und ihrer ersten Integration erhält man für den Feldverlauf im p-Gebiet

$$\frac{d\Phi}{dx} = \frac{4\pi}{\varepsilon}\,e\,N_A\,(x - x_p)\,. \tag{3.12a}$$

Dabei gilt die Randbedingung $d\Phi/dx = 0$ bei $x = x_p$.

Entsprechend ergibt sich mit der Randbedingung $d\Phi/dx = 0$ bei $x = x_n$ für den Feldverlauf im n-Gebiet

$$\frac{d\Phi}{dx} = -\frac{4\pi}{\varepsilon}\,e\,N_D\,(x - x_n)\,. \tag{3.12b}$$

Aus der Stetigkeitsbedingung für das Feld bei $x = 0$ folgt

$$N_A \, |x_p| = N_D \, |x_n| \,. \tag{3.13}$$

Das bedeutet, daß bei einem symmetrischen p-n-Übergang ($N_D = N_A$) die Raumladungszone sich ebenfalls symmetrisch in die beiden benachbarten Kristallgebiete erstreckt, d.h. es gilt $x_n = |x_p|$. Ist hingegen der p-n-Übergang unsymmetrisch, so erstreckt sich die Raumladungszone mehr in das schwächer dotierte (höherohmige) Gebiet, d.h. für $N_A \gg N_D$ gilt $|x_p| \ll x_n$ und umgekehrt.

Die Integration von Gl. (3.12a) mit der Randbedingung $\Phi = 0$ für $x = x_p$ liefert den Potentialverlauf im p-Gebiet

$$\Phi(x) = \frac{2\pi}{\varepsilon} e \, N_A \, (x - x_p)^2 \,. \tag{3.14a}$$

Entsprechend liefert die Integration von Gl. (3.12b) den Potentialverlauf im n-Gebiet. Hierbei wird die Randbedingung $\Phi(x_n) = V_D + U$ benutzt. U ist darin die Detektorvorspannung in Sperrichtung. Sie unterstützt die Diffusionsspannung V_D wie früher bereits erläutert wurde. Der Potentialverlauf im n-Gebiet ergibt sich somit zu

$$\Phi(x) = V_D + U - \frac{2\pi}{\varepsilon} e \, N_D \, (x - x_n)^2 \,. \tag{3.14b}$$

Nachdem somit der Potentialverlauf über den ganzen p-n-Übergang bekannt ist, kann mit Hilfe der Gleichungen (3.13), (3.14a), (3.14b) und der Voraussetzung der Stetigkeit des Potentialverlaufes bei $x = 0$ die Dicke der Raumladungszone $d = x_n - x_p$ ermittelt werden. Sie ergibt sich zu

$$d = \left\{ \frac{\varepsilon}{2\pi e} \, (V_D + U) \, \frac{N_A + N_D}{N_A \, N_D} \right\}^{1/2} . \tag{3.15}$$

Wenn der betrachtete p-n-Übergang unsymmetrisch ist, und zwar so, daß gilt $N_A \gg N_D$ (n-leitendes Ausgangsmaterial), vereinfacht sich Gl. (3.15) zu

$$d_n = \left\{ \frac{\varepsilon \, (V_D + U)}{2\pi e \, N_D} \right\}^{1/2} . \tag{3.16}$$

Bei p-leitendem Ausgangsmaterial, d.h. bei $N_D \gg N_A$ gilt entsprechend

$$d_p = \left\{ \frac{\varepsilon \, (V_D + U)}{2\pi e \, N_A} \right\}^{1/2} . \tag{3.17}$$

Die Störstellendichte N_A bzw. N_D des Ausgangsmaterials kann bestimmt werden, wenn der spezifische Widerstand ϱ des betrachteten Halbleitermaterials bei Zimmertemperatur (alle Störstellen sind ionisiert) und die Beweglichkeit der Elektronen μ_n bzw. der Defektelektronen μ_p bekannt sind.

Die Störstoffkonzentrationen ergeben sich dabei zu

$$N_D = \frac{1}{\varrho \, \mu_n \, e} \tag{3.18a}$$

und

$$N_A = \frac{1}{\varrho \, \mu_p \, e} \,. \tag{3.18b}$$

Daraus folgt, daß man eine Störatomdichte N_A von etwa $5 \cdot 10^{12}\,\mathrm{cm}^{-3}$ erhält, wenn man für den Bau eines Halbleiterdetektors p-leitendes Silizium mit einem spezifischen Widerstand von ca. 3000 Ω cm verwendet. Benutzt man für die Herstellung eines Detektors jedoch n-leitendes Silizium, so benötigt man für dieselbe Störstellendichte wie im eben genannten Fall ein Halbleitermaterial mit einem spezifischen Widerstand von nur 1000 Ω cm. Der Grund hierfür liegt in der unterschiedlichen Beweglichkeit von Elektronen ($\mu_n = 1350\,\mathrm{cm}^2\,\mathrm{V}^{-1}\,\mathrm{s}^{-1}$) und Defektelektronen ($\mu_p = 480\,\mathrm{cm}^2\,\mathrm{V}^{-1}\,\mathrm{s}^{-1}$).

Wegen der Herstellungsverfahren von Halbleiterdetektoren, auf die in einem späteren Abschnitt noch ausführlich eingegangen werden wird, sind die in diesen Detektoren erzeugten p-n-Übergänge im allgemeinen stark unsymmetrisch. Aus diesem Grunde bestimmt sich die Dicke der Sperrschichtzonen je nach Leitungstyp des Ausgangsmaterials entweder nach Gl. (3.16) oder (3.17).

Setzt man die Ausdrücke für N_D und N_A aus Gl. (3.18a) und (3.18b) in Gln. (3.16) und (3.17) zur Bestimmung der Dicke der Raumladungszone ein, so erhält man

$$d_n = \left\{ \frac{\varepsilon\,(V_D + U)\,\mu_n\,\varrho}{2\pi} \right\}^{1/2} \tag{3.19}$$

und

$$d_p = \left\{ \frac{\varepsilon\,(V_D + U)\,\mu_p\,\varrho}{2\pi} \right\}^{1/2} . \tag{3.20}$$

Für n-Silizium ergibt sich hieraus

$$d_n = 5{,}3 \cdot 10^{-5} \sqrt{\varrho\,(V_D + U)} \quad [\mathrm{cm}] \,.$$

und entsprechend für p-Silizium

$$d_p = 3{,}2 \cdot 10^{-5} \sqrt{\varrho\,(V_D + U)} \quad [\mathrm{cm}] \,.$$

Hierbei ist ϱ in Ω cm einzusetzen und die Größen V_D und U in V. Aus den Ausdrücken für d_n und d_p geht hervor, daß bei gleichen spezifischen Widerständen von p- und n-Silizium sich die Dicken der Verarmungszonen etwa wie 1 : 2 verhalten.

Für einen Halbleiterdetektor ist die Kapazität der Raumladungszone von großer Bedeutung. Zu ihrer Bestimmung kann man die Verarmungszone wie einen Parallelplatten-Kondensator betrachten, dessen Plattenabstand d gleich der Dicke der Verarmungszone ist, dessen Dielektrikum durch das Halbleitermaterial der Verarmungszone gebildet wird, und dessen Fläche A durch die Detektorfläche gegeben ist. Die Kapazität der Raumladungszone ist also gegeben durch den Ausdruck

$$C = \frac{\varepsilon A}{4 \pi d} . \tag{3.21}$$

Setzt man in diese Gleichung die Werte von d_p und d_n ein, wie sie oben angegeben sind, so erhält man für einen Halbleiterdetektor aus n- bzw. p-leitendem Material folgende Ausdrücke für die Detektorkapazität

$$C_n = \frac{2 \cdot 10^4 A}{\sqrt{\varrho (V_D + U)}}$$

und

$$C_p = \frac{3{,}3 \cdot 10^4 A}{\sqrt{\varrho (V_D + U)}} .$$

Bei diesen Ausdrücken ergibt sich C_n bzw. C_p in pF; A ist in cm^2, ϱ in Ω cm und V_D und U in V einzusetzen.

Eine Zusammenstellung der hier besonders interessierenden Materialkonstanten von Silizium und Germanium, den wichtigsten Stoffen für die Herstellung von Halbleiterdetektoren, findet sich in Tabelle 7.1.1 im Anhang.

Um eine Vorstellung von den Zahlenwerten zu bekommen, mit denen man in der Praxis beim Bau und Betrieb von Halbleiterdetektoren rechnen muß, sei als Beispiel ein Oberflächensperrschichtzähler genannt, der aus 10^4 Ω cm n-Silizium hergestellt ist. Dieser Detektor hat bei einer Vorspannung $U = 300$ V eine Tiefe der Verarmungszone von 0,9 mm und eine Kapazität von 14 pF cm^{-2} [3.6]. Im Anhang ist in Abb. 7.2.1 ein Nomogramm zur Berechnung der Sperrschichttiefe und der Kapatität eines Halbleiterdetektors in Abhängigkeit von der Sperrspannung für n- und p-Silizium wiedergegeben. Dieses Nomogramm basiert auf den Gln. (3.19), (3.20) und (3.21).

In Abb. 3.12 ist der Verlauf der Raumladungsdichte (a), der Verlauf der elektrischen Feldstärke (b) und der Potentialverlauf (c) in einem unsymmetrischen p-n-Übergang für n-leitendes Ausgangsmaterial schematisch dargestellt. Weiterhin ist zum besseren Verständnis auch der Detektor eingezeichnet (d).

Zum Abschluß dieses Kapitels soll noch kurz auf die Beschreibungsmöglichkeit eines p-n-Überganges im Rahmen des Bändermodelles eingegangen werden.

Wie im Kapitel 3.2 näher erläutert wurde, kann man das Fermi-Niveau, das bei einem reinen Eigenhalbleiter etwa in der Mitte zwischen dem Valenz- und Leitungsband verläuft, durch Dotieren eines Halbleiterkristalls mit Donatoren bzw. Akzeptoren heben bzw. senken. In einem

n-Halbleiter verläuft das Fermi-Niveau in der Nähe des Leitungsbandes, während es bei einem p-Halbleiter in der Nähe des Valenzbandes liegt. Da für die Herstellung von Halbleiterdetektoren nur mäßig hochdotierte Halbleiter von Bedeutung sind, sollen sich die folgenden Betrachtungen auch nur auf diesen Fall beschränken.

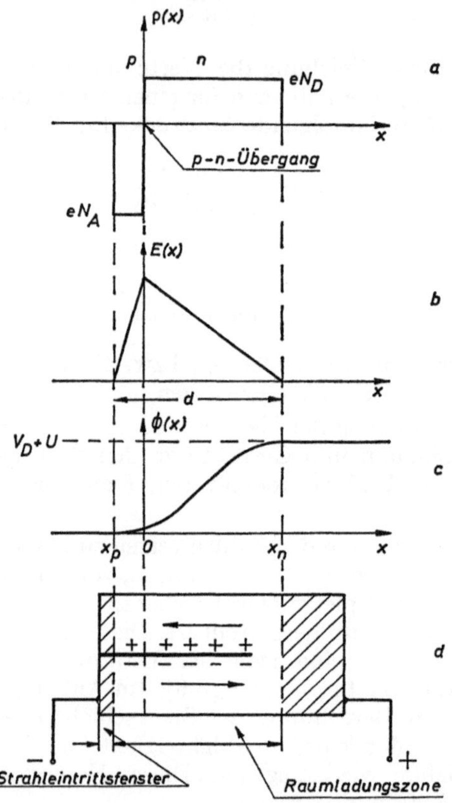

Abb. 3.12. Der p-n-Detektor mit unsymmetrischem p-n-Übergang
a Verlauf der Raumladungsdichte $\varrho(x)$,
b Verlauf der elektrischen Feldstärke $E(x)$,
c Potentialverlauf $\Phi(x)$,
d Struktur des p-n-Detektors

Bringt man einen mäßig hochdotierten n-Halbleiter und einen entsprechenden p-Halbleiter zusammen, so muß sich im thermischen Gleichgewicht und bei Abwesenheit eines äußeren Feldes das Fermi-Niveau in dem gesamten Halbleiterkristallsystem auf der gleichen Höhe befinden. Das bedeutet aber, da die Bandkanten in den beiden Teilen des Kristallsystems verschiedene Lagen bezüglich des Fermi-Niveaus haben, daß sich an der Stelle des *p*-*n*-Überganges die Bänder gegeneinander verschieben müssen. Das ist in Abb. 3.13 deutlich gemacht. Der Betrag, um den die Bänder gegeneinander verschoben sind (Höhe der Potentialbarriere), ist, wenn keine äußere Spannung anliegt, kleiner als die Breite der verbotenen Zone und gleich der Diffusionsspannung V_D.

Legt man an den *p*-*n*-Übergang eine Sperrspannung (U), so verschieben sich die Bänder weiter gegeneinander. Der Abstand des Leitungs- bzw. Valenzbandes im *p*-Gebiet von den entsprechenden Bändern im *n*-Gebiet wird jetzt durch die Größe $V_D + U$ gegeben. Dieser Fall ist in Abb. 3.14 dargestellt. Mit zunehmender Sperrspannung U nimmt auch

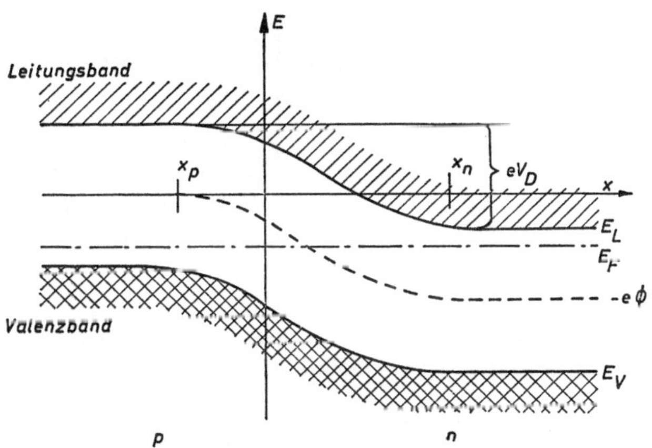

Abb. 3.13. Die Darstellung des *p*-*n*-Überganges im Bändermodell (E_L = untere Grenze des Leitungsbandes, E_V = obere Grenze des Valenzbandes, E_F = Fermi-Niveau)

die maximale Feldstärke in der Sperrschicht zu. Das bedeutet im Bändermodell, daß die Neigung der Bandkanten in Abb. 3.14 größer wird, was bewirkt, daß der waagerechte Abstand w zwischen den beiden Bändern abnimmt. Oberhalb einer kritischen Sperrspannung U_{krit} wird w schließlich so klein, daß die Elektronen die Bandlücke waagerecht, d.h. unter Beibehaltung ihrer Energie überwinden können. Das führt zu einem sehr starken Ansteigen des Sperrstromes (Zener-Durchbrucheffekt). Bei sehr schwach dotierten *p*-*n*-Übergängen wird dieser Zener-Effekt im Durchbruchsgebiet von einem Lawinenprozeß überdeckt [3.7, 3.8], wie er von Proportional- und Geiger-Müller-Zählrohren bekannt ist. Darauf kann jedoch hier nicht näher eingegangen werden.

In Halbleiterdetektoren verwendet man im allgemeinen unsymmetrische *p*-*n*-Übergänge, d.h. man benutzt hier ein Halbleitermaterial, bei dem die Dotierung etwa der *n*-Schicht wesentlich höher ist als die der angrenzenden *p*-Schicht. Dadurch erreicht man, daß sich nur eine sehr dünne Raumladungszone in dem hochdotierten Kristallbereich ausbildet.

Dieser Bereich stellt die Frontseite des Detektors und damit sein Strahleintrittsfenster dar. Um dieses möglichst dünn auszubilden, ist man bestrebt, die Dicke der hochdotierten Frontschicht möglichst klein zu halten. In Abb. 3.15 ist ein solcher unsymmetrischer *p*-*n*-Übergang mit Sperr-

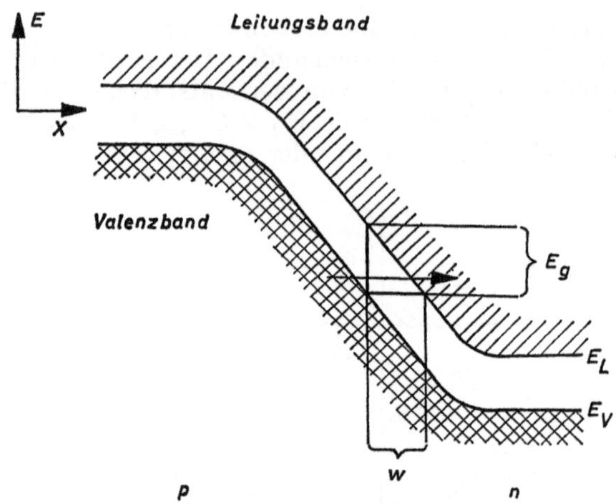

Abb. 3.14. Die Darstellung eines *p*-*n*-Überganges mit Sperrspannung im Bändermodell

spannung im Bild des Bändermodells dargestellt [3.1]. Hierin bedeuten E_L die untere Grenze des Leitungsbandes, E_V die obere Grenze des Valenzbandes, n^+ die hochdotierte *n*-leitende Frontschicht, *p* das niedrig dotierte *p*-leitende Grundmaterial des Detektors (Basiszone), *d* die Tiefe der Raumladungszone und $U + V_D$ die Gesamtsperrspannung am *p*-*n*-Übergang.

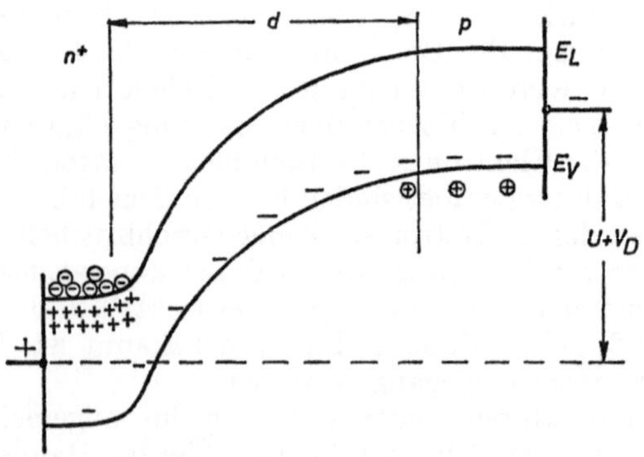

Abb. 3.15. Die Darstellung eines unsymmetrischen *p*-*n*-Überganges mit Sperrspannung im Bändermodell [3.1]
(d = Tiefe der Raumladungszone, $U + V_D$ = Gesamtsperrspannung)

3.4 Die Arbeitsweise eines idealen Halbleiterdetektors

3.4.1 Der Aufbau des Ausgangsimpulses

Um die physikalischen Vorgänge in einem Halbleiterdetektor leichter verstehen zu können, sollen diese zunächst an dem Modell eines „idealen“ Halbleiterdetektors näher erläutert werden. Unter einem „idealen“ Halbleiterdetektor soll ein Detektor verstanden werden, der aus rein eigenleitendem Silizium oder Germanium besteht, und bei dem zwei gegenüberliegende Seiten des Kristalls mit einem „idealen“ Metallkontakt versehen sind, der auf die Eigenschaften des Halbleiterkristalls keinerlei Rückwirkungen ausübt, d. h. die Kontaktelektroden verursachen nirgend-

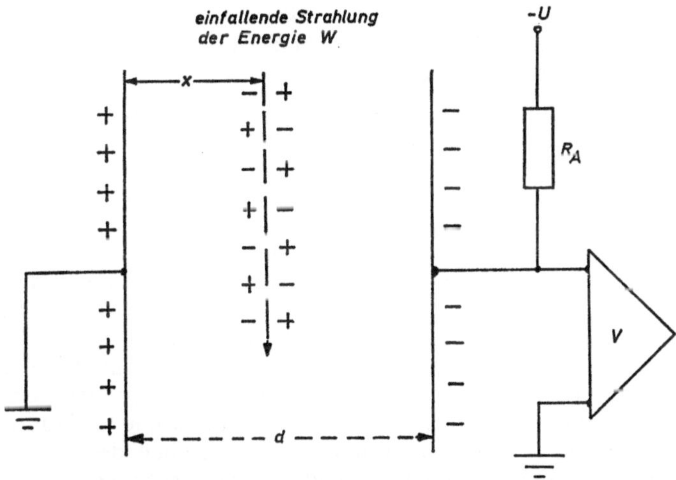

Abb. 3.16. Schematischer Aufbau eines Halbleiterdetektors ohne Sperrschicht

wo im Kristall Störungen des elektrischen Feldes oder der Ladungsträgerkonzentrationen. Weiterhin sei vorausgesetzt, daß sich der Halbleiterkristall auf einer so niedrigen Temperatur befinde, daß nur sehr wenige freie Ladungsträger im Leitungsband vorhanden sind (hochohmiger Kristall). An die Elektroden dieses Systems sei eine Gleichspannung U gelegt, die eine räumlich konstante elektrische Feldstärke E innerhalb des gesamten Detektorvolumens erzeugt. Der Elektrodenabstand sei d (Abb. 3.16). Unter diesen Bedingungen herrscht an jedem Punkte im Detektorkristall die Feldstärke U/d. Für den derart definierten „idealen‘ Halbleiterdetektor sei außerdem noch angenommen, daß er Einfangzentren enthalte.

In einem Abstand x von der positiven Elektrode trete ein geladenes Teilchen mit der Energie W senkrecht zur Richtung des elektrischen

Feldes in den Detektorkristall ein. Hier wird es innerhalb sehr kurzer Zeit – im allgemeinen 1–10 ps – abgebremst. Seine Energie wird zur Erzeugung von Elektronen-Defektelektronen-Paaren durch Stoßionisation im Halbleiterkristall und zur Erzeugung von optischen Phononen verbraucht. Bei jeder Stoßionisation wird ein Valenzelektron aus dem Valenzband ins Leitungsband oder ein noch darüber liegendes Band gehoben und somit von einem gebundenen zu einem quasifreien Elektron. Im Valenzband entsteht dadurch ein Defektelektron. Die bei diesem Prozeß entstandenen Elektronen geben ihre Energie ebenfalls wieder sehr schnell durch Stoßionisation und Phononenerzeugung ab. Dies geschieht so lange, bis ihre kinetische Energie zu gering geworden ist, um weitere Elektronen-Defektelektronen-Paare zu erzeugen. Treten anstelle der geladenen Teilchen Gammaquanten in den Detektor ein, so kann man die physikalischen Vorgänge ähnlich wie eben beschreiben, da die Gammaquanten bei jeder Wechselwirkung mit dem Detektorkristall ein hochenergetisches Elektron erzeugen, das dann so behandelt werden kann, als sei es als Primärteilchen in den Detektor eingetreten.

Wie im Kapitel 3.1 schon erwähnt wurde, ist die Wirkungsweise eines Halbleiterdetektors vergleichbar mit derjenigen einer Gasionisationskammer, die einen Plattenabstand hat, der gleich dem Elektrodenabstand d des besprochenen „idealen" Halbleiterdetektors ist. Anstelle der Gasfüllung tritt hier reines eigenleitendes Germanium oder Silizium, das sich auf einer so niedrigen Temperatur befindet, daß es sehr hochohmig ist. Das bedeutet, daß zwischen den Elektroden dieses Detektors im unbestrahlten Zustand praktisch kein Strom fließt. Wird der Detektor jedoch bestrahlt, werden in ihm Ladungsträgerpaare gebildet, die in dem starken Feld der angelegten Detektorspannung schnell voneinander getrennt und zu den entsprechenden Elektroden gezogen werden, wo sie einen Ladungsimpuls influenzieren. In Abb. 3.17 ist der Verlauf der elektrischen Feldstärke E und des Potentials Φ zwischen den beiden Elektroden eines „idealen" Halbleiterdetektors wiedergegeben.

Hochenergetische geladene Teilchen können, wie bereits erwähnt, in einem Halbleiterdetektor ihre Energie grundsätzlich auf zwei Arten abgeben:

a) Durch Erzeugung von Elektronen-Defektelektronen-Paaren, d.h. durch Stoßionisation. Dabei wird nach dem Stoß die Einfallsenergie des Primärteilchens zwischen diesem und dem entstandenen Ladungsträgerpaar aufgeteilt. Das entstandene Trägerpaar und das Primärteilchen können weitere Stoßionisationen durchführen. Das geht jedoch nur so lange, wie die Energien dieser Teilchen größer sind, als die zur Ladungsträgererzeugung erforderliche Minimalenergie E_g, die durch den Abstand zwischen dem Valenz- und dem Leitungsband des betreffenden Halbleiters gegeben ist. Sie beträgt bei Germanium 0,75 eV und bei Silizium 1,1 eV. Die Maximalenergie, die bei diesen Stoßprozessen auf die Valenzelektronen übertragen werden kann, kann mit Hilfe von Gl. (3.1) berechnet werden.

b) Durch Wechselwirkung mit dem Kristallgitter als Ganzem. Hierbei werden von den Primärteilchen und den erzeugten Ladungsträgern Gitterschwingungen (Raman-Phononen) angeregt. Ihre Maximalenergie beträgt in Germanium etwa $E_R = 6{,}3 \cdot 10^{-2}$ eV.

Wegen dieser beiden konkurrierenden Prozesse benötigt man im Mittel zur Bildung eines Elektronen-Defektelektronen-Paares in einem Halbleiterkristall eine größere Primärenergie, als es dem Abstand zwischen Valenz- und Leitungsband entspricht. Beispielsweise beträgt die mittlere Bildungsenergie w für ein Ladungsträgerpaar in Germanium 2,8 eV (in Si 3,6 eV) bei einem Bandabstand von nur 0,75 eV (in Si

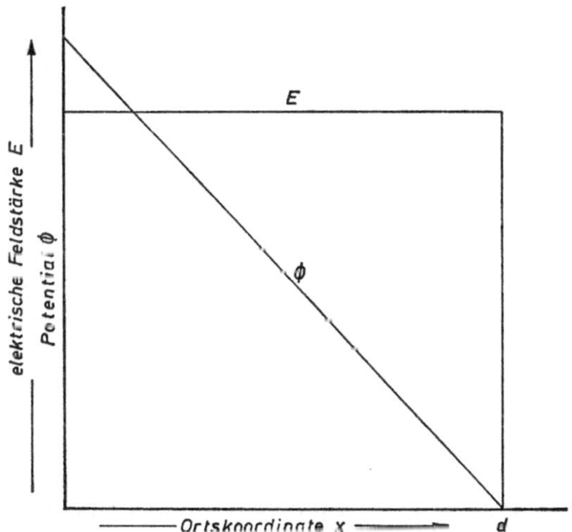

Abb. 3.17. Verlauf der elektrischen Feldstärke (E) und des Potentials (Φ) in dem in Abb. 3.16 dargestellten Halbleiterdetektor

1,1 eV). Anders ausgedrückt: Die mittlere Bildungsenergie für ein Ladungsträgerpaar ist größer als der Bandabstand, weil der Differenzbetrag dieser Energien als Anregungsenergie für Phononen an das Gitter als Ganzes übertragen wird. Die mittlere Energie w, die zur Bildung eines Elektronen-Defektelektronen-Paares erforderlich ist, ist nach Shockley [3.9] gegeben durch

$$w = E_g + 1{,}2\,E_g + C\,. \tag{3.22}$$

Hierin ist E_g der Abstand Valenzband–Leitungsband und C der für die Phononenerzeugung notwendige Energiebedarf. Der Term ($1{,}2\,E_g$) stellt die restliche kinetische Energie dar, die von den Elektronen und Defektelektronen mit einer Energie kleiner als E_g durch thermische Wechselwirkung an das Gitter übertragen wird. Als Beispiel für die Häufigkeit der Phononenanregung sei erwähnt, daß ein Photoelektron in einem

Germaniumkristall im Mittel jeweils etwa 50 Stöße mit dem Kritallgitter macht, ehe es zu einem Stoßionisationsprozeß kommt. Auf die genannten Vorgänge soll jedoch nicht näher eingegangen werden; der interessierte Leser sei auf die entsprechende Spezialliteratur [3.9–3.11] verwiesen.

Wie eine Vielzahl von Untersuchungen ergab, ist der Wert von w im Rahmen der erzielbaren Meßgenauigkeiten unabhängig von der Art der Primärteilchen und ihrer Energie [3.12–3.15]. Lediglich bei Elektronen wurden verschieden große Abweichungen festgestellt [3.16, 3.27, 3.130], die bisher noch nicht befriedigend erklärt werden konnten. Für jedes Primärteilchen gibt es einen Energieschwellwert E_s, unterhalb dessen eine Elektronen-Defektelektronen-Paarbildung sehr unwahrscheinlich ist. Er beträgt z.B. in Silizium für Protonen 200 eV und für Alphateilchen 1 keV [3.17, 3.18]. Sein Einfluß auf die Gesamtionisation kann jedoch im allgemeinen vernachlässigt werden. Außerdem macht sich noch eine geringe Temperaturabhängigkeit der Größe w bemerkbar [3.19, 3.131], die darauf zurückzuführen ist, daß der Bandabstand E_g mit abnehmender Temperatur zunimmt [3.20].

Das Verhältnis desjenigen Energiebetrages, der bei der Abbremsung eines hochenergetischen geladenen Teilchens zur Phononenanregung verbraucht wird, zur Gesamtenergie, die bei diesem Abbremsprozeß im Detektorkristall absorbiert wurde, wird in guter Näherung durch den Fano-Faktor (F) [3.21] beschrieben. Wenn die Gesamtenergie des geladenen Teilchens exakt und vollständig nur für Ionisationsprozesse verbraucht würde, dann wäre F praktisch Null und es gäbe keine statistischen Schwankungen der Anzahl der gebildeten Ladungsträger bei der Bestrahlung des Detektorkristalles mit monoenergetischen geladenen Teilchen. Wenn andererseits die Bildungswahrscheinlichkeit für ein Elektronen-Defektelektronen-Paar sehr klein wäre, im Verhältnis zu der Wahrscheinlichkeit, die Einfallsenergie des Teilchens durch andere Prozesse (bevorzugt Phononenerzeugung) im Detektorkristall abzugeben, dann würde der Fano-Faktor gegen Eins gehen. Es gibt verschiedene Theorien [3.22, 3.23], mit Hilfe derer der Fano-Faktor in Halbleitern ermittelt werden kann. Er wurde z.B. für Germanium sowohl errechnet [3.22, 3.23] als auch experimentell bestimmt [3.24–3.26, 3.132]. Die Rechnungen ergaben F-Werte zwischen 0,25 und 0,32, während die experimentell ermittelten Werte bei $F = 0{,}13 \pm 0{,}02$ lagen. Wie man sieht, besteht hier ein erheblicher Unterschied zwischen Theorie und Experiment. Es müssen auch weiterhin noch eingehende Untersuchungen der Ionisationsprozesse in Halbleitern durchgeführt werden, um den erwähnten Unterschied entweder schlüssig erklären oder beseitigen zu können. Hoffnungsvolle Ansätze zur Lösung des Problems sind bereits erkennbar [3.133].

Die in dem Detektorkristall durch die ionisierende Primärstrahlung erzeugten Elektronen und Defektelektronen verhalten sich in vieler Hinsicht analog zu den in einer Gasionisationskammer auf die gleiche Weise erzeugten Elektronen und Ionen. Im folgenden soll zunächst davon ausgegangen werden, daß in dem hier besprochenen „idealen“ Halbleiterdetektor keine Einfangzentren vorhanden sind. Die in dem Halbleiterdetektor erzeugten Ladungsträger werden durch das hier herrschende elektrische Feld getrennt und zu den jeweiligen Elektroden gezogen. Dadurch entsteht am Arbeitswiderstand des Detektors als Ausgangssignal ein Spannungsimpuls. Die an den Elektroden gesammelten Ladungen können als ein Maß für die Energie betrachtet werden, die das hochenergetische Primärteilchen bei seiner Abbremsung im Detektorkristall an diesen abgegeben hat. Sorgt man dafür, daß das Detektorvolumen so groß ist, daß sich die einfallenden Primärteilchen in diesem totlaufen können, d.h., daß sie ihre Gesamtenergie an den Kristall abgeben können, dann ist die Höhe des Ausgangsimpulses unmittelbar ein Maß für die Einfallsenergie.

Die Beschreibung des Impulsaufbaues in einer Gasionisationskammer, wie sie im Kapitel 2.2 durchgeführt wurde, kann prinzipiell auch auf den hier behandelten Fall des Halbleiterdetektors angewendet werden. Unter Berücksichtigung der hier vorliegenden Geometrie (x = Abstand des Einfallsortes der Strahlung von der positiven Elektrode, d = Dicke des Detektorvolumens, d.h. Abstand der Elektroden, C = Kapazität des Detektors) und der Gleichung $C = n\,e/U$ mit n = Anzahl der gebildeten Ladungsträgerpaare, U = Detektorvorspannung und e = Elementarladung, ergibt sich aus Gl. (2.4) als Beitrag der Elektronen zum Impulsaufbau

$$q_n = \frac{n\,e\,x}{d} \tag{3.23a}$$

und als Beitrag der Defektelektronen

$$q_p = n\,e\,\frac{d-x}{d}. \tag{3.23b}$$

Die Sammelzeit für die Elektronen ist unter Berücksichtigung der Zusammenhänge $v_n = dx/dt$ und $v_n = \mu_n E$ gegeben durch

$$\tau_n = \frac{x}{\mu_n E}. \tag{3.24a}$$

Entsprechend gilt für die Sammelzeit der Defektelektronen

$$\tau_p = \frac{d-x}{\mu_p E}. \tag{3.24b}$$

In diesen Gleichungen bedeuten μ_n und μ_p die Elektronen- bzw. Defektelektronenbeweglichkeiten. Die Ladungsträgersammelzeiten τ_n und τ_p bestimmen den zeitlichen Anstieg des Detektorausgangsimpulses. Wie aus Tabelle 7.1.1 hervorgeht, unterscheiden sich die Elektronen- und Defektelektronenbeweglichkeiten sowohl im Silizium als auch im Germanium etwa um den Faktor 2 bis 3. Das ist ein wesentlicher Unterschied gegenüber einem Gas als Detektormedium. Im letzteren ist die Elektronenbeweglichkeit um 2–3 Zehnerpotenzen größer als die Ionenbeweglichkeit. Das bewirkt, daß der zeitliche Aufbau des Ausgangsimpulses eines Halbleiterdetektors etwas unterschiedlich zu dem einer Gasionisationskammer verläuft.

Wie aus Tabelle 7.1.1 weiter hervorgeht, kann man eine beachtliche Vergrößerung der Ladungsträgerbeweglichkeiten durch Kühlen der Halbleiterkristalle erzielen. Weiterhin läßt sich durch Erhöhen der Feldstärke, d.h. durch Erhöhung der Detektorbetriebsspannung, eine Verkürzung der Ladungssammelzeiten erreichen. Die Driftgeschwindigkeit der Ladungsträger im elektrischen Feld der angelegten Detektorspannung läßt sich jedoch nur bis etwa 10^7 cm/s steigern, da die Beweglichkeiten der

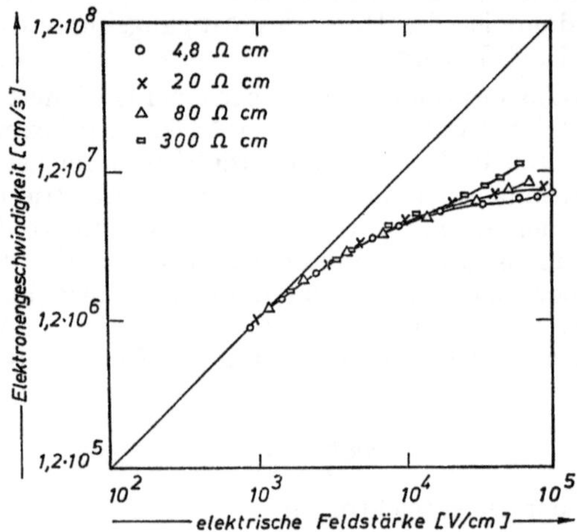

Abb. 3.18. Die Abhängigkeit der Elektronengeschwindigkeit von der elektrischen Feldstärke in Silizium [3.28]

Ladungsträger bei hohen Trägergeschwindigkeiten ($v > 10^6$ cm/s) mit steigender Feldstärke abnehmen [3.28]. In Abb. 3.18 ist die Abhängigkeit der Elektronengeschwindigkeit von der elektrischen Feldstärke in Siliziumsorten mit verschiedenem spezifischen Widerstand bei Raumtemperatur wiedergegeben. Wie man sieht, nimmt die Elektronengeschwindigkeit zunächst linear mit der elektrischen Feldstärke zu, d.h. in diesem Bereich ist die Elektronenbeweglichkeit konstant. Oberhalb einer Feldstärke von 10^3 V/cm besteht kein linearer Zusammenhang mehr. Von hier ab geht die Elektronengeschwindigkeit mit zunehmender Feldstärke asymptotisch gegen eine Grenzgeschwindigkeit von etwa 10^7 cm/s. Die maximale Feldstärke, die man in einem Halbleiterdetektor erzeugen kann, wird durch die Güte des verwendeten Halbleitermaterials bestimmt. Die Abnahme der Ladungsträgerbeweglichkeit bei hohen Feldstärken wird dadurch bedingt, daß die mittlere freie Weglänge der Ladungsträger im Kristall abnimmt, da ihre mittlere Energie durch diese Felder stark vergrößert wird.

Die Impulsanstiegszeiten der Detektorausgangsimpulse, d.h. die Ladungssammelzeiten, liegen heute bei guten Halbleiterdetektoren im Bereich von 0,1 μs bis 0,1 ns. Sie hängen außer von den oben beschriebenen Größen auch noch von anderen Parametern ab, auf die im folgenden noch genauer eingegangen werden wird. Als Beispiel für die genannten kurzen Impulsanstiegszeiten sei erwähnt, daß man bei Zimmertemperatur mit einem Siliziumdetektor, in dem man eine Feldstärke in der Größenordnung von 10^3 V/cm erzeugt, und der eine Dicke des empfindlichen Volumens von etwa 1 mm hat, eine Impulsanstiegszeit von etwa 0,1 μs erreichen kann. Diese Anstiegszeit ist wesentlich kürzer als die entsprechende Zeit bei einer vergleichbaren Gasionisationskammer.

Wie oben bereits gesagt, macht der Wunsch nach möglichst kurzen Ladungssammelzeiten bzw. Impulsanstiegszeiten die Erzeugung hoher elektrischer Feldstärken im Detektorkristall erforderlich. Da der Detektorkristall keinen unendlich großen Widerstand hat, sondern immer eine gewisse Leitfähigkeit besitzt, verursacht die angelegte Detektorbetriebsspannung einen Gleichstrom durch den Kristall. Daraus folgt, daß man ein so hochohmiges Detektormaterial wählen muß, daß die durch den genannten Gleichstrom verursachte Rauschkomponente viel kleiner ist als das Nutzsignal des Detektors, das durch ein ionisierendes Teilchen verursacht wird. Beispielsweise erzeugt ein 5 MeV-Alphateilchen in einem Siliziumhalbleiterdetektor bis zu seiner völligen Abbremsung etwa $1{,}4 \cdot 10^6$ Ladungsträgerpaare. Sie werden, wenn man eine Dicke der empfindlichen Zone von 1 mm zugrunde legt, in etwa 0,1 μs an den Elektroden gesammelt. Das führt im Detektor zu einem mittleren Strom von etwa 2 μA. Im Vergleich dazu fließt in einem Siliziumkristall, der einen spezifischen Widerstand von 1000 Ω cm, einen Durchmesser von 5 mm und eine Dicke von 1 mm hat, ein Strom von etwa 200 mA, wenn man in ihm eine Feldstärke von 10^3 V/cm erzeugt. Daraus ist zu ersehen, wie hohe Anforderungen an die Reinheit des verwendeten Halbleitermaterials gestellt werden müssen. Wie man in einem Halbleiterdetektor eine sehr hochohmige empfindliche Zone erzeugen kann, ohne zu extreme Forderungen an die Reinheit des Ausgangsmaterials stellen zu müssen, wird im Kapitel 3.6 näher erläutert werden.

Als nächstes sollen die Effekte untersucht werden, die eine Störung der Ladungssammlung in einem idealen Halbleiterdetektor verursachen, und dadurch zu einer Verfälschung des Ausgangsimpulses am Detektorarbeitswiderstand führen.

3.4.2 Ursachen für eine Verfälschung des Ausgangsimpulses

3.4.2.1 Der Plasmaeffekt

Die Reichweite der bei den Ionisationsprozessen im Detektorkristall gebildeten Elektronen und Defektelektronen ist im Mittel so gering (etwa 100 nm im Silizium), daß sich entlang der Bahn des Primärteilchens eine sehr hohe Ladungsträgerkonzentration einstellt (Plasmaschlauch). Sie beträgt etwa 10^{17} cm^{-3} für 10 MeV-Protonen und 10^{19} bis 10^{20} cm^{-3} für Spaltfragmente. Wenn das Primärteilchen ein Elektron ist, ist die im Mittel pro Stoß übertragene Energie größer (Gl. 3.1) und damit auch die Reichweite der erzeugten Ladungsträger. Das bewirkt, daß der Plasmaschlauch viel ausgedehnter ist als bei schweren Primärteilchen und daß sich dementsprechend auch eine geringere Ladungsträgerdichte einstellt.

Bei schweren Primärteilchen ist die Ladungsträgerdichte im Plasmaschlauch so groß, daß das durch die Detektorbetriebsspannung im Kristall aufgebaute elektrische Feld nicht in das Innere dieses Plasmaschlauches eindringen kann. Lediglich auf die Ladungsträger am äußeren Rand des Schlauches kann es einwirken. Der Plasmaschlauch ist jedoch nicht stabil, sondern er diffundiert mit der Zeit auseinander. Dadurch vergrößert sich sein Durchmesser, was zu einer Verringerung der Ladungsträgerdichte im Schlauchinneren führt. Die Folge davon ist, daß das elektrische Feld immer weiter ins Zentrum des Schlauches durchgreifen kann und die hier vorhandenen Ladungsträger zu den entsprechenden Elektroden absaugen kann. Dieser Vorgang ist in Abb. 3.19a und b schematisch dargestellt. In Abb. 3.19a ist der Detektor wiedergegeben, in den senkrecht zu den Feldlinien des durch die Detektorbetriebsspannung erzeugten Feldes ein schweres Primärteilchen einfällt. Dieses erzeugt längs seiner Bahn viele Elektronen-Defektelektronen-Paare mit kurzer Reichweite, so daß ein Plasmaschlauch mit hoher Ladungsträgerdichte entsteht. Abb. 3.19b zeigt den Verlauf des elektrischen Feldes für drei verschiedene Zeiten nach dem Ionisationsprozeß ($t_1 < t_2 < t_3$) in der Umgebung der Teilchenbahn [3.1]. Deutlich ist zu erkennen, wie die elektrische Feldstärke im Inneren des Plasmaschlauches im Laufe der Zeit immer mehr zunimmt. Die Zeit, die notwendig ist, um eine vollständige Trennung der Ladungsträger des Plasmaschlauches zu erreichen, wird die „Plasmazeit" genannt. Sie ist um so kürzer, je schneller die Ladungsdichte im Plasma durch Trägerdiffusion abnimmt und je stärker der Abbau des Plasmaschlauches durch das von außen angreifende Feld ist. Man kann zeigen, daß diese Zeit durch folgenden Zusammenhang gegeben ist:

$$T_P = \frac{\varrho^2}{\varepsilon^2 E^2 D^2} \,. \tag{3.25}$$

Hierin bedeuten ϱ die Ladungsdichte im Plasmaschlauch, ε die Dielektrizitätskonstante des Detektorkristalls, E die elektrische Feldstärke im Detektor und D einen „ambipolaren Diffusionskoeffizienten", der so definiert ist:

$$D = \frac{D_n D_p}{D_n + D_p} \,. \tag{3.26}$$

Hierin stellen D_n und D_p die Diffusionskoeffizienten der Elektronen bzw. Defektelektronen in dem betrachteten Detektorkristall dar.

Wenn das ionisierende Teilchen ein 10 MeV Proton ist, dann beträgt die Plasmazeit in einem Siliziumdetektor, in dem eine Feldstärke von etwa 10^3 V cm^{-1} herrscht, maximal etwa 1–10 ns. Die Plasmazeit kann je nach Stärke des elektrischen Feldes und Ladungsträgerdichte im Plasmaschlauch zu einer merklichen Vergrößerung der Ladungssammelzeit führen und damit zu einer Begrenzung der optimal erreichbaren Impulsanstiegszeit. Das tritt besonders beim Nachweis von Spaltfragmenten auf [3.29], bei denen eine sehr hohe Ladungsträgerkonzentration im Plasmaschlauch vorhanden ist.

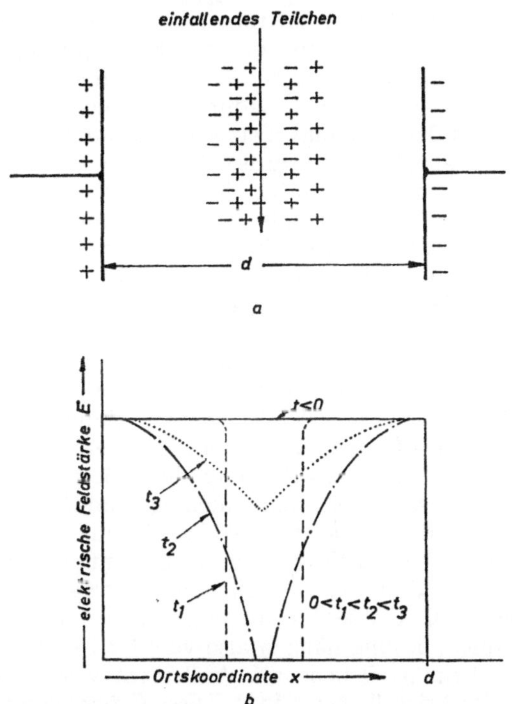

Abb. 3.19. Zur Bildung des Plasmaschlauches in der Umgebung der Teilchenbahn in einem Halbleiterdetektor [3.1]

a Die Polarisation des Plasmaschlauches durch das elektrische Feld im Detektor

b Die Feldverteilung im Detektor vor dem Teilcheneintritt ($t < 0$) und zu verschiedenen Zeiten $t_1 \ldots t_3$ nach Bildung des Plasmaschlauches

Die Verzögerung der Ladungsträgertrennung im Plasmaschlauch kann fernerhin zu Ladungsträgerverlusten durch Rekombination führen. Trotz der relativ großen Lebensdauer der Ladungsträger im Gleichgewichtszustand von etwa 1 μs im Vergleich zur Plasmazeit, muß hier dennoch mit einer merklichen Zunahme der Rekombinationswahrscheinlichkeit gegenüber dem normalen Gleichgewichtsfall gerechnet werden; denn in der Umgebung des Plasmaschlauches treten Ladungsträgerkonzentrationen auf, die in der Größenordnung von 10^{19} cm^{-3} liegen können. Das System ist also weit vom thermischen Gleichgewichtszustand entfernt. Wegen der relativ großen Rekombinationswahrscheinlichkeit ergibt sich eine entsprechende Verringerung der effektiven Lebensdauer der Ladungsträger. Sie kann Werte von 10—100 ns erreichen. In einer Arbeit von Gibson und Miller [3.30] wird der Einfluß von Rekombinations- und Hafteffekten auf die Ladungsträgersammlung für den Fall untersucht, daß in einem kleinen, räumlich begrenzten Gebiet des Halbleiterkristalles Ladungsträgerkonzentrationen auftreten, die wesentlich größer sind als die Trägerdichte im Gleichgewichtszustand. Es zeigt sich, daß bei diesen Betrachtungen die Ladungsträgerlebensdauer keine sehr zweckmäßige Größe ist, da sie sowohl von der Ladungsträgerkonzentration als auch von der Dichte und den Einfangwirkungsquerschnitten der Rekombinationszentren abhängt. Das führt zu erheblichen Schwierigkeiten bei der mathematischen Behandlung dieser Prozesse. Die genannten Untersuchungen führten zu dem Ergebnis, daß der Rekombinationsprozeß im Plasmaschlauch an lokalen Verunreinigungsstellen des Halbleiterkristalls (Störstellen) von entscheidendem Einfluß auf die Ladungsträgersammlung ist, während die Hafteffekte im allgemeinen vernachlässigt werden können. Besonders bei schweren geladenen Teilchen, wie z.B. bei Alphateilchen und Spaltfragmenten, tritt eine unvollständige Ladungssammlung auf. Derartige Ladungsverluste führen zu einer erheblichen Verringerung der Impulshöhe des Detektorausgangsimpulses [3.31]. Außerdem verursachen sie oft auch eine Verschlechterung der Energieauflösung. Das wird dadurch bewirkt, daß die Störstellen, an denen die Rekombinationsprozesse stattfinden, inhomogen im Detektorkristall verteilt sind. Die Folge davon ist, daß lokale Schwankungen des Ladungsverlustes auftreten. Dieser Effekt macht sich ebenfalls besonders bei den Primärteilchen bemerkbar, die eine hohe Ladungsträgerdichte im Plasmaschlauch erzeugen. Die Größe des Ladungsverlustes und die Verschlechterung der Energieauflösung hängen also von der Ionisierungsdichte des eingeschossenen Primärteilchens ab. Außerdem werden sie durch die Güte des Halbleiterkristalls beeinflußt. Diese Größe hängt selbst wieder stark von den Prozessen ab, die der Detektor bei seiner Fertigung durchlaufen mußte. So ist es beispielsweise für die Fertigung bestimmter Detektortypen unerläßlich, die Halbleiterkristalle aufzuheizen, wie später noch genauer erläutert werden wird. Bei diesem Aufheizen können auf unkontrollierbare Weise Verunreinigungen in den Kristall diffundieren, oder es können bei seinem Abkühlen Fehlstellen im Gitter entstehen.

Eine eingehende mathematische Behandlung des Plasmaeffektes wird sehr durch die geometrischen Gegebenheiten erschwert, in denen er sich abspielt. Diese eignen sich schlecht zu einer einfachen eindimensionalen Behandlung des Problems. Die Gründe hierfür sind: Die Dimensionen des Plasmaschlauches werden normalerweise wesentlich kleiner sein, als die Abmessungen des elektrischen Feldbereiches im Detektorkristall; die Ladungsträger werden nicht nur von den Randbereichen des Plasmaschlauches abgezogen, die in unmittelbarer Nachbarschaft einer der beiden Elektroden liegen, sondern auch von den anderen Seiten des Schlauches; die Feldstärke an den einzelnen Punkten der Schlauchoberfläche wird durch den Feldlinienverlauf gegeben, wie er sich in einem elektrischen Feld in der Umgebung eines elektrisch gut leitenden Bereiches einstellt. Daraus ergibt sich, daß die Wirkung des Plasmaeffektes auf die Höhe und die Anstiegszeit des Ausgangsimpulses von der Lage der Teilchenflugbahn im Detektorkristall relativ zur Richtung des hier herrschenden elektrischen Feldes abhängt. Wenn die Flugbahn parallel zu den Feldlinien verläuft, ist ein größerer Zeitaufwand für die Ladungsträgertrennung erforderlich, als wenn die Flugbahn senkrecht zur Feldrichtung orientiert ist. Infolgedessen ist die Wirkung des Plasmaeffektes im ersten Falle größer als im zweiten.

3.4.2.2 Die Verringerung der Primärionisation

Zusätzlich zu dem Ladungsträgerverlust, wie er oben beschrieben wurde, tritt bei schweren Ionen und Spaltfragmenten als Primärstrahlung ein weiterer Ladungsträgerverlust auf, wie die Untersuchungen von Lindhard und Nielson [3.32] gezeigt haben. Dieser Verlust wird durch eine Verringerung der Primärionisation verursacht. Das kommt dadurch zustande, daß ein nicht zu vernachlässigender Anteil der Energie des schweren Primärteilchens durch direkte Kernstöße mit den Atomen des Halbleitergitters verbraucht wird. Die dabei entstehenden Rückstoßionen bewegen sich im Gitter wesentlich langsamer als Elektronen oder Defektelektronen. Für diese langsamen Rückstoßionen besteht nur eine sehr geringe Wahrscheinlichkeit, weitere Elektronen-Defektelektronen-Paare zu bilden, d.h. es finden weniger Ionisationsereignisse statt [3.134]. Beispielsweise verringert sich durch diesen Effekt die Gesamtionisation von Spaltfragmenten in Silizium um ein Energieäquivalent von etwa 5 MeV. In Abb. 3.20 ist die durch ein Silizium-Rückstoßatom in Silizium erzeugte Ionisation relativ zu der eines Elektrons derselben Energie in Abhängigkeit von der Teilchenenergie dargestellt [3.33].

Aufgrund der Darlegungen in den Kapiteln 3.4.2.1 und 3.4.2.2 ergeben sich beim Nachweis von schweren Ionen im wesentlichen zwei Effekte, die einen Ladungsträgerverlust verursachen. Der eine Effekt ist feldabhängig und führt zu einem Verlust von Ladungsträgerpaaren durch Rekombinationen im Plasmaschlauch, während der andere feldunabhängig ist und zu einer Verringerung der Anzahl der Ionisationsereignisse führt [3.34]. Wenn die Primärstrahlung aus leichten ionisierenden Teilchen besteht (z.B. Elektronen oder Protonen), sind diese Effekte von untergeordneter Bedeutung.

3.4.2.3 Die Wirkung von Einfangzentren

Als nächstes soll die Wirkung von Einfangzentren in einem Halbleiterkristall auf den Detektorausgangsimpuls näher untersucht werden. Im Kapitel 3.1 ist diese Wirkung bereits kurz skizziert worden.

Verantwortlich für Rekombinations- und Hafteffekte sind die sogenannten „tiefliegenden Niveaus" in einem Halbleiterkristall. Sie werden durch chemische Störstellen (Fremdatome) oder durch strukturelle Störstellen (Versetzungen, Leerstellen, Atome auf Zwischengitterplätzen usw.) hervorgerufen. Die „tiefliegenden Niveaus" unterscheiden sich von den früher bereits eingehend behandelten Donator- und Akzeptorniveaus, die häufig auch „flachliegende Niveaus" genannt werden, dadurch, daß sie innerhalb der verbotenen Zone bedeutend tiefer liegen,

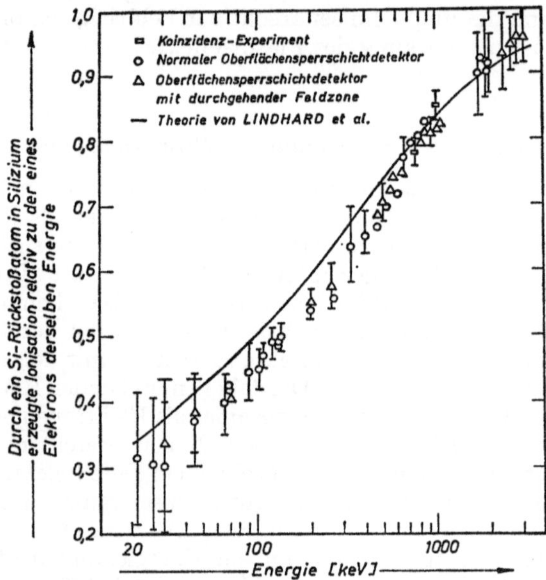

Abb. 3.20. Durch ein Silizium-Rückstoßatom in Silizium erzeugte Ionisation relativ zu der eines Elektrons derselben Energie in Abhängigkeit von der Teilchenenergie [3.33]

d. h. näher zur Zonenmitte, als die in unmittelbarer Nähe des Leitungs- bzw. Valenzbandes liegenden Donator- und Akzeptorniveaus. In Abb. 3.21 ist die Lage einiger Störterme in der verbotenen Zone des Germaniums wiedergegeben [3.2]. Die bei jedem Niveau angegebene Zahl bedeutet den Abstand in eV von der jeweiligen Bandkante. Wie aus der Abbildung hervorgeht, können einige Fremdstoffe mehrere Energieniveaus besitzen. Es gibt sogar Verunreinigungen, die sowohl Akzeptor- als auch Donatorniveaus bilden.

Allgemein kann man alle Störterme, die in die Bandlücke eines Halbleiters eingebaut werden, nach Donator- oder Akzeptortermen unterscheiden, je nachdem ob ihr Erscheinen mit dem Hinzufügen von Elektronen gekoppelt ist oder nicht. Wie früher bereits dargelegt wurde, kann man durch Hinzufügen von flachliegenden Donator- oder Akzeptortermen das Fermi-Niveau heben oder senken, bzw. in die Nähe von E_0, der Mitte der Bandlücke, schieben (Kompensation der Störleitung). Analog dazu kann man durch Hinzufügen von tiefliegenden Donator- oder Akzeptortermen eine Kompensation der Störleitung durch tiefliegende Niveaus erzielen. Die tiefliegenden Niveaus beeinflussen jedoch nicht nur die Lage des Fermi-Niveaus und damit den Widerstand des Halbleiterkristalls, sondern auch andere wichtige Eigenschaften des Halbleiterdetektors; hier ist besonders die Tatsache zu nennen, daß sie als Rekombinations- und Haftzentren für die im Detektor erzeugten Ladungsträger wirken. Um diese Wirkung verstehen zu können, sei daran

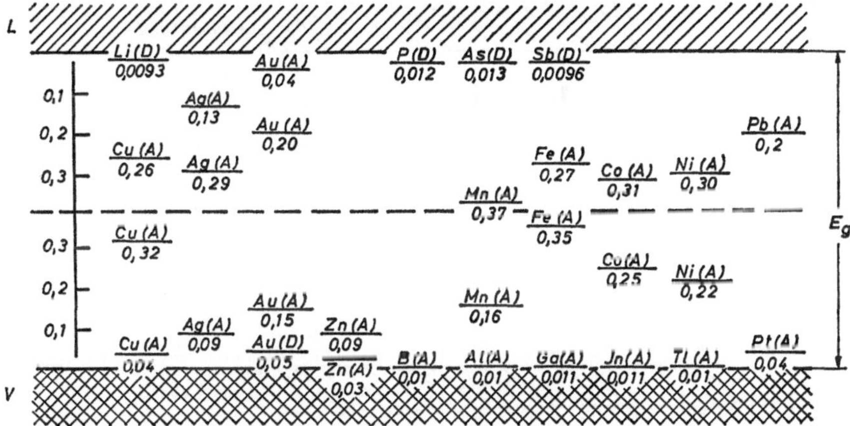

Abb. 3.21. Die Lage einiger Störterme von Fremdstoffen in der verbotenen Zone des Germaniums [3.2]

(Die Zahl an jedem Niveau gibt den Abstand dieses Terms von der jeweiligen Bandkante in eV an. Es bedeuten: V = Valenzband, L = Leitungsband und E_g = Abstand Valenzband—Leitungsband)

erinnert, daß die Elektronen im Halbleiter der Fermi-Statistik gehorchen und eine Fermi-Energieverteilung besitzen. Im thermischen Gleichgewicht überspringt eine bestimmte Anzahl von Elektronen die verbotene Zone und gelangt so vom Valenz- ins Leitungsband. In der gleichen Zeit geht die gleiche Anzahl von Elektronen vom Leitungs- ins Valenzband, d. h. Generationsrate und Rekombinationsrate sind gleich. Die Generationsrate (g) ist über folgende Beziehung mit der mittleren Lebensdauer der Ladungsträger verknüpft:

$$g = \frac{n}{\tau_0}. \tag{3.27}$$

Hierin ist n die mittlere Trägerzahl (Elektronen oder Defektelektronen) und τ_0 die mittlere Lebensdauer der Ladungsträger. Da die tiefliegenden

Niveaus Ladungsträger einfangen und wieder abgeben können, bewirken sie eine Verkleinerung von τ_0.

In Abb. 3.22 ist die Lage eines Störniveaus in der verbotenen Zone nochmals schematisch dargestellt. Außerdem sind die durch dieses tiefliegende Niveau ermöglichten 4 Elektronenübergänge eingezeichnet. Das Störzentrum kann ein Elektron aus dem Leitungsband einfangen (Fall 1) oder es kann ein Elektron ins Leitungsband abgeben (Fall 2). Ähnlich können Elektronen vom Valenzband eingefangen werden (Fall 3) oder in dieses abgegeben werden (Fall 4). Die Fälle 3 und 4 werden auch als Defektelektronengeneration bzw. Defektelektroneneinfang bezeichnet. Die tiefliegenden Niveaus wirken also gleichsam als „erlaubte Inseln"

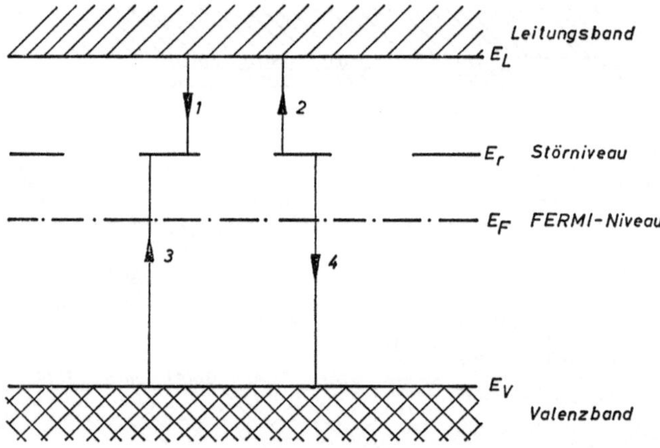

Abb. 3.22. Durch ein Störniveau ermöglichte Elektronenübergänge

innerhalb der verbotenen Zone, wo sich entweder Elektronen und Defektelektronen treffen, um zu rekombinieren (Rekombinationsterme), oder wo Ladungsträger eines Vorzeichens eingefangen werden und nach einer gewissen Zeit wieder abgegeben werden, ohne daß ein Rekombinationsprozeß stattgefunden hat (Haftterme). Wirkt eine solche Störstelle als Rekombinationszentrum, dann kann sie beispielsweise zunächst ein Elektron einfangen und dann ein Defektelektron. Nach Abschluß eines solchen Rekombinationsprozesses ergibt sich der Eindruck, als sei das Elektron in zwei Schritten vom Leitungsband über das Störniveau in das Valenzband gegangen. Die Zeit, in welcher dieser Prozeß abläuft, wird die Rekombinationszeit τ_r genannt. Sie ist durch folgenden Ausdruck gegeben [3.35]:

$$\tau_r = \frac{n + n_r}{n + p} \tau_p + \frac{p + p_r}{n + p} \tau_n . \tag{3.28}$$

Hierin bedeuten: τ_p die Lebensdauer eines Defektelektrons bis es in einem Rekombinationszentrum eingefangen wird, τ_n die entsprechende

Lebensdauer für ein Elektron, n die Elektronenkonzentration und p die Defektelektronenkonzentration.

Die Größe n_r ist bestimmt durch den Ausdruck

$$n_r = n_i \exp \frac{E_0 - E_r}{k\,T}. \tag{3.29}$$

Hierin ist E_0 die Mitte der verbotenen Zone, E_r gibt die Lage des Störniveaus in der verbotenen Zone an (Abb. 3.22) und n_i ist die Eigenleitungsdichte. Zwischen n_r und p_r in Gl. (3.28) besteht der Zusammenhang $n_r\,p_r = n_i^2$.

Aufgrund obiger Darlegungen ergibt sich, daß die tiefliegenden Niveaus im Kristall unter anderem auch dadurch wirksam werden, daß

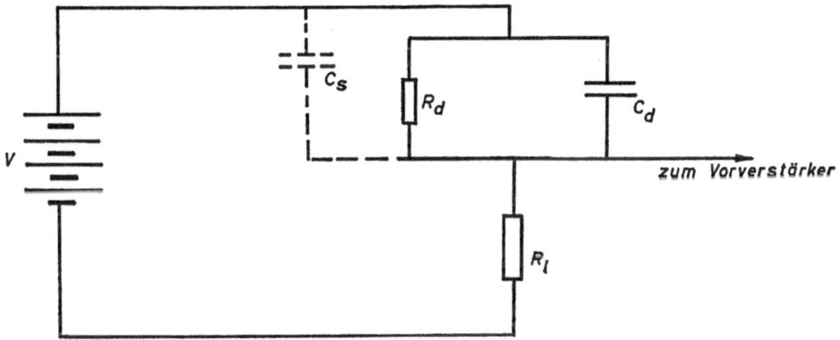

Abb. 3.23. Das Schaltbild des Detektorkreises eines Halbleiterdetektors (R_d = Detektorwiderstand, C_d = Detektorkapazität, C_S = Streukapazität, R_l = Lastwiderstand, V = Detektorvorspannungsversorgung)

sie die Anzahl der im Detektorkristall erzeugten Ladungsträger verringern, oder die Ladungssammlung verzögern. Beide Effekte führen zu Verfälschungen des Ausgangsimpulses am Arbeitswiderstand des Detektors.

Bei der Ladungssammlung in einem Halbleiterdetektor kann man grundsätzlich vier Fälle unterscheiden:

a) vollständige Ladungssammlung ohne Störeffekte,

b) Ladungssammlung mit kurzzeitigem Einfang von Ladungsträgern in Haftzentren,

c) Ladungssammlung mit teilweiser Rekombination von Ladungsträgern in Rekombinationszentren und

d) Ladungssammlung mit langzeitigem Einfang von Ladungsträgern in Haftzentren.

Der erste Fall ist der Idealfall, wenn er für Elektronen und Defektelektronen zutrifft. Dabei werden alle Ladungsträger vollständig und schnell an den Detektorelektroden gesammelt. Die Anstiegszeit des Ausgangsimpulses ist in diesem Falle sehr kurz und niemals größer als die Ladungssammelzeit τ_c für die Ladungsträgerart mit der kleinsten Beweglichkeit. Die Abklingzeit des Impulses wird durch die Zeitkonstante τ des Detektorkreises gegeben. In Abb. 3.23 ist das elektrische Schaltbild des Detektorkreises eines Halbleiterdetektors wiedergegeben. Hierin bedeuten: R_d der Detektorwiderstand, C_d die Detektorkapazität, R_l der Lastwiderstand und C_S die Streukapazität, die in dieser Schaltung als par-

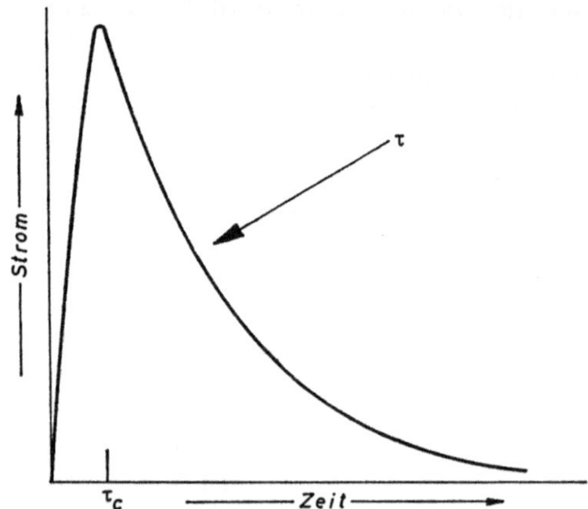

Abb. 3.24. Ausgangsstromimpuls eines Halbleiterdetektors mit prompter und vollständiger Ladungssammlung für beide Ladungsträgerarten
(τ_c = Ladungssammelzeit, τ = Zeitkonstante des Detektorkreises)

allel zum Detektor liegend angenommen wurde. Die integrierende Zeitkonstante τ dieses Kreises wird durch folgenden Ausdruck gegeben:

$$\tau = R\,C\,. \tag{3.30}$$

mit $1/R = 1/R_d + 1/R_l$ und $C = C_d + C_S$.

Wenn der oben genannte Fall 1 für beide Ladungsträgerarten zutrifft, dann ist der Stromimpuls durch die Gln. (3.23a) bis (3.24b) definiert. Wie aus diesen Gleichungen hervorgeht, setzt sich das Ausgangssignal aus zwei Komponenten zusammen und zwar aus einer Elektronen- und einer Defektelektronenkomponente, die beide von der Stelle x abhängen, an der der jeweilige Ionisationsprozeß stattgefunden hat. Die integrierte Gesamtladung, die im Detektor entstanden ist, und damit die Gesamthöhe des Ausgangsimpulses ist jedoch unabhängig von x, d.h. dem Ort des Ionisationsereignisses. In Abb. 3.24 ist der Ausgangsstromimpuls für einen Detektor mit prompter und vollständiger Ladungssammlung beider Ladungsträgerarten wiedergegeben. Hier ist kein Unterschied zwischen den beiden Ladungsträgerkomponenten gemacht.

Im folgenden sollen die Fälle 2 bis 4 näher erläutert werden. Dabei wird zur Vereinfachung der Darstellung immer davon ausgegangen, daß eine Ladungsträgerart ohne Haft- und Rekombinationseffekte analog zu Fall 1 an der entsprechenden Elektrode gesammelt wird, während die Ladungssammlung der anderen Trägerart durch die jeweiligen Störeffekte beeinflußt wird.

Zunächst sei angenommen, daß die Ladungssammlung einer Trägerart durch kurzzeitigen Einfang einiger Ladungsträger in einem Haftzentrum gestört werde. Dieses soll so geschehen, daß die Ladungsträger eine kurze Zeit in einem Einfangzentrum festgehalten werden, dann aber wieder abgegeben werden und schließlich an der jeweiligen Detektorelektrode gesammelt werden. Die Sammelzeit für solche Ladungsträger soll dabei kürzer sein als die dielektrische Relaxationszeit des Detektorkristalles.

Die Ladungsträgerart, deren Sammlungsprozeß nicht gestört wird, liefert einen Ausgangsimpuls mit steilem Anstieg und einer Abfallzeit τ. Seine Höhe ist eine Funktion des Ortes x, an dem die Ionisation stattgefunden hat.

Die andere Ladungsträgerart trägt wegen der Einfangeffekte zum Impulsaufbau nur verzögert bei. Wenn die Driftlänge dieser Ladungsträger bis zu dem Punkt, an dem sie eingefangen werden, klein ist im Verhältnis zur Gesamtlänge d des Detektorkristalles, können diese Ladungen auf ihrem Wege zur Sammelelektrode mehrmals an Haftzentren eingefangen und von diesen wieder abgegeben werden. Dieser Effekt bewirkt, daß die effektive Beweglichkeit der Ladungsträger schließlich kleiner wird, als es in einem ungestörten Kristall der Fall ist (reduzierte Beweglichkeit μ'). Wenn τ_1 die mittlere Zeit zwischen zwei Einfangeffekten in Haftzentren ist, und τ_2 die mittlere Verweilzeit eines Ladungsträgers in einem Haftzentrum, dann ergibt sich die reduzierte Beweglichkeit der betreffenden Ladungsträgerart zu

$$\mu' = \mu \frac{\tau_1}{\tau_1 + \tau_2} . \tag{3.31a}$$

Durch die reduzierte Beweglichkeit der Ladungsträger ergibt sich eine Zunahme der effektiven Ladungsträgersammelzeit für den betreffenden Ladungsträgertyp. Zwischen dieser längeren Ladungssammelzeit (τ_c') und der im ungestörten Halbleiterkristall (τ_c) besteht folgender Zusammenhang

$$\tau_c' = \tau_c \frac{\tau_1 + \tau_2}{\tau_1} . \tag{3.31b}$$

Die Zeiten τ_c' und τ_c hängen vom Ort des Ionisationsprozesses (x) ab. Daraus folgt, daß die Form des Ausgangssignals ebenfalls von x abhängt. Nimmt man beispielsweise an, daß sich in einem Halbleiterdetektor die Defektelektronen störungsfrei bewegen können, während für die Elektronen eine gewisse Einfangwahrscheinlichkeit in Haftzentren besteht, dann ergibt sich, wenn ein Ionisationsprozeß bei $x = 0$ (Abb. 3.25) stattfindet, daß die Elektronen keinen Beitrag zum Ausgangssignal liefern (Gl. (3.23a)), während der Beitrag der Defektelektronen durch die gesamte Ladung $(n\,e)$ gegeben ist, wie aus Gl. (3.23b) hervorgeht. Nach Gl. (3.24b) beträgt die Ladungssammelzeit in diesem Falle $(d/\mu_p E)$. Der andere Grenzfall ist gegeben, wenn der Ionisationsprozeß bei $x = d$ abläuft. Dann tragen die Defektelektronen nicht mit zum Ausgangssignal bei (siehe Gl. (3.23b)), während die Elektronen gemäß Gl. (3.23a) den Beitrag $(n\,e)$ liefern. Da für sie jedoch voraussetzungsgemäß eine bestimmte Einfangwahrscheinlichkeit besteht, ergibt sich hier nach Gl. (3.31b) eine vergrößerte Ladungssammelzeit. Sie beträgt $(d/\mu_n E) \cdot$

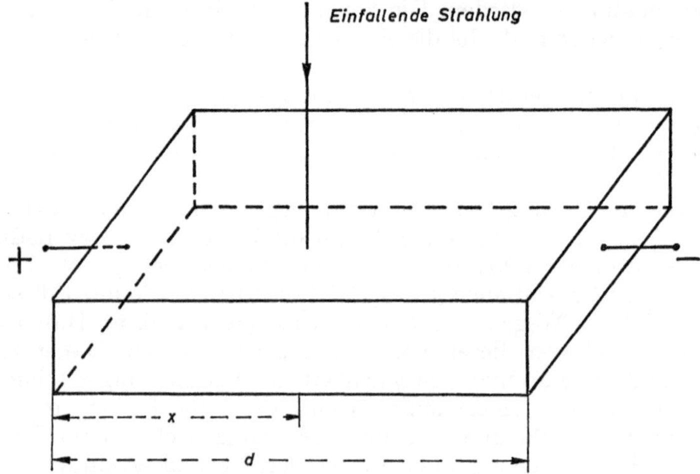

Abb. 3.25. Schematischer Aufbau eines Halbleiterdetektors zur Erklärung der Impulsform der Detektorausgangsimpulse

$\{(\tau_1 + \tau_2)/\tau_1\}$. Wenn der Ionisationsprozeß irgendwo im Detektor zwischen x und d stattfindet, tragen Elektronen und Defektelektronen zum Impulsaufbau mit bei. Ihr Anteil am Impulsaufbau ist proportional zu x bzw. $(d - x)$. Findet beispielsweise die Ionisation bei $x = d/2$ statt, dann sind die Anteile beider Ladungsträgerarten zwar gleich, sie betragen $(n\,e/2)$, aber die Ladungssammelzeiten sind verschieden. Sie betragen $(d/2\,\mu_p E)$ und $(d/2\,\mu_n E)\,\{(\tau_1 + \tau_2)/\tau_1\}$. Analog zu den bisherigen Darlegungen kann man mit Hilfe der Gleichungen (3.23a) bis (3.24b) und (3.31b) die Form des Ausgangssignals für jeden Punkt x ermitteln. Wenn die Zeitkonstante des Detektorkreises kleiner ist als die mittlere Haftzeit der Ladungsträger (τ_2), dann wird dadurch eine Verringerung der Ausgangsimpulshöhe verursacht. Daraus ergibt sich, daß man die Zeitkonstante des Detektorkreises größer als die durch Gl. (3.31b) definierte Ladungssammelzeit τ_c' machen muß, wenn man für alle Teilchen, die mit derselben Energie E auf den Detektor treffen, gleichgroße Ausgangsimpulse erreichen will. Eine so große Zeitkonstante führt aber zu einem starken Anwachsen des Rauschens und damit zu einer Auflösungsverschlechterung des Detektors. Daraus folgt, daß ein guter Halbleiterdetektor nur sehr wenige Haftzentren enthalten darf.

Zur Verdeutlichung des oben genannten Beispiels ist in Abb. 3.26 die Form des Ausgangsimpulses (Stromimpuls) für die Fälle schematisch dargestellt, bei denen die Ionisation an den Stellen $x = d/2$ (Abb. 3.26a) und $x = d$ (Abb. 3.26b) stattgefunden hat [3.36]. Für den ersten Fall des obigen Beispiels, bei dem der Ionisationsprozeß bei $x = 0$ stattfindet, ergibt sich ein Impulsverlauf der ähnlich dem in Abb. 3.24 ist.

Als nächstes soll das Beispiel behandelt werden, bei dem eine Ladungsträgerart prompt und vollständig gesammelt wird, während ein Teil der anderen Ladungsträger auf seinem Wege zu der Sammelelektrode von einem Rekombinationszentrum eingefangen wird. Um diese Ladungs-

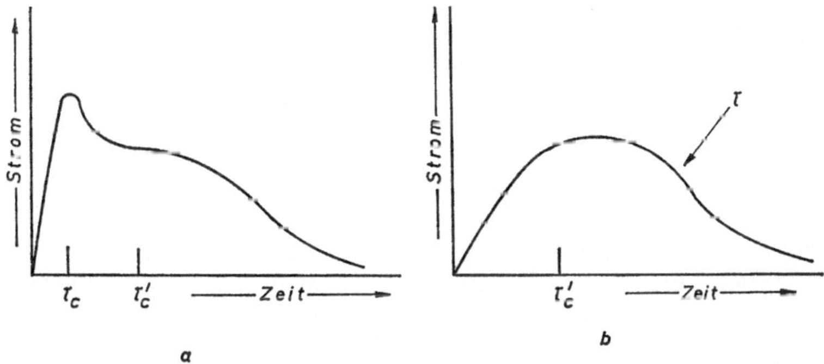

Abb. 3.26. Ausgangsstromimpuls eines Halbleiterdetektors, bei dem eine Ladungsträgerart in Haftzentren vorübergehend absorbiert wird [3.36]

a Der Ionisationsprozeß findet in der Mitte des Detektors statt. Die eine Ladungsträgerart wird prompt gesammelt, die andere verzögert

b Der Ionisationsprozeß findet in der Nähe der Sammelelektrode für die prompt gesammelte Ladungsträgerkomponente statt, so daß nur die verzögert gesammelten Ladungsträger zum Impulsaufbau beitragen

(τ_c = Sammelzeit für prompte Ladungssammlung, τ_c' = Sammelzeit für verzögerte Ladungssammlung, τ = Zeitkonstante des Detektorkreises)

träger vermindert sich die Gesamtzahl der gebildeten Ladungsträger dieses Typs.

Auf den Ladungsträgertyp, der prompt und vollständig gesammelt wird, soll zunächst nicht weiter eingegangen werden. Sein Beitrag zum Ausgangssignal wurde bereits oben besprochen. Die andere Ladungsträgerart wird in Rekombinationszentren eingefangen und geht verloren. Die von einem Rekombinationszentrum eingefangenen Ladungsträger können entweder unmittelbar nach ihrem Einfang mit einem Ladungsträger entgegengesetzten Vorzeichens rekombinieren, oder aber sie werden von dem Rekombinationszentrum zunächst absorbiert und solange festgehalten, bis ein Ladungsträger entgegengesetzten Vorzeichens von diesem Zentrum absorbiert wird, und die Rekombination ermöglicht. Die Absorptionsraten für beide Ladungsträgertypen können stark voneinander abweichen. Das kann dazu führen, daß die Absorption des zweiten Ladungsträgers erst nach einer Zeit geschieht, die wesentlich größer ist als die Ladungsträgersammelzeit für die erste Trägerart oder die Zeitkonstante des Detektorkreises. In jedem Falle ist jedoch das Ausgangssignal eines Halbleiterdetektors, der Rekombinationszentren enthält, kleiner als es bei einem ungestörten Kristall der Fall ist, unabhängig davon, wie groß die Zeitkonstante des Detektorkreises ist.

In der Praxis treten im Gegensatz zu den bisher behandelten Beispielen im allgemeinen jedoch keine Störstellen auf, die entweder reine Rekombinations- oder reine Haftzentren darstellen. Vielmehr haben diese Störstellen zunächst einen Einfangwirkungsquerschnitt für einen Ladungsträgertyp, z.B. für Elektronen. Hat eine solche Störstelle ein Elektron absorbiert, so besteht eine relative Wahrscheinlichkeit α dafür, daß sie das Elektron durch thermische Anregung wieder ins Leitungsband abgibt. Außerdem besitzt sie aber auch eine relative Wahrscheinlichkeit β dafür, daß sie ein Defetelektron absorbiert und dadurch eine Rekombination ermöglicht. Je nachdem, welche der beiden Wahrscheinlichkeiten größer ist, nennt man die betreffende Störstelle Haft- oder Rekombinationszentrum. Allgemein kann man sagen, daß ein tiefliegendes Niveau, das sich in unmittelbarer Nähe der Mitte der verbotenen Zone (E_0) befindet, eine größere Wahrscheinlichkeit hat, als Rekombinationszentrum zu wirken als als Haftzentrum ($\beta > \alpha$), da es relativ weit von den Bandgrenzen des Valenz- und Leitungsbandes entfernt liegt.

Zur Verdeutlichung des Einflusses der Rekombinationseffekte auf die Ladungssammlung seien die Beispiele in Abb. 3.27 betrachtet. In dieser Abbildung sind die Elektronen- und die Defektelektronenkomponente des Ausgangsstromimpulses getrennt dargestellt, um die Verhältnisse beim Impulsaufbau klarer übersehen zu können. Bei diesen Beispielen wird davon ausgegangen, daß der Ionisationsprozeß bei $x = d/2$ stattfindet, und daß die Elektronenkomponente zum Teil an Störstellen eingefangen wird. Im ersten Beispiel (Abb. 3.27a) erfolgt die Rekombination der an Störstellen eingefangenen Elektronen in einer Zeit, die kürzer ist als die Sammelzeit der Defektelektronen. Das bewirkt, daß eine gleiche Anzahl von Elektronen und Defektelektronen durch Rekombinationsprozesse verlorengeht. Die Folge davon ist, daß beide Ladungsträgerkomponenten gleich groß sind, aber zum Aufbau des Ausgangsimpulses nur eine Ladungsmenge zur Verfügung stellen können, die für jede Ladungsträgerart um den gleichen Betrag kleiner als ($n\,e/2$) ist. Die aus Abb. 3.27 ersichtliche zeitliche Verschiebung der beiden Stromkomponenten wird durch die unterschiedliche Beweglichkeit der beiden Ladungsträgertypen verursacht.

Im zweiten Beispiel (Abb. 3.27b) ist die Zeit bis zur Rekombination der eingefangenen Elektronen (Rekombinationszeit) größer als die Sammelzeit für die Defektelektronen τ_c und größer als die Integrationszeit τ des Detektorkreises. Die Folge davon ist, daß die Defektelektronen alle an ihre Sammelelektrode gelangen und mit $(n\,e/2)$ Ladungen zum Aufbau des Ausgangsimpulses beitragen, während der Beitrag der Elektronen zum Impulsaufbau wesentlich kleiner ist. Er hängt davon ab, wieviel Elektronen an den Störstellen des Halbleiterkristalls absorbiert wurden. Der Einfluß der Rekombinationen von thermisch erzeugten Defektelektronen mit den absorbierten Elektronen ist in Abb. 3.27b nicht mehr zu sehen, da die Zeitkonstante des Detektorkreises kleiner ist als die Rekombinationszeit.

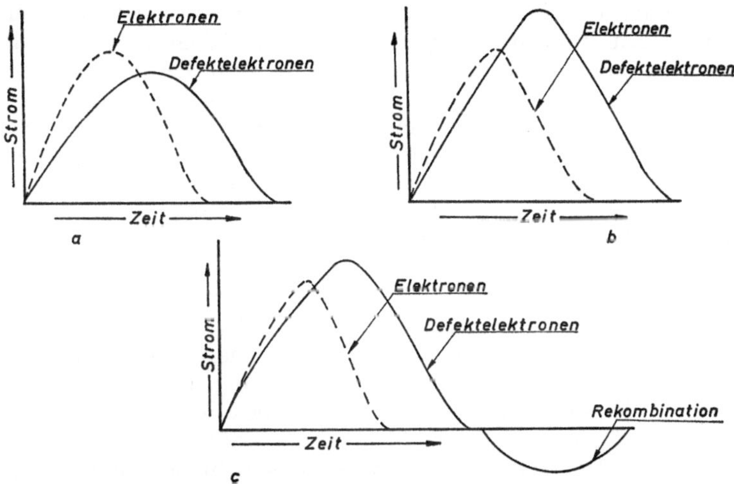

Abb. 3.27. Der Einfluß des Rekombinationseffektes der Elektronenkomponente auf die Form des Ausgangsstromimpulses. Der Ionisationsprozeß findet in der Mitte des Detektors statt

a Die Rekombinationszeit der Elektronen ist kleiner als die Ladungssammelzeit der Defektelektronen

b Die Rekombinationszeit der Elektronen ist größer als die Ladungssammelzeit der Defektelektronen und die Zeitkonstante des Detektorkreises

c Die Rekombinationszeit der Elektronen liegt in der Mitte zwischen der Ladungssammelzeit der Defektelektronen und der Zeitkonstanten des Detektorkreises

Wenn jedoch die Rekombinationszeit der absorbierten Elektronen in der Mitte zwischen der Sammelzeit τ_c für die Defektelektronen und der Zeitkonstanten τ des Detektorkreises liegt, ergeben sich für die beiden Stromkomponenten zeitliche Verläufe wie sie in Abb. 3.27c dargestellt sind. Der in dieser Abbildung eingezeichnete negative Stromimpuls wird durch diejenigen Defektelektronen verursacht, die, nach Sammlung der primär erzeugten Defektelektronen, thermisch im Gitter erzeugt wurden und die Rekombination der absorbierten Elektronen ermöglichten. Das Verschwinden der thermisch erzeugten Defektelektronen durch Rekombinationen macht sich als Verringerung des Dunkelstromes bzw. bei *p*-*n*-Übergängen des Sperrstromes bemerkbar.

Als letztes Beispiel für den Einfluß einer gestörten Ladungssammlung auf die Form des Ausgangsimpulses eines Halbleiterdetektors soll der Fall behandelt werden, bei dem eine Ladungsträgerart prompt und vollständig gesammelt wird, während ein Teil der anderen Ladungsträgersorte in Haftzentren festgehalten wird. Ihre Verweilzeit an diesen Zentren soll größer sein als die dielektrische Relaxationszeit τ_0 in dem betreffenden Halbleiterkristall.

Bei den folgenden Überlegungen sei davon ausgegangen, daß der betrachtete Halbleiterdetektor aus *n*-Material bestehe, und daß die Ladungsträgerart, die an Haftzentren eingefangen werden kann, Defektelektronen, d.h. Minoritätsladungsträger seien. Wenn in einen solchen Detektor ein geladenes Teilchen eindringt, so wird dieser zunächst elektrisch neutral bleiben. Nach einer Zeit τ_c jedoch sind die durch die Stoßionisationsprozesse des Primärteilchens gebildeten Ladungsträger bis auf die in den Haftzentren eingefangenen an den Detektorelektroden gesammelt. Im Detektor bleibt eine positive Überschußladung zurück, die durch die eingefangenen Defektelektronen verursacht wird. Nimmt man an, daß diese Defektelektronen auf ihrem Wege zur Sammelelektrode in der Nähe der Flugbahn des ionisierenden Primärteilchens – die Spur verlaufe bei x senkrecht zur Feldrichtung – absorbiert worden sind, so werden die positiven Ladungen im Detektor etwa so verteilt sein, wie es in Abb. 3.28a wiedergegeben ist. Diese ortsfesten Ladungen verursachen eine Störung des ursprünglich gleichförmigen elektrischen Feldes im Kristall. Sie bewirken eine Abschirmung des Feldes in dem Teil des Kristalles, der in Abb. 3.28a rechts von der Bahn des Primärteilchens liegt. Für den links davon liegenden Teil bewirken sie eine Feldverstärkung. Der Feldverlauf ist in Abb. 3.28b wiedergegeben. Die gestrichelte Linie E_0 stellt den gleichmäßigen Feldverlauf vor Eintritt des ionisierenden Primärteilchens dar. Wegen der höheren Feldstärke im linken Teil bewegen sich die Elektronen hier schneller als im rechten Kristallteil. Aus Gleichgewichtsgründen kann ein solcher Bewegungszustand der Elektronen nur unmittelbar nach Beendigung der Ionisationsprozesse des Primärteilchens auftreten. Die Majoritätsladungsträger werden das Bestreben haben, sich im Kristall so zu verteilen, daß sich im stationären Zustand schließlich eine Feldverteilung ergibt, wie sie Abb. 3.28c zeigt. Diese Feldverteilung stellt den Zustand niedrigster potentieller Energie für den Kristall dar. In der Umgebung der absorbierten Ladungen stellt sich im stationären Zustand eine Feldstärke ein, die kleiner ist, als die Ausgangsfeldstärke E_0. Da die an den Kristall angelegte Spannung vor und nach den Ionisationsprozessen gleich groß ist, muß die elektrische Feldstärke außerhalb des Wirkungsbereiches der eingefangenen Ladungsträger im stationären Zustand entsprechend größer als E_0 sein. Die dieser Feldverteilung entsprechende Verteilung der freien Ladungsträger, d.h. in diesem Beispiel der Elektronen, ist in Abb. 3.28d wiedergegeben. Wie man sieht, steigt die Elektronendichte im Bereich der eingefangenen positiven Ladungsträger stark an. Die Gesamtzahl der freien Elektronen im Detektorkristall ist nach Beendigung der Ionisationsprozesse im stationären Zustand größer als vor dem Einfall des Primärteilchens. Der Betrag, um den die Anzahl der freien Elektronen zugenommen hat, ist gleich der Anzahl der in Haftzentren eingefangenen Defektelektronen.

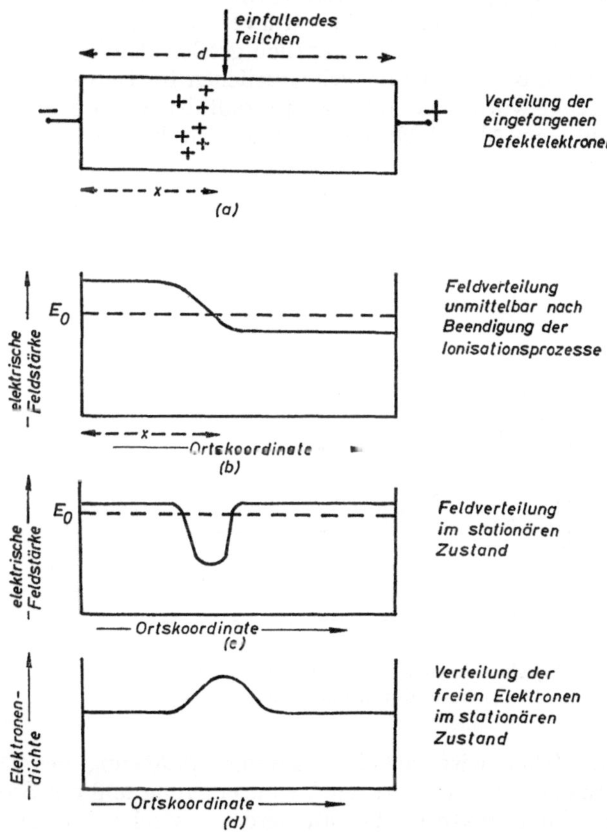

Abb. 3.28. Zur Erläuterung der durch Hafteffekte verursachten Erhöhung der mittleren Ladungsträgerdichte. Von den Haftzentren werden Defektelektronen (Minoritätsladungsträger) eingefangen

Die durch diesen Raumladungseffekt verursachte Erhöhung der mittleren Ladungsträgerdichte der freien Ladungsträger führt zu einer Erhöhung des Stromes durch den Kristall, da die angelegte Detektorspannung konstant bleibt. Das bewirkt eine Veränderung der Form des Detektorausgangsimpulses. Der Ausgangsimpuls hat einen kurzzeitigen steilen Anstieg, der durch die prompte Sammlung der durch die Ionisationsprozesse erzeugten und ohne Störung gesammelten Ladungsträger verursacht wird. Sein Abfall wird zunächst durch die Zeitkonstante τ des Detektorkreises bestimmt. Der Stromimpuls fällt jedoch nicht bis auf seinen Ausgangswert ab, sondern nur bis auf einen Wert Δi (Abb. 3.29). Erst nach Ablauf der Zeit τ_r, d.h. der Rekombinationszeit der eingefangenen Defektelektronen, geht er auf seinen Ausgangswert zurück [3.36]. Die Gesamtladung Q, die zum Aufbau des Ausgangsimpulses beiträgt, wird durch die Fläche unter der Kurve des Stromimpulsverlaufes gegeben. Diese Ladung ist hier wesentlich größer als die Ladungsmenge $(n\,e)$, die durch das ionisierende Primärteilchen im Detektorkristall unmittelbar erzeugt wurde. Nimmt man an, daß der Strom vor Beginn des Impulses Null war (Abb. 3.29), dann ergibt sich die Gesamtladung zu

$$Q = \int_0^{\tau_r} i\,dt\,. \tag{3.32}$$

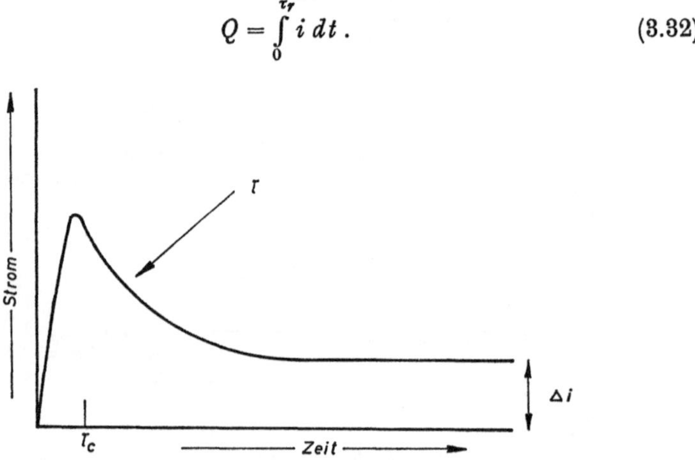

Abb. 3.29. Ausgangsstromimpuls eines Halbleiterdetektors mit Ladungsverstärkung durch Hafteffekte [3.36]

Die Größe $Q/n\,e$ wird als die Ladungsverstärkung des Detektors bezeichnet. Sie liegt je nach Art der Verunreinigung und der Störstellenkonzentration im Detektorkristall im Bereich zwischen 10^3 und 10^6. Die Größe der Ladungsverstärkung wird durch das Verhältnis τ_r/τ_c, d.h. durch die Rekombinationszeit der eingefangenen Ladungsträger (τ_r) und durch die ungestörte Ladungssammelzeit der Majoritätsladungsträger (τ_c) bestimmt. Durch die große Rekombinationszeit τ_r ergibt sich eine zeitlich starke Spreizung des Ausgangsstromimpulses. Das führt beim praktischen Einsatz des Detektors dazu, daß sich die Ausgangsimpulse, die von zwei Primärteilchen herrühren, die in einem zeitlichen Abstand, der kleiner als τ_r ist, auf den Detektor treffen, überlappen und damit eine Verfälschung der Ausgangsimpulshöhe verursachen. Außerdem tritt noch durch den Rekombinationseffekt eine weitere Impulshöhenverfälschung auf. Da τ_r in der Größenordnung von 1 s bis 1 ms liegt, liefert ein solcher Detektor selbst bei sehr niedrigen Zählraten und großen Zeitkonstanten des Detektorkreises verfälschte Ausgangsimpulse. Er ist also zur Energiespektroskopie der Primärteilchen nicht geeignet. Eine Verwendungsmöglichkeit derartiger Halbleiterdetektoren besteht in ihrem Einsatz als Strahlungsmonitore (z.B. CdS-Detektoren).

Für einen Halbleiterdetektor, bei dem die Majoritätsladungsträger in Haftzentren für Zeiten eingefangen werden, für die gilt $\tau_r > \tau_0$, gelten die oben gemachten Ausführungen in einem entsprechenden Sinne. Für solche Detektoren konnten jedoch bisher keine technischen Anwendungsmöglichkeiten gefunden werden.

Die auf den letzten Seiten behandelten Beispiele für die Verfälschungen der Ausgangsimpulsformen von Halbleiterdetektoren durch Haft- und Rekombinationsprozesse stellen Spezialfälle dar, die in der Praxis nur selten einzeln auftreten. Meistens treten mehrere dieser Effekte gleichzeitig auf, so daß teilweise keine eindeutige Unterscheidung zwischen den einzelnen Prozessen mehr möglich ist. Außerdem kann es vorkommen, daß die Störstellen nicht gleichmäßig im Kristall verteilt sind, so daß die Wahrscheinlichkeiten für diese Einfangprozesse ortsabhängig werden. Die Folge davon ist, daß die Verformung des Ausgangsimpulses von der Stelle abhängt, an der das Primärteilchen in den Detektorkristall eingedrungen ist.

Die hier beschriebenen Effekte machen sich besonders in einer Verschlechterung des Auflösungsvermögens bemerkbar. In einem guten Halbleiterdetektor müssen aus diesem Grunde Rekombinations- und Hafteffekte soweit wie irgend möglich vermieden werden. Um das zu erreichen, ist unter anderem eine möglichst kurze Ladungssammelzeit erforderlich. Sie muß kürzer sein als die Zeitkonstante des Detektorkreises und der angeschlossenen Elektronik. Das bedeutet, daß der Detektor mit einer möglichst hohen Spannung betrieben werden muß. Dadurch baut sich eine entsprechend große Feldstärke im Kristall auf. Die Anzahl der eingefangenen Ladungsträger hängt für einen vorgegebenen Kristall von dem Verhältnis der Ladungsträgerlebensdauer in dem betreffenden Detektormaterial zur Ladungsträgersammelzeit ab. Letztere kann durch Erhöhung der Feldstärke verkürzt werden. Die mittlere Ladungsträgerlebensdauer muß größer sein als die Zeit T_d, die die Ladungsträger benötigen, um einen Detektorkristall mit der Dicke d zu durchqueren. T_d ermittelt sich mit Hilfe von Gl. (3.24a) zu $T_d = d/\mu E$. Die Güte eines Detektors ist also zu einem großen Teil dadurch bestimmt, inwieweit es gelingt, die Detektorspannung ohne Vergrößerung des Leckstromes so zu erhöhen, daß eine vollständige Ladungssammlung erreicht wird. Das bedeutet, daß der Detektorkristall sehr hochohmig sein muß. In guten Germaniumdetektoren kann man heute ohne weiteres Feldstärken von etwa 10^3 V/cm erreichen, was die Ladungsträger auf ihre Sättigungsgeschwindigkeit von etwa 10^7 cm/s bringt. Ähnliches gilt für Siliziumdetektoren. Da die Ladungsträgergeschwindigkeit bei dieser Feldstärke einen Sättigungswert erreicht hat, bringt eine weitere Erhöhung der Feldstärke keinen weiteren Gewinn, mit Ausnahme bei solchen Detektoren, bei denen die elektrische Feldstärke nicht überall im Detektorvolumen die gleiche Größe hat. Das ist beispielsweise bei bestimmten Arten lithiumgedrifteter Germaniumdetektoren der Fall, auf die später noch genauer eingegangen werden wird.

Die Einfangeffekte in einem Halbleiterdetektor können mit einem nachgeschalteten Impulshöhenanalysator unmittelbar beobachtet werden, denn sie verursachen bei Einstrahlung monoenergetischer Teilchen im Impulshöhenspektrum einen „niederenergetischen Schwanz" der entstehenden Spektrallinie, d. h. diese Linie wird durch die genannten Effekte unsymmetrisch. Mit zunehmender Detektorspannung wird die Unsymmetrie kleiner.

Eine eingehende Untersuchung der Wirkung der Einfangeffekte auf die Ladungssammlung und die Form der Detektorausgangsimpulse findet sich in den Arbeiten von Northrop und Simpson [3.36] und von Day und Mitarbeitern [3.37]. Sie kommen zu dem Ergebnis, daß die Auflösung eines Halbleiterdetektors dann durch die Einfangeffekte nicht wesentlich beeinflußt wird, wenn die Driftlänge der Ladungsträger vor einem Einfang groß ist im Vergleich zum Abstand der Sammelelektroden; ferner, daß optimale Verhältnisse dann vorliegen, wenn die Driftlänge der Elektronen gleich der der Defektelektronen ist, so daß die Einfangwahrscheinlichkeiten für beide Ladungsträgerarten etwa gleich groß sind. Außerdem ist zur Verringerung der Wirkung dieser Störeffekte ein möglichst gleichmäßiges elektrisches Feld im gesamten Detektorvolumen erforderlich. Für diejenigen Leser, die sich eingehender mit den Einfangeffekten in Halbleiterdetektoren befassen wollen, seien ergänzend noch die Arbeiten [3.135–3.141] genannt. Der nachteilige Einfluß der genannten Effekte auf das Auflösungsvermögen von Halbleiterdetektoren wird in einem späteren Kapitel eingehender behandelt werden.

3.5 Der Metall-Halbleiter-Kontakt

Nachdem im letzten Kapitel die Wirkungsweise eines Halbleiterdetektors näher erläutert worden ist, sollen in diesem Kapitel die Vorgänge an der Grenzfläche zwischen den metallischen Elektroden und dem Halbleiterkristall eingehender behandelt werden. Es ist leicht einzusehen, daß der Kontakt zwischen einem Metall und einem Halbleiter wegen der verschiedenartigen Elektronenanordnungen in den beiden Stoffen zu Ladungsträgerverschiebungen an beiden Seiten der Grenzschicht führen muß. Die Richtung und Größe dieser Trägerverschiebungen hängen von der relativen Lage der Energiebänder bzw. von der Größe der Austrittsarbeiten ab, was zum Auftreten von Sperrschichten oder zu sperrfreien, ohmschen Kontakten führen kann. Da der durch die Ionisationsprozesse im Halbleiter verursachte Strom im Stromkreis außerhalb des Detektors nur durch einen Ladungsträgerfluß durch die Metall-Halbleiter-Grenzflächen zustande kommen kann, sind die Vorgänge an diesen Grenzflächen für die Arbeitsweise des Detektors von großer Bedeutung.

Zunächst sei angenommen, daß das Metall und der Halbleiterkristall noch nicht in Kontakt gebracht seien und daß keine äußere Spannung angelegt sei. Ihre relative energetische Lage wird dann durch das Potential des Außenraumes bestimmt, das als Nullpunkt gewählt wird. In Abb. 3.30 sind die sich dabei ergebenden Verhältnisse für ein Metall und einen *n*-Halbleiter im Energiebändermodell dargestellt. W_M und W_{HL} bedeuten hier die Austrittsarbeiten für das Metall und für den Halbleiter. E_F ist die Fermi-Energie. Die Elektronen liegen definitionsgemäß um den Betrag der Austrittsarbeiten unter dem Potential des Außenraumes (Nullniveau). Bringt man nun das Metall und den Halbleiter zusammen, so gleichen sich die beweglichen Ladungsträger zu beiden Seiten der

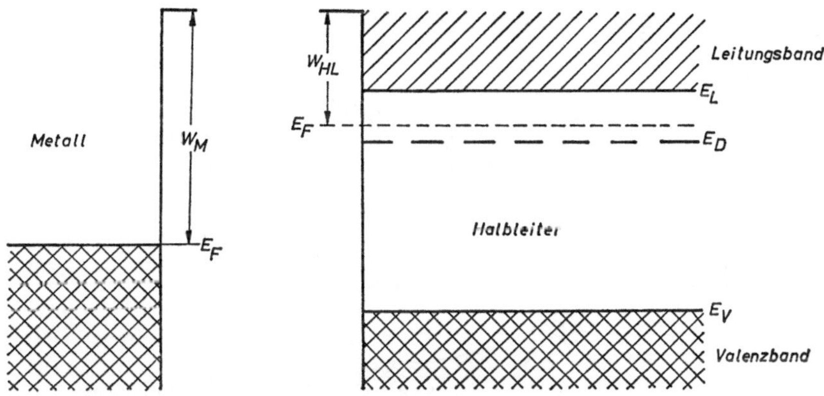

Abb. 3.30. Energiebändermodell eines Metalls und eines *n*-Halbleiters vor ihrer Berührung

(E_D = Donatorniveau, W_{HL} = Austrittsarbeit für den Halbleiter, W_M = Austrittsarbeit für das Metall)

Grenzfläche so aus, daß sich ein Gleichgewichtszustand einstellt. Dieser ist dann erreicht, wenn das Fermi-Niveau des Metalles und das des Halbleiters auf der gleichen Höhe liegen. Bei dem in Abb. 3.30 dargestellten Fall eines Kontaktes zwischen Metall und *n*-Halbleiter fließen, da $W_M > W_{HL}$ ist, Elektronen aus dem Halbleiter über die Grenzschicht in das Metall. Dadurch entstehen im Halbleiter ortsfeste positive Ladungen und negative Ladungen im Metall. Es ergeben sich hier also ähnliche Verhältnisse wie bei dem in Kapitel 3.3 beschriebenen *p*-*n*-Übergang. Das durch die positiven und negativen Ladungen in der Grenzschicht erzeugte elektrische Feld verhindert, sobald die Fermi-Niveaus die gleiche Höhe erreicht haben, einen weiteren Ladungsträgerfluß über die Grenzschicht ins Metall. Der sich nach Einstellung des Gleichgewichtes in dem hier besprochenen Beispiel ergebende Verlauf der Energiebänder und ihre relative Lage zueinander ist in Abb. 3.31 wiedergegeben. Deutlich ist die für eine Sperrschicht charakteristische „Verbiegung“ der Energiebänder zu erkennen, die dem oben genannten elektrischen Feld entspricht, das durch die Ladungen links und rechts der Grenzschicht erzeugt wird. Bezüglich der „Verbiegung" der Energiebänder sei noch erwähnt, daß sie sich auf Elektronen bezieht, d.h. die Elektronen laufen ohne die Einwirkung äußerer Felder „freiwillig" bergab, während die Defektelektronen „freiwillig" bergauf laufen. In dem Halbleitergebiet in unmittelbarer Nähe des Metallkontaktes entsteht also eine Verarmungsrandschicht, die keine elektronische Leitfähigkeit besitzt.

Der Metall-Halbleiter-Kontakt wirkt wie ein *p*-*n*-Übergang. In dem Beispiel in Abb. 3.31 entspricht die Metallseite der *p*-Seite und die Halb-

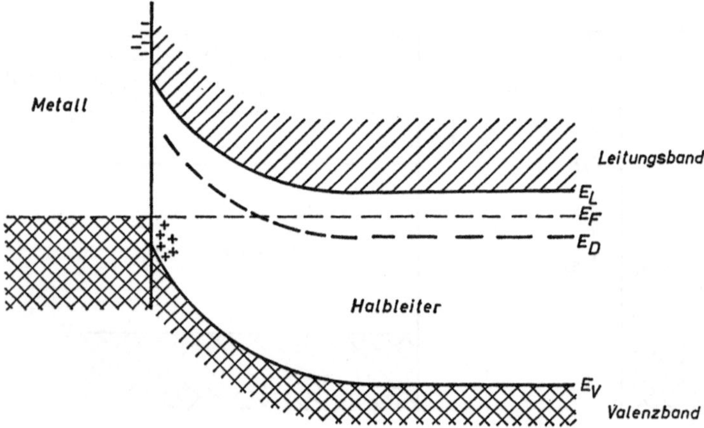

Abb. 3.31. Energiebändermodell eines Metall-*n*-Halbleiter-Kontaktes im Gleichgewicht

leiterseite der *n*-Seite. In Analogie zu den Ausführungen im Kapitel 3.3 ergibt sich, daß ein Metall-*n*-Halbleiter-Kontakt je nach Polarität der angelegten Spannung entweder einen Elektronenfluß vom Halbleiter zum Metall ermöglicht (positive Spannung am Metall) oder aber den Strom sperrt (negative Spannung am Metall).

Wenn die Metallseite gegenüber der Halbleiterseite mit einer positiven Spannung beaufschlagt wird, so wird das elektrische Feld in der Grenzschicht, das beim Fehlen einer äußeren Spannung einen weiteren Elektronenfluß vom Halbleiter ins Metall verhindert, geschwächt bzw. wenn die Spannung groß genug ist, sogar aufgehoben. In diesem Falle können von rechts her aus der Stromquelle Elektronen in den Halbleiter fließen und von dort aus ungehindert weiter über die Grenzschicht in das Metall. Durch eine positive Spannung an der Metallelektrode werden also die Energiebänder des Halbleiterkristalles so weit angehoben, daß der Potentialwall in der Sperrschicht verkleinert wird oder verschwindet. Durch eine hinreichend hohe positive Spannung an der Metallelektrode eines Metall-*n*-Halbleiter-Kontaktes kann man also die an der Grenzfläche beider Festkörper entstehende Sperrschicht in eine sperrfreie Schicht überführen und damit einen sogenannten ohmschen Metall-Halbleiter-Kontakt herstellen.

Aufgrund des bisher Gesagten wird deutlich, daß man beim Anbringen der Elektroden an einen Kristall eines Halbleiterdetektors das Auftreten von Sperrschichten im Bereich des Metall-Halbleiter-Kontaktes vermeiden muß.

Bei einem Kontakt zwischen einem Metall und einem p-Halbleiter treten ähnliche Effekte auf wie bei dem oben beschriebenen Metall-n-Halbleiter-Kontakt. Die Akzeptorzustände des p-Halbleiters liegen unter dem Fermi-Niveau der Metallelektronen. Das Fermi-Niveau des p-Halbleiters liegt, wie im Kapitel 3.2 erläutert wurde, zwischen den Akzeptorzuständen und der oberen Grenze des Valenzbandes. Bei der Berührung beider Festkörper fließen Metallelektronen über die Grenzfläche in den Halbleiter zu den Elektronenakzeptoren. Dadurch verliert die Halbleitergrenzschicht ihre Leitfähigkeit und es entsteht eine Sperrschicht, in der ein elektrisches Feld aufgebaut wird, das, wenn sich die Fermi-Niveaus beider Festkörper auf die gleiche Höhe eingestellt haben, so stark geworden ist, daß es ein weiteres Einströmen von Metallelektronen in den Halbleiter verhindert. Auch hier kann wieder ein ohmscher Metall-Halbleiter-Kontakt erzeugt werden. Dazu muß eine hinreichend hohe positive Spannung an den Halbleiter gelegt werden.

Das Auftreten einer Potentialbarriere an der Grenzfläche zwischen einem Metall und einem Halbleiter ist schon sehr früh erkannt worden [3.38, 3.39]. Es ist einleuchtend, daß die Größe dieser Potentialbarriere und die Flußrichtung der Ladungsträger durch die Grenzschicht von dem Halbleitermaterial und der Metallart abhängen. Die charakteristische Größe für die Stärke dieses Effektes ist die Lage der Fermi-Niveaus beider Festkörper relativ zueinander und relativ zu den Bandkanten des Halbleiters. Genaue Untersuchungen haben jedoch gezeigt, daß die Höhe der bei einem Metall-Halbleiter-Kontakt auftretenden Potentialbarriere außer von den verwendeten Metall- und Halbleiterarten noch von anderen Effekten abhängt. Diese Effekte werden von Bardeen [3.40] durch sogenannte „Oberflächenzustände" erklärt, die an der Oberfläche des Halbleiters auftreten, und die sich energetisch von den Zuständen im Inneren des Halbleiterkristalls unterscheiden. Die Besetzungsdichte dieser Energieniveaus mit Elektronen kann den Aufbau der Potentialbarriere dadurch beeinflussen, daß der Kristall in seinem Inneren in der Umgebung der Oberfläche teilweise oder vollständig von äußeren elektrischen Feldern abgeschirmt wird. Das bedeutet mit anderen Worten, daß an der Grenzschicht noch weitere elektrostatische Potentiale auftreten, die durch Ladungsdoppelschichten an der Halbleiteroberfläche verursacht werden, und die nicht durch den Austausch von Leitungselektronen zwischen Metall und Halbleiter entstanden sind. Die „Oberflächenzustände" bei Halbleitern, die zu Störungen des Potentialaufbaus führen können, können beispielsweise durch die Elektronen verursacht werden, die aufgrund ihrer thermischen Bewegung an der Kristalloberfläche ankommen, hier aber nicht weiter können und wieder in den Kristall zurücklaufen müssen, da sie nicht genügend Energie besitzen, um aus der Oberfläche auszutreten. Hierdurch entsteht ein Elektronenstau an der Oberfläche des Kristalls, der zusammen mit den an den äußersten Gitterpunkten des Kristalls sitzenden positiven Ionen eine Ladungsdoppelschicht aufbaut, deren negative Seite von der Kristalloberfläche abgewandt ist. Eine weitere Ursache für das Zustandekommen von Oberflächenzuständen ist in der Änderung der Anzahl und Lage der erlaubten Energieniveaus der Elektronen an der Kristalloberfläche zu sehen. Das ist darauf zurückzuführen, daß an dieser Stelle die Periodizität des Gitters plötzlich endet. Da die Anzahl und Lage der erlaubten Elektronenzustände im Inneren des Halbleiterkristalles wesentlich durch die räumlich periodische Anordnung der Gitteratome mitbestimmt wird, ist an der Gitterbegrenzung (Kristalloberfläche) mit Störungen dieser Niveaus zu rechnen. Hierdurch können ebenfalls Ladungsdoppelschichten entstehen [3.41, 3.42]. Weiterhin können die Ionen, die an den äußeren Enden des Kristallgitters sitzen, den Aufbau einer ungestörten Potentialbarriere beim Metall-Halbleiter-Kontakt beeinflussen. Das ist darauf zurückzuführen, daß die Bindungskräfte, die auf die Ionen im Inneren des Kristalls normalerweise symmetrisch wirken, auf die Randatome an der Kristalloberfläche asymmetrisch wirken, und dadurch eine Deformation der Ionen verursachen. Als viertes Beispiel für Störeffekte beim Aufbau einer Potentialbarriere in der Umgebung einer Metall-Halbleiter-Grenzfläche seien die Störungen genannt, die durch Adsorption von Gasen an der Halbleiteroberfläche entstehen.

Eine möglichst vollständige und eingehende Behandlung der Vorgänge an Halbleiteroberflächen und Metall-Halbleiter-Kontakten geht über den Rahmen dieses Buches hinaus und ist zur Zeit auch noch nicht möglich, da viele Dinge dieses Problemkreises noch nicht geklärt sind.

Wie weiter oben bereits dargelegt wurde, muß man beim Anbringen der metallischen Sammelelektroden an den Halbleiterkristall eines Detektors darauf achten, daß die Metall-Halbleiter-Kontakte niederohmig, d.h. in diesem Falle sperrfrei sind. Eine Möglichkeit, einen sperrfreien, ohmschen Kontakt zwischen Metall und Halbleiterkristall zu verwirklichen, ist bereits erörtert worden. Für beide Sammelelektroden eines Halbleiterdetektors ist diese Lösung jedoch im allgemeinen nicht durchführbar. Sie funktioniert nur an der Elektrode, an der sich aufgrund der Polarität der Detektorbetriebsspannung zwischen Halbleiter und Metall ein geeignetes Potential einstellt.

Eine andere Möglichkeit, sperrfreie Metall-Halbleiter-Kontakte herzustellen, besteht darin, daß man den Halbleiterkristall an der Kontaktstelle extrem hoch bis zur Entartung dotiert. Solche Kristallbereiche werden häufig auch als n^+- bzw. p^+-Bereiche bezeichnet. Durch die sehr hohe Dotierung werden eventuell auftretende Sperrschichten so schmal, daß sie von den Elektronen durchtunnelt werden können. Die extrem hoch dotierten Bereiche an den Kristallenden kann man beispielsweise dadurch erzeugen, daß man von der jeweils interessierenden Seite aus entsprechende Donator- oder Akzeptorverunreinigungen in den Kristall hineindiffundieren läßt. Das sich dabei ergebende Konzentrationsprofil liefert an dem betreffenden Kristallende die gewünschte hohe Dotierung während mit zunehmendem Abstand vom Metall-Halbleiter-Kontakt im Kristallinneren sich die ursprüngliche Donator- bzw. Akzeptorkonzentration allmählich wieder einstellt. Eine andere Möglichkeit, die gewünschten hohen Verunreinigungskonzentrationen an den Kristallenden zu erzeugen, besteht darin, daß man eine Legierung zwischen dem Dotierungsmaterial und dem Halbleitermaterial herstellt. Dabei bringt man die beiden Materialien gemeinsam auf erhöhte Temperatur, so daß sich ein Teil des an der Kontaktstelle vorhandenen Halbleitermaterials (z.B. Germanium) im Dotierungsmaterial (z.B. Indium) auflösen kann. Bei der nachfolgenden Abkühlung bildet sich im Anschluß an das nicht aufgelöste Ausgangshalbleitermaterial eine rekristallisierte Schicht, die eine Metall-Halbleiterlegierung darstellt, in der die Verunreinigungskonzentration den gewünschten, zu den Elektroden hin ansteigenden, Verlauf hat. Der rekristallisierte Halbleiterbereich stellt zusammen mit dem daran anschließenden Bereich des reinen Dotierungsmaterials einen sperrfreien Kontakt dar. Das Legierungsverfahren zur Herstellung sperrfreier Metall-Halbleiter-Kontakte hat gegenüber dem Diffusionsverfahren den Nachteil, daß sich der Ablauf dieses Prozesses schlechter kontrollieren und steuern läßt. Es führt jedoch im allgemeinen zu befriedigenden Ergebnissen. Ein großer Vorteil des Legierungsverfahrens gegenüber dem Diffusionsverfahren besteht darin, daß es bei wesentlich niedrigeren Temperaturen abläuft. Das bedeutet, daß die Wahrscheinlichkeit für das Entstehen von Störstellen im Halbleitergitter entsprechend kleiner ist. Bei Silizium als Halbleitermaterial treten beim Legierungsverfahren Temperaturen im Bereich von etwa 600 °C auf (z.B. Si-Al-Legierung), während beim Diffusionsprozeß Temperaturen im Bereich von etwa 900–1200 °C auftreten können (z.B. die Diffusion von Phosphorpentoxid in Silizium). Sowohl das Legierungs- als auch das Diffusionsverfahren wurden besonders von den Transistorherstellern in den letzten Jahren zu großer technischer Reife entwickelt.

Eine dritte Möglichkeit, einen ohmschen Metall-Halbleiter-Kontakt herzustellen, besteht darin, daß man geeignete „Oberflächenzustände" an der Halbleiteroberfläche erzeugt, die der Bildung der Potentialbarriere an der Grenzfläche entgegenwirken. Diese Methode hat jedoch den Nachteil, daß sie sich noch schlechter kontrollieren und steuern läßt als der Legierungsprozeß.

Um die Verhältnisse an einem Kontakt zwischen einem Metall und einem extrem hoch dotierten Überschußhalbleiter besser verstehen zu können, sei davon ausgegangen, daß sich ein Metall-Halbleiter-Kontakt ähnlich wie ein p-n-Übergang verhält. Bei einem p-n-Übergang zwischen hochdotierten p- und n-Gebieten sind wegen der hohen Donator- und Akzeptordichten bei Zimmertemperatur bereits so viele Elektronen aus den Donatorniveaus im Leitungsband des n-Gebietes und Defektelektronen aus den Akzeptorniveaus im Valenzband des p-Gebietes, daß die

Fermi-Niveaus der beiden Bereiche bis ins Leitungsband bzw. Valenzband verschoben sind. Die Leitungselektronendichte des *n*-Gebietes ist so hoch, daß diese Elektronen bereits entartet sind. Es liegen hier also ähnliche Verhältnisse vor wie in einem Metall. Die Lage der Energiebänder bei einem solchen *p*-*n*-Übergang ist in Abb. 3.32 wiedergegeben. Wegen der extremen Lagen der Fermi-Niveaus in beiden Halbleitergebieten ergibt sich im Übergangsbereich eine derartig starke Verschiebung der Energiebänder des *p*- und *n*-Gebietes gegeneinander, daß das Valenzband des *p*-Gebietes sich mit dem Leitungsband des *n*-Gebietes überlappt. Die Folge davon ist, daß Elektronen die Energielücke waage-

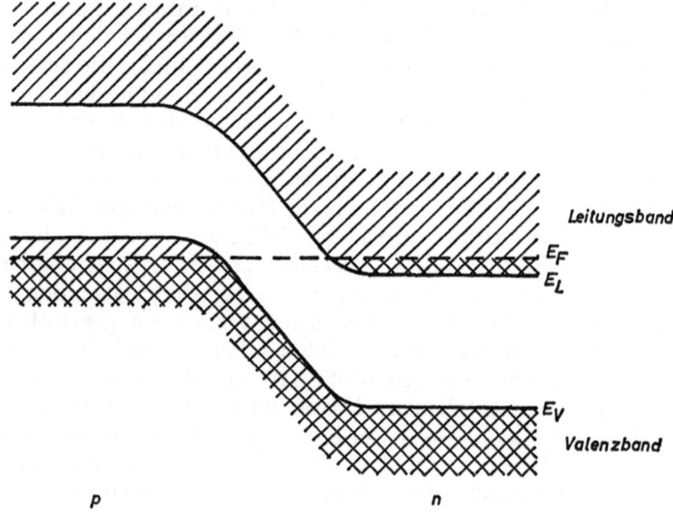

Abb. 3.32. Energiebändermodell eines *p*-*n*-Überganges zwischen hoch dotierten *p*- und *n*-Gebieten

recht unter Beibehaltung ihrer Energie durchtunneln können. Es können also Elektronen vom Valenzband des *p*-Gebietes mittels Tunneleffekt in das Leitungsband des *n*-Gebietes gelangen und umgekehrt. Wird an einen solchen *p*-*n*-Übergang keine äußere Spannung angelegt, so fließen im Gleichgewichtszustand in beiden Richtungen Tunnelströme, die sich gegenseitig aufheben, so daß außerhalb des *p*-*n*-Überganges kein Stromfluß nachzuweisen ist. Durch Anlegen einer geringen Spannung in Flußrichtung wird die Energie der Elektronen der *n*-Seite in Abb. 3.32 etwas erhöht. Dadurch wird erreicht, daß den voll besetzten Zuständen des Leitungsbandes mehr leere Zustände des Valenzbandes gegenüberliegen, da die Energiebänder immer von unten nach oben aufgefüllt werden. Der Elektronentunnelstrom von rechts nach links nimmt zu. Da den vollen Zuständen des Valenzbandes nach Anlegen der Spannung weniger leere Zustände des Leitungsbandes gegenüberliegen, ist der Strom von links nach rechts kleiner geworden. Es ergibt sich also ein Nettostrom von rechts nach links. Bei weiterer Steigerung der angelegten Spannung ergibt sich schließlich nur noch ein reiner Elektronenstrom von rechts nach links, da nun den vollen Zuständen des Valenzbandes keine Zustände des Leitungsbandes mehr gegenüberliegen. Eine noch weitere Erhöhung der angelegten Spannung führt schließlich wieder zu einer Verringerung des Stromes durch die Übergangszone, da die Energiebänder sich jetzt so gegeneinander verschoben haben, daß weniger leere Plätze des Valenzbandes den vollen Zuständen des Leitungsbandes gegenüberliegen. Die Vorgänge in hochdotierten *p-n*-Übergängen wurden zuerst von Esaki [3.43] näher untersucht. In diesem Zusammenhang sind auch die Arbeiten von Sommers [3.44] an Germanium und von Chynoweth und Mitarbeitern [3.45] an Silizium zu nennen.

Die obigen Ausführungen gelten analog für einen Metall-Halbleiter-Übergang. Durch Dotierung des Halbleiterbereiches bis zur Entartung, kann die hier auftretende Sperrschicht so schmal gemacht werden, daß sie von den Elektronen leicht durchtunnelt werden kann.

Außer einem sperrfreien möglichst niederohmigen Kontakt zwischen den Sammelelektroden und dem Kristall eines Halbleiterdetektors, müssen diese Elektroden noch weitere Bedingungen erfüllen, um einen einwandfreien Betrieb des Detektors zu gewährleisten. Zunächst dürfen sie nicht das elektrische Gesamtrauschen des Systems vergrößern. Dazu müssen sie mechanisch einwandfrei gefertigt sein, was besonders für die dem Halbleiterkristall zugewandte Oberfläche gilt. Außerdem muß für sehr guten elektrischen Kontakt zwischen der Sammelelktrode und dem Zuführungsdraht gesorgt werden, der diese mit der Spannungsquelle verbindet. Eine weitere Bedingung ist die, daß die Sammelelektroden an den Kristallenden einen räumlich exakt definierten Kontaktbereich bilden müssen, damit der Elektrodenabstand d über den ganzen Querschnitt des Halbleiterkristalles konstant ist.

3.6 Der Halbleiterdetektor mit Sperrschicht

3.6.1 Einführung

Man kann grundsätzlich zwei Gruppen von Halbleiterdetektoren unterscheiden: solche ohne und solche mit Sperrschicht. Bei dem im Kapitel 3.4 beschriebenen Halbleiterdetektor handelt es sich um einen ohne Sperrschicht. Die Vorgänge in den Detektoren, die nach Absorption ionisierender Strahlung zu einem Impuls am Arbeitswiderstand führen, sind für beide Detektorgruppen gleich. Der Unterschied besteht darin, daß bei einem Halbleiterdetektor ohne Sperrschicht (Leitfähigkeitsdetektor) praktisch das gesamte Kristallvolumen als strahlungsempfindliche Zone betrachtet werden kann, während bei einem Detektor mit Sperrschicht nur die Verarmungszone am *p-n*-Übergang den empfindlichen Bereich darstellt. Aus diesem Grunde wäre ein einwandfrei arbeitender

Leitfähigkeitsdetektor besonders gut geeignet zur Spektroskopie hochenergetischer geladener Teilchen und Gammaquanten.

Geeignete Materialien für die Herstellung von Halbleiterdetektoren ohne Sperrschicht sind beispielsweise Cadmiumsulfid, Silizium, Zinksulfid, Galliumarsenid und Thalliumhalogenide. Alfrey und Taylor [3.46] haben Untersuchungen über die Abhängigkeit der Impulshöhe und der Zählrate von der angelegten Spannung und vom Absorptionsort bei Zinksulfidzählern, die mit Alphateilchen beschossen wurden, durchgeführt. Dabei zeigte sich an der negativen Zählerelektrode eine besonders hohe Zählrate. Ihre Spannungsabhängigkeit führte zu dem Schluß, daß sich hier eine Sperrschicht gebildet habe, d.h. der Metall-Halbleiter-Kontakt war nicht sperrfrei und niederohmig. Bei einem Leitfähigkeitsdetektor muß also auf eine ohmsche Kontaktierung am Metall-Halbleiter-Übergang der Sammelelektroden besonderer Wert gelegt werden.

Wählt man als Detektormaterial für einen Leitfähigkeitsdetektor beispielsweise Silizium, so muß man diesen Detektor auf die Temperatur des flüssigen Stickstoffs kühlen, um das Material hinreichend hochohmig zu machen, denn bei Zimmertemperatur besitzt Silizium eine zu hohe Dichte freier Ladungsträger. Sogar ideal reines Silizium hat bei Zimmertemperatur nur einen spezifischen Widerstand von etwa $2{,}2 \cdot 10^5\ \Omega$ cm, was einer Elektronen- und Defektelektronenkonzentration von $n = p = 1{,}7 \cdot 10^{10}\,\mathrm{cm}^{-3}$ entspricht. Ein Leitfähigkeitsdetektor mit einem Volumen von 1 cm^3, der aus ideal reinem Silizium hergestellt ist, liefert, wenn man ihn bei Zimmertemperatur betreibt, einen Rauschbeitrag des Stromrauschens von etwa 600 keV. Ein so betriebener Detektor ist unbrauchbar. Kühlt man ihn jedoch auf die Temperatur des flüssigen Stickstoffs, dann reduziert sich die Ladungsträgerdichte auf $10^6\,\mathrm{cm}^{-3}$, was den Rauschbeitrag auf weniger als 5 keV verringert. Das ist ein durchaus annehmbarer Wert. Inwieweit das Stromrauschen das optimale Auflösungsvermögen eines Halbleiterdetektors beeinflußt, darauf wird in einem späteren Kapitel näher eingegangen werden.

In der Praxis jedoch kann ein ideal reines Halbleitermaterial nicht hergestellt werden. Eine geringe Konzentration von Restverunreinigung ist immer vorhanden. Diese führt je nach Art der Störatome zu einer Erhöhung der quasifreien Elektronen- oder Defektelektronenkonzentration. So enthält beispielsweise ein p-Silizium mit einem spezifischen Widerstand in der Größenordnung von $10^4\ \Omega$ cm eine Restverunreinigung an Boratomen in einer Konzentration von etwa 10^{12} Atomen pro cm^3. Dadurch ergibt sich eine zusätzliche Anzahl Defektelektronen im Valenzband. Bei einem solchen Halbleiterkristall ist die Konzentration der freien Ladungsträger so groß, daß auch ein Kühlen keine merkliche Verbesserung des Stromrauschens mehr bringt. Um die Zahl der freien Ladungsträger hier merklich verringern zu können, muß man die Akzeptorverunreinigungen, die die p-Leitung verursachen, durch Zugabe von Donatorverunreinigungen kompensieren. Diese Verunreinigungen sollten nach Möglichkeit tiefliegende Donatorniveaus bilden. Das beste zur Zeit technisch herstellbare p-Silizium hat einen spezifischen Widerstand von etwa $10^5\ \Omega$ cm.

Durch die Kompensation der Akzeptorverunreinigungen des p-leitenden Halbleiters mit Hilfe tiefliegender Donatorniveaus ist es gelungen, die Störleitung des Kristalles erheblich zu verringern, allerdings auf Kosten der Ladungsträgerlebensdauer. Der Grund hierfür ist darin zu sehen, daß Energieniveaus, die in der Nähe der Mitte der verbotenen Zone liegen, bevorzugte Rekombinationszentren bilden, was eine Verringerung der Ladungsträgerlebensdauer bewirkt. Um diesen unerwünschten Nebeneffekt der Kompensation möglichst klein zu halten, wird man bestrebt sein, nur so viel Donatoratome in den Kristall einzubauen, wie zur Kompensation der Akzeptoren notwendig sind. Außerdem wird man nach Möglichkeit nur solche Donatoren auswählen, die einen kleinen Rekombinationswirkungsquerschnitt haben.

Eine möglichst vollständige Kompensation der Störleitung eines Halbleiterkristalles ist in der Praxis ein äußerst aufwendiger Prozeß, da man unter extrem reinen Bedingungen arbeiten muß. Das wird daran deutlich, daß die oben genannte Borverunreinigung, die die p-Leitung des Siliziums verursacht, etwa 10^{12} Atome pro cm^3 beträgt, was gewichtsmäßig etwa 10^{-10} g cm^{-3} sind. Man muß also etwa die gleiche Menge Donatormaterial in den Kristall einbauen, um eine optimale Kompensation zu erreichen. Das kann jedoch praktisch nicht durchgeführt werden. Um dennoch eine möglichst vollständige Kompensation zu bekommen, kann man so vorgehen, daß man zunächst die Restverunreinigung des Kristalls erheblich erhöht und dann die gesamte Verunreinigung kompensiert. Wegen der besseren Diffusionseigenschaften und der geeigneten Lagen der Energieniveaus mancher Dotierungsmaterialien kann es unter Umständen sogar zweckmäßig sein, einen durch die Restverunreinigung etwa p-leitenden Halbleiterkristall durch Überkompensation zunächst n-leitend zu machen und diese n-Leitung dann geeignet zu kompensieren [3.47–3.49].

Gibbons und Northrop [3.50] beschreiben in ihrer Arbeit Silizium-Leitfähigkeitsdetektoren, deren Ausgangsmaterial p-leitendes Silizium ist mit einem spezifischen Widerstand von 5000 Ω cm. Die Trägerlebensdauer in diesem Material betrug etwa 1 ms. Da der spezifische Widerstand des Detektormaterials zu niedrig war, kompensierten sie die Störleitung indem sie dieses einer Wärmebehandlung unterzogen. Dadurch erreichten sie einen spezifischen Widerstand des Siliziums von etwa $10^9\ \Omega$cm bei 78 K. Das in Abb. 3.33 wiedergegebene Impulshöhenspektrum von 30 MeV Protonen wurde mit einem solchen Detektor aufgenommen. Er bestand aus einem kubischen Siliziumkristall mit 6 mm Kantenlänge und hatte an zwei gegenüberliegenden Seiten als Sammelelektroden Aluminiumelektroden, die nach dem Legierungsverfahren angebracht worden waren. Um eine Verschlechterung des Detektorauflösungsvermögens durch unvollständige Ladungssammlung möglichst zu vermeiden, ließen die Verfasser der genannten Arbeit die Protonen durch eine Elektrode in den Detektor eindringen. Man stellte fest, daß die Energieauflösung etwas von der Richtung des elektrischen Feldes abhängig war. Das ist zu erwarten, wenn die Ladungsträgerdriftlängen verschieden groß und von der Größenordnung des Elektrodenabstandes sind. Das Spektrum in Abb. 3.33 wurde unter optimalen Meßbedingungen aufgenommen. Die hier erzielte Energieauflösung beträgt etwa 1,5%. Die Leistungsfähigkeit dieses Detektors ist vergleichbar mit derjenigen von Szintillationszählern in diesem Energiebereich. Für Betastrahlen mit einer Energie von 620 keV ergab

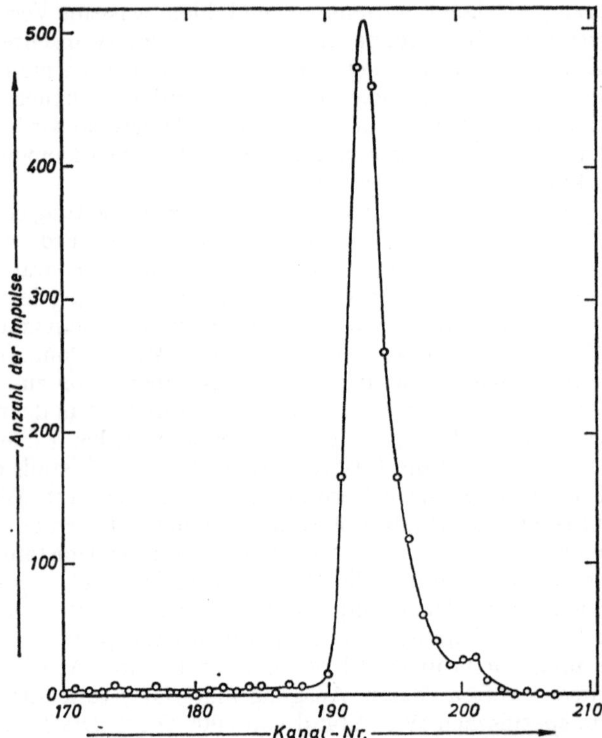

Abb. 3.33. Mit einem Silizium-Leitfähigkeitsdetektor aufgenommenes Impulshöhenspektrum von 30 MeV Protonen [3.50]

sich eine Auflösung von 5,2% und für Gammastrahlung von 1 MeV eine von 5,8%. Geringfügige Inhomogenitäten im Ausgangsmaterial führen bei diesen Detektoren zu merklichen Auflösungsverschlechterungen.

Für kernspektroskopische Zwecke werden praktisch keine Leitfähigkeitsdetektoren mehr verwendet. Sie haben für diesen Anwendungszweck im Vergleich zu den Halbleiterdetektoren mit Sperrschicht eine zu schlechte zeitliche und energetische Auflösung. Fernerhin treten bei diesen Detektoren häufig Polarisationserscheinungen auf, die eine erhebliche Verminderung der Zählerempfindlichkeit verursachen. Ein weiterer

Nachteil ist, daß sie zum Teil einer starken Alterung unterliegen, so daß sich ihre Eigenschaften im Laufe der Zeit ändern. Des ferneren müssen die Kristalloberflächen immer extrem sauber gehalten werden, um Oberflächendurchbrüche bei Feldstärken unterhalb von 1000 V cm^{-1} zu vermeiden. Bedeutung haben diese Detektoren heute praktisch nur auf dem Gebiet der Strahlungsdosimetrie. Vielleicht gewinnen sie zu einem späteren Zeitpunkt, wenn die Halbleiterentwicklung und Halbleitertechnologie weitere Fortschritte gemacht hat, z.B. hinsichtlich der Herstellung von Halbleiterkristallen mit extrem geringer Störleitfähigkeit, wieder an Bedeutung. Zusammenfassende Darstellungen über Leitfähigkeitszähler finden sich in den Arbeiten von Hofstadter [3.51] und Champion [3.52].

Wenn man heute von Halbleiter-Kernstrahlungsdetektoren spricht, so handelt es sich dabei meistens um Sperrschichtdetektoren. Sie haben eine sehr gute Energie- und Zeitauflösung und in weiten Engiebereichen einen linearen Zusammenhang zwischen der Impulshöhe des Ausgangsimpulses und der im Detektor absorbierten Strahlungsenergie. Man kann in solchen Halbleiterdetektoren eine Trägerlebensdauer von 1 ms und mehr erzielen. Ein weiterer Vorteil dieser Detektoren besteht darin, daß die Sperrschicht sehr hochohmig gemacht werden kann. Man erreicht hier heute Widerstandswerte von 0,1—10 GΩ und mehr. Außerdem ist für manche Anwendungszwecke die geringe Baugröße solcher Zähler von Vorteil.

Als Ausgangsmaterial für Sperrschichtdetektoren wird im allgemeinen ebenfalls Silizium und Germanium verwendet. Auf welchen Anwendungsgebieten bevorzugt Siliziumzähler und auf welchen Germaniumzähler eingesetzt werden, wird im Laufe der folgenden Kapitel noch deutlich gemacht werden. Die ersten Messungen mit Sperrschichtdetektoren wurden von McKay [3.53] durchgeführt. Hierbei wurden, wie bei den ersten Transistoren, Germaniumspitzendioden verwendet. Die Sperrschicht, d.h. der empfindliche Bereich des Detektors, wurde durch Aufsetzen einer Phosphorbronzespitze auf einen n-leitenden Germaniumkristall hergestellt. Das empfindliche Volumen dieser Detektoren war naturgemäß sehr klein. McKay stellte bei seinen Untersuchungen fest, daß diese Sperrschichtdetektoren bedeutend kürzere Anstiegs- und Abklingzeiten der Ausgangsimpulse besaßen als Leitfähigkeitsdetektoren.

Für den Einsatz der Sperrschichtdetektoren in der Kernstrahlungsspektroskopie ist es jedoch von entscheidender Bedeutung, möglichst dicke Sperrschichten im Detektor zu erzeugen, um eine Gewähr dafür zu haben, daß die ionisierenden Teilchen, die in den Detektor eindringen, auch vollständig in der Verarmungszone, d.h. dem empfindlichen Volumen desselben, abgebremst werden. Reelle Chancen zur Erfüllung dieser Forderung ergaben sich, als man die Halbleitertechnologie so weit beherrschte, daß man im Inneren eines Halbleiterkristalles oder an seiner Oberfläche eine Grenzschicht zwischen einem n- und einem p-leitenden Bereich, d.h. einen p-n-Übergang, herstellen konnte. Ein solcher p-n-Übergang stellt, wie im Kapitel 3.3 dargelegt wurde, eine an Ladungsträgern stark verarmte Zone dar, in der praktisch nur noch die Eigenleitung des Halbleitermaterials vorhanden ist. Dieser Bereich ist sehr hochohmig. An ihm fällt praktisch die gesamte Detektorspannung ab. Je nach Art und Zustandekommen der Sperrschicht unterscheidet man heute drei große Gruppen von Sperrschichtzählern: Die Oberflächensperrschichtzähler, die diffundierten Sperrschichtzähler und die lithiumgedrifteten Sperrschichtzähler. Auf ihre Eigenschaften und Herstellung wird in den nächsten Kapiteln näher eingegangen werden.

In der frühen Zeit der Halbleiterdetektorentwicklung wurden bevorzugt Germaniumsperrschichtdetektoren gebaut und zur Kernstrahlungsspektroskopie eingesetzt. Diese frühen Experimente mit Halbleiterdetektoren [3.12, 3.54, 3.55] hatten jedoch den Nachteil, daß sie wegen der ungünstigen Eigenschaften des Ausgangsmaterials nur unbefriedigende Ergebnisse liefern konnten. Erst als es ab etwa 1960 gelang, Silizium in äußerst reiner, homogener einkristalliner Form in Kristallen hinreichender Größe herzustellen, setzte der eigentliche Durchbruch der Halbleiterdetektoren zum erfolgreichen Einsatz bei der Kernstrahlungsspektroskopie ein. Bald darauf gelang es mit Hilfe des Lithiumdriftverfahrens auch leistungsfähige Germaniumdetektoren mit großem empfindlichem Volumen herzustellen. Diese Detektoren lösten wegen ihrer sehr guten Auflösungseigenschaften auf dem Gebiete der Gammaspektroskopie eine Revolution aus. Heute haben sie sich hier bereits auf breiter Front durchgesetzt.

Die Ausführungen in den folgenden Kapiteln werden sich im wesentlichen auf Silizium und Germanium als Detektormaterial beschränken, da diese Elemente zur Zeit die wichtigsten Ausgangswerkstoffe für den Bau von Halbleiterdetektoren sind. Andere Werkstoffe mit Halbleitereigenschaften, wie etwa die sogenannten III-V-Verbindungen, befinden sich zur Zeit hinsichtlich ihrer Verwendbarkeit zum Bau von Halbleiterdetektoren noch in einem frühen Entwicklungsstadium. Ein Auswahl dieser Materialien wird im Kapitel 3.9 kurz summarisch behandelt werden.

3.6.2 Der Oberflächensperrschichtzähler

Wie der Name dieser Zählerart bereits sagt, beginnt die Sperrschicht, d.h. das empfindliche Volumen dieser Detektoren unmittelbar an der Oberfläche des Detektorkristalles. Beim derzeitigen Stand der Kenntnisse über die Vorgänge an den Oberflächen von Halbleiterkristallen kann man noch keine allgemein befriedigende Theorie über das Zustandekommen der Oberflächensperrschicht angeben. Eine Erklärungsmöglichkeit besteht in der Annahme, daß es sich bei der Oberflächensperrschicht um eine Inversionsschicht an der Halbleiteroberfläche handelt [3.12]. Solche Inversionsschichten stellen eine besondere Art von p-n-Übergängen dar. Diese Übergänge werden nicht wie üblich durch Dotierung mit Akzeptoren oder Donatoren erzeugt, sondern entstehen durch flächenhafte elektrische Aufladung der Halbleiteroberfläche durch Besetzung von Oberflächenenergiezuständen mit Elektronen. Diese Aufladung der Kristalloberfläche bewirkt, daß in den der Oberfläche benachbarten Halbleiterbereichen kompensierende Raumladungen entstehen, die zu einer Krümmung des Potentialverlaufes an der Oberfläche führen. Ist diese Potentialkrümmung stark genug, so kann hier eine Änderung des Leitungstyps eintreten, wenn die Polarität der Oberflächenladung so ist, daß die kompensierende Raumladung bei einem n-Halbleiter aus Defektelektronen und bei einem p-Halbleiter aus Elektronen besteht. Man hat beispielsweise festgestellt, daß sich Sauerstoff an Siliziumoberflächen als negatives Ion anlagert und dabei in der Oberflächenschicht eines n-leitenden Siliziumkristalles eine Defektelektronenkonzentration erzeugt, die zur Ausbildung eines p-n-Überganges führen kann [3.54].

Neuere eingehende Untersuchungen über das Zustandekommen der Oberflächensperrschicht bei einem n-leitenden Siliziumdetektorkristall wurden von Siffert und Coche [3.55] durchgeführt. Diese Untersuchungen ergaben, daß die Oberflächensperrschicht durch Anlagerung negativer Sauerstoffionen an die Kristalloberfläche zustande kommt. Der Aufbau dieser Sperrschicht findet jedoch erst statt, wenn vorher auf die Halbleiteroberfläche eine dünne Goldschicht aufgedampft worden ist. Eine Sauerstoffanlagerung vor dem Aufdampfprozeß ist ohne merklichen Einfluß auf die Sperrschicht. Es stellte sich heraus, daß mit Gold bedampfte Siliziumkristalle, unabhängig davon, ob die Kristalloberfläche mit Sauerstoffionen vor dem Aufdampfprozeß behaftet war oder nicht, solange sie im Vakuum waren, keine ausgeprägten Sperreigenschaften zeigten. Erst nachdem die bedampften Kristalle der Atmosphärenluft ausgesetzt worden waren, bildete sich allmählich eine Sperrschicht aus mit der gewohnten Charakteristik eines Oberflächensperrschichtdetektors. Aufgrund der erzielten Versuchsergebnisse ergab sich folgende Erklärung für das Zustandekommen der Oberflächensperrschicht:

Durch das Aufdampfen des Goldes auf die Halbleiteroberfläche entsteht an dem Metall-Halbleiter-Kontakt ein elektrisches Feld, wie im Kapitel 3.5 näher dargelegt wurde. Da die Austrittsarbeit des Goldes größer ist als die des Halbleiters, tritt zum Ausgleich der verschieden hohen Fermi-Niveaus eine Verbiegung der Energiebänder des Halbleiters ein, wie sie in Abb. 3.31 dargestellt ist. Das bedeutet, es fließen Elektronen aus dem Halbleiter in das Metall ab. Es entstehen ähnliche Verhältnisse wie bei einem p-n-Übergang. Durch die negative Aufladung des Metalls und die, durch die positiven, ortsfesten Ionen im Halbleitermaterial gebildete positive Raumladung, baut sich an dem Metall-Halbleiter-Übergang ein elektrisches Feld auf. Dieses Feld ist vom Halbleiter zum Metall gerichtet. Es begünstigt also die Adsorption der negativen Sauerstoffionen. Durch Verwendung verschieden dicker Aufdampfschichten konnte nachgewiesen werden, daß der Sauerstoff durch die Goldschicht hindurchdiffundiert und dann die Sperrschicht aufbaut. Mit zunehmender Schichtdicke baute sich die Sperrschicht immer langsamer auf. Die Geschwindigkeit des Sperrschichtaufbaues hängt auch von dem aufgedampften Metall ab. Das ist verständlich, da die Feldstärke im Metall-Halbleiter-Übergang von der Größe der Austrittsarbeit des Metalls relativ zu der des Halbleiters abhängt. Es zeigte sich, daß nach Beendigung des Aufbaues der Oberflächensperrschicht die Art des aufgedampften Metalles keine große Rolle mehr spielt. Fernerhin ergab sich, daß außer Gold auch noch andere Metalle zum Bedampfen der Detektorfrontseite geeignet sind, wie etwa Chrom oder Platin. Auch diese Metalle haben Austrittsarbeiten, die größer sind als beim Silizium. Als sperrfreie Rückkontakte eignen sich entsprechend Metalle mit Austrittsarbeiten, die kleiner sind als beim Silizium, z.B. Mangan. Es hat jedoch den Nachteil, daß es, besonders bei Detektoren mit durchgehender Sperrschicht, sehr leicht eine Ladungsträgerinjektion verursacht, was zu einer starken Vergrößerung des Sperrstromes führt. Hier hat man gute Erfahrungen mit Aluminium gemacht. Allerdings ist der Übergangswiderstand des Metall-Halbleiter-Kontaktes bei Aluminium größer als bei Mangan.

Es zeigte sich, daß Oberflächensperrschichtdetektoren im allgemeinen einem Alterungsprozeß unterworfen sind. Dieser macht sich dadurch bemerkbar, daß Metall-Halbleiter-Kontakte, die zunächst sperrfrei waren, im Laufe der Zeit ihre Sperrfreiheit verlieren. Dieser Alterungsprozeß verläuft am schnellsten bei solchen Metall-Halbleiter-Kontakten, bei denen die Austrittsarbeit des Metalls größer ist als die des Halbleiters. Ist die Austrittsarbeit kleiner, so ergibt sich zunächst ein sehr guter sperrfreier Kontakt, der aber langsam – der Zeitraum kann unter Umständen ein Jahr und mehr betragen – seine Sperrfreiheit verliert. Solche Metalle sind z.B. Mangan, Magnesium und die sogenannten „Seltenen Erden". Zur ersten Gruppe gehören Metalle wie Gold, Chrom, Platin, Silber und Wismut. Man vermutet, daß dieser Alterungsprozeß durch die Anlagerung von negativen Sauerstoffionen an die Halbleiteroberfläche bedingt wird. Für diese Annahme spricht, daß bei den Metallen der zweiten oben genannten Gruppe im Zwischenraum zwischen Metall- und Halbleiter ein elektrisches Feld entsteht, das vom Metall zum Halbleiter gerichtet ist und damit der Anlagerung eines negativen Ions an die Halbleiteroberfläche entgegenwirkt. In diesem Falle wird also eine längere Zeit nötig sein, ehe sich soviel Ionen angelagert haben, daß der Metall-Halbleiter-Übergang seine Sperrfreiheit verliert. Bis heute hat man jedoch noch keine Theorie, die die hier genannten Vorgänge befriedigend beschreiben kann. Ergänzend seien an dieser Stelle noch die Arbeiten [3.142, 3.143] genannt, die sich ebenfalls mit den hier besprochenen Problemen befassen. Auf sie soll jedoch nicht näher eingegangen werden.

Für die Ausdehnung der Raumladungszone eines solchen p-n-Überganges und für seine Kapazität gelten die in Kapitel 3.3 abgeleiteten Gln. (3.19) und (3.21).

Die Herstellungstechnik von Oberflächensperrschichtdetektoren ist relativ einfach. Auf sie wird in einem späteren Kapitel näher eingegangen werden. Hier sei nur soviel vorweggenommen, daß zur Herstellung einer Oberflächensperrschicht der Halbleiterkristall keiner besonderen Temperaturbehandlung unterzogen zu werden braucht, wie das bei den im nächsten Kapitel zu besprechenden diffundierten Sperrschichtzählern der Fall ist. Das bedeutet, daß die ursprüngliche Kristallstruktur des Halbleiterkristalls erhalten bleibt, oder mit anderen Worten, daß durch die Herstellung der Oberflächensperrschicht die Trägerlebensdauer im Ausgangsmaterial praktisch nicht beeinflußt wird. Der große Vorteil von Oberflächensperrschichtzählern gegenüber den beiden anderen oben genannten Zählerarten ist darin zu sehen, daß die Eintrittsfenster der Oberflächendetektoren extrem dünn hergestellt werden können, da die Sperrschicht, d.h. das empfindliche Detektorvolumen, unmittelbar an der

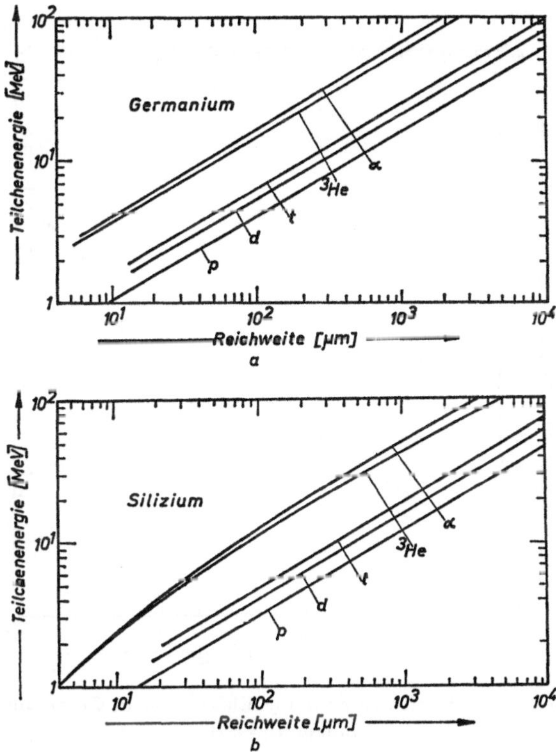

Abb. 3.34. Energie-Reichweite-Kurven verschiedener geladener Teilchen für Germanium (a) und Silizium (b), berechnet nach [3.56, 3.57]

Kristalloberfläche liegt. Dadurch sind diese Detektoren für den Nachweis und die Spektroskopie schwerer geladener Teilchen und Spaltfragmente prädestiniert. Die Massenbelegung der aufgedampften Goldschicht beträgt im allgemeinen 20–50 μg cm^{-2}, was einer Schichtdicke von etwa 0,03 μm entspricht.

Wenn man mit einem solchen Detektor Teilchenspektroskopie betreiben will, muß man dafür sorgen, daß die empfindliche Detektorzone mindestens so tief ist, daß die eingedrungenen geladenen Teilchen innerhalb derselben vollständig abgebremst werden. Nur in diesem Falle ist die

Höhe des Ausgangsimpulses proportional zur Einfallsenergie des geladenen Teilchens. Die für die Spektroskopie verschiedener Teilchenarten und Teilchenenergien notwendigen Mindestdicken der empfindlichen Zonen können mit Hilfe der Energie-Reichweite-Kurven in Abb. 3.34 bis 3.36 [3.56–3.59] leicht ermittelt werden. Die Energie-Reichweite-Kurven in den Abbildungen sind für verschiedene Teilchensorten für Silizium und Germanium als Detektormaterial wiedergegeben. Da für beide Detektormaterialien zum Teil keine direkten Meßwerte vorliegen,

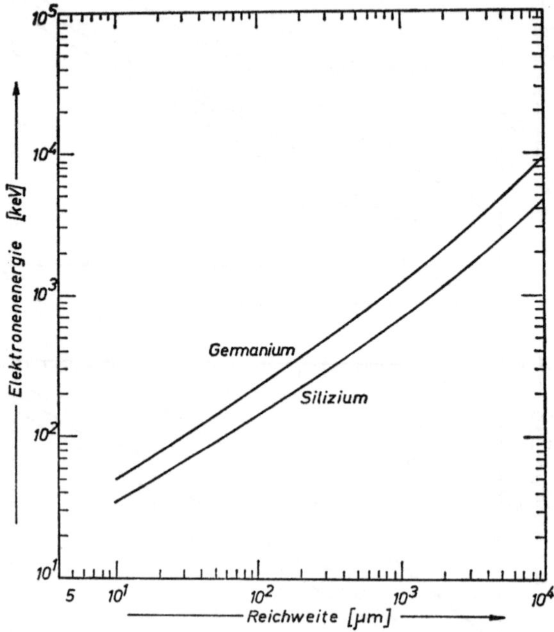

Abb. 3.35. Energie-Reichweite-Kurven für Elektronen in Germanium [3.58] und Silizium [3.59]

wurden die Werte der Kurven für Silizium aus den bekannten Daten für Aluminium [3.56, 3.57] und die für Germanium aus denen für Kupfer [3.57] umgerechnet [2.15]. Die erhaltenen Werte zeigen eine befriedigende Übereinstimmung mit denen von Goulding [3.58]. Die Energie-Reichweite-Kurve für Elektronen in Silizium wurde ebenfalls aus den entsprechenden Werten für Aluminium umgerechnet [3.59], während die Kurve für Germanium aus [3.58] übernommen wurde.

Die Dicke der empfindlichen Zone kann experimentell leicht ermittelt werden. Dasselbe gilt für die Ermittlung der Änderung dieser Zonendicke mit der angelegten Spannung. Um das zu erreichen, mißt man die Höhe des Detektorausgangsimpulses bei verschiedenen Detektorbetriebsspannungen in Abhängigkeit von der Energie der eingeschossenen Teilchen. Die Kurven, die sich aus diesen Messungen ergeben, zeigen zunächst einen linearen Zusammenhang zwischen der Ausgangsimpulshöhe und der Energie der Primärteilchen. Oberhalb einer bestimmten Grenzenergie weichen die Meßkurven jedoch von dem linearen Anfangsverlauf ab. Diese Grenzenergie verschiebt sich mit zunehmender Detektorspannung zu höheren Energiewerten. Solche Messungen wurden beispielsweise von

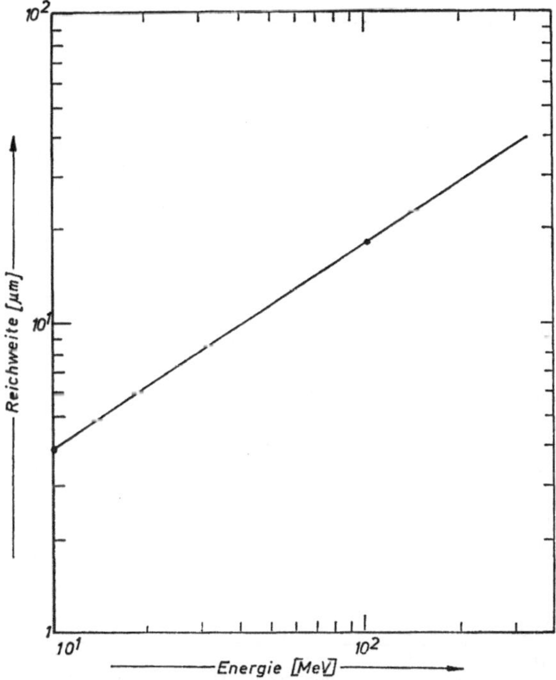

Abb. 3.36. Energie-Reichweite-Kurve für Spaltprodukte in Silizium [3.58]

Dearnaley und Whitehead [3.60] mit Protonen verschiedener Energie an Oberflächensperrschichtdetektoren durchgeführt. Die dabei erhaltenen Kurven sind in Abb. 3.37 wiedergegeben. Der Abknickpunkt, von dem aus die einzelnen Kurven vom Geradenverlauf abweichen, ist dadurch bestimmt, daß Primärteilchen mit dieser Energie im Detektor gerade eine Reichweite haben, die gleich der Sperrschichttiefe ist. Alle Teilchen mit höherer Energie werden nur mit einer Impulshöhe registriert, die ihrem Energieverlust in der Sperrschicht entspricht, d.h. die Impulshöhe nimmt oberhalb dieser Grenzenergie wieder ab. Aus der Lage des Abknickpunktes kann mit Hilfe der Energie-Reichweite-Kurven die Sperrschichttiefe des betreffenden Detektors mit hinreichender Genauigkeit ermittelt werden. Die effektive Sperrschichttiefe und damit die Grenzenergie der nachzuweisenden Teilchen kann in gewissen Grenzen dadurch erhöht werden, daß man die Primärteilchen unter schräger Einfallsrichtung auf den Detektor treffen läßt [3.61]. Allerdings wird bei diesem Verfahren die effektive Zählfläche des Detektors verkleinert.

Beim Einsatz dieser Halbleiterdetektoren zur Spektroskopie schwerer, geladener Teilchen oder Spaltfragmente muß man im Detektor starke elektrische Felder erzeugen, um eine vollständige Ladungssammlung, und um optimale Energielinearität und Auflösung zu gewährleisten.

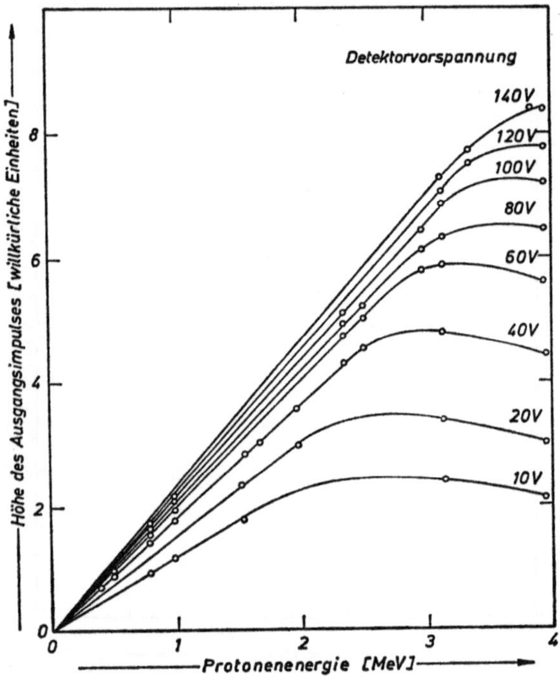

Abb. 3.37. Die Ausgangsimpulshöhe eines Oberflächensperrschichtdetektors als Funktion der Primärteilchenenergie für verschiedene Detektorbetriebsspannungen. Als Primärteilchen wurden Protonen verwendet [3.60]

Hierdurch ist eine obere Grenze für die Tiefe des empfindlichen Volumens gegeben. Die Sperrschichttiefe, die sich für jede Sperrspannung bei bekanntem spezifischem Widerstand ergibt, kann aus dem Nomogramm in Abb. 7.2.1 ermittelt werden. Für ein Detektormaterial mit vorgegebenem spezifischem Widerstand ist die obere Grenze der Verarmungszonentiefe und der im Detektor erzeugbaren elektrischen Feldstärke durch die Durchbruchsspannung gegeben. Kommerziell erhältlich sind heute Oberflächensperrschichtzähler mit einer nominalen Tiefe des empfindlichen Volumens von 60 bis 2000 μm. Für spezielle Fälle können auch Zähler mit noch größeren Sperrschichtdicken gebaut werden.

Die aufgedampfte Goldschicht stellt das Eintrittsfenster des Detektors für die zu untersuchende Strahlung dar. Diese Goldschicht müssen die einfallenden geladenen Teilchen durchqueren, ehe sie in das empfindliche Volumen des Detektors gelangen. Das bedeutet, daß die Teilchen bevor sie in das eigentliche Detektorvolumen eintreten, einen Teil ihrer Energie in dieser Goldschicht verlieren. Um diesen Effekt möglichst gering zu halten, muß man bestrebt sein, diese „tote Schicht" möglichst dünn zu machen. Das gilt besonders dann, wenn man mit dem Detektor schwere Ionen, wie z.B. Spaltfragmente, nachweisen will, da diese Teilchen in Materie nur eine sehr kurze Reichweite haben. Im allgemeinen ist die Goldschicht bei kommerziell erhältlichen Detektoren so dünn, daß sie eine Lichtdurchlässigkeit von etwa 50 bis 75% hat. Bei Oberflächensperrschichtdetektoren der Firma Ortec (USA) beträgt die Massenbelegung der Goldschicht etwa 40 μg cm^{-2}. Zur Basiskontaktierung des Detektors kann ein Aluminiumblech mit Silberleitkitt direkt auf die geätzte Rückseite des Detektorkristalles gekittet werden.

Neben der Dicke des empfindlichen Volumens ist auch noch die empfindliche Fläche des Detektors von großer Bedeutung. Sie bestimmt die Meßgeometrie und die Nutzzählrate des Detektorsystems. Um auch bei sehr schwachen Präparaten noch eine annehmbar große Nutzzählrate zu bekommen, wird man in solchen Fällen bestrebt sein, möglichst großflächige Zähler zu benutzen. Da das Detektorrauschen und die Detektorkapazität von der empfindlichen Fläche des Zählers abhängen (Gl. (3.21)), wird ein großflächiger Detektor wegen des größeren Systemrauschens, das er verursacht, eine schlechtere Auflösung liefern als ein kleinflächiger. Oberflächensperrschichtzähler mit empfindlichen Flächen von 0,07 bis 4,5 cm^2 werden heute serienmäßig hergestellt. Für spezielle Anwendungen können sogar Zähler mit 10 cm^2 empfindlicher Fläche hergestellt werden. Allerdings haben diese Detektoren nur eine maximale Sperrschichttiefe von etwa 50 μm.

In Abb. 3.38 ist ein Oberflächensperrschichtdetektor schematisch dargestellt. Hierin ist D der Durchmesser der empfindlichen Fläche, d die Tiefe der empfindlichen Zone und l die gesamte Dicke des Detektorkristalles. Die im allgemeinen verwendeten Oberflächensperrschichtdetektoren sind Siliziumdetektoren. Sie bestehen aus einem n-leitenden Siliziumkristall, der auf seiner Vorderseite eine extrem dünne, hochdotierte p-leitende Oberflächenschicht besitzt. Die Konzentration der Oberflächenzustände (p-Zustände) ist im allgemeinen wesentlich größer als die Störstellenkonzentration des Grundmaterials. An einen solchen Detektorkristall werden zwei Elektroden angebracht, wobei die Elektrode an der p-leitenden Detektorfläche durch eine dünne Goldschicht (40 μg cm^{-2}) und die an der n-leitenden Rückseite des Kristalles durch einen sperrfreien Halbleiter-Metall-Kontakt, beispielsweise durch eine Aluminiumelektrode, dargestellt wird. Abb. 3.39 zeigt den Aufbau eines Oberflächensperrschichtdetektors, wie er beispielsweise von der amerikanischen Firma Ortec benutzt wird. Hierin ist *1* die mit einer dünnen Goldschicht bedampfte empfindliche Oberfläche des Detektors,

2 der Halbleiterdetektorkristall, der in einen Keramikring (*3*) montiert ist, dessen Front- und Rückseite metallisch bedampft sind. Die Frontseite des Keramikringes ist mit dem metallischen Detektorgehäuse (*4*) leitend verbunden. Das Detektorgehäuse seinerseits ist mit dem Abschirmteil des Signalsteckers (*6*) verbunden und über diesen geerdet. Die

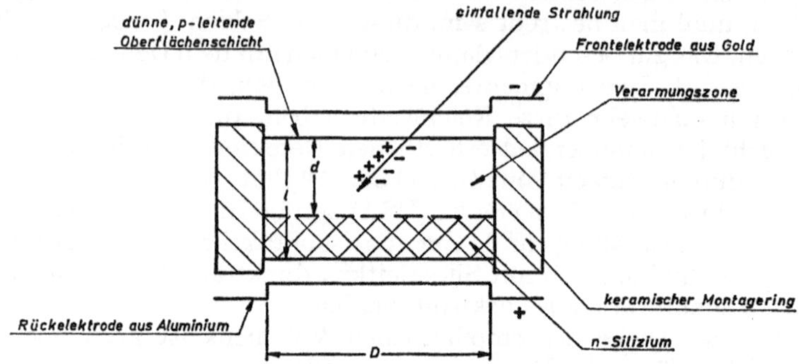

Abb. 3.38. Schematische Darstellung eines Oberflächensperrschichtdetektors (D = Durchmesser der empfindlichen Fläche, d = Tiefe der empfindlichen Zone, l = Dicke des Detektorkristalles)

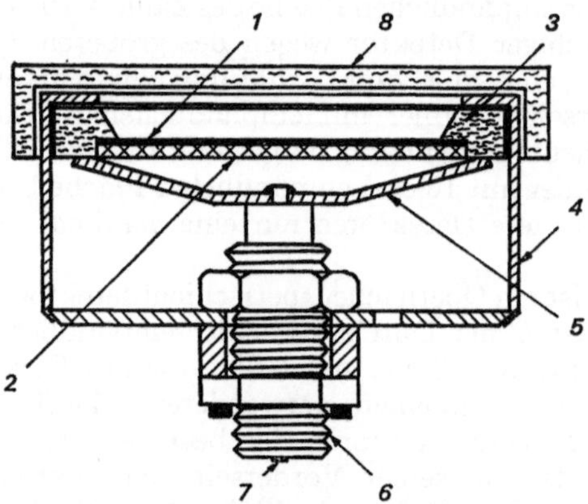

Abb. 3.39. Der Aufbau eines Oberflächensperrschichtdetektors (ORTEC, SB-Typ) (Bedeutung der Zahlen siehe Text)

Rückseite des Keramikringes (*3*) ist mit einer auf die Rückseite des Detektorkristalles aufgedampften Aluminiumschicht verbunden, die als Rückkontakt wirkt. Die Rückseite des Keramikringes und des Detektorkristalles sind über einen Montageteller (*5*) leitend mit der Zentralelektrode des Signalsteckers (*7*) verbunden. Über diese Elektrode wird die Detektorvorspannung zugeführt und das Ausgangssignal abgenommen. Der Plastikdeckel (*8*) dient als Schutz der empfindlichen Detektoroberfläche vor mechanischer Beschädigung und Beschmutzung. Fernerhin kann diese Kappe zur Halterung von Konverterfolien benutzt werden, wenn diese vor den Detektor gesetzt werden sollen, wie es beispielsweise beim Neutronennachweis der Fall ist.

Eine zweite Gruppe von Oberflächensperrschichtdetektoren sind die Detektoren mit „durchgehender Sperrschicht". Bei ihnen reicht der empfindliche Bereich von der Frontelektrode bis zur Rückelektrode, d.h. unter Bezugnahme auf die Bezeichnung in Abb. 3.38 gilt hier $l = d$. Solche Detektoren haben mancherlei Anwendung gefunden. So können mit ihnen beispielsweise Zählerteleskope aufgebaut werden. Solche Anordnungen werden in den Fällen eingesetzt, wo die Reichweite der nachzuweisenden Teilchen größer ist als die Dicke der empfindlichen Zone eines einzelnen Detektors. Wenn das ionisierende Teilchen zwei oder mehr Detektoren durchsetzen muß, ehe es im Detektorsystem völlig abgebremst worden ist, dann ergibt sich als Dicke der effektiven „toten Schicht" nur die Summe der Elektrodendicken, die das Teilchen bis zur völligen Abbremsung durchsetzt hat. Endet die Teilchenbahn beispielsweise im zweiten Detektor, so ist die Gesamtdicke der „toten Schicht" hier gleich der Summe aus den Schichtdicken der Frontelektroden des ersten und zweiten Detektors und der Rückelektrode des ersten Detektors. Als Frontelektrode hat sich eine aufgedampfte Goldschicht bewährt, während als Rückelektrode eine auf die geätzte Rückfläche des Detektorkristalles aufgedampfte Aluminiumschicht gute Resultate lieferte [3.62]. Die Flächenbelegung dieser Aluminiumschicht liegt in der Größenordnung von 30–40 μg cm^{-2}. Sie ist etwa gleich der Flächenbelegung der Frontfläche des Detektors. Diese „toten Schichten" verursachen einen Energieverlust von etwa 40 keV für 6 MeV Alphateilchen und etwa 5 keV für 6 MeV Protonen. Beim Anbringen der Rückelektrode muß man darauf achten, daß sich ein sperrfreier Metall-Halbleiter-Kontakt ergibt, da sonst bei der Ausdehnung der Feldzone bis zur rückwärtigen Elektrode durch Ladungsträgerinjektion eine Vergrößerung des Rauschens und eine Zunahme des Sperrstromes auftritt.

Abb. 3.40a zeigt einen Querschnitt durch einen Halbleiterdetektor mit durchgehender Sperrschicht. Es handelt sich dabei um einen Detektor kommerzieller Fertigung (Hersteller: Ortec, Oak Ridge, Tenn., USA). Detektoren dieses Typs können zu Teleskopanordnungen zusammengebaut werden, wie Abb. 3.40b zeigt. Auf den Einsatz von Zählerteleskopen zur Teilchenidentifikation wird im Kapitel 6.1.4 eingegangen werden.

Bei der Herstellung eines Halbleiterdetektors mit durchgehender Sperrschicht muß besonders darauf geachtet werden, daß der Halbleiterkristall eine gleichmäßige Dicke hat. Wie wichtig dieses ist, sei an folgendem Beispiel erläutert: Trifft ein Alphateilchen mit einer Energie von 10 MeV auf einen 50 μm dicken Siliziumdetektor mit durchgehender Sperrschicht, so wird es bei seinem Durchgang durch den Detektor etwa 5,9 MeV an Energie verlieren, was einem spezifischen Energieverlust (dE/dx) in der Größenordnung von etwa 118 keV/μm entspricht. Das bedeutet aber, daß eine Dickenschwankung des Detektorkristalles um 1 μm eine Energieungenauigkeit von 118 keV verursacht. Das ist ein Vielfaches der Energieungenauigkeit (Auflösungsvermögen) des Detektors für solche Primärteilchen, die vollständig in ihm abgebremst werden.

Ein weiterer Störeffekt, der bei nicht äußerst sorgfältig hergestellten Detektoren dieses Typs auftreten kann, ist die Kanalbildung. Sie wurde im Kapitel 1.2.1 bereits besprochen. Um diese Störung zu vermeiden, muß man den Winkel, unter dem die Halbleiter-Kristallscheibe für die

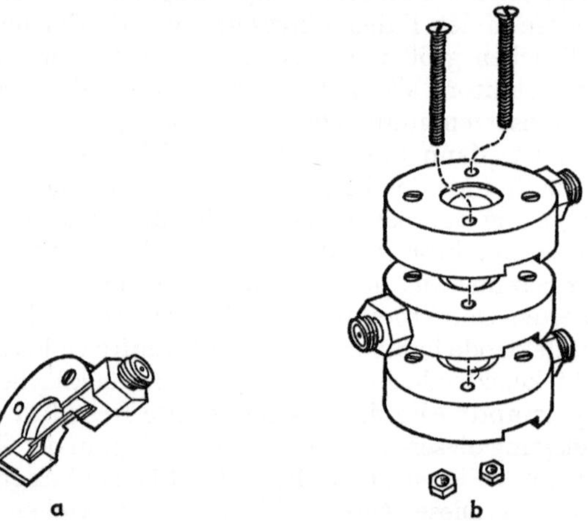

Abb. 3.40. Halbleiterdetektoren mit durchgehender Sperrschicht (TM-Typ, ORTEC, Oak Ridge, Tenn., USA)

a Aufbau eines Halbleiterdetektors mit durchgehender Sperrschicht

b Teleskopanordnung aus drei Halbleiterdetektoren mit durchgehender Sperrschicht

Detektorherstellung aus ihrem Mutterkristall geschnitten wird, so wählen, daß die Wahrscheinlichkeit für Kanalbildung minimal wird.

Oberflächensperrschichtdetektoren können sowohl aus Silizium als auch aus Germanium hergestellt werden. Wegen des geringeren Abstandes von Valenz- und Leitungsband im Germanium müssen die Germaniumdetektoren jedoch während des Betriebes ständig auf die Temperatur des flüssigen Stickstoffs gekühlt werden, um das Rauschen möglichst klein zu halten. Da die Oberflächenleitfähigkeit von Germanium größer ist als die von Silizium, muß man bei der Benutzung von Germaniumdetektoren außerdem noch erhöhten Wert auf die Vermeidung von Oberflächenverunreinigungen legen.

Allgemein kann man sagen, daß die Stabilität von Oberflächensperrschichtdetektoren gut ist, sofern man sie in einer trockenen Luftatmosphäre aufbewahrt und ihre Oberflächen vor Verunreinigungen schützt.

3.6.3 Der diffundierte Sperrschichtzähler

Ein weiterer Halbleiterdetektortyp ist der sogenannte „diffundierte Sperrschichtzähler". Bei ihm liegt im Gegensatz zu dem im vorigen Kapitel behandelten Halbleiterdetektor die Verarmungszone nicht unmittelbar an der Kristalloberfläche sondern im Detektorkristall. Man erzeugt den p-n-Übergang im Kristall dadurch, daß man geeignete Störatome bei erhöhter Temperatur von außen in den Halbleiterkristall hineindiffundieren läßt, ohne daß dabei ein Schmelzen des Kristalles oder eine flüssige Legierung auftritt [3.63]. Je nachdem, ob es sich beim Ausgangskristall um einen n- oder p-Halbleiter handelt, läßt man zur Kompensation der Störleitung Akzeptor- oder Donatoratome eindiffundieren.

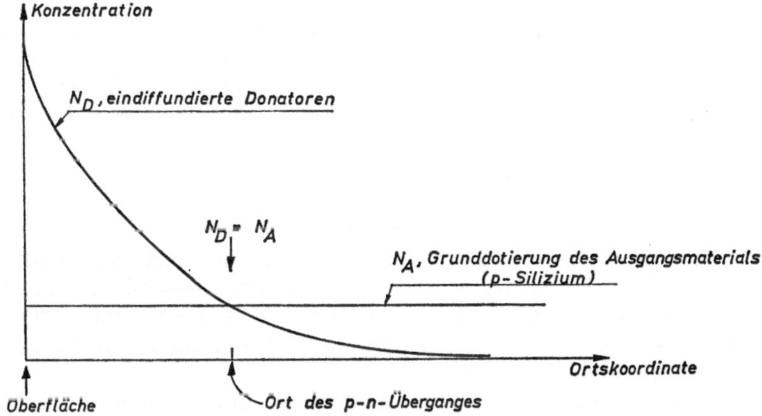

Abb. 3.41. Verlauf der Donator- und Akzeptorkonzentration (N_D und N_A) in einem p-Siliziumkristall nach Beendigung des Diffusionsprozesses

Im allgemeinen wählt man als Ausgangsmaterial für diffundierte Sperrschichtzähler p-leitendes Silizium. Auf die Oberfläche eines solchen Kristalles bringt man ein Material, das im Silizium als Donator wirkt. Diesen Stoff läßt man dann bei erhöhter Temperatur (900 bis 1300 °C) in das Silizium eindiffundieren. Durch die sehr hohe Konzentration der Donatoratome an der Halbleiteroberfläche wird hier die p-Leitung des Ausgangssiliziums überkompensiert. Durch das Eindiffundieren der Donatoratome ist der Kristallbereich in der Umgebung der Oberfläche extrem hoch dotiert. Hier bildet sich also eine n^+-Schicht aus. In Abb. 3.41 ist der Verlauf der Donator- und Akzeptorkonzentrationen (N_D und N_A) nach Beendigung des Diffusionsprozesses für den Fall des p-leitenden Ausgangsmaterials dargestellt. In dieser Abbildung verläuft die Ortskoordinate von der Oberfläche in den Kristall hinein. Die Stelle, an der

$N_D = N_A$ ist, d.h. wo vollständige Kompensation eintritt, ist der Ort des *p-n*-Überganges. Sein Abstand von der Kristalloberfläche beträgt etwa $0{,}2$–$2 \cdot 10^{-4}$ cm. Die Dicke der Verarmungszone beträgt unter günstigen Bedingungen bei hochohmigem Ausgangsmaterial und angelegter Sperrspannung etwa 1–3 mm. Die größte Verarmungszonendicke, über die bisher berichtet wurde, liegt bei etwa 3,5 mm [3.64]. Sie wurde mit einem Detektor erreicht, dessen Ausgangsmaterial einen spezifischen Widerstand in der Größenordnung von $2 \cdot 10^4\ \Omega$ cm hatte, und an dem eine Sperrspannung von 2000 V lag.

Zur Herstellung von diffundierten Sperrschichtdetektoren gibt es im wesentlichen zwei Verfahren: das Gasdiffusionsverfahren und das Pastenverfahren. Hierauf wird in dem Kapitel über die Detektorherstellung näher eingegangen werden. Wenn als Ausgangsmaterial *p*-leitendes Silizium vorliegt, verwendet man als Donatormaterial im allgemeinen Phosphor wegen seiner guten Diffusionseigenschaften. Er kann bei beiden Diffusionsverfahren benutzt werden. Ein Grund, warum man bevorzugt *p*-leitendes Silizium als Ausgangsmaterial für die Herstellung von diffundierten Detektoren wählt, ist darin zu sehen, daß man *p*-Silizium sehr rein, d.h. mit einer sehr geringen Störstoffkonzentration (Borverunreinigung), herstellen kann. Das bedeutet, daß man hochohmiges Ausgangssilizium für den Detektor zur Verfügung hat. Aber auch *n*-leitendes Silizium ist schon zur Herstellung diffundierter Sperrschichtzähler verwendet worden [3.65]. Zur Erzeugung des *p-n*-Überganges ließ man hier Akzeptormaterial wie z.B. Bor oder Gallium in den Kristall eindiffundieren. Die Kristallbereiche in der Nähe der Kristalloberfläche, die ursprünglich *n*-leitend waren, wurden dabei in p^+-Zonen umdotiert. Im allgemeinen verwendet man *n*-Silizium jedoch lieber zur Herstellung von Oberflächensperrschichtzählern.

Bei einem diffundierten Sperrschichtzähler mit *p*-Silizium als Ausgangsmaterial kann man den Rückkontakt des Detektors durch Einlegieren von Aluminium herstellen. Unter dem aufgedampften äußeren Metallfilm bildet sich bei 577 °C eine Aluminium-Silizium-Legierung, die eine sehr hoch dotierte *p*-leitende Schicht (p^+-Zone) erzeugt. Diese kommt dadurch zustande, daß das Aluminium von der Stelle der Legierungsbildung aus ein Stück in den Kristall hineindiffundiert und in dieser diffundierten Zone die Akzeptorkonzentration wesentlich erhöht. Abb. 3.42 zeigt schematisch den Aufbau eines diffundierten Sperrschichtdetektors. Wie man sieht, stellt die diffundierte n^+-Schicht das Eintrittsfenster für die ionisierenden Teilchen und die Quantenstrahlung dar. Um den Energieverlust geladener Teilchen in dieser Zone möglichst klein zu halten, ist man bestrebt, dieses Eintrittsfenster möglichst dünn zu machen. Williams und Webb [3.66] ermittelten, daß die effektive Dicke eines solchen Eintrittsfensters etwa gleich der Hälfte der Dicke der diffundierten n^+-Schicht ist. An diese „tote Zone" schließt sich das empfindliche Volumen des Detektors an. Zwischen diesem Gebiet und dem Rückkontakt (p^+-Schicht) befindet sich eine Zone, die aus dem *p*-leitenden Ausgangsmaterial besteht.

Vergleicht man die Dicken der Eintrittsfenster von Oberflächensperrschichtdetektoren und diffundierten Sperrschichtzählern, so zeigt sich, daß die ersteren kleiner als 0,03 μm sind, und daß die letzteren auch unter Anwendung spezieller Techniken nicht dünner als 0,1 μm gemacht werden können. Daraus ergibt sich, daß für den Nachweis schwerer ionisierender Teilchen die Oberflächensperrschichtdetektoren besser geeignet sind als die diffundierten Zähler.

Weiterhin ergibt ein Vergleich der Herstellungsverfahren von Oberflächensperrschichtzählern und diffundierten Halbleiterdetektoren, daß bei den ersteren der Detektorkristall während der Herstellung des Zählers nicht wesentlich erwärmt wird, während die diffundierten Zähler während

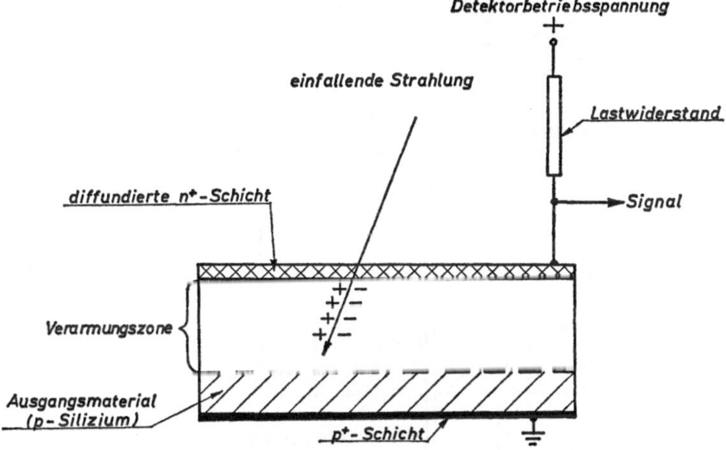

Abb. 3.42. Schematische Darstellung eines diffundierten Sperrschichtdetektors

des Diffusionsprozesses auf hohe Temperaturen aufgeheizt werden müssen. Dieses kann dazu führen, daß sich Fehlstellen im Halbleiterkristall bilden, die als Haft- und Rekombinationszentren wirken, so daß die Ladungsträgerlebensdauer erheblich verringert wird. Fernerhin haben Oberflächensperrschichtdetektoren den Vorteil, daß sie sich leichter herstellen lassen als diffundierte Zähler. Diesen Vorteilen der Oberflächenzähler stehen jedoch auch Vorteile der diffundierten Zähler gegenüber. Hier ist besonders zu nennen, daß sich bei ihnen ein einwandfreier ohmscher Rückkontakt wesentlich leichter herstellen läßt. Da der Kristall für den Diffusionsprozeß auf jeden Fall aufgeheizt werden muß, kann man beispielsweise während dieses Heizprozesses an der Detektorrückseite durch Einlegieren von Aluminium einen sehr rauscharmen ohmschen Metall-Halbleiter-Kontakt anbringen. Das ist ein erheblicher Vorteil, denn die Herstellung eines einwandfreien Rückkontaktes ist eines der Hauptprobleme beim Bau von Halbleitersperrschicht-Detektoren. Bei Oberflächensperrschichtdetektoren kann das Legierungsverfahren nicht angewendet werden, da man hier keine erhöhten Temperaturen zulassen will. Hier stellt man den Rückkontakt im allgemeinen durch Aufdampfen eines dünnen Metallfilmes auf die Kristallrückseite her. Ein solcher Metallfilm hat jedoch den Nachteil, daß er eine relativ schlechte Adhäsion an der Halbleiteroberfläche aufweist, was unter Umständen den elektrischen Kontakt zwischen den beiden Materialien störend beeinflussen kann. Das durch den Rückkontakt verursachte Rauschen macht sich durch das Auftreten großer Stromimpulse bemerkbar. Diese stören beson-

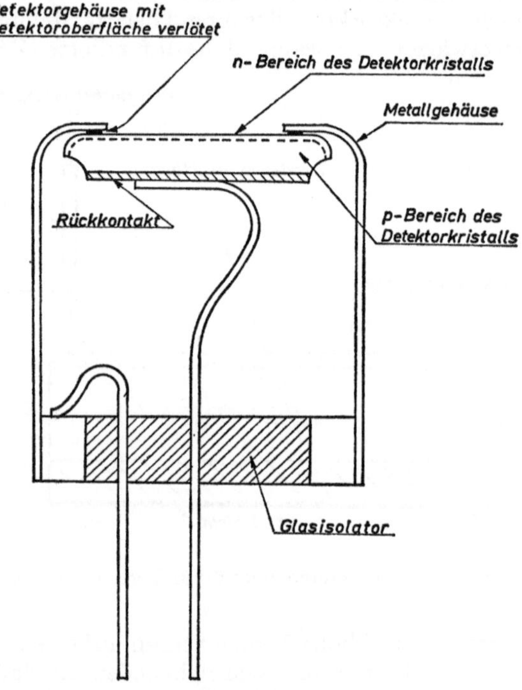

Abb. 3.43. Eine Montagemöglichkeit für diffundierte Sperrschichtdetektoren [3.67]

ders beim Nachweis niederenergetischer geladener Teilchen. Außerdem führen sie dazu, daß sich diese Detektoren beim Nachweis von Gammaquanten erst oberhalb 100 keV einsetzen lassen, da die Impulse niederenergetischerer Gammaquanten eine geringere Höhe haben als die Störimpulse.

Für den praktischen Einsatz von Halbleiterdetektoren ist es weiterhin von Bedeutung, daß diffundierte Sperrschichtzähler robuster sind als Oberflächensperrschichtdetektoren, und daß die reproduzierbare Herstellung guter Detektoren mit hoher Erfolgsrate bei ihnen einfacher ist. Ihre Langzeitstabilität ist, wenn sie gekapselt sind, mit derjenigen von Oberflächensperrschichtdetektoren vergleichbar.

Im allgemeinen verwendet man heute für die Herstellung von diffundierten Sperrschichtdetektoren Silizium. Man kann jedoch auch Germanium einsetzen. Der Nachteil von Germaniumdetektoren besteht darin, daß man sie infolge der geringen Breite der verbotenen Zone auf Stickstofftemperatur kühlen muß, um die Leckströme und damit auch das Rauschen hinreichend klein zu machen. Siliziumdetektoren können bei Zimmertemperatur betrieben werden.

Die Montage von diffundierten Sperrschichtdetektoren kann in ähnlicher Weise erfolgen, wie die von Oberflächensperrschichtzählern. In Abb. 3.43 ist eine Montagemöglichkeit für diffundierte Sperrschicht-

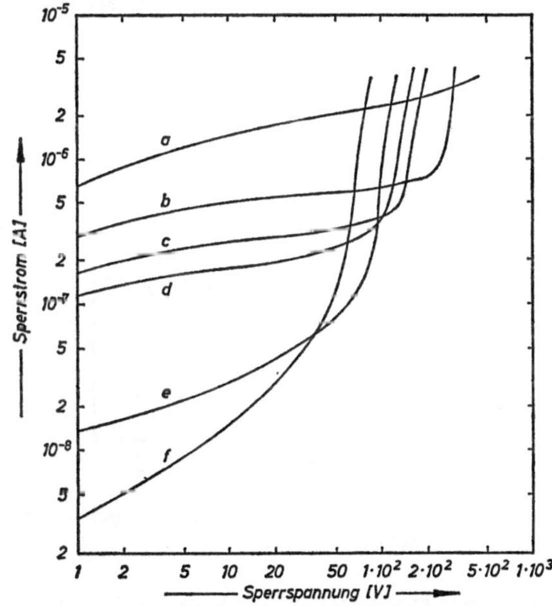

Abb. 3.44. Die Abhängigkeit der Sperrstromcharakteristik eines diffundierten Sperrschichtdetektors von der umgebenden Atmosphäre [3.68]
Umgebungsatmosphäre: N_2 feucht (43%) (*a*), N_2 trocken (*b*), O_2 trocken für 30 min (*c*), 2 h (*d*), 1 d (*e*), 5 d (*f*)

detektoren dargestellt [3.67]. Wie man sieht, sind die Metallkapsel und der Halbleiterkristall so gefertigt, daß die Seitenflächen des Kristalles an keiner Stelle mit der Metallkapselung in Berührung kommen können. Die *n*-Seite des Detektorkristalles ist mit dem Metallgehäuse so verlötet, daß das Innere des Gehäuses einen luftdicht abgeschlossenen Raum darstellt. Dieser Raum wird im allgemeinen mit trockener Luft oder trockenem Stickstoff gefüllt. Die größte Schwierigkeit bei der Kapselung eines Detektorkristalles mit einem Gehäuse, wie es in Abb. 3.43 wiedergegeben ist, besteht darin, eine dichte Lötverbindung zwischen der *n*-Seite des

Kristalles und dem Gehäuse so herzustellen, daß die Eigenschaften der Verarmungszone des Detektors nicht beeinflußt werden.

Bei diffundierten Sperrschichtdetektoren hängt der Oberflächenleckstrom viel stärker von der Atmosphäre ab, in der sich der Detektorkristall befindet, als man es von den Oberflächensperrschichtdetektoren her kennt. Dieser Leckstrom tritt dort auf, wo das starke elektrische Feld, das in der Verarmungszone herrscht, an die Oberfläche des Detektorkristalles gelangt, d.h. an den Seitenflächen des Detektors. In Abb. 3.44 ist die Abhängigkeit der Sperrstromcharakteristik eines diffundierten Sperrschichtdetektors von der umgebenden Atmosphäre dargestellt

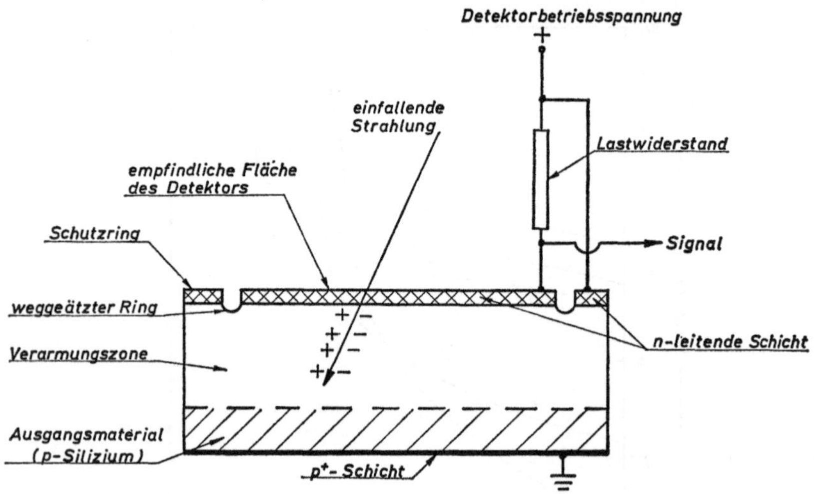

Abb. 3.45. Schematische Darstellung eines diffundierten Sperrschichtdetektors mit Schutzringstruktur [3.71]

[3.68]. Um diese starke Abhängigkeit zu beseitigen, wurde unter anderem vorgeschlagen, die Kristalloberfläche durch Herstellung einer dicken Oxydschicht zu passivieren [3.69, 3.70]. Eine hinreichende Stabilisierung der Oberfläche kann auch durch Kapselung des Kristalles in einer Schutzgasatmosphäre erreicht werden, wozu beispielsweise eine Detektormontage, wie sie oben beschrieben wurde, geeignet ist. Sehr gute Ergebnisse wurden auch durch die Anwendung einer sogenannten „Schutzringstruktur" erzielt, wie sie beispielsweise von Goulding und Hansen beschrieben wurde [3.71].

Der Aufbau eines solchen „Schutzring-Detektors" ist aus Abb. 3.45 ersichtlich. Der in [3.71] beschriebene Detektor besteht aus p-Silizium und hat eine sehr dünne n-leitende Schicht (50 nm), die durch Phosphordiffusion erzeugt wurde. Der Schutzring ist ein ringförmiger n-leitender Bereich, der die empfindliche Fläche des Detektors in einem Abstand von etwa 60 μm umgibt. Er nimmt unter Umgehung des Detektorarbeitswiderstandes die Oberflächenleckströme auf. Der Zwischenraum zwischen dem Schutzring und der empfindlichen Detektoroberfläche kommt dadurch zustande, daß hier in einem ringförmigen Bereich die *n*-leitende Schicht weggeätzt wurde. Der Schutzring und die empfindliche Detektoroberfläche liegen etwa auf dem gleichen Potential, so daß zwischen beiden praktisch keine Oberflächenströme fließen. Um eine merkliche Verringerung des Oberflächenstromes über den Lastwiderstand und damit auch des Rauschens zu erreichen, muß der Abstand zwischen empfindlicher Detektorfläche und Schutzring klein sein im Verhältnis zur Tiefe der Verarmungszone. Als Ausgangsmaterial für die hier beschriebenen Detektoren wurde *p*-Silizium mit spezifischen Widerständen von 1500 und 5000 Ω cm benutzt. Der Querwiderstand auf der eindiffundierten Schicht betrug etwa 4–5 $\Omega\,cm^{-2}$, was einer Oberflächenkonzentration von etwa $5 \cdot 10^{21}$ bis 10^{22} Phosphoratomen pro cm^3 entspricht. Der Rückkontakt wurde durch Einlegieren von Aluminium bzw. Gold-Gallium hergestellt.

3.6.4 Der lithiumgedriftete Halbleiterdetektor

Bei einem *p*-*n*-Übergang ist die Dicke *d* der Verarmungszone durch Gl. (3.19) bzw. (3.20) gegeben. Daraus geht hervor, daß sie von dem spezifischen Widerstand des verwendeten Halbleitermaterials und von der angelegten Sperrspannung abhängt. Die obere Grenze der Sperrspannung ist durch die Durchbruchsspannung des *p*-*n*-Überganges gegeben. Bei Verwendung des reinsten, d.h. des höchstohmigen, heute technisch herstellbaren Siliziums und allgemein üblicher Fertigungsmethoden des Detektors können Verarmungszonen bis zu einer maximalen Dicke von etwa 3–4 mm hergestellt werden. Für viele Anwendungen muß jedoch die empfindliche Zone des Detektors dicker sein, so z.B. wenn diese Zähler zum Nachweis und zur Spektroskopie hochenergetischer geladener Teilchen und zur Gammaspektroskopie eingesetzt werden sollen. Aus diesem Grunde hat man sich schon sehr früh darum bemüht, die Durchbruchsspannung des *p*-*n*-Überganges zu erhöhen und den spezifischen Widerstand des Ausgangsmaterials zu vergrößern. Bei Verwendung von *p*-Silizium mit einem spezifischen Widerstand von $1 \cdot 10^4$ bis $1{,}5 \cdot 10^4$ Ω cm, was einer Akzeptorkonzentration von etwa 10^{12} Atomen pro cm^3 entspricht, und einer Sperrspannung von 500 V ergibt sich eine Dicke der empfindlichen Zone des Detektors von etwa 1 mm. Es ist damit zu rechnen, daß sich in Zukunft die Halbleitertechnologie so weiterentwickelt, daß man Silizium mit spezifischen Widerständen in der Größenordnung von $5 \cdot 10^5$ Ω cm herstellen kann.

Eine Möglichkeit, die Störleitfähigkeit von Silizium und Germanium erheblich zu verringern, besteht in der Anwendung des von Pell [3.72] vorgeschlagenen Ionendriftverfahrens. Hierbei werden die flachliegenden Akzeptorniveaus im *p*-Silizium und *p*-Germanium durch flachliegende Donatorniveaus kompensiert. Unter Ionendrift versteht man die Fähigkeit ionisierter Atome, unter dem Einfluß eines äußeren elektrischen

Feldes in einer Vorzugsrichtung zu diffundieren. Es hat sich gezeigt, daß Lithium für dieses Ionendriftverfahren am besten geeignet ist. Es wirkt in Silizium und Germanium als Donator. Sein Donatorniveau liegt bei Silizium 0,03 eV und bei Germanium 0,0093 eV unter der unteren Grenze des jeweiligen Leitungsbandes. Im Gegensatz zu den üblichen Störstoffen in Halbleitermaterialien, wie Bor, Phosphor oder Gallium, sitzen die Lithiumatome auf Zwischengitterplätzen. Aus diesem Grunde ist der Diffusionskoeffizient von Lithium in Germanium oder Silizium etwa um einen Faktor 10^7 größer als der anderer Störstoffe [3.73]. Wegen des geringen Abstandes der Lithium-Donatorniveaus vom Leitungsband des Siliziums und Germaniums, liegen die Lithiumatome bei Zimmertemperatur im Halbleitergitter praktisch nur als positive Ionen vor. Diese Ionen sind jedoch im Gitter sehr leicht beweglich.

Um in einem Halbleiter-Detektorkristall mit Hilfe des Ionendriftverfahrens eine möglichst große kompensierte Kristallzone zu erzeugen, in der praktisch nur die Eigenleitung des Ausgangsmaterials vorhanden ist, geht man folgendermaßen vor: Zunächst erzeugt man in dem Ausgangsmaterial durch Lithiumdiffusion einen diffundierten *p*-*n*-Übergang ähnlich wie man es bei den diffundierten Sperrschichtdetektoren macht. Dazu bringt man das Lithium, etwa in Form einer Lithiumsuspension in Öl, auf eine Seite des Detektorkristalles auf. Dann läßt man bei Temperaturen von etwa 400–500 °C das Lithium in den Kristall hineindiffundieren. In Abb. 3.46a ist das sich dabei ergebende Akzeptor- und Donatorkonzentrationsprofil wiedergegeben. Wie bei den diffundierten Zählern entsteht an der Stelle, an der $N_D = N_A$ ist, die hochohmige Verarmungszone (*p*-*n*-Übergang). Man steuert diesen Diffusionsprozeß im allgemeinen so, daß der *p*-*n*-Übergang etwa 100–1000 μm unterhalb der Kristalloberfläche, von der aus das Lithium eindiffundierte, auftritt. Die Stelle *c*, an der sich der *p*-*n*-Übergang bildet, ist von den Diffusionsbedingungen abhängig, d.h. sie ist eine Funktion der Lithiumkonzentration an der Kristalloberfläche, der Diffusionszeit und der Diffusionstemperatur. Nach Beendigung des Diffusionsprozesses bringt man an den Kristall den Vorder- und Rückkontakt an und legt dann an den diffundierten *p*-*n*-Übergang eine Sperrspannung. Diese erzeugt in der hochohmigen Verarmungszone bei *c* ein elektrisches Feld, das die positiven Lithiumionen zwingt, sich in das lithiumarme *p*-Gebiet zu bewegen. Dieser Driftvorgang findet bei Temperaturen statt, die wesentlich niedriger liegen als die Diffusionstemperaturen. Das Maximum der Drifttemperatur hängt vom Dotierungsgrad und damit von dem spezifischen Widerstand des Ausgangsmaterials ab. Je kleiner der spezifische Widerstand ist, desto höher kann die Drifttemperatur gewählt werden. Im allgemeinen liegen die Drifttemperaturen im Bereich von 100–200 °C, während die Diffusionstemperaturen bei 300–500 °C liegen. Das sich nach Abschluß des Driftprozesses ergebende Konzentrationsprofil des Lithiums ist in Abb. 3.46b wiedergegeben. Wie man aus dieser Abbildung ersieht, ist in einem Bereich der Dicke *d* die Donator- gleich der Akzeptorkonzentration. Das ist die empfindliche Zone des Detektors. Hier sind die die *p*-Leitung des Ausgangsmaterials verursachenden Akzeptorionen durch die eindiffundierten Donatorionen kompensiert, so daß keine Raumladungen entstehen und nur die Eigenleitung des Ausgangsmaterials vorhanden ist. Aus diesem Grunde herrscht in der kompensierten Zone im Gegensatz zu der Verarmungszone eines normalen *p*-*n*-Überganges eine räumlich konstante elektrische Feldstärke (Abb. 3.46c).

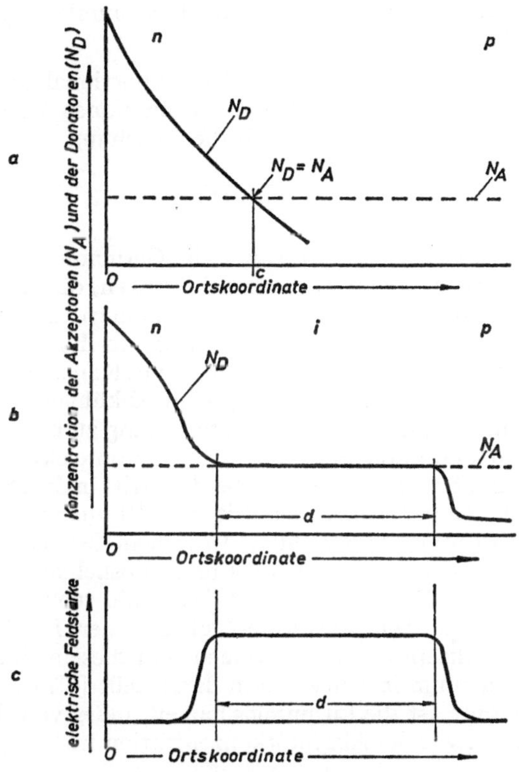

Abb. 3.46. Zur Erläuterung des Ionendriftverfahrens

a Verlauf des Akzeptor- und Donatorkonzentrationsprofils nach Beendigung des Diffusionsprozesses (c = Stelle des *p*-*n*-Überganges, O = Kristalloberfläche)

b Verlauf des Akzeptor- und Donatorkonzentrationsprofils nach Beendigung des Ionendriftprozesses (d = Dicke der kompensierten Zone)

c Verlauf der elektrischen Feldstärke in der kompensierten Zone einer *n*-*i*-*p*-Anordnung

Aus Raumladungsgründen kann die Lithiumionen-Konzentration (N_D) an keiner Stelle der Verarmungszone unter die Akzeptorkonzentration (N_A) abfallen bzw. diese übersteigen; denn würde sie es tun, dann würde innerhalb der Verarmungszone eine Raumladungsverteilung entstehen, die zusammen mit der angelegten Sperrspannung die Driftbewegung der Li^+-Ionen so beeinflussen würde, daß sich wieder eine Gleichverteilung der Donatorionen in der empfindlichen Zone einstellt. Während des Driftprozesses driften die Lithiumionen von der positiv vorgespannten *n*-Seite des Kristalles über den *p*-*n*-Übergang. Die Lithiumkonzentration nimmt auf der lithiumreichen *n*-Seite zugunsten der lithiumarmen *p*-Seite ab. Die Nachlieferung von Lithiumionen an den *p*-*n*-Übergang erfolgt durch Diffusion aus dem raumladungsfreien *n*-Gebiet des Kristalles.

Die Breite d der Verarmungszone ist proportional der Wurzel aus dem Produkt von Beweglichkeit der Lithiumionen (μ_{Li}), angelegter Spannung (U) und Driftzeit (t). Es gilt die Gleichung

$$d = \sqrt{2\,\mu_{Li}\,U\,t}\,. \tag{3.33}$$

Das Verhalten des Systems Lithium–in–Germanium oder –Silizium hat Ähnlichkeit mit dem von wässerigen Lösungen, die einen schwachen Elektrolyten enthalten. Die Lithiumionen wandern unter dem Einfluß eines äußeren elektrischen Feldes bevorzugt in Feldrichtung (Driftbewegung), außerdem wandern sie aufgrund eines Konzentrationsgefälles; weiterhin hat das System die Tendenz, beim Abkühlen, ähnlich wie bei einer gesättigten Lösung, eine übersättigte Lösung zu bilden, d.h. aktive Lithiumionen können in diesem Falle in Form von elektrisch inaktiven, neutralen Lithiumatomen ausfallen; außerdem tritt in dem System Ionenpaarbildung auf. Dieser Effekt ist mit der Komplexionenbildung in einer wässerigen Lösung vergleichbar. In reinem Germanium hat Lithium beispielsweise bei 25 °C eine maximale Löslichkeit von $6{,}6 \cdot 10^{13}$ Li^+-Ionen pro cm^3. Diese Löslichkeit ist stark temperaturabhängig. In Abb. 3.47 ist die Temperaturabhängigkeit der Lithiumlöslichkeit für verschiedene Akzeptorkonzentrationen — in diesem Falle Gallium — im Ausgangsgermanium in Kurvenform dargestellt [3.74]. Wie man aus Abb. 3.47 entnimmt, ist die Lithiumlöslichkeit außer von der Temperatur noch sehr stark von der Akzeptorkonzentration im Ausgangsmaterial abhängig.

Die in das Germanium oder Silizium hineindiffundierten und später hineingedrifteten Lithiumionen bilden mit den jeweiligen Akzeptorionen stabile Lithium-Akzeptor-Komplexe. Diese Komplexe haben eine wesentlich geringere Beweglichkeit im Halbleitergitter als die freien Lithiumionen. Dieser Effekt wirkt stabilisierend auf die gebildete kompensierte Zone. Die Beweglichkeit des Ionenkomplexes hängt jedoch von den beteiligten Akzeptorionen ab, wie Norgate und McIntyre [3.75] mit ihren Untersuchungen gezeigt haben. Sie untersuchten mit Bor, Indium, Gallium und Aluminium dotiertes Silizium. Dabei stellten sie fest, daß die Lithium-Gallium-Ionenkomplexe die größte Stabilität lieferten, während sie bei den Lithium-Bor-Ionenkomplexen am kleinsten war. Die Bildung von Lithium-Akzeptor-Ionenkomplexen in einem Halbleiterkristall kann am einfachsten in Form einer chemischen Reaktionsgleichung dargestellt werden

$$(Li^+ + e^-) + (A^- + e^+) \leftrightarrows Li^+ A^- .$$

Hierin bedeuten e^- ein Elektron, e^+ ein Defektelektron, Li^+ ein positives Lithiumion und A^- ein negatives Akzeptorion.

Die Lithium-Akzeptor-Komplexbildung ist temperaturabhängig. Bei hohen Temperaturen ist der Anteil der Lithiumionen, die eine Komplex-

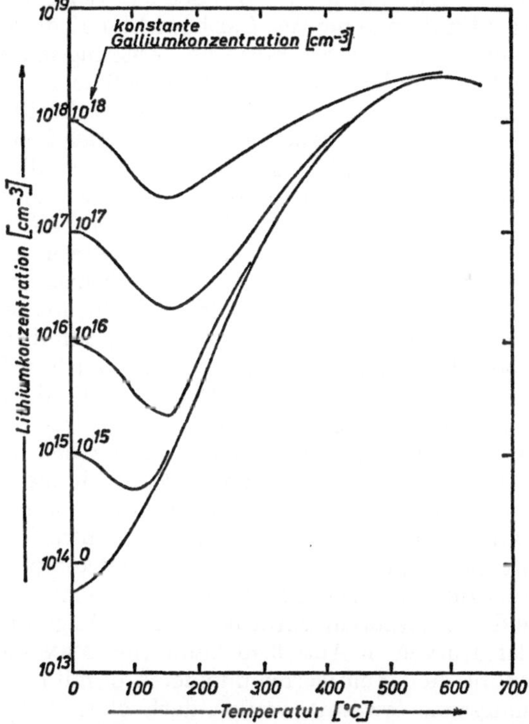

Abb. 3.47. Die Löslichkeit von Li^+-Ionen in Germanium als Funktion der Temperatur bei verschiedenen Akzeptorkonzentrationen (Ga-Konzentrationen) [3.74]

bildung verursachen, kleiner als bei niedrigen Temperaturen [3.74]. In Abb. 3.48 ist der Anteil der $Ga^- Li^+$-Ionenkomplexe in Germanium als eine Funktion der Temperatur und der Ga-Akzeptorkonzentration dargestellt. Bei diesen Kurven wurde angenommen, daß die Ga- und die Li-Konzentrationen im Germanium gleich sind. Wie man sieht, nimmt der Anteil der gebildeten Ionenkomplexe mit zunehmender Temperatur stark ab. Bei niedrigen Temperaturen – im Temperaturbereich von etwa 100 K – ist die Ionenkomplexbildung vollständig, d.h. in der kompensierten Zone sind alle Lithiumionen an die hier vorhandenen Akzeptorionen gebunden. Damit sind sie auch an die Akzeptorplätze im Gitter gebunden. Das bedeutet, daß die kompensierte Zone stabilisiert ist. Mit steigender Temperatur wird ein immer größerer Teil der Lithium-Akzeptor-Ionenpaare thermisch dissoziiert. Bei diesem Prozeß bleibt zunächst die exakte Kompensation der Störleitung in der Verarmungszone aufrechterhalten. Die jetzt freien Lithiumionen können durch den Halbleiterkristall diffundieren, bis sie auf eine Leerstelle im Gitter oder eine andere Störstelle treffen. Diese Stellen wirken dann gleichsam wie Kondensationskerne. Hier fallen die elektrisch aktiven Lithiumionen als elektrisch inaktive Lithiumatome aus. Das bewirkt, daß die kompensierte Zone sich allmählich wieder in das p-leitende Ausgangsmaterial zurückverwandelt [3.144, 3.145]. Man hat festgestellt, daß außer Fehlstellen im Gitter die Anwesenheit von Sauerstoffatomen im Halbleiterkristall das Ausfallen von Lithiumatomen sehr beschleunigt. Der Sauerstoff wirkt hier wie ein Katalysator. Aus diesem Grunde ist es für die Herstellung von lithiumgedrifteten Halbleiterdetektoren von großer Wichtigkeit, daß das Ausgangsmaterial möglichst wenig Sauerstoff enthält.

Ein weiterer Effekt, der mit zunehmender Temperatur immer stärker in Erscheinung tritt, ist die Bildung von Oberflächenzuständen, die die Strom-Spannungs-Charakteristik eines solchen Halbleiterdetektors verändern. Diese Tatsache ist darauf zurückzuführen, daß das Lithium an die Oberfläche des Halbleiterkristalls diffundiert und hier Lithiumoxid bildet, welches das Auftreten dieser Oberflächenzustände bewirkt. Ein dritter Effekt, der sich besonders bei Germaniumdetektoren oberhalb 100 K mit zunehmender Temperatur immer stärker bemerkbar macht, ist die Diffusion von Lithiumionen aus dem n-Gebiet in die kompensierte Zone. Das ist auf den großen Diffusionskoeffizienten von Lithium bei diesen Temperaturen und auf das starke Konzentrationsgefälle der Lithiumkonzentration vom n-Gebiet in Richtung der kompensierten Zone (Abb. 3.46) zurückzuführen. Diese Diffusion verursacht eine fortschreitende Zunahme der Detektorkapazität bei längerer Lagerung.

Aufgrund der Kurven in Abb. 3.48 kann eine Maximaltemperatur ermittelt werden, bis zu der ein Germaniumdetektor mit lithiumkompensierter Verarmungszone erwärmt werden darf, ohne daß seine Verarmungszone instabil wird. Diese Temperatur ist wichtig, da man mit ihrer Hilfe die Lagertemperatur für Germaniumdetektoren ermitteln kann. Als günstige Lagertemperatur hat sich die Trockeneistemperatur (– 79 °C) ergeben. Im Gegensatz dazu können lithiumgedriftete Siliziumdetektoren bei Zimmertemperatur gelagert werden.

Außer der Verringerung bzw. Beseitigung der Störleitung durch die Kompensation der Akzeptorniveaus bewirkt die Lithium-Akzeptor-Komplexbildung noch eine Verringerung des durch die Störionen erzeugten elektrischen Feldes. Das führt zu einer Verringerung der Streuprozesse an den Störatomen, was eine Zunahme der Ladungsträgerbeweglichkeit bei niedrigen Temperaturen zur Folge hat. Ferner wird durch diese Komplexbildung die durch die Störatome verursachte Einfangwahrscheinlichkeit verringert.

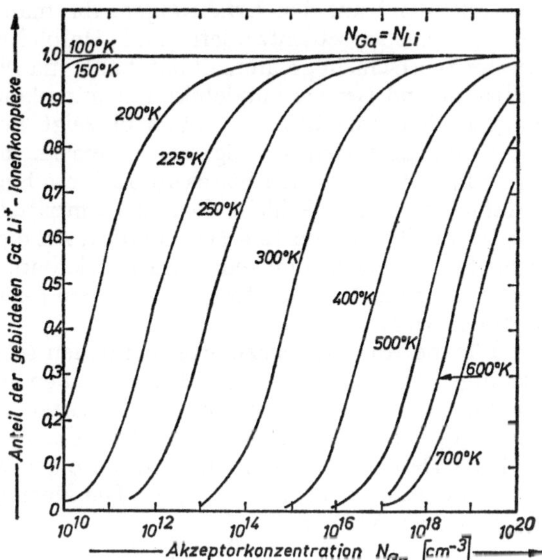

Abb. 3.48. Der Anteil der gebildeten Ga^-Li^+-Ionenkomplexe in Germanium in Abhängigkeit von der Temperatur und der Galliumkonzentration N_{Ga}
Es wurden gleiche Gallium- und Lithiumkonzentrationen angenommen [3.74]

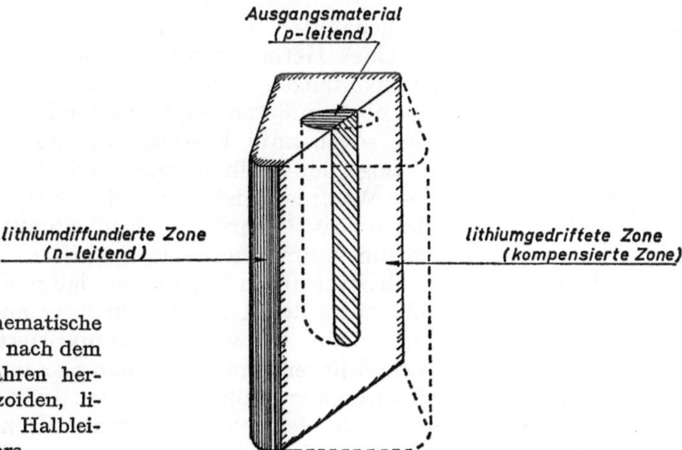

Abb. 3.49. Schematische Darstellung eines lithiumgedrifteten Planardetektors

Abb. 3.50. Schematische Darstellung eines nach dem Koaxialdriftverfahren hergestellten trapezoiden, lithiumgedrifteten Halbleiterdetektors

Aufbauend auf den Erfahrungen, die man bei der Herstellung von Oberflächensperrschichtzählern und Halbleiterdetektoren mit diffundierter Sperrschicht gesammelt hat, baute man zunächst lithiumgedriftete Silizium- und Germaniumdetektoren mit planarer Konfiguration, sogenannte Planardetektoren. Abb. 3.49 zeigt den Aufbau eines solchen Detektors. Er besteht im allgemeinen aus einem zylindrischen Halbleiterkristall, in den von einer Stirnseite Lithium hineindiffundiert wurde. Die lithiumdiffundierte Schicht dient als Eintrittsfenster für die Strahlung. Sie ist im allgemeinen 100–500 μm dick. An diesen diffundierten Bereich schließt sich der lithiumgedriftete Bereich an. Im Anschluß daran folgt die letzte Zone des Detektors, die von dem p-leitenden Ausgangsmaterial gebildet wird.

Für die Anwendungszwecke, bei denen sehr weiche Gammaquanten (Röntgenstrahlung) oder geladene Teilchen untersucht werden sollen, muß der Detektor ein sehr dünnes Eintrittsfenster besitzen. Dieses kann man dadurch erreichen, daß man das unkompensierte, p-leitende Material des Detektors entfernt und durch einen dünnen Oberflächensperrschichtkontakt ersetzt [3.76, 3.77]. Die Massenbelegung dieses Fensters beträgt etwa 50 μg/cm^2.

Da besonders für die Zwecke der Gammaspektroskopie ein starkes Interesse an einem möglichst großen empfindlichen Volumen der Halbleiterdetektoren besteht, bemühte man sich schon sehr früh, besonders großvolumige lithiumgedriftete Germaniumdetektoren zu entwickeln. Beim heutigen Stand der Technik liegt bei Ge-Planardetektoren die maximale Dicke der lithiumgedrifteten Zone bei 15–20 mm. Im Interesse einer möglichst vollständigen Ladungssammlung und möglichst einheitlicher Anstiegszeiten der Detektorausgangsimpulse wählt man jedoch die Dicke der empfindlichen Zone nur so groß, wie es aufgrund der jeweils durchzuführenden Messungen unbedingt erforderlich ist. Die Stirnfläche des Detektors ist durch die Größe des Ausgangseinkristalles gegeben. Die größte hier erreichbare Querschnittsfläche liegt zur Zeit bei etwa 25 cm^2. Das durch die genannten Abmessungen bestimmte maximale empfindliche Volumen eines Germanium-Planardetektors, und damit sein maximales Ansprechvermögen sind jedoch in vielen Fällen noch nicht groß genug. Um zu noch größeren empfindlichen Detektorvolumina zu kommen, wurde das sogenannte Koaxialdriftverfahren entwickelt [3.78–3.83]. Abb. 3.50 zeigt den Aufbau eines nach diesem Verfahren hergestellten Detektors. Wie man sieht, hat der Ausgangseinkristall trapezoide Form. In diesen Kristall wird von allen Seitenflächen und von der Unterseite Lithium hineindiffundiert und -gedriftet. Nur die Oberseite bleibt frei. Dieses Driftverfahren führt dazu, daß nach Beendigung des Driftprozesses in der Mitte des Kristalles ein Kern aus p-leitendem Ausgangsmaterial stehen bleibt, der von der kompensierten Zone umgeben ist. Bei dem Koaxialdriftverfahren kann man als Ausgangsmaterial auch zylindrische Halbleitereinkristalle verwenden. Läßt man das Lithium nur in die Mantelfläche des Zylinders hineindriften und hält die Ober- und Unterseite des Kristalls frei von Lithium, so spricht man nach

Beendigung des Driftprozesses von einem zweiseitig offenen koaxialgedrifteten Detektor. Driftet man außer von der Mantelfläche auch noch von einer Stirnseite Lithium in den Kristall, dann entsteht ein einseitig offener koaxialgedrifteter Detektor. In Abb. 3.51a und b sind diese beiden Detektortypen (Ge-Detektoren) im Schnitt schematisch dargestellt. Im linken Teil der Abbildungen ist der Zustand der Kristalle vor dem Driftprozeß und rechts der nach Beendigung des Driftprozesses wiedergegeben. Koaxialdetektoren mit großen empfindlichen Volumina,

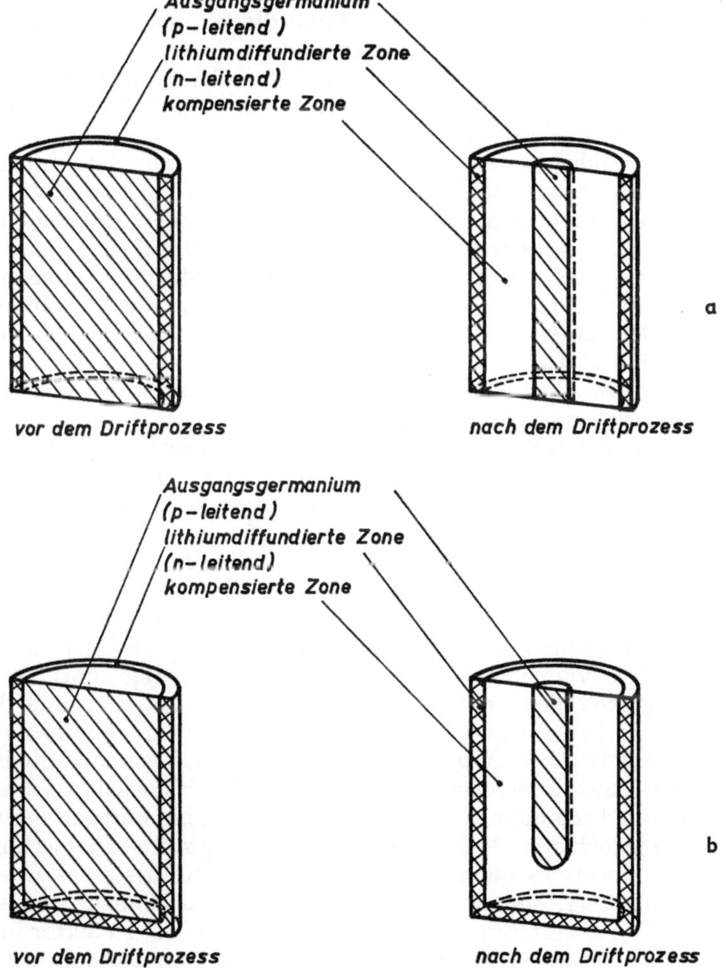

Abb. 3.51. Nach dem Koaxialdriftverfahren hergestellte zylindrische Ge(Li)-Detektoren (Schematische Darstellung)

a zweiseitig offener Germaniumdetektor
b einseitig offener Germaniumdetektor

die im Bereich von etwa 50–80 cm^3 liegen [3.81, 3.159, 3.160], lassen sich heute relativ problemlos herstellen. Das maximale empfindliche Detektorvolumen liegt z.Z. bei etwa 100 cm^3, wobei die Drifttiefe etwa 18 mm beträgt. Die Drifttiefe, d.h. die Dicke der kompensierten Zone, bestimmt die Kapazität C des Koaxialdetektors. Diese Kapazität kann folgendermaßen berechnet werden:

$$C = \frac{2\pi l}{\ln(r_2/r_1)}\,\varepsilon\,. \tag{3.34}$$

Hierin ist r_1 der innere Radius des durch die kompensierte Zone gebildeten Hohlzylinders, r_2 sein äußerer Radius, l seine Länge und ε die Dielektrizitätskonstante. Wie man aus Gl. (3.34) entnimmt, wird die Kapazität eines solchen Koaxialdetektors um so größer, je kleiner die Dicke der kompensierten Zone ist.

Bei Koaxialdetektoren ergibt sich gegenüber Planardetektoren eine erhebliche Verkürzung der Driftzeit bis zum Erreichen eines bestimmten empfindlichen Volumens. So kann man beispielsweise in einem zylindrischen Einkristall, der einen Querschnitt von 10 cm^2 und eine Länge von 5 cm hat, bei 10 mm Drifttiefe ein empfindliches Volumen von 42 cm^3 in einer Driftzeit erreichen, die beim Planardriftverfahren bei einem vergleichbaren Kristall nur ein empfindliches Volumen von 10 cm^3 zu erreichen gestattet.

Die großvolumigen Koaxialdetektoren haben zwei wesentliche Nachteile: Sie haben eine große Kapazität und eine schlechte Zeitauflösung. Die schlechte Zeitauflösung, die besonders eine Eigenschaft der einseitig offenen Detektoren ist, wird durch das ungleichmäßige elektrische Feld innerhalb des Detektors verursacht [3.84]. Dieses kommt unter anderem durch die ungleichförmige Gestalt des p-leitenden Detektorkernes zustande. Es hat sich gezeigt, daß der Querschnitt des p-leitenden Kernes von der offenen Detektorseite aus entlang der Längsachse des Kristalles zunächst abnimmt, dann aber bei Annäherung an das geschlossene Detektorende wieder stark zunimmt. Außerdem ist dieser Querschnitt oft nicht rotationssymmetrisch zu dieser Achse [3.83]. Das führt zu einer Ortsabhängigkeit der elektrischen Feldstärke im Detektor und damit auch zu einer Ortsabhängigkeit der Ladungsträgersammelzeit. Die Anstiegszeit des Detektorausgangsimpulses hängt also von der Stelle ab, an der das Ionisationsereignis stattgefunden hat. Ein solches Verhalten des Detektors beeinflußt zwar seine Energieauflösung nur unwesentlich, macht sich jedoch hinsichtlich seiner Zeitauflösung störend bemerkbar.

Um die Form des ungedrifteten, p-leitenden Kernes eines Koaxialdetektors auf zerstörungsfreiem Wege ermitteln zu können, wurde von Malm [3.83] ein Verfahren vorgeschlagen, bei dem der Detektor in verschiedenen Richtungen mit einem scharf kollimierten Gammastrahl abgetastet wird. Die sich an den einzelnen Punkten ergebenden Zählraten sind proportional zur Dicke der empfindlichen Zone an der jeweiligen Meßstelle. Aus den erzielten Meßergebnissen kann dann die Form und Lage des p-leitenden Kernes ermittelt werden. In Abb. 3.52 sind die

Ergebnisse der Anwendung dieses Verfahrens auf einen einseitig offenen Ge-Koaxialdetektor wiedergegeben [3.85]. Es handelte sich bei dem hier untersuchten Detektorkristall um einen trapezoiden Germanium-Einkristall mit 6,65 cm Länge, einer Breite der Oberseite von 3,7 cm und einer Unterseitenbreite von 3,15 cm. Das empfindliche Volumen dieses Detektors betrug 54 cm³.

Eine Verbesserung der Zeitauflösung erhält man, wenn man einen zweiseitig offenen Koaxialdetektor wählt, der aus einem zylinderförmigen Einkristall besteht [3.83, 3.84], wie er in Abb. 3.51a dargestellt ist. Ein

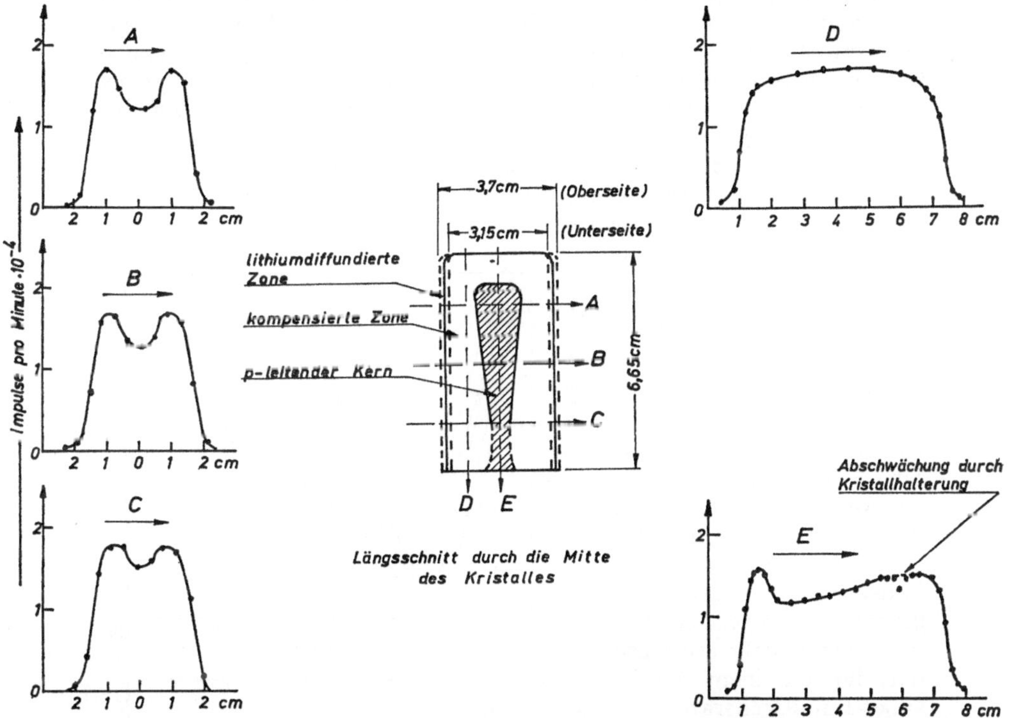

Abb. 3.52. Die zerstörungsfreie Bestimmung der Gestalt des *p*-leitenden Kernes eines lithiumgedrifteten Koaxialdetektors mit Hilfe eines kollimierten Gammastrahles [3.83]

solcher zylindrischer Koaxialdetektor besitzt wegen seiner größeren Symmetrie in seinem Inneren eine gleichmäßigere elektrische Feldverteilung und hat dadurch optimale zeitliche Auflösungseigenschaften.

Die Änderung der Anstiegszeiten der Detektorausgangsimpulse und damit der Ladungsträgersammelzeit in Abhängigkeit vom Einfallsort der Strahlung wurde von Graham und Mitarbeitern [3.121] bei einem einseitig offenen Koaxialdetektor näher untersucht. Sie benutzten für ihre Untersuchungen die Vernichtungsquanten einer ^{22}Na-Quelle. Die Arbeitsweise ihrer Versuchsanordnung war folgende: Die Vernichtungsstrahlung wird in einem scharf kollimierten Strahl einerseits auf einen NaJ-Kristall mit nachgeschaltetem Multiplier und Verstärker gegeben und andererseits auf einen dem NaJ-Kristall gegenüberliegenden koaxialen Germaniumdetektor, der untersucht werden soll. Wenn von der Quelle zusammengehörige Vernichtungsquanten in einer solchen Richtung emittiert werden, daß das eine Quant auf den NaJ-Kristall fällt und das andere auf den Germaniumdetektor, dann triggert das von dem Szintillationskristall nachgewiesene Quant die X-Ablenkung eines Oszillographen, während der Ausgangsimpuls des Koaxialdetektors über einen ladungsempfindlichen Vorverstärker auf die Y-Platten des Oszillographen gegeben wird. In Abb. 3.53 sind die so erhaltenen Detektorausgangsimpulse für zwei verschiedene Strahleintrittsorte wiedergegeben. Die Lage der Eintrittsorte an der Oberfläche des Koaxialdetektors ist im rechten oberen Teil der beiden Diagramme eingezeichnet. Wie man aus Abb. 3.53 entnimmt, ergeben sich die kürzesten Ladungssammelzeiten dann, wenn die Gammaquanten in den eigentlichen Koaxialbereich eintreten. Hier sind die Verhältnisse ähnlich wie bei einem zweiseitig offenen, koaxialgedrifteten zylindrischen Detektorkristall. Entsprechend treten die längsten Ladungssammelzeiten dann auf, wenn die Gammaquanten außerhalb des Koaxialbereiches in den Kristall eintreten, da hier die elektrische Feldstärke schwächer ist. Außerdem ergeben sich hier größere Streuungen der Impulsanstiegszeiten. Die in den beiden Diagrammen gestrichelt eingezeichneten Kurvenzüge stellen Impulse dar, die von einem Quecksilber-Impulsgenerator stammen, der parallel zum Detektor ebenfalls an den Vorverstärkereingang angeschlossen war.

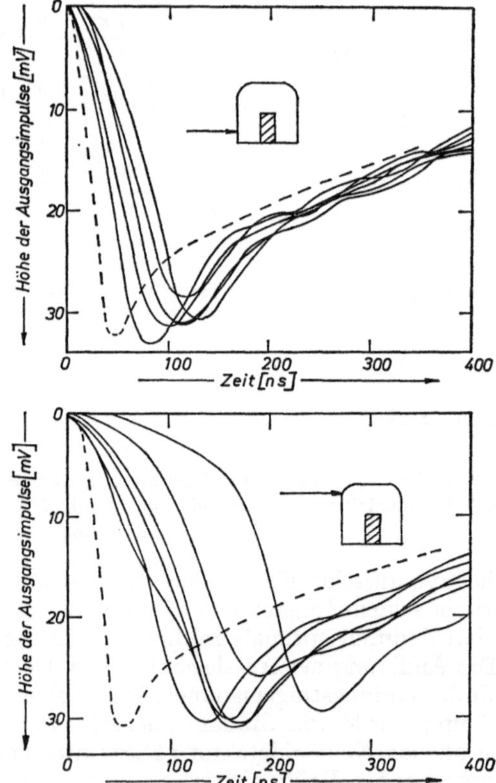

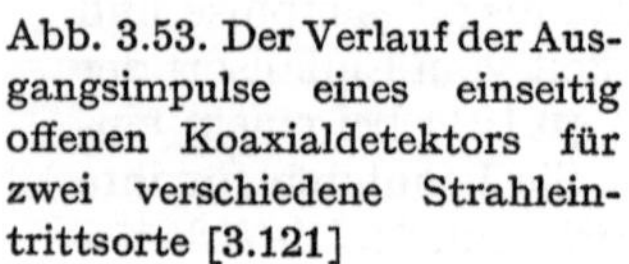

Abb. 3.53. Der Verlauf der Ausgangsimpulse eines einseitig offenen Koaxialdetektors für zwei verschiedene Strahleintrittsorte [3.121]

Wie bereits erwähnt wurde, liefern zweiseitig offene, zylinderförmige Koaxialdetektoren optimale zeitliche Auflösungseigenschaften. Wenn diese Detektoren zur Gammaspektroskopie eingesetzt werden, macht sich jedoch häufig ihr ungedrifteter *p*-leitender Kern störend bemerkbar. In ihm können die Gammaquanten Comptoneffekte verursachen. Die dabei entstehenden niederenergetischen Quanten können nach ihrem Austritt aus dem Kern in der empfindlichen Zone des Detektors nachgewiesen werden. Dadurch entsteht eine Verfälschung des Spektrums. Um diesen Störeffekt zu vermeiden, kann man beispielsweise einen Teil des *p*-leitenden Kernes mit Hilfe eines Funkenerosionsverfahrens oder eines Ultra-

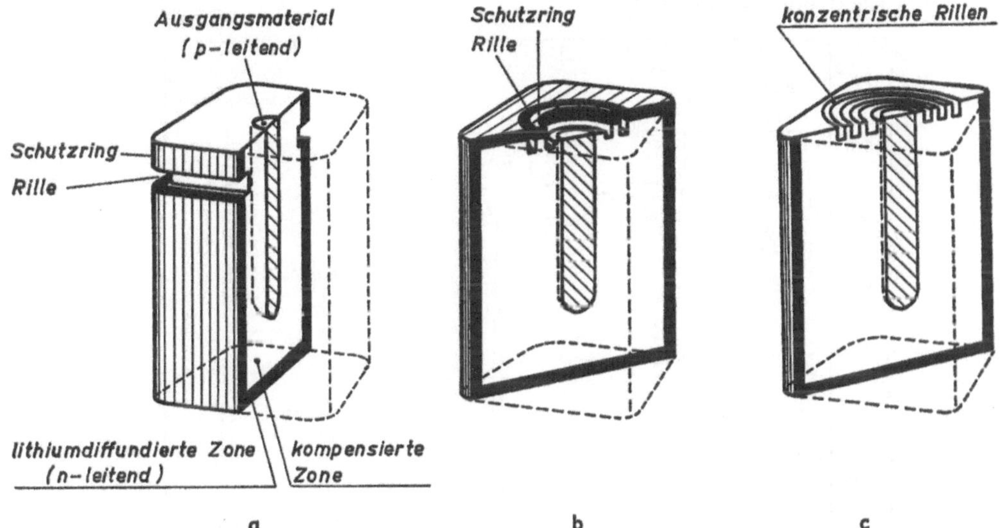

Abb. 3.54. Schematischer Aufbau von Koaxialdetektoren für hohe Betriebsspannungen [3.85]

a und b Detektoren mit Schutzringanordnung

c Detektor mit konzentrischem Rillensystem zwischen den Elektroden

schallbohrers ausbohren [3.86]. Dabei muß man jedoch große Sorgfalt darauf verwenden, daß der Kristall keine Mikrorisse oder sonstige Störstellen bekommt.

Um eine möglichst vollständige Ladungssammlung bei großvolumigen Koaxialdetektoren zu erreichen, muß man diese bei hohen Sperrspannungen betreiben. Man hat hier bereits Spannungen bis zu 3000 V benutzt. Um bei so hohen Spannungen den Oberflächenleckstrom hinreichend klein zu halten, kann man die Detektoren mit einem Schutzring oder mit einer Anzahl konzentrischer Rillen in der äußeren Oberfläche der kompensierten Zone versehen [3.85]. In Abb. 3.54 ist der Aufbau solcher Detektoren schematisch dargestellt. Die Abbildungen 3.54a und b zeigen zwei Möglichkeiten einer Schutzringanordnung bei Koaxialdetektoren. Der Schutzring kommt dabei jeweils durch Ätzen oder Ausfräsen einer Rille in der lithiumdiffundierten n^+-Seite des Kristalles zustande. Abb. 3.54c zeigt einen Koaxialdetektor, der mit einer Anzahl konzentrischer Rillen zwischen den Elektroden versehen ist. Die Rillen sind in die Oberfläche der kompensierten Zone am offenen Ende des Detektors eingefräst. Dadurch wird der Weg, den der Oberflächenstrom zwischen dem p-leitenden Kern und dem n^+-Kontakt zurücklegen muß, erheblich vergrößert, was eine Vergrößerung des Übergangswiderstandes zwischen den Elektroden verursacht.

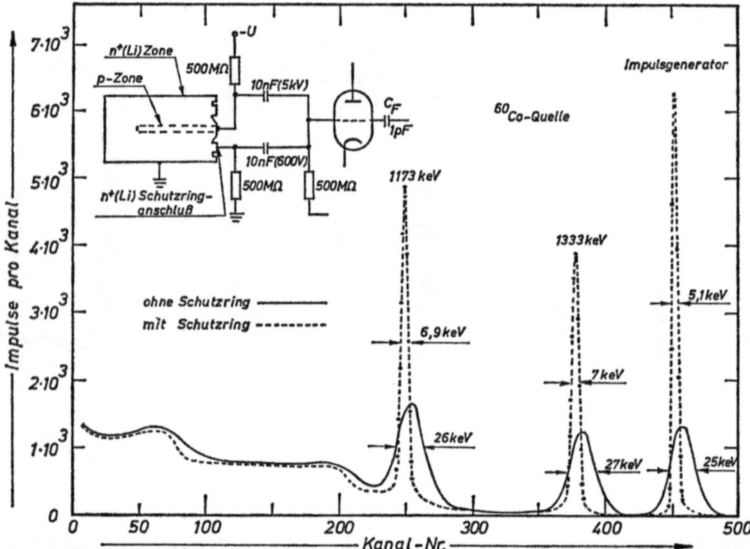

Abb. 3.55. Zur Verdeutlichung der Wirkung einer Schutzringanordnung bei einem großvolumigen Ge(Li)-Koaxialdetektor [3.85]

Die Wirkung des Schutzringes bei einem Koaxialdetektor, wie er in Abb. 3.54b wiedergegeben ist, sei an dem Gammaspektrum in Abb. 3.55 verdeutlicht [3.85]. Durch den Schutzring wird der durch den Detektorarbeitswiderstand fließende Oberflächenleckstrom und damit das durch diesen Strom verursachte Rauschen erheblich verringert. Das bewirkt eine merkliche Verbesserung des Auflösungsvermögens. Abb. 3.55 zeigt das Gammaspektrum einer ^{60}Co-Quelle und die Impulse eines Quecksilber-Impulsgenerators, die parallel zum Detektorausgang in den Vorverstärker eingespeist wurden. Bei dem gestrichelt gezeichneten Spektrum war der Schutzring in Betrieb, bei dem durchgezeichneten nicht. Am Detektor lag bei diesen Messungen eine Sperrspannung von 1500 V. Sein empfindliches Volumen betrug 14,5 cm^3. Der Detektor mit dem nachgeschalteten

Vorverstärkereingangskreis ist im linken oberen Teil von Abb. 3.55 dargestellt. Deutlich ist an den Gammaspektren die Verbesserung der Detektoreigenschaften durch das Hinzuschalten des Schutzringes zu erkennen. Heute werden Rillen- und Schutzringanordnungen bei Germaniumdetektoren jedoch nur noch selten benutzt. Man beherrscht die Ge(Li)-Detektorherstellung mittlerweile so gut, daß man sogar bei Betriebsspannungen oberhalb 2 kV noch ohne diese Hilfsmittel auskommt. Lediglich bei Si(Li)-Detektoren haben Rillen- und Schutzringanordnungen noch eine gewisse Bedeutung [3.146].

Für den Anwender lithiumgedrifteter Detektoren entsteht wegen der verschiedenen Detektorkonfigurationen häufig die Frage, welcher Detektortyp für den jeweiligen Anwendungszweck am besten geeignet ist. Bei den Experimenten, bei denen es sich um die Untersuchung geladener Teil. chen oder niederenergetischer Röntgenstrahlen handelt, wird man bevorzugt planargedriftete Silizium- oder Germaniumdetektoren einsetzen, die sehr dünne Strahleintrittsfenster haben. Das weitaus größte Anwendungsgebiet lithiumgedrifteter Detektoren ist jedoch die Gammaspektroskopie mit Germaniumdetektoren im Energiebereich von etwa 50 keV bis 10 MeV. Hier ist es jedoch schwieriger, die jeweils günstigste Detektorkonfiguration zu wählen. Wenn man auf extrem hohe Auflösung Wert legt, wird man planargedriftete Detektoren vorziehen, da sie eine kleinere Kapazität haben. Will man ein möglichst gutes Verhältnis von Photopeak zu Comptonuntergrund erzielen, muß man ein möglichst großes empfindliches Volumen haben, wie im Kapitel 6.2.1 näher erläutert werden wird. Hier ist ein koaxialgedrifteter Detektor von Vorteil. Er liefert ein etwa zwei- bis fünfmal größeres empfindliches Volumen als es zur Zeit mit Planardetektoren serienmäßig erreichbar ist. Im Energiebereich oberhalb 1 MeV kann man mit Koaxialdetektoren ein höheres Auflösungsvermögen erzielen als mit entsprechenden Planardetektoren. Ein Nachteil von koaxialgedrifteten Detektoren besteht darin, daß sie trotz ihres großen empfindlichen Volumens im allgemeinen nur eine Verarmungszonendicke besitzen, die etwa halb so groß ist, wie die vergleichbarer Planardetektoren. Das ist besonders bei der Untersuchung hochenergetischer Gammaquanten von Nachteil. Außerdem kann das Photoansprechvermögen eines Koaxialdetektors kleiner sein als das eines Planardetektors mit gleichem empfindlichem Volumen. In Abb. 3.56 ist das Photoansprechvermögen verschiedener Detektorkonfigurationen in Abhängigkeit von der Energie dargestellt [3.87]. Großvolumige Koaxialdetektoren können, wenn sie ein ungünstiges, d.h. ein zu kleines, Verhältnis von kompensiertem zu unkompensiertem Kristallvolumen haben, ein schlechteres Photopeak- zu-Compton-Verhältnis liefern als kleinere Planardetektoren. Beispielsweise liefert ein 6 cm^3-Germanium-Planardetektor mit einer 10 mm dicken kompensierten Zone und 10 pF Eigenkapazität für die 1,33 MeV ^{60}Co-Linie ein Photopeak- zu-Compton-Verhältnis von etwa 6 : 1. Mit einem derartigen Detektor kann man beim heutigen Stand der Technik eine Mindesthalbwertsbreite der genannten ^{60}Co-Linie von etwa 3 keV erreichen. Im Gegensatz dazu liefert ein 20 cm^3-Koaxialdetektor mit einer Dicke der kompensierten Zone von etwa 5 mm und 80 pF Eigenkapazität für dieselbe Gammalinie ein Photopeak- zu-Compton-Verhältnis von 2,4 : 1. Das mit diesem Detektor optimal erreichbare Auflösungsvermögen liegt bei etwa 4—5 keV, bezogen auf die oben erwähnte Co-Linie. Ein optimal gestalteter 20 cm³-Koaxialdetektor könnte jedoch ein Photopeak- zu-Compton-Verhältnis von 14 : 1 bis 18 : 1 erreichen.

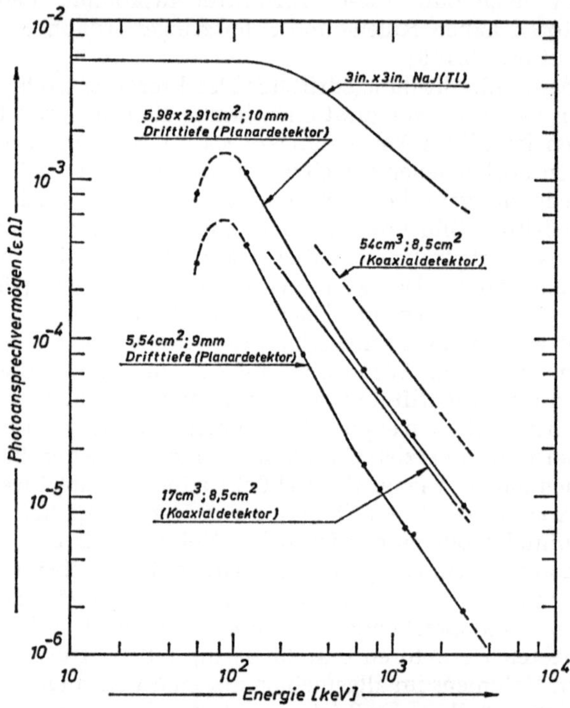

Abb. 3.56. Das Produkt aus dem absoluten Photoansprechvermögen ε und dem Raumwinkelfaktor Ω für verschiedene Ge(Li)-Detektorkonfigurationen und einen 3 in. × 3 in. NaJ(Tl)-Detektor in Abhängigkeit von der Energie [3.87] (Der Abstand Quelle—Detektor betrug 25,4 cm)

Die mit ihm erzielbare Mindesthalbwertsbreite der 1,33 MeV ^{60}Co-Linie würde etwa bei 2,5—3 keV liegen.

Bis heute ist es jedoch noch nicht möglich, Germanium-Planardetektoren mit einer Dicke der empfindlichen Zone von mehr als 8—10 mm serienmäßig in einer hinreichend kurzen Zeit herzustellen, da die Driftrate mit zunehmender Dicke der kompensierten Zone stark abnimmt. Hingegen kann man großvolumige Germanium-Koaxialdetektoren mit Drifttiefen von weniger als 10 mm in annehmbaren Zeiten bauen. Man wird also vorläufig noch die im Vergleich zu den Planardetektoren schlechteren Eigenschaften der Koaxialdetektoren (Zeitauflösung) in Kauf nehmen müssen, wenn man auf ein möglichst großes empfindliches

Detektorvolumen Wert legt. Für spezielle Detektorkonfigurationen, wie etwa Bohrlochdetektoren, stellt jedoch der Koaxialdetektor, und hier besonders der einseitig offene Koaxialdetektor, die beste Aufbaumöglichkeit dar.

Wegen der guten Eigenschaften der Planardetektoren hat man sich in letzter Zeit besonders mit der Entwicklung solcher Driftverfahren befaßt, die es erlauben, großvolumige Planardetektoren mit möglichst kurzen Driftzeiten herzustellen. Da solche Detektoren praktisch nur zur Gammaspektroskopie und bei der Untersuchung hochenergetischer geladener Teilchen eingesetzt werden, kommt als Ausgangsmaterial für sie nur Germanium in Frage.

Ein solches Driftverfahren ist das sogenannte Zweiseitendriftverfahren mit Wechselspannung [3.88]. Hierbei läßt man von zwei gegenüberliegenden Seiten eines Germaniumblockes Lithium in das p-Germanium hineindiffundieren und anschließend driften. So entsteht ein n^+-p-n^+-System, d.h. zwei mit der Rückseite zusammenliegende Dioden. Das Driften erreicht man dadurch, daß man an den Kristall ein Wechselfeld so anlegt, daß bei jeder Halbwelle der Wechselspannung jeweils eine Seite des Kristalles in Sperrichtung vorgespannt ist, d.h. hier läuft der Driftprozeß ab. Wenn sich die beiden kompensierten Bereiche in der Mitte des Kristalles treffen, wird ein n-Kontakt des Systems entfernt und durch einen p-Kontakt ersetzt. Der nach Beendigung der Wechselspannungszweiseitendrift in der Mitte des Kristalles verbleibende unkompensierte p-leitende Bereich wird nun durch eine anschließende Gleichspannungsdrift in der schon früher beschriebenen Weise kompensiert. Ein mit Hilfe des Wechselspannungsdriftverfahrens hergestellter Planardetektor mit einer 20 mm dicken kompensierten Zone erfordert für seine Herstellung nur eine Driftzeit, wie sie zur Herstellung eines Koaxialdetektors mit dem gleichen empfindlichen Volumen nach der konventionellen Gleichspannungsdriftmethode notwendig ist. Die Eigenkapazität eines so hergestellten Planardetektors mit 20 mm dicker Verarmungszone beträgt etwa ein Viertel der Eigenkapazität eines vergleichbaren Koaxialdetektors. Man kann mit Hilfe des Wechselspannungszweiseitendriftverfahrens also großvolumige Detektoren mit relativ kleiner Eigenkapazität bauen. Hinzu kommt, daß diese Detektoren praktisch keine unkompensierten Bereiche (tote Zonen) besitzen und in ihrem Inneren eine gleichmäßige Feldverteilung haben. Auch sie müssen mit einer hohen Vorspannung betrieben werden, um eine möglichst vollständige Ladungssammlung zu gewährleisten. Man hofft, mit Hilfe des Wechselspannungsdriftverfahrens Detektoren mit 80–100 cm³ empfindlichem Volumen und nur 30–40 pF Eigenkapazität herstellen zu können.

Ein anderes Driftverfahren zur Herstellung großvolumiger Halbleiterdetektoren mit möglichst kleiner Eigenkapazität ist das von Armantrout vorgeschlagene „U-Driftverfahren“ [3.89]. Es erfordert ebenfalls kürzere Driftzeiten als es bei den bisher üblichen Planardriftverfahren der Fall ist. Bei gutem Ausgangsmaterial ist es beispielsweise hiermit möglich, einen Halbleiterdetektor mit einem empfindlichen Volumen von 18 cm³ in etwa einer Woche herzustellen. Die Eigenkapazität eines solchen Detektors beträgt nur etwa 3 pF. Im einzelnen geht man bei der Herstellung eines U-Drift-Detektors folgendermaßen vor: Das Ausgangsmaterial hat die Form eines Parallelepipeds. Seine Abmessungen sind durch das gewünschte empfindliche Volumen des Detektors gegeben. Von den beiden Längsseiten und der Oberseite des Parallelepipeds aus

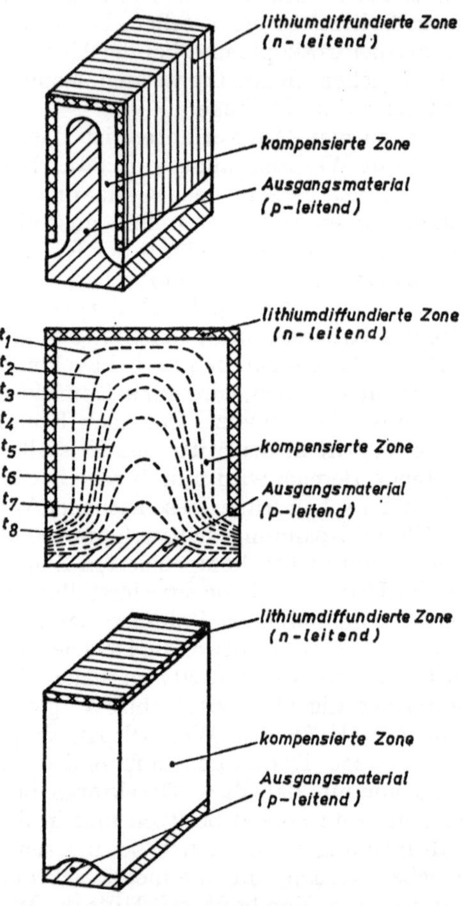

Abb. 3.57. Das *U*-Driftverfahren [3.89]

a Schematische Darstellung des Aufbaus eines *U*-Drift-Detektors nach Beginn des Driftprozesses

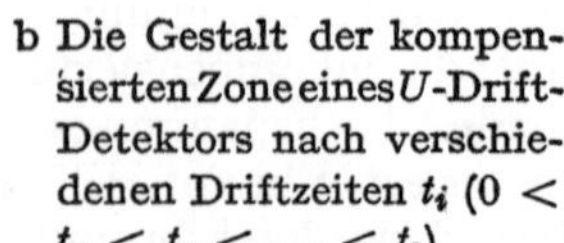

b Die Gestalt der kompensierten Zone eines *U*-Drift-Detektors nach verschiedenen Driftzeiten t_i ($0 < t_1 < t_2 < \ldots < t_8$)

c Schematische Darstellung der endgültigen Gestalt eines *U*-Drift-Detektors nach Beendigung des Driftprozesses und Entfernen der *n*-Zonen von den Längsseiten des Kristalles

läßt man Lithium in den Kristall driften. Abb..5 37 a machtdieses deutlich. Mit zunehmender Driftzeit wird ein immer größerer Teil des Ausgangskristalles von der kompensierten Zone erfaßt. Abb. 3.57b zeigt den zeitlichen Verlauf der Lithiumkompensation. Wenn die Kompensation vollständig ist, d.h, wenn der Driftprozeß beendet ist (gestrichelte Kurve zur Zeit t_8), werden die beiden *n*-Zonen an den Längsseiten des Kristalles entfernt. Danach ist der Detektorkristall einsatzbereit. Das endgültige Aussehen des Kristalles zeigt Abb. 3.57c. Zwischen der dünnen lithiumdiffundierten, n-leitenden Schicht an der Oberseite des Kristalles und der ebenfalls relativ dünnen p-leitenden Unterseite liegt eine große lithiumkompensierte empfindliche Detektorzone. Die Driftzeit, die beim U-Driftverfahren zur Herstellung eines Detektors mit vorgegebenem empfindlichem Volumen erforderlich ist, entspricht etwa der Zeit, die zur Herstellung eines Koaxialdetektors gleichen empfindlichen Volumens benötigt wird. Der U-Drift-Detektor hat jedoch eine günstigere Zählgeometrie und ein größeres effektives Ansprechvermögen. Hinzu kommt, daß er eine wesentlich kleinere Eigenkapazität hat als der entsprechende Koaxialdetektor, was das Auflösungsvermögen des Detektor-Verstärker-Systems wesentlich verbessert. Die Dicke des Ausgangskristalles für einen U-Drift-Detektor beträgt im allgemeinen 1 bis 2 cm. Das empfindliche Volumen wird im wesentlichen durch die Drifteigenschaften des Germaniums bestimmt. Ist es beispielsweise möglich, bei einem vorgegebenen Ausgangsmaterial eine Drifttiefe von 14 mm zu erreichen, so kann man hieraus mit Hilfe des U-Driftverfahrens einen Detektor mit einem empfindlichen Volumen von etwa 54 cm^3 herstellen. Die kompensierte Zone dieses Detektors kann beispielsweise die Abmessungen 6,6 cm × 3,0 cm × 2,7 cm haben. Ein solcher Detektor hätte dann eine Eigenkapazität von nur etwa 10,6 pF.

Mit einem U-Drift-Detektor, der ein empfindliches Volumen von etwa 6 cm^3 hatte, wurde eine Auflösung der 60 keV ^{241}Am-Gammalinie von 1,2% erreicht, was einer Halbwertsbreite der genannten Linie von etwa 705 eV entspricht.

3.7 Die Begrenzung der Energie- und Zeitauflösung von Halbleiterdetektoren

3.7.1 Die Energieauflösung

3.7.1.1 Einführung

Es gibt eine Anzahl von Faktoren, die die maximal erreichbare Energieauflösung von Halbleiterdetektoren beeinflussen. Die Wirkung eines Teils dieser Faktoren kann man durch geeigneten Aufbau und Betrieb der Halbleiterspektrometer auf ein Minimum reduzieren. Hierzu gehören beispielsweise die optimale Anpassung der Präparatestärke an die maximale vom Detektor-Verstärker-System verarbeitbare Zählrate, die geeignete Wahl der Zeitkonstanten der Impulsformungsnetzwerke und die Verwendung eines möglichst rauscharmen Vorverstärkers.

Diese Faktoren bewirken, daß beim Einfall monoenergetischer Teilchen oder Quanten am Ausgang des Detektor-Verstärker-Systems Spannungsimpulse verschiedener Höhe auftreten. Gibt man diese Impulse auf einen Impulshöhenanalysator, so erhält man für jede Teilchenenergie eine Linie, die etwa die Form einer Gaußkurve hat. Ein Maß für die Energieauflösung eines Halbleiterspektrometers ist die Halbwertsbreite

(ΔE) einer solchen Impulslinie. Man gibt sie im Energiemaß an. In der angelsächsischen Literatur benutzt man hier oft die Abkürzung FWHM, d.h. full width at half maximum. Häufig wird in diesem Zusammenhang auch der Begriff „Auflösungsvermögen" verwendet. Das Auflösungsvermögen ist definiert als das Verhältnis aus Halbwertsbreite und Maximalenergie der jeweils betrachteten Linie. Es wird im allgemeinen in Prozent angegeben. Im Gegensatz zu der üblichen spektroskopischen Definition dieses Begriffes wird hier ein hohes Auflösungsvermögen durch einen kleinen Zahlenwert beschrieben. Charakterisiert man die Güte eines Halbleiterdetektors oder eines Detektor-Verstärker-Systems durch die Angabe der Halbwertsbreite einer Impulslinie oder durch die Angabe des Auflösungsvermögens, so sind diese Werte nur dann eindeutig, wenn die zugehörigen Teilchenenergien mit angegeben werden. Allerdings sind bei der Angabe der Halbwertsbreite die Kennwerte in bestimmten Grenzen von der Energie der Teilchen praktisch unabhängig.

Die gesamte Halbwertsbreite einer Impulslinie (ΔE_{ges}) setzt sich aus der Überlagerung der Einzelverbreiterungen der linienverbreiternd wirkenden Effekte (ΔE_i) zusammen. Das hierbei herrschende Überlagerungsgesetz lautet

$$(\Delta E_{\text{ges}})^2 = (\Delta E_1)^2 + (\Delta E_2)^2 + \cdots. \tag{3.35}$$

Im folgenden soll auf die wichtigsten linienverbreiternd wirkenden Effekte näher eingegangen werden [3.147].

3.7.1.2 Die Statistik der Ladungsträgerbildung

Es sei zunächst die Linienverbreiterung genannt, die durch die statistische Ladungsträgerbildung im Detektor verursacht wird. Wie im Kapitel 3.4 näher erläutert wurde, ist der mittlere Energiebetrag w, der zur Bildung eines Ladungsträgerpaares in Silizium und Germanium erforderlich ist, etwa 3mal so groß wie die Breite der verbotenen Zone E_g. Der größte Teil der Energie wird auf das Gitter als Ganzes übertragen und dient dort zur Phononenanregung. Der Energieaustausch bei der Wechselwirkung zwischen einem Elektron und dem Gitter ist quantisiert. Bei der Anregung optischer Phononen, sind diese Energiequanten durch die Raman-Frequenz des Gitters charakterisiert. Für Silizium und Germanium beträgt die Energie der Raman-Phononen etwa $5 \cdot 10^{-2}$ eV. Die Aufteilung der gesamten Energie zwischen Elektronen und Phononen fluktuiert. Die Folge davon ist, daß auch die Anzahl der gebildeten Ladungsträgerpaare schwankt.

Die Ionisationsausbeute in einem Halbleiterdetektor-Kristall beträgt etwa 30%. Das bedeutet, daß ein energiereiches Elektron eine große Anzahl von Stößen mit dem Gitter durchführen muß, die zur Phononenanregung führen, ehe es zu einem wirklichen Ionisationsprozeß kommt. Wie früher bereits erwähnt wurde (Kap. 3.4), finden beispielsweise in einem Germaniumkristall im Mittel jedesmal etwa 50 Stöße mit dem Kristallgitter statt, ehe es zu einem Stoßionisationsprozeß kommt.

Die Fluktuation der Aufteilung der Gesamtenergie des Primärteilchens zwischen ionisierenden und nicht-ionisierenden Stößen wird in guter Näherung mit Hilfe des Fano-Faktors [3.21] beschrieben. Wenn ein geladenes Teilchen mit der Energie E in einen Halbleiterdetektor eintritt und hier seine Energie vollständig abgibt, dann ergibt sich die Anzahl N der dabei gebildeten Elektronen-Defektelektronen-Paare im Mittel zu

$$N = \frac{E}{w}. \tag{3.36}$$

Hierin ist w die zur Bildung eines Ladungsträgerpaares im Mittel benötigte Energiemenge. Wenn die einzelnen Ionisationsereignisse unabhängig voneinander sind, ist die mittlere Schwankung von N durch $\sqrt{N}$ gegeben. Fano zeigte, daß die einzelnen Ionisationsereignisse jedoch nicht alle unabhängig voneinander sind [3.21]. Das führt zu einer Verringerung der mittleren Schwankung von N. Um das zu beschreiben, führt man den Fano-Faktor ein. Die mittlere Schwankung der Anzahl der gebildeten Ladungsträgerpaare ist dann definiert durch den Ausdruck

$$\sigma_n = \sqrt{F\,N} = \sqrt{F\,E/w}\,. \tag{3.37}$$

Hierin ist F der Fano-Faktor. Für ihn gilt $F \leqq 1$. Der Wert von F ist proportional dem Wahrscheinlichkeitsverhältnis nicht-ionisierender und ionisierender Stöße. Je größer die Anzahl nicht-ionisierender Stöße (Phononen-Stöße) ist, die auf einen Ionisationsstoß kommen, desto größer ist F. Es wurden für Germanium Werte des Fano-Faktors gemessen, die etwa bei $F = 0{,}13 \pm 0{,}02$ liegen [3.24–3.26, 3.132, 3.133]. Für Silizium wurden Werte in der Größenordnung von $F = 0{,}15$ gefunden [3.90].

Unter der Voraussetzung, daß die Impulslinie einer monoenergetischen Teilchen- oder Quantenstrahlung, die auf den Detektor fällt, in guter Näherung einer Gauß-Verteilung entspricht, kann man mit Hilfe der Gln. (3.36) und (3.37) die durch die Statistik der Ladungsträgerbildung verursachte Linienverbreiterung, d.h. die Halbwertsbreite $(\Delta E)_{\text{stat}}$, wie folgt berechnen:

$$(\Delta E)_{\text{stat}} = 2{,}35\, w \sqrt{N\,F} = 2{,}35 \sqrt{E\,w\,F}\,. \tag{3.38}$$

3.7.1.3 Der Einfluß des Strahleintrittsfensters

Ein weiterer Beitrag zur Verschlechterung der Energieauflösung wird durch den sogenannten „Fenstereffekt" geliefert. Er macht sich besonders dann stark bemerkbar, wenn schwere geladene Teilchen mit diffundierten Sperrschichtzählern oder lithiumgedrifteten Halbleiterdetektoren untersucht werden. Unter dem Fenstereffekt versteht man die Tatsache, daß ein Teil der Primärenergie der Teilchen bei ihrem Eintritt in den Detektor bereits in der unempfindlichen Diffusionsschicht an der Frontseite des Detektors absorbiert wird. Diese Energie trägt nicht mehr zur

Bildung des Detektorausgangsimpulses mit bei, d.h. der Ausgangsimpuls ist zu niedrig. Der „Fenstereffekt" macht sich besonders beim Nachweis niederenergetischer Teilchen und schwerer Ionen bemerkbar. Er wurde von Williams und Webb näher untersucht [3.66]. Wenn die geladenen Teilchen unter verschiedenen Winkeln auf den Detektor treffen, ergeben sich verschieden lange Wege für sie im Strahleintrittsfenster. Das bedeutet, daß sie einen von ihrer Einfallsrichtung abhängigen Anteil ihrer Primärenergie innerhalb der unempfindlichen Frontschicht verlieren, so daß sich eine Verschlechterung der Energieauflösung des Detektors ergibt.

Ist ΔE_0 der mittlere Energieverlust des einfallenden Teilchens durch die effektive Fensterdicke, so ergibt sich der daraus resultierende Beitrag (ΔE) zur Halbwertsbreite zu

$$\Delta E \simeq \frac{1}{3} \Delta E_0 . \tag{3.39}$$

Dieser Beitrag liegt beispielsweise für 5 MeV Alphateilchen und einer Fensterdicke von 0,5 μm bei Verwendung eines diffundierten Silizium-Halbleiterdetektors bei etwa 20 keV.

3.7.1.4 Die Wirkung von Einfangzentren

Wie im Kapitel 3.4 eingehend dargelegt wurde, führt die Anwesenheit von Haft- und Rekombinationszentren in einem Halbleiter-Detektorkristall zu einer Verfälschung des Ausgangsimpulses. Das ist gleichbedeutend mit einer Verschlechterung des Auflösungsvermögens. Hier liegt ein weiterer linienverbreiternd wirkender Effekt vor [3.140, 3.141, 3.147]. Um diese Verhältnisse mathematisch besser fassen zu können, führt man als repräsentative Größe für die Absorptionswahrscheinlichkeit der Ladungsträger in einem solchen Kristall die Driftlänge λ ein. Sie ist definiert als das Produkt aus Ladungsträgergeschwindigkeit und Rekombinationszeit (τ_r). Als Rekombinationen werden in diesem Zusammenhang auch Einfangprozesse in solchen Haftzentren betrachtet, bei denen die Haftzeit der Ladungsträger größer als die Verstärkerzeitkonstante des dem Detektor nachgeschalteten Verstärkersystems ist.

Für die folgenden Überlegungen sei ein blockförmiger Halbleiterkristall angenommen, wie er in Abb. 3.58 schematisch dargestellt ist. An diesem Kristallblock seien zwei ebene Elektroden angebracht, die einen Abstand d voneinander haben. Zwischen ihnen herrsche ein gleichförmiges elektrisches Feld. Das entspricht etwa den Verhältnissen in der kompensierten Zone eines lithiumgedrifteten Detektors. Außerdem sei eine über den gesamten Detektorkristall gleichmäßig verteilte Ladungsträgerproduktion angenommen, was etwa durch Gammaeinstrahlung verwirklicht werden kann, die bei ihrem Durchgang durch den Detektor nur sehr wenig abgeschwächt wird.

Es soll nun eine planparallele Scheibe der Dicke dx in einem Abstand x von der positiven Elektrode (Abb. 3.58) betrachtet werden. Setzt man die Gesamtzahl der im Detektor erzeugten Elektronen gleich N_0, so werden in einer Scheibe der Dicke dx $n_0 = (N_0/d)\,dx$ Elektronen erzeugt. Die Wahrscheinlichkeit, daß ein Elektron aus dx die Strecke y zurücklegt und in dem daran anschließenden Wegstück dy eingefangen wird, ist $(1/\lambda_n) \exp\{-y/\lambda_n\}$. Damit ergibt sich die Größe des von diesen Elektronen an der Sammelelektrode erzeugten Ladungsimpulses zu $n_0\, e\, (y/d)\, (dy/\lambda_n) \exp\{-y/\lambda_n\}$. Die Wahrscheinlichkeit, daß ein Elektron die gesamte Strecke x durchläuft und die Sammelelektrode erreicht, ist entsprechend $\exp\{-x/\lambda_n\}$. Aufgrund des bisher Gesagten läßt sich die

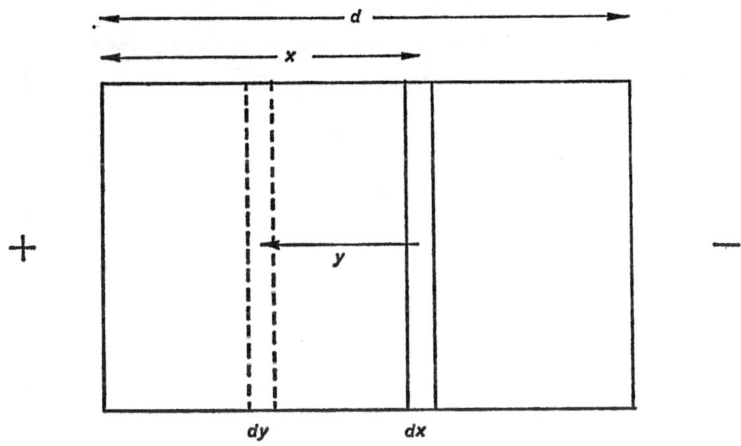

Abb. 3.58. Zur Ermittlung der durch Rekombinations- und Hafteffekte verursachten Auflösungsverschlechterung

mittlere Größe des Ausgangsimpulses, der durch solche Elektronen erzeugt wird, die im Bereich dx entstanden sind, wie folgt bestimmen [3.91]:

$$dq_n = \frac{n_0\, e}{d} \left\{ \int_0^x \frac{y}{\lambda_n} \exp\{-y/\lambda_n\}\, dy + x \exp\{-x/\lambda_n\} \right\}$$

$$= \frac{N_0\, e}{d} \frac{\lambda_n}{d} \left\{1 - \exp\{-x/\lambda_n\}\right\} dx\,. \qquad (3.40)$$

Daraus ergibt sich die mittlere Größe der Elektronenkomponente des Ausgangsimpulses, der von allen im Detektor gebildeten Elektronen erzeugt wird, durch Integration über x zu

$$\bar{q}_n = N_0\, e \left\{ \frac{\lambda_n}{d} - \frac{\lambda_n^2}{d^2} + \frac{\lambda_n^2 \exp\{-d/\lambda_n\}}{d^2} \right\}.$$

Ein entsprechender Ausdruck gilt für die Defektelektronenkomponente des Ausgangsimpulses. Der Gesamtausgangsimpuls wird durch

Überlagerung beider Komponenten gebildet. Seine mittlere Größe ist demnach gegeben durch

$$\bar{q} = \frac{N_0 e}{d^2} \{(\lambda_n + \lambda_p) d - (\lambda_n^2 + \lambda_p^2) + \lambda_n^2 \exp\{-d/\lambda_n\}$$
$$+ \lambda_p^2 \exp\{-d/\lambda_p\}\} . \tag{3.41}$$

Hierin bedeutet λ_n die Driftlänge der Elektronen und λ_p diejenige der Defektelektronen. Aus Gl. (3.41) kann man entnehmen, daß für $\lambda_n = \lambda_p \to \infty$ für $\bar{q}$ gilt $\bar{q} \to N_0 e$. Zur Verdeutlichung ist in Abb. 3.59 der

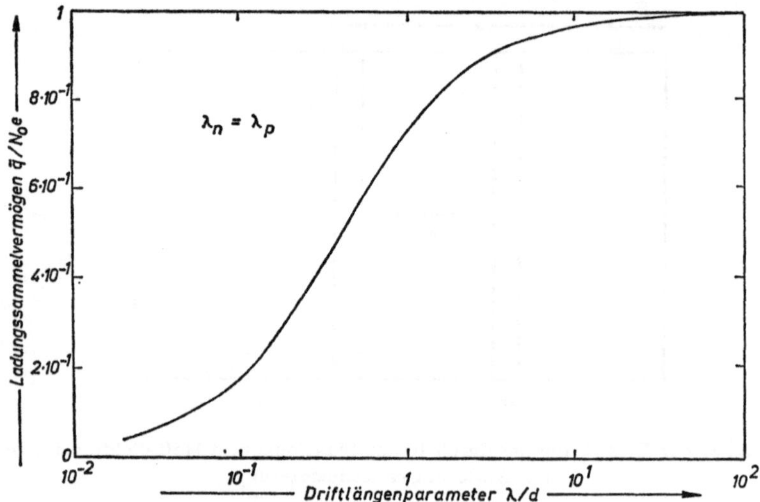

Abb. 3.59. Der Verlauf des Ladungssammelvermögens $\bar{q}/N_0 e$ in Abhängigkeit vom Driftlängenparameter λ/d für den Fall $\lambda_n = \lambda_p$ [3.91]

Verlauf des Ladungssammelvermögens, d.h. der Größe $\bar{q}/N_0 e$, für den Fall $\lambda_n = \lambda_p$ in Abhängigkeit vom Driftlängenparameter λ/d wiedergegeben.

Die durch die Einfangzentren verursachten Schwankungen der Höhe des Detektorausgangsimpulses können im wesentlichen auf zwei Faktoren zurückgeführt werden: auf Schwankungen der Driftlängen um ihren Mittelwert und auf einen Geometrieeffekt, der durch die verschieden langen Wege zustande kommt, die die im Detektor an den verschiedenen Stellen erzeugten Ladungsträger bis zu den Sammelelektroden zurücklegen müssen. Der Geometrieeffekt macht sich besonders dann bemerkbar, wenn in dem betreffenden Halbleiterkristall die Einfangwahrscheinlichkeiten für Elektronen und Defektelektronen merklich voneinander abweichen. Die größten Schwankungen der Höhe des Ausgangsimpulses treten auf, wenn die Ladungsträgerpaare an gleichmäßig über das gesamte Detektorvolumen verteilten Stellen entstehen.

Was die Schwankungen der Driftlängen um ihren Mittelwert anbetrifft, so haben Northrop und Simpson [3.36] gezeigt, daß sie vernachlässigt werden können. Die Standardabweichung der Impulshöhe, die durch diesen Effekt verursacht wird, ist nicht größer als die Quadratwurzel aus der Anzahl N_0 der im Mittel für die betreffenden Impulse erzeugten Ladungsträger. Da in praktisch allen hier interessierenden Fällen $\lambda \gg d$ ist, und somit praktisch alle Ladungsträger die Sammelelektroden erreichen, spielen die Schwankungen von λ hier eine zu vernachlässigende Rolle.

Der Geometrieeffekt darf jedoch im allgemeinen nicht vernachlässigt werden. Um seinen Einfluß näher zu erläutern, soll zunächst die Standardabweichung σ der Höhe des Ausgangsimpulses bestimmt werden. Sie ist definiert durch

$$\sigma^2 = \overline{q^2} - (\overline{q})^2 . \tag{3.42}$$

In diesem Ausdruck ergibt sich $(\overline{q})^2$ mit Hilfe von Gl. (3.41), während sich $\overline{q^2}$ folgendermaßen bestimmen läßt:

$$\overline{q^2} = \frac{1}{d} \int_0^d (q_n + q_p)^2 \, dx . \tag{3.43}$$

Hierin bedeutet $(q_n + q_p)$ den gesamten Ladungsimpuls, der von solchen Elektronen und Defektelektronen erzeugt wird, die im Bereich dx gebildet wurden. Dementsprechend sind q_n bzw. q_p durch Gl. (3.40) gegeben.

Die Größe σ kann nicht leicht berechnet werden. Sie muß mit Hilfe eines Rechenprogrammes von einem Computer ermittelt werden. Die Ergebnisse einer solchen Rechnung sind für einige Werte von λ_n und λ_p in Abb. 3.60 wiedergegeben. In Abb. 3.60 ist die prozentuale Auflösung $100 \frac{\sigma}{\overline{q}}$ in Abhängigkeit vom Elektronen-Driftlängenparameter λ_n/d für einige Werte des Defektelektronen-Driftlängenparameters λ_p/d aufgetragen. Wie man sieht, treten die Minimalwerte von σ in der Umgebung des Punktes auf, bei dem $\lambda_n = \lambda_p$ ist. Das ist aus Symmetriegründen zu erwarten. Weiterhin entnimmt man aus Abb. 3.60, daß eine Zunahme des Driftlängenparameters λ_n/d nicht immer zu einer Verringerung der Standardabweichung σ und damit einer Verbesserung der Auflösung führt. Ausgehend von sehr kleinen Werten dieses Driftlängenparameters ergibt sich mit zunehmender Größe zunächst eine Verringerung der Streuung und dann vom Punkte $\lambda_n/d = \lambda_p/d$ ab eine Zunahme. Wenn λ_n und λ_p beide sehr klein werden, nähert man sich dem Fall, bei dem keine Ladungsträger die Sammelelektroden mehr erreichen. Um ein so großes Ausgangssignal des Detektors zu bekommen, daß es von anderen Effekten, wie etwa dem Rauschen, möglichst wenig beeinflußt wird, ist es notwendig, möglichst große Werte von λ_n und λ_p zu erreichen. Abb. 3.61 zeigt die Abhängigkeit der prozentualen Auflösung vom Driftlängenparameter λ/d unter der Voraussetzung $\lambda_n = \lambda_p$ für einen größeren Bereich als in Abb. 3.60. Wie man sieht, erreicht die prozentuale Auflösung bei $\lambda_n/d = \lambda_p/d = 0{,}19$ ein Maximum von etwa 15% und nimmt dann mit zunehmendem λ_n und λ_p stetig ab. Bei sehr großen Driftlängenparametern geht die Standardabweichung σ schließlich gegen Null, d.h. der Einfluß der Einfangeffekte auf das Auflösungsvermögen des Halbleiterdetektors wird vernachlässigbar klein. Wie aus dem Verlauf der Kurven in Abb. 3.60 hervorgeht, müssen beide Ladungsträgerarten etwa gleichmäßig am Aufbau des Ausgangsimpulses beteiligt sein, wenn man ein

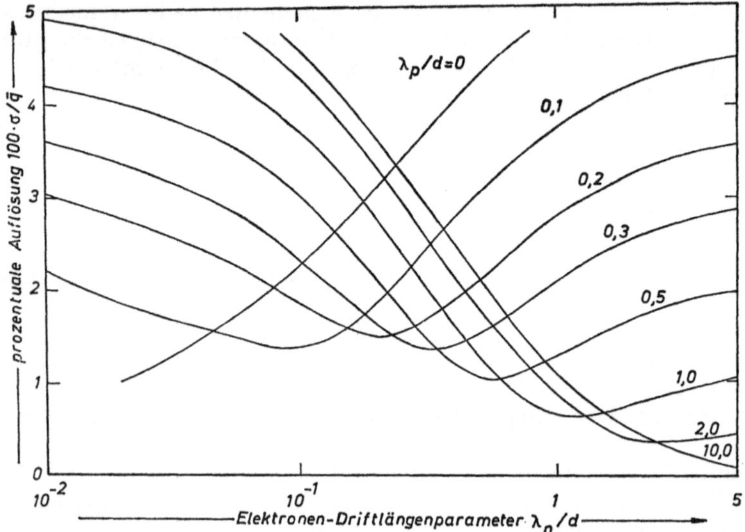

Abb. 3.60. Die prozentuale Auflösung $100 \cdot \sigma/\bar{q}$ als Funktion des Elektronen-Driftlängenparameters λ_n/d für einige Werte des Defektelektronen-Driftlängenparameters λ_p/d [3.91]

hohes Auflösungsvermögen erreichen will. Das Auflösungsvermögen wird am schlechtesten, wenn eine Ladungsträgerart die Driftlänge Null hat.

Aufgrund des bisher Dargelegten ergibt sich, daß bei Messungen mit geladenen Teilchen der Einfluß der Einfangeffekte auf das Auflösungsvermögen des Detektors dadurch erheblich verringert werden kann, daß man die Teilchen durch eine der beiden Sammelelektroden in den Detektor eintreten läßt. Dadurch haben die von monoenergetischen Teilchen im Detektor gebildeten Ladungsträger immer dieselbe Verteilung relativ zu den Dektektorelektroden, falls Eintrittsort und Eintrittsrichtung der Primärteilchen konstant bleiben. Das bewirkt eine starke Verkleinerung der Standardabweichung σ und damit eine Vergrößerung des Auflösungsvermögens.

Zusammenfassend kann man sagen, daß bei einer Planaranordnung, wie sie den obigen Überlegungen zugrunde gelegt wurde, die Driftlängen wesentlich größer als der Elektrodenabstand sein müssen, wenn die Einfangeffekte keinen wesentlichen Einfluß auf das Auflösungsvermögen des Detektors haben sollen.

Bei koaxialgedrifteten Detektoren und diffundierten Sperrschichtzählern ist die elektrische Feldstärke in der empfindlichen Zone räumlich nicht konstant. Das bewirkt eine Verschlechterung des Auflösungsvermögens, weil jetzt keine gleichmäßig große Wahrscheinlichkeit für Einfangeffekte mehr besteht. Eine genaue Untersuchung des Ladungssammelvorganges ist in diesen Fällen sehr schwierig, weil man den funktionalen Zusammenhang zwischen Driftlänge und elektrischer Feldstärke für die beiden Ladungsträgerarten nicht genau kennt.

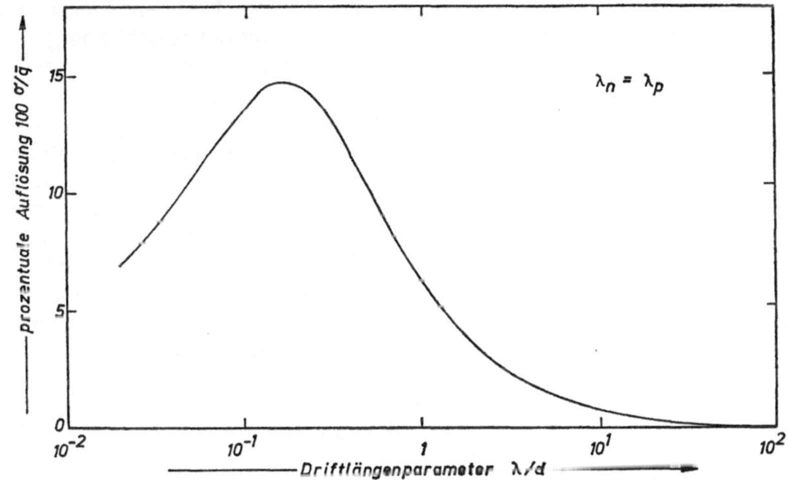

Abb. 3.61. Die Abhängigkeit der prozentualen Auflösung $100 \cdot \sigma/\bar{q}$ vom Driftlängenparameter λ/d für den Fall $\lambda_n = \lambda_p$ [3.91]

3.7.1.5 Das elektrische Rauschen

Ein weiterer Effekt, der zur Verschlechterung der Energieauflösung eines Halbleiterdetektors wesentlich mit beiträgt, ist das elektrische Rauschen. Die in diesem Zusammenhang wichtigsten Rauschquellen sind das thermische Rauschen, das Schrotrauschen, das Generations-Rekombinations-Rauschen und das Exzeßrauschen.

a) Das thermische Rauschen: Das thermische Rauschen tritt in jedem Leiter auf, unabhängig davon, ob ein Strom fließt oder nicht. Es wird durch die Schwankungen in der räumlichen Ladungsträgerverteilung verursacht, die aus der thermischen Geschwindigkeitsverteilung der Ladungsträger resultieren. Das führt im allgemeinen zu einer nicht gleichförmigen Verteilung dieser Ladungsträger im Leiter. Nach außen hin macht sich dieser Effekt dadurch bemerkbar, daß zwischen den Enden des betrachteten Leiters eine fluktuierende Spannung nachgewiesen werden kann, deren Mittelwert Null ist. Die Größe dieser Rauschspannung ist beim Halbleiterdetektor unabhängig von der angelegten Sperrspannung. Sie ist sogar vorhanden, wenn keine Spannung angelegt ist. Wie bei einem ohmschen Widerstand ist auch in diesem Falle das mittlere Rauschspannungsquadrat durch folgenden Ausdruck gegeben

$$\overline{V^2(f)}\, df = 4\, k\, T\, R\, df\,. \tag{3.44}$$

Hierin bedeutet $\overline{V^2(f)}$ das mittlere Rauschspannungsquadrat als Funktion der Frequenz f, k ist die Boltzmann-Konstante, T die absolute Temperatur und R der Sperrschichtwiderstand bzw. der Widerstand des betrachteten Halbleiters.

Das thermische Rauschen besitzt ein „weißes Frequenzspektrum", d.h. das mittlere Rauschspannungsquadrat ist frequenzunabhängig.

Um den Einfluß des thermischen Rauschens auf das Auflösungsvermögen eines Halbleiterdetektors bestimmen zu können, sei angenommen, daß der Detektor so geschaltet ist, wie es das elektrische Schaltbild des Detektorkreises in Abb. 3.23 zeigt. Das mittlere Rauschspannungsquadrat wird am Detektorlastwiderstand R_l gemessen. Durch die in der Schaltung enthaltenen Widerstände und Kapazitäten ist für das System eine obere Frequenzgrenze gegeben, die durch die Zeitkonstante τ des Kreises bestimmt ist. Aus diesem Grunde ist die Messung des mittleren Rauschspannungsquadrates ebenfalls durch diese obere Frequenzgrenze begrenzt. Der Detektorkreis wirkt also wie ein Filter. Das integrierte mittlere Rauschspannungsquadrat ergibt sich demnach zu

$$\overline{V^2} = \int_0^\infty \frac{4\, k\, T\, R}{1 + \omega^2\, C^2\, R^2}\, df\,. \tag{3.45}$$

Daraus folgt

$$\overline{V^2} = \frac{k\, T}{C}\,. \tag{3.46}$$

Mit Hilfe von Gl. (3.46) kann der Beitrag des thermischen Rauschens zur Auflösungsverschlechterung eines Halbleiterdetektors bestimmt werden. Hierzu muß zunächst die Anzahl der Ladungsträgerpaare ermittelt werden, die erforderlich ist, um ein Signal der Größe $\left(\overline{V^2}\right)^{1/2}$ zu erzeugen. Sie beträgt

$$\Delta N = \frac{C}{e} \left\{\frac{k\, T}{C}\right\}^{1/2}. \tag{3.47}$$

Die Energie, die benötigt wird, um ΔN Ladungsträgerpaare zu erzeugen, beträgt $(w \cdot \Delta N)$, wobei w die mittlere Energie ist, die zur Bildung eines Ladungsträgerpaares erforderlich ist. Damit ergibt sich der Beitrag des thermischen Rauschens zur Halbwertsbreite und damit zur Auflösungsverschlechterung eines Halbleiterdetektors zu

$$(\Delta E)_{\text{therm}} = 2{,}35\, \frac{w}{e}\, (k\, T\, C)^{1/2}. \tag{3.48}$$

Betrachtet man beispielsweise einen Siliziumdetektor, der bei Raumtemperatur betrieben wird, so ist der Beitrag des thermischen Rauschens zur Vergrößerung der Halbwertsbreite gegeben durch

$$(\Delta E)_{\text{therm}} = 2{,}35 \cdot 1{,}4\, C^{1/2}\ [\text{keV}]\,. \tag{3.49}$$

Hierbei ist C in pF einzusetzen. Wie man aus den Gln. (3.48) und (3.49) entnimmt, hängt die Größe des thermischen Rauschbeitrages nur von der Temperatur und der Kapazität C ab. Besonders bei großflächigen diffundierten Sperrschichtzählern kann das thermische Rauschen einen erheblichen Beitrag zur Auflösungsverschlechterung liefern. Solche Detektoren können Kapazitäten in der Größenordnung von 500 pF haben, so daß der thermische Rauschbeitrag fast 73 keV FWHM betragen kann. Aus diesem Grunde sollte man in alle den Fällen, bei denen eine möglichst hohe Auflösung verlangt wird, möglichst kleinflächige Detektoren einsetzen.

b) Das Schrotrauschen: Eine weitere wichtige Rauschquelle ist das Schrotrauschen, das nur dann auftritt, wenn an den Detektor eine Sperrspannung angelegt wird. Es äußert sich als Leckstrom. Dieser wird durch die Bewegungen der freien Elektronen und Defektelektronen im Felde der angelegten Spannung verursacht. Bei diesen Bewegungen werden kontinuierlich Ladungsträger an den Elektroden abgezogen und in das System neu injiziert. Beim Schrotrauschen wird angenommen, daß alle Ladungsträger den ganzen Detektor in derselben Zeit durchlaufen. Hierbei werden also Einfang- und Generationseffekte vernachlässigt. Der Strom, der von den den Detektor durchquerenden Ladungsträgern verursacht wird, wird durch Rechteckimpulse aufgebaut, deren Länge jeweils gleich der Passagezeit der Ladungsträger ist. Wenn die einzelnen Ladungsträger völlig unabhängig voneinander sind, ergibt sich das mittlere Stromquadrat des das Schrotrauschen verursachenden Stromes zu

$$\overline{I^2(f)}\, df = 2\, I\, e\, df\,. \tag{3.50}$$

Hierin bedeuten f die Frequenz und e die Elementarladung.

Das Schrotrauschen besitzt wie das thermische Rauschen ein „weißes Frequenzspektrum", so daß beim Schrotrauschen die mittlere Rauschstromamplitude frequenzunabhängig ist.

Wenn man wie oben beim thermischen Rauschen den Beitrag des Schrotrauschens zur Auflösungsverschlechterung ermitteln will, so sind auch hier die die obere Frequenzgrenze des Systems bestimmenden Teile des Detektorkreises zu berücksichtigen. Für das integrierte mittlere Rauschspannungsquadrat des Schrotrauschens ergibt sich dann

$$\overline{V^2} = \int_0^\infty 2\, I\, e\, \frac{R^2}{(1 + \omega^2 C^2 R^2)}\, df\,. \tag{3.51}$$

Bezeichnet man die Anzahl der Ladungsträger im Detektor mit N_i und führt die Zeitkonstante $\tau = RC$ ein, so kann Gl. (3.51) vereinfacht so geschrieben werden:

$$\overline{V^2} = \left(\frac{N_i \tau}{2 \tau_i}\right)\left(\frac{e^2}{C^2}\right). \tag{3.52}$$

Hierin bedeutet τ_i die Passagezeit der Ladungsträger im Detektor. Analog zu Gl. (3.47) ergibt sich die Anzahl der Ladungsträgerpaare, die erforderlich ist, um ein Signal der Größe $(\overline{V^2})^{1/2}$ zu erzeugen, zu

$$\Delta N = \left(\frac{N_i}{2}\right)^{1/2}\left(\frac{\tau}{\tau_i}\right)^{1/2}. \tag{3.53}$$

Daraus bestimmt sich der Beitrag des Schrotrauschens zur Vergrößerung der Halbwertsbreite zu

$$(\Delta E)_{\mathrm{Sch}} = 2{,}35\, w \left(\frac{N_i}{2}\right)^{1/2}\left(\frac{\tau}{\tau_i}\right)^{1/2}. \tag{3.54}$$

c) *Das Generations-Rekombinations-Rauschen:* Einen weiteren Rauschbeitrag liefert das sogenannte „Generations-Rekombinations-Rauschen" [3.148]. Es überlagert sich dem Schrotrauschen. Seine Ursache ist darin zu sehen, daß durch thermische Anregungen an verschiedenen Stellen im Halbleiterkristall neue Ladungsträgerpaare entstehen. Außerdem werden Ladungsträger auf ihrem Wege zu der jeweiligen Sammelelektrode in Einfangzentren absorbiert. Hier können sie, wie bereits früher erläutert wurde, rekombinieren oder aber nach einer gewissen Zeit wieder abgegeben werden. Die durch diese Effekte erzeugten oder absorbierten Ladungsträger durchlaufen im Gegensatz zu den das Schrotrauschen verursachenden Ladungsträgern nur einen Teil der Strecke zwischen den beiden Sammelelektroden des Detektorkristalles. Das bedeutet, daß die von ihnen erzeugten Stromimpulse entsprechend kürzer sind, was eine Schwankung der Höhe des Detektorausgangssignals verursacht, die sich als Rauschen bemerkbar macht. Allgemein kann man sagen, daß jeder Effekt, der den Ladungsträgerstrom durch den Kristall in irgendeiner Form beeinflußt, einen Beitrag zum Gesamtrauschen des Detektors liefert, der sich dem Schrotrauschen überlagert. Aufgrund der Überlegungen von Van der Ziel [3.92] kann man zeigen, daß das mittlere Quadrat des das Generations-Rekombinations-Rauschen verursachenden Stromes durch folgende Gleichung gegeben ist

$$\overline{I^2(f)}\, df = \frac{4\, \overline{\Delta N_i^2}\, e^2}{\tau_i^2} \, \frac{\tau_1^2}{(1 + \omega^2 \tau_1^2)}\, df\,. \tag{3.55}$$

Hierin ist τ_1 die mittlere Lebensdauer der freien Ladungsträger im Detektor. Gl. (3.55) gilt nur dann, wenn $\tau_1 < \tau_i$ ist, das heißt, wenn die mittlere Lebensdauer der freien Ladungsträger kleiner ist, als die Passagezeit der Ladungsträger im Detektor bei Vernachlässigung von Einfangeffekten. Diese Bedingung ist einleuchtend aufgrund des Zustandekommens des Generations-Rekombinations-Rauschens. Es ist ebenfalls einzusehen, daß $\overline{\Delta N_i^2} = 0$ gelten muß, wenn in einem Halbleiterkristall alle Donatoren oder Akzeptoren ionisiert sind. In einem solchen Falle tritt kein Generations-Rekombinations-Rauschen auf. Wenn jedoch nur ein geringer Prozentsatz der Verunreinigungen ionisiert ist, ergibt sich $\overline{\Delta N_i^2} = N_i/2$. Mit Hilfe dieser Beziehung und Gl. (3.55) erhält man das durch diese Rauschkomponente verursachte integrierte mittlere Rauschspannungsquadrat zu

$$\overline{V^2} = \int_0^\infty \frac{2\,N_i\,e^2}{\tau_i^2}\,\frac{\tau_1^2}{1+\omega^2\,\tau_1^2}\,\frac{R^2}{1+\omega^2\,C^2\,R^2}\,df\,. \tag{3,56}$$

Im allgemeinen wählt man die Zeitkonstante τ so, daß gilt $\tau > \tau_i$. Daraus folgt $\tau \gg \tau_1$. Unter Berücksichtigung dieser Ungleichung ergibt sich nach Ausführung der Integration in Gl. (3.56) der Ausdruck

$$\overline{V^2} = \frac{N_i\,e^2\,\tau_1\,R}{2\,\tau_i^2\,C}\,. \tag{3.57}$$

Hieraus erhält man analog zu den Gln. (3.47) und (3.53) für die Anzahl der Ladungsträgerpaare, die erforderlich sind, um ein Signal der Größe $(\overline{V^2})^{1/2}$ zu erzeugen,

$$\Delta N = \frac{C}{e}\left(\frac{N_i\,e^2\,\tau_1\,R}{2\,\tau_i^2\,C}\right)^{1/2} = \left(\frac{N_i}{2}\right)^{1/2}\left(\frac{\tau\,\tau_1}{\tau_i^2}\right)^{1/2}. \tag{3.58}$$

Damit bestimmt sich der Beitrag des Generations-Rekombinations-Rauschens zur Vergrößerung der Halbwertsbreite zu

$$(\Delta E)_{\mathrm{Gen}} = 2{,}35\,w\left(\frac{N_i}{2}\right)^{1/2}\left(\frac{\tau\,\tau_1}{\tau_i^2}\right)^{1/2}. \tag{3.59}$$

Vergleicht man die Gln. (3.54) und (3.59) miteinander, so sieht man, daß sie dann übereinstimmen, wenn $\tau_1 = \tau_i$ gilt. In diesem Falle können die Ladungsträger den Detektor ganz durchqueren, so daß praktisch nur Schrotrauschen nachgewiesen werden kann, obwohl die physikalischen Ursachen für die beiden Rauscharten grundverschieden sind. Der Grund für dieses Ergebnis ist darin zu sehen, daß bei der Behandlung des Generations-Rekombinations-Rauschens die vereinfachende Annahme gemacht wurde, daß für alle freien Ladungsträger im Detektor die gleiche mittlere Lebensdauer τ_1 gelte.

d) Das Exzeßrauschen: Außer den bisher behandelten Rauschkomponenten gibt es noch eine Anzahl anderer Rauschquellen, die zur Auflösungsverschlechterung eines Halbleiterdetektors mit beitragen. Leider lassen sie sich jedoch nur sehr schwer theoretisch genauer beschreiben. Alle diese Effekte sind unter dem Begriff „Exzeßrauschen" zusammengefaßt. Häufig stellt das Exzeßrauschen bei einem Halbleiterdetektor den überwiegenden Rauschanteil dar. Einen großen Anteil am Exzeßrauschen bilden die Oberflächenleckströme des Detektors [3.149] und eventuelle ladungsträgerinjizierende elektrische Kontakte. Hier kann man durch eine sehr sorgfältige Herstellung des Detektors eine erhebliche Verringerung des Rauschens erreichen.

Das Exzeßrauschen ist im wesentlichen ein niederfrequentes Rauschen. Sein mittleres Rauschamplitudenquadrat ist proportional zu $1/f$. Auf diese Rauschkomponente soll hier jedoch nicht näher eingegangen werden. Der interessierte Leser sei auf das Buch von Van der Ziel [3.92] verwiesen.

3.7.1.6 Der Diffusions- und Volumenstrom

Wie aus den obigen Ausführungen hervorgeht, wird das Schrotrauschen durch einen Strom verursacht, der in Sperrichtung über einen *p-n-* oder *p-i-n-*Übergang fließt, an dem eine Sperrspannung liegt. Grundsätzlich kann man zwei Komponenten dieses Sperrstromes unterscheiden, den Diffusionsstrom und den Volumenstrom.

Der Diffusionsstrom kommt dadurch zustande, daß außerhalb der Sperrschicht, also in einem nahezu feldfreien Raum, vorhandene Minoritätsladungsträger an den Rand der Feldzone diffundieren und von dem dort herrschenden elektrischen Feld zu den gegenüberliegenden Sammelelektroden gezogen werden. Es ist einleuchtend, daß nur solche Ladungsträger zu diesem Strome beitragen können, die innerhalb eines Abstandes von einer Diffusionslänge vom Rand der Verarmungszone entstehen. Diese Komponente des Sperrstromes ist unabhängig von der Sperrschichtdicke und von der Größe der Sperrspannung.

Beiderseits des *p-n-*Überganges sind Minoritätsladungsträger vorhanden, d.h. im *p-*leitenden Material sind Elektronen und im *n-*leitenden Material sind Defektelektronen zu finden. Da es sich bei dem *p-n-*Übergang eines Halbleiterdetektors im allgemeinen um einen unsymmetrischen Übergang handelt, kann man hier den Beitrag der Minoritätsladungsträger, die aus dem hochdotierten Gebiet stammen, vernachlässigen; denn im Verhältnis zur Konzentration der Majoritätsladungsträger ist die Minoritätsträger-Konzentration hier vernachlässigbar klein. Dasselbe gilt für die Diffusionslänge. Für einen unsymmetrischen *p-n-*Übergang mit *p-*leitendem Basismaterial ergibt sich die Diffusionsstromdichte zu [3.93, 3.94]

$$j_D = \frac{e\, n_p\, D_n^{1/2}}{\tau_r^{1/2}}\,. \tag{3.60}$$

Hierin ist n_p die Konzentration der Elektronen im *p-*Gebiet, D_n der Diffusionskoeffizient der Elektronen im *p-*Gebiet und τ_r die effektive Rekombinationslebensdauer. D_n ist definiert durch den Ausdruck $(k\,T/e)\;\mu_n$ und τ_r durch Gl. (3.28). Als Beispiel sei ein Halbleiterdetektor betrachtet, der aus *p-*Silizium hergestellt ist, das einen spezifischen Widerstand von $1000\;\Omega\,\mathrm{cm}$ hat. Die Defektelektronenkonzentration betrage etwa 10^{13} cm^{-3} und die Elektronenkonzentration etwa 10^7 cm^{-3}. Wenn man τ_r mit 1 μs annimmt, ergibt sich eine Diffusionsstromdichte von $j_D = 5$ nA cm^{-2}.

Um den Einfluß des Diffusionsstromes auf das Schrotrauschen und damit auf die Auflösungsverschlechterung eines Halbleiterdetektors zu bestimmen, muß zunächst die effektive Anzahl (N_i) der Elektronen (bei p-leitendem Basismaterial) in der Verarmungszone ermittelt werden. Sie ist gegeben durch den Ausdruck

$$N_i = \frac{n_p D_n^{1/2} x^2}{\tau_r^{1/2} \mu_n V}. \tag{3.61}$$

Hierin bedeuten x die Dicke der Verarmungszone, V die angelegte Sperrspannung und μ_n die Beweglichkeit der Elektronen. Setzt man Gl. (3.61) in Gl. (3.54) ein, so erhält man für die Vergrößerung der Halbwertsbreite den Ausdruck

$$(\Delta E)_D = 2{,}35\, w \left(\frac{n_p D_n^{1/2} x^2}{2\, \tau_r^{1/2} \mu_n V}\right)^{1/2} \left(\frac{\tau}{\tau_i}\right)^{1/2}. \tag{3.62}$$

Die zweite Komponente des genannten Sperrstromes ist der Volumenstrom. Er wird durch solche Ladungsträger verursacht, die innerhalb des empfindlichen Volumens des Detektors, d.h. in der Verarmungszone, erzeugt werden. Der von ihnen erzeugte Sperrstrom ist ihrer Konzentration und dem Sperrschichtvolumen proportional. Sah, Noyce und Shockley haben für die Volumenstromdichte folgenden Ausdruck ermittelt [3.91]:

$$j_V = \frac{e\, n_i}{2\, \tau_r}\, x. \tag{3.63}$$

Hierin bedeuten x die Sperrschichtdicke und n_i die Eigenleitungskonzentration. Für einen Halbleiterdetektor, an dem eine so große Sperrspannung liegt, daß sich eine Verarmungszonendicke von 10^{-2} cm ergibt, und bei dem die Ladungsträgerlebensdauer etwa 100 μs beträgt, ergibt sich eine Stromdichte für die Volumenstromkomponente von etwa $j_V = 100$ nA cm^{-2}.

Ein Vergleich von Volumen- und Diffusionsstromkomponente zeigt, daß im allgemeinen der Volumenstrom wesentlich größer ist als der Diffusionsstrom. Lediglich bei Halbleitermaterialien mit einem sehr großen spezifischen Widerstand und großer Ladungsträgerlebensdauer fällt die Diffusionsstromkomponente stärker ins Gewicht.

Um den Einfluß der Volumenstromkomponente auf die Auflösungsverschlechterung eines Halbleiterdetektors ermitteln zu können, muß zunächst die Gesamtzahl $(N_i)_{\text{ges}}$ der Ladungsträger in der Verarmungszone bestimmt werden. Sie ist gegeben durch

$$(N_i)_{\text{ges}} = \frac{n_i A x^3}{2\, \tau_r V} \left(\frac{1}{\mu_n} + \frac{1}{\mu_p}\right). \tag{3.64}$$

Hierin bedeuten A die Fläche der Verarmungszone und μ_p die Beweglichkeit der Defektelektronen. Die Bedeutung der anderen Größen ist bereits im Zusammenhang mit den weiter oben angegebenen Gleichungen erläutert worden. Da die Volumenstromkomponente einen Beitrag zum Schrotrauschen liefert, muß Gl. (3.64) in Gl. (3.54) eingesetzt werden, um die hierdurch verursachte Vergrößerung der Halbwertsbreite ermitteln zu können. Dabei ergibt sich

$$(\Delta E)_V = 2{,}35\, w \left\{\frac{n_i\, A\, x^3}{4\,\tau_r\, V}\left(\frac{1}{\mu_n} + \frac{1}{\mu_p}\right)\right\}^{1/2} \left(\frac{\tau}{\tau_i}\right)^{1/2}. \qquad (3.65)$$

Um eine Vorstellung von der Größenordnung der Rauschbeiträge der Diffusionsstrom- und der Volumenstromkomponente zu bekommen, sei ein Halbleiterdetektor betrachtet, der aus p-Silizium gefertigt ist, das einen spezifischen Widerstand von 1000 Ω cm hat. Der Detektor habe eine Fläche von 1 cm^2. An ihm liege eine Spannung von 100 V, die eine Verarmungszone mit einer Dicke von 10^{-2} cm erzeugt. Die Ladungsträgerlebensdauer in diesem Detektor betrage etwa 100 μs. Fernerhin sei zur Vereinfachung angenommen $(\tau/\tau_i)^{1/2} = 1$. Zunächst soll der Rauschbeitrag der Volumenstromkomponente ermittelt werden. Mit Hilfe von Gl. (3.64) ergibt sich die Gesamtzahl der Ladungsträger in der Verarmungszone dieses Detektors zu etwa $(N_i)_{\text{ges}} = 1{,}5 \cdot 10^3$. Damit bestimmt sich dann nach Gl. (3.65) die durch den Volumenstrom verursachte Vergrößerung der Halbwertsbreite zu $(\Delta E)_V = 223$ eV. Zur Ermittlung des Rauschbeitrages der Diffusionsstromkomponente wird zunächst gemäß Gl. (3.61) die Anzahl der Elektronen in der Verarmungszone berechnet. Dabei erhält man $N_i = 4{,}5$. Damit ergibt sich dann mit Hilfe von Gl. (3.62) die durch den Diffusionsstrom verursachte Vergrößerung der Halbwertsbreite zu $(\Delta E)_D = 19$ eV. Daraus folgt, daß bei diesem Detektor der Beitrag des Diffusionsstromes zur Linienverbreiterung gegenüber demjenigen des Volumenstromes vernachlässigt werden kann. Dieses Ergebnis gilt für praktisch alle Arten von Halbleiterdetektoren.

Aus den obigen Ausführungen folgt, daß man für den Bau eines Halbleiterdetektors nur solches Material verwenden sollte, bei dem die Ladungsträgerlebensdauer möglichst groß ist, da dann der Beitrag des Diffusions- und Volumenstromes zum Rauschen des Detektors klein gehalten werden kann.

Zur Vervollständigung sei abschließend noch kurz erwähnt, daß die Oberflächenleckströme eine weitere wichtige Sperrstromkomponente darstellen. In vielen Fällen liefern sie den größten Beitrag zum gesamten Sperrstrom. Durch sie wird ein Teil des Exzeßrauschens verursacht. Eine eingehende analytische Behandlung der Oberflächenleckströme ist nicht möglich, da die hierzu notwendigen Parameter nicht bekannt sind [3.95, 3.96]. Es läßt sich jedoch soviel aussagen, daß die Spannungsabhängigkeit der Oberflächenleckströme etwa der des Volumenstromes entspricht.

3.7.2 Die Zeitauflösung

3.7.2.1 Einführung

Neben der Energieauflösung ist für viele Untersuchungen auch die Zeitauflösung, die ein Detektor-Verstärker-System besitzt, von großer Bedeutung. Das gilt beispielsweise für fast alle Arten von Koinzidenzexperimenten, für Messungen der Lebensdauer angeregter Kernniveaus und für Messungen der Flugzeit von geladenen Teilchen zu ihrer Energie- bzw. Massenbestimmung. Zur Abschätzung der Zeitauflösung muß die Frage beantwortet werden: Wie groß ist die Schwankung der Zeit (Apparatezeit t_a), die vom Moment des Teilcheneinfalls bis zu dem Augenblick verstreicht, an dem der Ausgangsimpuls eine vorgegebene Höhe (Schwelle) erreicht. Es ist klar, daß bei der Untersuchung dieser Frage die Form des Detektorausgangsimpulses, d.h. seine Anstiegs- und Abfallzeit sowie seine Höhe eine wichtige Rolle spielen. Im Gegensatz zu den Verhältnissen bei einer Szintillator-Photomultiplier-Anordnung muß bei der Betrachtung der Zeitauflösung eines Halbleiterdetektor-Verstärker-Systems auch das Rauschen der hier verwendeten Elektronik mit berücksichtigt werden. Die Form der Impulse am Verstärkerausgang hängt sowohl vom Prozeß der Trägersammlung im Detektor als auch von der Übertragungsfunktion des Verstärkers ab.

Wie bereits früher erwähnt wurde, ist eine genaue Analyse der Impulsform der Ausgangsimpulse von Halbleiterdetektoren sehr schwierig, da hierbei eine Vielzahl von Parametern, die sich teilweise noch gegenseitig beeinflussen, berücksichtigt werden muß. Um zu annähernd richtigen Aussagen über die Formen der Ausgangsimpulse von verschiedenen Halbleiterdetektortypen kommen zu können, muß man je nach Untersuchungsziel oft eine Anzahl vereinfachender Annahmen machen, wie z.B. die, daß das ionisierende Teilchen eine endliche Reichweite in der Verarmungszone hat, daß es entlang seiner Bahn im Detektor bei den einzelnen Stößen eine konstante Energieverlustrate hat, daß die Ladungsträgerbeweglichkeit konstant ist und daß keine Einfangeffekte auftreten.

Um die Impulsanstiegszeiten der Detektorausgangsimpulse bestimmen zu können, müssen die Ladungsträgersammelzeiten für die einzelnen in Frage kommenden Detektortypen ermittelt werden.

3.7.2.2 Die Ladungssammelzeiten bei lithiumgedrifteten Detektoren

Bei einem lithiumgedrifteten Planardetektor (*p-i-n*-Planardetektor) ergeben sich für die Ladungsträgersammelzeiten dieselben Ausdrücke, wie sie im Kapitel 3.4 in den Gleichungen (3.24a) und (3.24b) für einen „idealen" Halbleiterdetektor angegeben sind. Das ist darauf zurückzuführen, daß hier im Gegensatz zu den Oberflächen- und diffundierten Sperrschichtzählern die Feldstärke in der Verarmungszone räumlich konstant ist, d.h. nicht von x abhängt. Die Sammelzeiten für Elektronen und Defektelektronen in einem planaren p-i-n-Detektor sind gegeben durch

$$\tau_n = \frac{x}{\mu_n E} \quad \text{bzw.} \quad \tau_p = \frac{d-x}{\mu_p E}. \tag{3.66}$$

Hierin bedeuten x der Abstand des Einfallsortes der Strahlung, d.h. des Entstehungsortes der Ladungsträger, von der positiven Elektrode, bzw. dem n-Gebiet, d die Dicke der Verarmungszone, μ_n bzw. μ_p die Beweglichkeit der Elektronen bzw. Defektelektronen und E die elektrische Feldstärke in der Verarmungszone.

Für einen zweiseitig offenen zylinderförmigen lithiumgedrifteten Koaxialdetektor (p-i-n-Koaxialdetektor) lassen sich auch die Ladungsträgersammelzeiten relativ leicht mathematisch bestimmen [3.97]. Für einen einseitig offenen zylinderförmigen Koaxialdetektor sowie für Detektoren mit trapezoidem Kristallquerschnitt ist dieses jedoch wegen der komplizierten Geometrie des Detektors sehr schwierig. In einem zylinderförmigen, zweiseitig offenen Koaxialdetektor ist die elektrische Feldstärke durch folgenden Ausdruck gegeben:

$$E(x) = -\frac{U}{x \ln(b/a)}. \tag{3.67}$$

Hierin sind b und a der äußere und innere Radius der kompensierten Zone, U die Detektorbetriebsspannung und x der Abstand der jeweils betrachteten Ladungsträger von der Achse des Kristallzylinders. Mit diesem Feldverlauf und unter der Annahme, daß die Beweglichkeiten der Elektronen und Defektelektronen gleich groß sind ($\mu_n = \mu_p = \mu$), läßt sich für einen solchen Koaxialdetektor eine minimale und eine maximale Sammelzeit für die Ladungsträgerpaare ermitteln [3.98]. Diese Sammelzeiten ergeben sich zu

$$\tau_{\min} = \frac{b^2 - a^2}{4\,\mu\, U} \ln \frac{b}{a} \tag{3.68a}$$

und

$$\tau_{\max} = \frac{b^2 - a^2}{2\,\mu\, U} \ln \frac{b}{a}. \tag{3.68b}$$

Die maximale Ladungsträgersammelzeit tritt dann auf, wenn der Entstehungsort des jeweils betrachteten Ladungsträgerpaares in unmittelbarer Nähe einer der beiden Sammelelektroden liegt. Entsprechend ergibt sich die minimale Sammelzeit, wenn die Ladungsträgerpaare in der Mitte zwischen den beiden Elektroden entstehen.

Bestimmt man die Ladungssammelzeiten für den Fall $a = 0{,}5$ cm und $b = 1{,}5$ cm, dann ergibt sich, daß die minimale Ladungssammelzeit etwa um 10% größer ist als die für einen Planardetektor mit derselben Verarmungszonendicke. Eingehende Berechnungen der Formen von Strom- und Ladungsimpuls für einen zweiseitig offenen Ge(Li)-Detektorkristall wurden unter anderem von Poenaru [3.99] durchgeführt. Fernerhin ist in diesem Zusammenhang die Arbeit von Haouat und Mitarbeitern [3.150] zu nennen.

Die Abhängigkeit der Ladungsträgersammelzeiten vom Ort, an dem die Ladungen in der Verarmungszone entstehen, ist in Abb. 3.62 zur Verdeutlichung nochmals schematisch dargestellt. Zur Vereinfachung wurde eine Planaranordnung gewählt. Außerdem wurde angenommen, daß sich die Elektronen und Defektelektronen in einem konstanten elek-

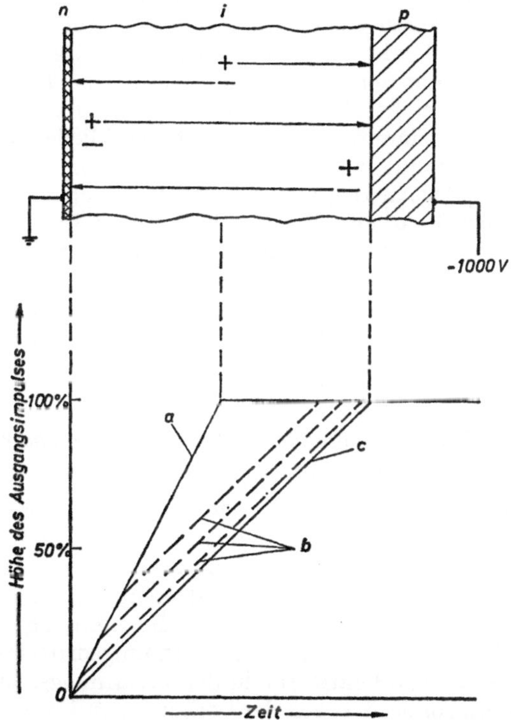

Abb. 3.62. Die Abhängigkeit der Ausgangsimpulsform eines *n-i-p*-Planardetektors vom Ort der Ladungsträgerbildung unter der Annahme gleicher Geschwindigkeiten für beide Ladungsträgerarten
(Ort der Ladungsträgerbildung: (*a*) in der Mitte der kompensierten Zone, (*b*) zwischen der Mitte der kompensierten Zone und der *i-p*- bzw. *i-n*-Grenzfläche, (*c*) an der *i-p*- bzw. *i-n*-Grenzfläche)

trischen Feld mit der gleichen Geschwindigkeit bewegen. Wie aus der Abbildung hervorgeht, ist die Anstiegszeit des Ausgangsimpulses, der von dem Ladungsträgerpaar erzeugt wird, das in der Mitte der kompensierten Zone entsteht, nur halb so lang wie die Anstiegszeit der Impulse, die von Ladungsträgern erzeugt werden, die in unmittelbarer Nachbarschaft der Sammelelektroden bzw. der p- oder n-Zone entstehen. Ladungsträgerpaare, die in den Gebieten zwischen der Mitte der i-Zone und der p- oder n-Seite entstehen, erzeugen Ausgangsimpulse, die zunächst schnell ansteigen, bis entweder die Elektronen oder Defektelektronen gesammelt sind, und von da an langsamer mit einer Anstiegszeit, die der Geschwindigkeit des übrig gebliebenen Ladungsträgertyps entspricht. Diese Abhängigkeit der Anstiegszeiten vom Ort des Ionisationsereignisses führt zu einer Streuung der Ausgangsimpulsformen und damit zu einer Verschlechterung der Zeitauflösung des Detektors [3.151]. In der Praxis werden die Streuungen der Anstiegszeiten größer sein, als es aus Abb. 3.62 hervorgeht, da die Elektronen- und Defektelektronengeschwindigkeiten verschieden sind, da die elektrische Feldstärke in der kompensierten Zone nicht überall gleich groß ist und da im Detektor Sekundäreffekte wie Comptonstreuung mit anschließender Absorption des gestreuten Gammaquantes auftreten können. Aus Abb. 3.53 geht die wirkliche Streuung der Anstiegszeiten deutlich hervor.

Aus dem bisher Gesagten wird deutlich, welche Probleme auftreten, wenn man aus den Ausgangsimpulsen eines lithiumgedrifteten Halbleiterdetektors exakte Zeitinformationen erhalten will. Bei Verwendung eines Szintillationszählers sind diese Probleme nicht so gravierend, da hier die Impulsform praktisch konstant bleibt und nur durch die Abklingzeit des Szintillators bestimmt wird.

3.7.2.3 Die Ladungssammelzeiten bei Oberflächensperrschicht- und diffundierten Sperrschichtdetektoren

Nachdem die Ladungssammelzeiten für p-i-n-Detektoren beschrieben sind, soll im folgenden auf die Ladungssammelzeiten und damit auf die Anstiegszeiten der Ausgangsimpulse bei Oberflächensperrschicht- und diffundierten Sperrschichtdetektoren (p-n-Detektoren) eingegangen werden. Der wesentliche Unterschied bei der Bestimmung der Ladungssammelzeiten besteht hier gegenüber den lithiumgedrifteten Detektoren darin, daß die elektrische Feldstärke in der Verarmungszone nicht mehr ortsunabhängig ist, sondern wegen der vorhandenen Raumladungen eine Funktion von x ist.

Betrachtet man einen Oberflächensperrschichtdetektor, der aus n-leitendem Ausgangsmaterial hergestellt ist, und einen diffundierten Sperrschichtdetektor, dessen Ausgangsmaterial p-leitend ist, so entspricht bei diesen Detektoren die Strahleintrittsseite dem Bereich hoher elektrischer Feldstärke. Beim Oberflächensperrschichtdetektor ist dieses die dünne Goldschicht an der Detektoroberseite und beim diffundierten Sperrschichtdetektor die n-Seite. Bei beiden Detektortypen ist die Form des elektrischen Feldes die gleiche, nur die Feldrichtung ist verschieden, wegen des unterschiedlichen Leitungstyps des Ausgangsmaterials. Daraus folgt, daß sich beim Oberflächensperrschichtdetektor die in der Raumladungszone erzeugten Elektronen in einen Bereich abnehmender Feldstärke bewegen, während es bei den Defektelektronen umgekehrt ist. Wegen der entgegengesetzten Feldrichtung im diffundierten Sperrschichtdetektor sind hier die Bewegungsrichtungen der Ladungsträger ebenfalls vertauscht.

Da die elektrische Feldstärke in den hier besprochenen Detektortypen räumlich nicht konstant ist, gestaltet sich die Bestimmung der Form des Detektorausgangsimpulses und damit auch die Ermittlung der Ladungssammelzeiten komplizierter als bei den oben behandelten *p-i-n*-Detektoren. Es hat sich gezeigt, daß man ohne allzu großen mathematischen Aufwand nur mit Hilfe vereinfachender Annahmen zu brauchbaren Ergebnissen kommen kann. In diesem Zusammenhang sind besonders die Arbeiten von Tove und Falk [3.100, 3.101] und von Hansen [3.102] zu nennen.

Zunächst sollen die Ladungssammelzeiten für den Oberflächensperrschichtdetektor mit *n*-leitendem Ausgangsmaterial ermittelt werden. Für diesen Fall ist die elektrische Feldstärke als Funktion des Abstandes x von der Frontseite des Detektors gegeben durch

$$E(x) = \frac{1}{\mu_n \tau} (d - x) . \tag{3.69}$$

Hierin ist $\tau = \varrho\, \varepsilon$ die dielektrische Relaxationszeit, wobei ϱ der spezifische Widerstand des Detektormaterials und ε seine Dielektrizitätskonstante ist, d ist die Tiefe der Verarmungszone und μ_n die Beweglichkeit der Elektronen. Aufgrund der Rechnungen in [3.100–3.102] ergibt sich, daß die Elektronen, da sie in einen Bereich verschwindender elektrischer Feldstärke hineindriften, alle dieselbe Ladungssammelzeit haben. Diese Ladungssammelzeit ist, wenn man die Verhältnisse genau betrachtet, nicht endlich. Vereinfachend kann man jedoch sagen, daß die Ladungssammelzeit der Elektronen in diesem Falle gleich der dielektrischen Relaxationszeit des Detektormaterials ist. Das bedeutet, wenn man Silizium als Detektormaterial wählt, und den spezifischen Widerstand ϱ in Ω cm ausdrückt

$$\tau_n = \tau = \varrho \cdot 10^{-12}\ [\mathrm{s}] . \tag{3.70}$$

Die Elektronensammelzeit τ_n hängt nicht von der angelegten Detektorbetriebsspannung ab, da eine Zunahme dieser Spannung eine Vergrößerung der Verarmungszonentiefe des Detektors verursacht. Wählt man beispielsweise als Ausgangsmaterial für den Detektor ein Silizium, das einen spezifischen Widerstand von $10^3\ \Omega$ cm hat, dann ergibt sich eine Elektronensammelzeit in der Größenordnung von 1 ns.

Im Gegensatz zu den Elektronen haben die Defektelektronen, die in einen Bereich mit zunehmender elektrischer Feldstärke hineindriften, je nach ihrem Entstehungsort verschieden große Sammelzeiten. Die maximale Sammelzeit für die Defektelektronen ist aufgrund der oben zitierten Rechnungen gegeben durch

$$\tau_p^{\max} = \frac{\mu_n}{\mu_p} \tau \ln \frac{1}{1 - R/d} . \tag{3.71}$$

Hierin ist R die Reichweite des einfallenden geladenen Teilchens im Detektormaterial. Das bedeutet, daß die größte Sammelzeit durch die Defektelektronen bestimmt wird, die im Abstand R von der Frontelektrode entstehen. Die Größe R/d wird die „reduzierte Reichweite" genannt. Aus Gl. (3.71) geht hervor, daß ionisierende Primärteilchen mit verschieden großen Reichweiten im Detektor Ausgangsimpulse mit verschieden großen Anstiegszeiten liefern. Dieser Effekt wurde bereits zur Teilchendiskriminierung ausgenutzt [3.103–3.105]. Allerdings läßt sich eine Teilchendiskriminierung nach diesem Verfahren besser mit Detektoren durchführen, die aus p-leitendem Ausgangsmaterial hergestellt sind, da bei ihnen die Ladungsträger mit der geringeren Beweglichkeit in den Bereich abnehmender elektrischer Feldstärke hineindriften.

Wie bereits weiter oben erwähnt, gelten für die Ladungssammlung und die Form der Detektorausgangsimpulse eines diffundierten Sperrschichtdetektors mit p-leitendem Ausgangsmaterial formal dieselben Beziehungen wie für einen Oberflächensperrschichtdetektor mit n-leitendem Ausgangsmaterial, die Rollen der Elektronen und Defektelektronen sind jedoch vertauscht. Das bedeutet, bei dem Detektor aus p-Material driften die Defektelektronen in die Richtung verschwindender elektrischer Feldstärke, ihre Ladungssammelzeit ist also durch die dielektrische Relaxationszeit gegeben, d.h. wenn $\varrho = 10^3\ \Omega\,\mathrm{cm}$ ist, liegt sie in der Größenordnung von etwa 1 ns. Für die Elektronen ergibt sich in Analogie zu Gl. (3.71) die maximale Ladungssammelzeit zu

$$\tau_n^{\max} = \frac{\mu_p}{\mu_n}\,\tau \ln \frac{1}{1 - R/d}\,. \tag{3.72}$$

Um einen echten Vergleich zwischen einem Oberflächensperrschichtdetektor und einem diffundierten Sperrschichtdetektor machen zu können, muß auch die Beziehung zwischen Verarmungszonendicke, spezifischem Widerstand, Ladungsträgerbeweglichkeit und angelegter Sperrspannung berücksichtigt werden. Um in einem diffundierten Sperrschichtdetektor mit p-Ausgangsmaterial dieselbe reduzierte Reichweite zu erreichen wie in einem Oberflächensperrschichtdetektor mit n-Ausgangsmaterial muß der spezifische Widerstand des ersteren dreimal größer sein als der des Oberflächendetektors bei gleich großer angelegter Sperrspannung.

Tove und Falk [3.101] haben in ihrer Arbeit ein Nomogramm aufgestellt (Abb. 3.63), das die Anstiegszeit des Gesamtladungsimpulses τ_{ges} (10 bis 90% der Impulshöhe) für n- und p-Sperrschichtdetektoren als Funktion des spezifischen Widerstandes ϱ und der reduzierten Reichweite R/d wiedergibt. Zieht man in diesem Nomogramm eine gerade Verbindungslinie zwischen der reduzierten Reichweite R/d und dem spezifischen Widerstand ϱ des betrachteten Detektors und verlängert dann diese Gerade bis zu ihrem Schnittpunkt mit der Zeitachse, so kann man aus der Lage dieses Schnittpunktes die gesuchte Impulsanstiegszeit τ_{ges} entnehmen. Aus dem Nomogramm in Abb. 3.63 geht weiter hervor, daß bei Sperrschichtdetektoren mit p-leitendem Ausgangsmaterial bei vorgegebenem spezifischen Widerstand die Anstiegszeit des Ausgangsladungsimpulses mit zunehmender reduzierter Reichweite monoton abnimmt. Das ist dadurch zu erklären, daß mit zunehmender Teilchenreichweite im Detektor ein immer größerer Anteil des Ausgangssignals durch die beweglicheren Elektronen zustande kommt. Bei Verwendung von n-leitendem Ausgangsmaterial sind die Verhältnisse etwas komplizierter. Läßt man bei vorgegebenem spezifischen Widerstand die

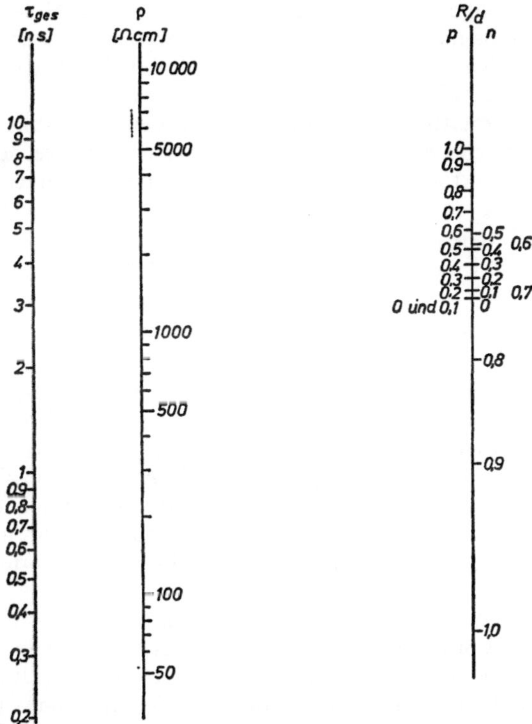

Abb. 3.63. Nomogramm zur Bestimmung der Anstiegszeit des Gesamtladungsimpulses τ_{ges} (10 bis 90% der Impulshöhe) in Abhängigkeit vom spezifischen Widerstand ϱ und der reduzierten Reichweite R/d für n- und p-Sperrschichtdetektoren [3.101]

reduzierte Reichweite von Null an zunehmen, dann nimmt zunächst die Impulsanstiegszeit ab, da die mittlere von den Elektronen zurückgelegte Entfernung abnimmt. Diese Tendenz kehrt sich jedoch von $R/d = 0{,}5$ ab um, wenn die weniger beweglichen Defektelektronen den größeren Anteil des Ausgangssingals bilden. Dieser Effekt kann sich sehr störend bemerkbar machen, wenn man unter Verwendung von Detektoren aus n-Material eine Teilchendiskriminierung aufgrund verschiedener Impulsanstiegszeiten durchführen will.

Ähnliche Überlegungen wie sie oben für *n*- und *p*-Sperrschichtdetektoren wiedergegeben sind, wurden von Amerlaan und Mitarbeitern [3.106] auch für *p-i-n*-Detektoren durchgeführt.

3.7.2.4 Die systematische und statistische Schwankung der Apparatezeit

Um eine Aussage über die Zeitauflösung eines Halbleiterdetektor-Verstärker-Systems machen zu können, muß, wie zu Anfang dieses Kapitels bereits dargelegt wurde, die Schwankung der Apparatezeit t_a ermittelt werden. Diese Schwankung setzt sich aus zwei Komponenten zusammen: der systematischen und der statistischen Schwankung.

Die systematische Schwankung von t_a ist eine Folge der endlichen Abfallzeit der Detektorimpulse, da durch sie eine systematische Abhängigkeit der Zeit t_a von der Teilchenenergie gegeben ist. Die Differenz zweier Zeiten $(\Delta t_a)_{\text{syst}}$, die den Energien $E_{\max}$ und $E_{\min}$, d.h. den Grenzenergien des Spektrums entsprechen, ist gegeben durch

$$(\Delta t_a)_{\text{syst}} = \tau_f E_S \left(\frac{1}{E_{\min}} - \frac{1}{E_{\max}}\right). \tag{3.73}$$

Hierin ist E_S die Energie, die der eingestellten Schwellspannung entspricht. τ_f ist die Impulsformungszeitkonstante des Detektor-Verstärker-Systems. Gl. (3.73) gilt unter der Voraussetzung $E_{\min} \gg E_S$. Wählt man beispielsweise $\tau_f = 1\,\mu\text{s}$ und $E_{\max} \gg E_{\min} = 10\,E_S$, dann ergibt sich eine systematische Schwankung von $(\Delta t_a)_{\text{syst}} = 100\,\text{ns}$. Diesen Effekt kann man elektronisch dadurch vermeiden, daß man das Verfahren der doppelten Impulsformung, die sogenannte Nulldurchgangsmethode [3.107] anwendet.

Die statistische Schwankung von t_a kommt durch die statistische Schwankung der Form der Ausgangsimpulse zustande. Die letztere verursacht sowohl eine Schwankung der Impulshöhe als auch eine der Zeit t_a. Dadurch entsteht eine Verteilung von t_a. Die Halbwertsbreite dieser Verteilung ist in guter Näherung gegeben durch [3.108, 3.109]

$$(\Delta t_a)_{\text{stat}}^{\text{FWHM}} = \left\{\frac{(\Delta u)^{\text{FWHM}}}{du/dt}\right\}_{t=\bar{t}_a}. \tag{3.74}$$

Hierin ist $(\Delta u)^{\text{FWHM}}$ die Halbwertsbreite der Verteilung $u(\bar{t}_a)$, wobei $u(\bar{t}_a)$ die Höhe ist, die der Impuls zur Zeit $\bar{t}_a$ (Mittelwert der Zeit t_a) erreicht hat. Gl. (3.74) verknüpft Impulshöhen- und Zeitschwankungen miteinander. Die Beiträge der einzelnen Schwankungskomponenten, aus denen sich $(\Delta u)^{\text{FWHM}}$ zusammensetzt, nehmen, mit Ausnahme des Rauschbeitrages $(\Delta r)^{\text{FWHM}}$, mit sinkender Schwellenergie E_S ab. Wenn $E_S \ll E$ ist, kann man sie vernachlässigen. Damit geht Gl. (3.74) über in

$$(\Delta t_a)_{\text{stat}}^{\text{FWHM}} = \frac{(\Delta r)^{\text{FWHM}}}{du/dt}. \tag{3.75}$$

Da gilt $(\Delta E)^{\text{FWHM}} \geqq (\Delta r)^{\text{FWHM}}$ geht (3.75) über in

$$(\Delta t_a)_{\text{stat}}^{\text{FWHM}} \leqq \frac{(\Delta E)^{\text{FWHM}}}{du/dt}. \tag{3.76}$$

Nimmt man an, daß die Impulsformungszeitkonstante τ_f des Detektor-Verstärker-Systems so gewählt wurde, daß sich ein optimales Signal-Rausch-Verhältnis ergibt, dann kann die Form des Verstärkerausgangsimpulses $u(t)$ durch folgende Gleichung beschrieben werden

$$u(t) = E\frac{t}{\tau_f}\exp\left(-\frac{t}{\tau_f}\right). \tag{3.77}$$

Daraus ergibt sich die Anfangssteigung des Ausgangsimpulses zu $(du/dt)_{t=0} = E/\tau_f$. Setzt man diesen Ausdruck für (du/dt) in Gl. (3.76) ein, so erhält man für die Halbwertsbreite der Verteilung von t_a

$$(\Delta t_a)_{\text{stat}}^{\text{FWHM}} \leqq \tau_f \frac{(\Delta E)^{\text{FWHM}}}{E}. \tag{3.78}$$

Wenn die Energieauflösung nur durch das Rauschen bestimmt wird, gilt in Gl. (3.78) das Gleichheitszeichen. Aus Gl. (3.78) geht hervor, daß die Schwankung der Apparatezeit von der Impulsformungszeitkonstanten und der Schwankung der Impulshöhe abhängt.

3.7.2.5 Die erreichbaren Zeitauflösungen

Eine optimale Zeitauflösung eines Detektor-Verstärker-Systems erhält man, wenn man die Impulsformungszeitkonstante τ_f kleiner wählt, als es zur Erlangung einer optimalen Energieauflösung erforderlich ist. Will man jedoch mit einem Detektor-Verstärker-System sowohl optimale Zeit- als auch Energieauflösung erreichen, so muß man hinter dem Detektor den Informationsfluß in zwei Wege aufspalten: über den einen Zweig läuft die Energieinformation und über den anderen die Zeitinformation. Nun können unabhängig voneinander in jedem Zweig optimale Betriebsbedingungen eingestellt werden. Es ist eine Anzahl von Anordnungen vorgeschlagen worden, die eine gleichzeitige gute Energie- und Zeitauflösung zu erreichen gestatten. In Abb. 3.64 sind drei Beispiele hierfür wiedergegeben.

Die Anordnung in Abb. 3.64a wurde zuerst von Williams und Biggerstaff für Oberflächensperrschichtdetektoren vorgeschlagen. Später wurde sie von Hill und Peelle [3.110] zusammen mit einem Ge(Li)-Detektor verwendet. Eine andere Schaltungsmöglichkeit zeigt Abb. 3.64b. Diese Möglichkeit wurde von Alberigi Quaranta und Mitarbeitern [3.111, 3.112] vorgeschlagen und bei der Teilchendiskriminierung mit Oberflächensperrschichtdetektoren eingesetzt. Ostertag und Mitarbeiter [3.113] benutzten sie mit einem koaxialgedrifteten Ge(Li)-Detektor. In Schaltung 3.64c wird der schnelle Spannungsimpuls im Zeitkanal ausgenutzt. Es handelt sich also um eine Modifizierung der Schaltung 3.64b, wo der schnelle Stromimpuls benutzt wird. In [3.113] wird gezeigt, daß die Schaltung in Abb. 3.64c dann von Vorteil ist, wenn Gamma-Gamma-Koinzidenzmessungen über ein großes Energiespektrum durchgeführt werden sollen. Der Nachteil dieser Schaltung ist darin zu sehen, daß der Widerstand R einen zusätzlichen Rauschbeitrag im Energiekanal verursacht.

Über die mit Halbleiterdetektoren erreichbaren Zeitauflösungen wurden viele Untersuchungen durchgeführt. Sie können hier nicht alle behandelt werden. Es seien lediglich einige erwähnt. So untersuchten Cottini

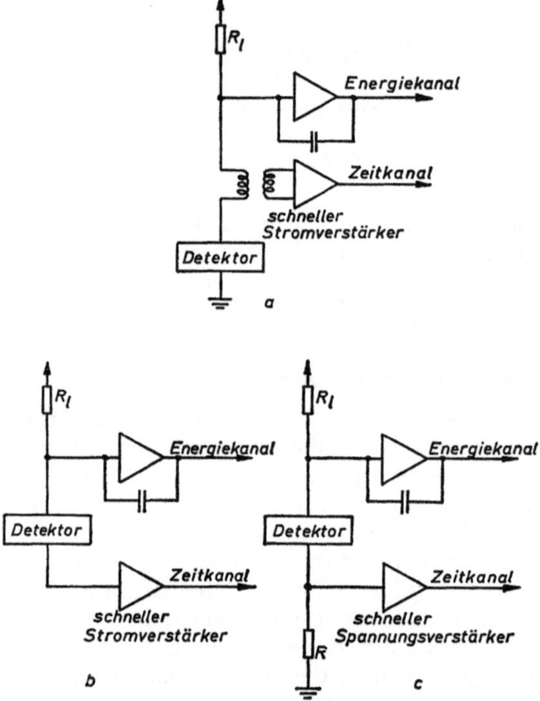

Abb. 3.64. Verschiedene Schaltungsmöglichkeiten, um gleichzeitig hohe Energie- und Zeitauflösung zu erreichen (Erläuterung im Text)

und Mitarbeiter [3.114] und Wahl [3.108] unter Verwendung von Alphateilchen die Zeitauflösung von Oberflächensperrschichtdetektoren. Dabei ergab sich für 5 MeV Alphateilchen eine Zeitauflösung von etwa 50 ps [3.114]. Zur Ermittlung der Zeitauflösung wurden auch prompte Koinzidenzspektren aufgenommen, z.B. von Alpha-Gamma-, Alpha-Beta- und Proton-Gamma-Koinzidenzen [3.115–3.117]. Dabei ergaben sich folgende Werte für die Halbwertsbreite der Verteilung von t_a: 380, 500 und 450 ps.

Die beim Nachweis von Spaltfragmenten mit Oberflächensperrschichtdetektoren erzielbare Zeitauflösung wurde ebenfalls untersucht. Hier sind die Arbeiten von Williams und Mitarbeitern [3.118] und von Meyer [3.119] zu nennen. Erstere erhielten für die Halbwertsbreite der t_a-Verteilung einen Wert von 400 ps, während Meyer 90 ps erhielt bzw. in einem zweiten Experiment, bei dem die Nulldurchgangsmethode angewendet wurde, 128 ps.

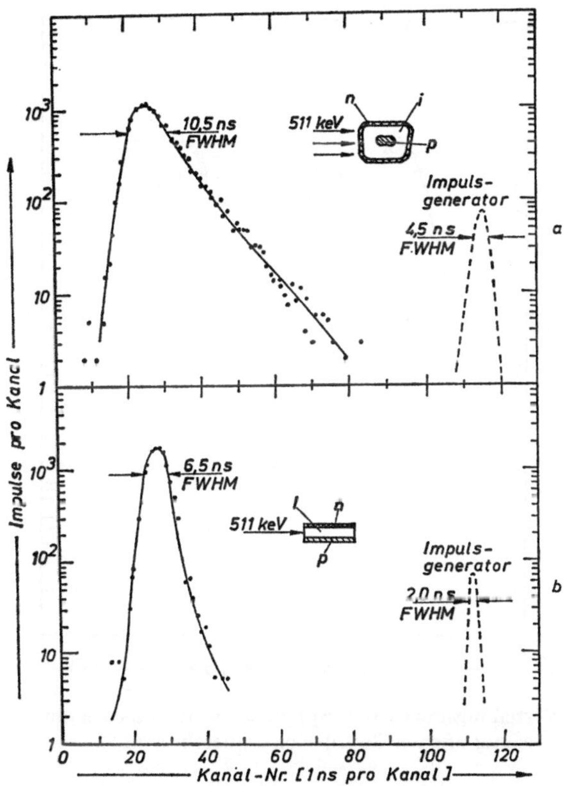

Abb. 3.65. Die Verteilungskurve der Apparatezeit t_a bei Verwendung eines Ge(Li)-Koaxialdetektors (a) und eines Ge(Li)-Planardetektors (b) [3.83]. Dicke der kompensierten Zone jeweils 10 mm

Bei der Mehrzahl der Untersuchungen [3.83, 3.84, 3.120–3.123] wird der Ausgangsladungsimpuls zur Bestimmung der Zeitauflösung verwendet. Es kann jedoch auch der Ausgangsstromimpuls benutzt werden [3.113]. Um eine möglichst geringe Streuung der Anstiegszeiten zu erlangen, wählt man die Diskriminatorschwelle (Schwellenenergie E_S) so niedrig, wie es das Systemrauschen eben noch erlaubt. Aber auch das Nulldurchgangsverfahren wird von einigen Autoren verwendet [3.83, 3.121, 3.152].

Bei der Bestimmung der t_a-Verteilungskurve von Ge(Li)-Detektoren zeigte sich, daß bei Planardetektoren diese Verteilung schmaler ist als bei Koaxialdetektoren mit gleich dicker Verarmungszone. Das ist darauf zurückzuführen, daß beim Planardetektor die elektrische Feldstärke eine gleichmäßige Verteilung über das empfindliche Volumen hat, während sie beim Koaxialdetektor radiusabhängig ist. In Abb. 3.65 sind die Ergebnisse solcher Messungen wiedergegeben [3.83]. Teil *a* der Abbildung

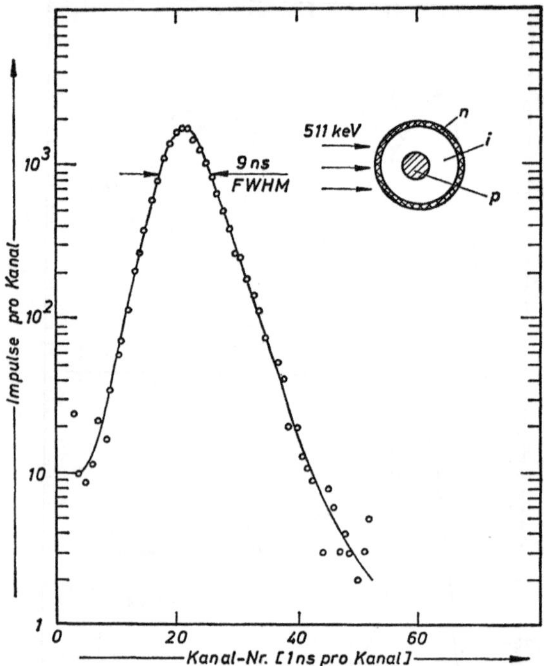

Abb. 3.66. Die Verteilungskurve der Apparatezeit für einen zylindrischen, zweiseitig offenen Ge(Li)-Koaxialdetektor [3.83]

zeigt die Verteilungskurve für einen Koaxialdetektor (Dicke der kompensierten Zone 10 mm), der aus einem trapezoiden Detektorkristall besteht. Ein Querschnitt durch den Detektorkristall und die Einstrahlrichtung sind rechts oben im Bild eingezeichnet. Die Halbwertsbreite dieser Verteilung beträgt 10,5 ns. Abb. 3.65b zeigt die entsprechende Zeitverteilung für einen Planardetektor mit ebenfalls 10 mm dicker Verarmungszone. Hier beträgt die Halbwertsbreite 6,5 ns. Die Form des Detektors und die Einstrahlrichtung sind ebenfalls eingezeichnet. Diese Kurven wurden durch Messung der prompten Koinzidenzen der 511 keV Vernichtungsquanten von ^{22}Na mit einer schnellen Szintillator-Photomultiplier-Anordnung und dem jeweiligen Ge(Li)-Detektor ermittelt. Die durch den

Impulsgenerator erzeugten Verteilungskurven zeigen die Verschlechterung der zeitlichen Auflösung durch das Rauschen der Elektronik. Hier betragen die Halbwertsbreiten 4,5 bzw. 2 ns. Ähnliche Ergebnisse wurden von Ewan und Mitarbeitern erzielt [3.84].

Je kleiner die Dicke der Verarmungszone gewählt wird, desto besser wird die Zeitauflösung. So erhielten Pigneret und Mitarbeiter [3.122] mit einem 2 mm-Detektor für ^{60}Co- und ^{22}Na-Gammaquanten Halbwerts-

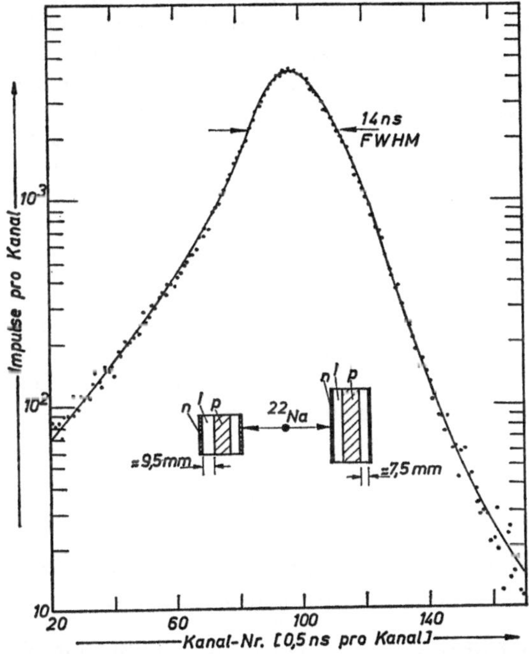

Abb. 3.67. Die Verteilungskurve der Apparatezeit für eine Koinzidenzmeßanordnung mit zwei, zweiseitig offenen, zylindrischen Ge(Li)-Koaxialdetektoren [3.84]

breiten der t_a-Verteilung von 1,1 bzw. 2,8 ns. Balland und Mitarbeiter [3.123] verwendeten einen Detektor mit 8 mm dicker kompensierter Zone und erhielten eine Zeitauflösung von 3,3 ns. Auch sie benutzten die ^{22}Na-Vernichtungsstrahlung.

Für Koinzidenzexperimente sind besonders großvolumige Koaxialdetektoren von Bedeutung. Graham und Mitarbeiter [3.121] zeigten, daß bei einseitig offenen Koaxialdetektoren die Impulsanstiegszeiten stark davon abhängig sind, an welcher Stelle die Strahlung in den Detektor eintritt (Abb. 3.53). Die Zeitauflösung ist am schlechtesten, wenn die Strahlung in dem Bereich auf den Detektor trifft, in dem keine echte Koaxialgeometrie mehr vorliegt (unterer Teil von Abb. 3.53), da hier eine für die Ladungssammlung ungünstige Feldverteilung herrscht. Im Bereich mit echter Koaxialgeometrie sind die Verhältnisse wesentlich besser (oberer Teil von Abb. 3.53). Ähnliches ergibt sich aus den Untersuchungen von Malm [3.83]. Abb. 3.66 zeigt die Verteilungskurve der Apparatezeit für einen zylindrischen, zweiseitig offenen Koaxialdetektor. Dieser Detektor wurde unter denselben Bedingungen untersucht, wie der in Abb. 3.65a benutzte. Die Zeitauflösung, d.h. die Halbwertsbreite der Verteilungskurve beträgt hier 9 ns. Ein Vergleich beider Verteilungskurven zeigt, daß die Kurve des zylindrischen Detektorkristalls symmetrischer ist, da wegen der besseren Detektorgeometrie die Verteilung des elektrischen Feldes symmetrischer ist. Daraus folgt, daß für Koinzidenzexperimente ein zylindrischer Detektorkristall besser geeignet ist als ein trapezoider. Außerdem eignet er sich wegen der symmetrischen Zeitverteilungskurve besser zum Einsatz bei Messungen der Lebensdauer angeregter Kernniveaus. Der in Abb. 3.65a vorhandene relativ flach auslaufende „Schwanz" in der Verteilungskurve erschwert solche Experimente erheblich.

Von Ewan und Mitarbeitern [3.84] wurden bei Koinzidenzexperimenten zwei, zweiseitig offene, zylindrische Koaxialdetektoren verwendet. Zur Ermittlung der Verteilungskurve wurde wiederum die 511 keV-Vernichtungsstrahlung eines ^{22}Na-Präparates benutzt. Die sich dabei ergebende Kurve ist in Abb. 3.67 wiedergegeben. Die Halbwertsbreite beträgt hier 14 ns. Wie man sieht, hat auch diese Verteilung eine relativ steile Abfallflanke.

3.8 Die Einflüsse von Temperatur, Licht und Magnetfeldern auf das Detektorverhalten

Wie bereits früher erwähnt wurde, beeinflußt eine Temperaturänderung das Rauschen und die Ladungssammelzeit in einem Halbleiterdetektor. Besonders macht sich die temperaturabhängige Änderung des Stromrauschens bemerkbar. Dieses ist durch die Gln. (3.60) bzw. (3.62) und (3.63) bzw. (3.65) gegeben. Da der Sperrstrom mit zunehmender Temperatur stark ansteigt, ist auch eine entsprechende Zunahme des Stromrauschens zu beobachten. Aus Gl. (3.4) geht hervor, daß außer der Temperatur T auch noch die Größe des Bandabstandes E_g für die Anzahl der Elektronen im Leitungsband und damit für die Leitfähigkeit des Detektorkristalles verantwortlich ist. Gl. (3.4) zeigt, daß beispielsweise ein Germaniumdetektor einen zu geringen Bandabstand hat, um bei Zimmertemperatur betrieben werden zu können. Bei ihm ist erst in einem Temperaturbereich von 4 bis 150 K die Besetzungsdichte der Elektronenniveaus im Leitungsband so gering, daß er ein hinreichend niedriges Eigenrauschen hat. Ein weiterer Effekt ist die Temperaturabhängigkeit der Ladungsträgerbeweglichkeit. Sie nimmt im allgemeinen mit abnehmender Temperatur zu, was eine Verringerung der Ladungssammelzeit verursacht. Schließlich sei noch erwähnt, daß die Dicke der Verarmungszone nicht merklich von der Temperatur abhängt, da alle Donatoren und Akzeptoren im Detektorkristall im allgemeinen auch bei tiefen Temperaturen als ionisiert angenommen werden können. Bei sehr niedrigen Temperaturen im Bereich von 4 bis 30 K wurden jedoch starke Veränderungen der Zählergüte festgestellt [3.124].

Licht mit einer Quantenenergie, die größer ist als der Bandabstand E_g, wird in Silizium und Germanium sehr stark absorbiert. Die Absorptionskoeffizienten liegen hier in der Größenordnung von 10^4 bis 10^6 cm^{-1}. Die in einem Halbleiterkristall absorbierten hochenergetischen Lichtquanten führen wie die in einen Detektorkristall eintretenden geladenen Teilchen oder Gammaquanten zur Bildung von Elektronen-Defektelektronen-Paaren. Das bedeutet, jedes in der Verarmungszone absorbierte Lichtquant liefert einen Beitrag zum Sperrstrom des Detektors und damit auch zu seinem Rauschen. Halbleiterdetektoren, die ein Strahleintrittsfenster haben, das dicker ist, als die Absorptionstiefe der Lichtquanten, haben nur eine sehr geringe Lichtempfindlichkeit. Das bedeutet, daß diffundierte Sperrschichtzähler eine geringere Lichtempfindlichkeit haben, als die nur mit einer dünnen Goldschicht auf der empfindlichen Oberfläche bedampften Oberflächensperrschichtdetektoren. Oberflächensperrschichtdetektoren können so lichtempfindlich sein, daß sie unter Umständen sogar anstelle eines Photomultipliers in Verbindung mit einem Szintillationskristall eingesetzt werden können [3.125]. Tuzzolino und Mitarbeiter ermittelten für einen mit einer 5 nm dicken Goldschicht versehenen Detektor für Licht mit einer Wellenlänge von 5461 Å eine Empfindlichkeit von 0,13 μA μW^{-1} [3.125]. Um den Einfluß der Lichtempfindlichkeit möglichst vollständig auszuschalten und damit die Energieauflösung zu verbessern, müssen die Halbleiterdetektorkristalle lichtdicht gekapselt werden, oder aber in einem dunklen Raum betrieben werden. Man könnte zwar das Strahleintrittsfenster bei einem diffundierten Sperrschichtdetektor so dick machen, daß der Detektor praktisch lichtunempfindlich ist. In der Praxis ist das jedoch unzweckmäßig, da zur Erzeugung solcher Fensterdicken zu hohe Diffusionstemperaturen angewendet werden müssen, was die Detektoreigenschaften nachteilig beeinflußt.

Neben Temperatur und Licht haben auch magnetische Felder oberhalb einer bestimmten Feldstärke einen merklichen Einfluß auf die Arbeitsweise eines Halbleiterdetektors. Das ist darauf zurückzuführen, daß sich das magnetische Feld dem im Detektor herrschenden elektrischen Feld überlagert und die Elektronen und Defektelektronen von ihren geraden Bahnen ablenkt. Der Verlauf dieser neuen Ladungsträgerbahnen wird durch die Richtung des Magnetfeldes relativ zu der des elektrischen Feldes bestimmt. In jedem Falle wird jedoch durch diese Ladungsträgerablenkung die Rekombinationswahrscheinlichkeit erhöht. Shockley hat gezeigt, daß die Wirkung des Magnetfeldes von dem Produkt aus Ladungsträgerbeweglichkeit und Betrag der magnetischen Feldstärke abhängig ist [3.126]. Die Bedingung für die magnetische Feldstärke H ist gegeben durch

$$\mu H = 10^8 , \tag{3.78}$$

wobei die Größen μ und H in praktischen Einheiten einzusetzen sind. Wenn die Feldstärke kleiner ist, als sich aus Gl. (3.78) ergibt, kann der Einfluß des Magnetfeldes vernachlässigt werden. So zeigen beispielsweise Magnetfelder mit einer Feldstärke unterhalb $5 \cdot 10^4$ Oe keinerlei Einfluß bei Silizium, das sich auf Zimmertemperatur befindet, d. h. bei dem für die Elektronenbeweglichkeit $\mu = 1{,}4 \cdot 10^3\ \mathrm{cm^2\,V^{-1}\,s^{-1}}$ gilt. In Germanium bei 78 K beträgt die Elektronenbeweglichkeit $3 \cdot 10^4\ \mathrm{cm^2\,V^{-1}\,s^{-1}}$, bei 4 K ist sie etwa $10^6\ \mathrm{cm^2\,V^{-1}\,s^{-1}}$. Das bedeutet unter Anwendung von Gl. (3.78), daß sich Magnetfelder mit einer Stärke von mehr als $3 \cdot 10^3$ Oe bzw. 10^2 Oe bei der Ladungssammlung störend bemerkbar machen. Dieses Verhalten wird durch die Messungen von Walter und Mitarbeitern [3.127] bestätigt. Sie stellten Änderungen in der Ausgangsimpulshöhe von Oberflächensperrschicht-Germaniumdetektoren fest, die auf die Temperatur des flüssigen Heliums gekühlt waren, und sich in Magnetfeldern mit Feldstärken von einigen Hundert Oersted befanden. Es gelang ihnen sogar, durch Erhöhung der Feldstärken auf einige Tausend Oersted die Ladungsträger im Detektor so stark von ihren geradlinigen Bahnen abzulenken, daß bei Bestrahlung des Detektors mit 5 MeV Alphateilchen praktisch kein Ausgangssignal mehr entstand.

3.9 Werkstoffe für den Bau von Halbleiterdetektoren

Aufgrund der in den frühen Kapiteln durchgeführten Überlegungen lassen sich einige Bedingungen formulieren, die ein Werkstoff, der für den Bau von Halbleiterdetektoren geeignet sein soll, möglichst gut erfüllen muß. Dieses sind:

a) Eine möglichst geringe Konzentration freier Ladungsträger im stationären Zustand, um ein geringes Stromrauschen zu erzielen.

b) Möglichst wenig Haftzentren, um eine Verfälschung des Ausgangssignals zu vermeiden.

c) Möglichst hohe Ladungsträgerbeweglichkeit, um kurze Impulsanstiegszeiten zu erreichen.

d) Einen möglichst kleinen Wert für die mittlere Energie, die zur Bildung eines Ladungsträgerpaares erforderlich ist, was eine optimale Energieauflösung liefert.

e) Eine große Ordnungszahl, um einen möglichst großen Absorptionskoeffizienten für Photoeffekt bei Gammastrahlung und ein gutes Abbremsvermögen des Detektormaterials zu erlangen.

f) Eine große Ladungsträgerlebensdauer, um eine möglichst vollständige Ladungssammlung zu erzielen.

Vergleicht man diese sechs Bedingungen miteinander, so stellt man fest, daß sie sich zum Teil gegenseitig ausschließen, wie beispielsweise die Bedingungen a und d; denn ein kleiner Wert für die mittlere Energie zur Bildung eines Ladungsträgerpaares setzt einen geringen Bandabstand E_g voraus, was aber wieder die Wahrscheinlichkeit für das Entstehen freier Ladungsträger im Leitungsband erhöht. Hier muß man also einen Kompromiß schließen, der beispielsweise darin bestehen kann, daß man den Detektor entsprechend tief kühlt, so daß aus thermodynamischen Gründen eine hinreichend kleine Besetzungswahrscheinlichkeit für die Elektronenniveaus im Leitungsband besteht, obwohl sich der Bandabstand nicht geändert hat.

Um einen leistungsfähigen Halbleiterdetektor bauen zu können, muß man die Technologie des Detektormaterials so gut beherrschen, daß man störungsfreie Einkristalle hinreichender Größe mit extremer Reinheit herstellen kann. Nur so können die Bedingungen b und f zufriedenstellend erfüllt werden. Die einzigen Materialien, deren Technologie bis heute soweit entwickelt ist, daß die genannten Bedingungen hinreichend gut erfüllt sind, sind Silizium und Germanium. Man kann beispielsweise heute Germanium mit einer so großen Reinheit herstellen und handhaben, daß die Verunreinigungskonzentration weniger als 10^{12} Atome pro cm^3 beträgt. Auf die Probleme, die bei der Herstellung und beim Umgang mit so hochreinen Halbleiter-Einkristallen auftreten, soll hier nicht weiter eingegangen werden.

Trotz der Vorteile, die die hochentwickelte Silizium- und Germaniumtechnologie für den Bau von Halbleiterdetektoren aus diesen Materialien bietet, war man schon frühzeitig bestrebt, auch andere Stoffe im Hinblick auf ihre Verwendbarkeit zum Bau von Halbleiterdetektoren zu untersuchen; denn besonders in zwei Punkten wünschte man sich bessere Eigenschaften. Um die Detektoren beim Betrieb nicht kühlen zu müssen, wenn man optimale Energieauflösung erreichen wollte, wünschte man sich einen größeren Bandabstand E_g, und um ein besseres Photoansprechvermögen bei der Gammaspektroskopie zu bekommen, hätte man gerne ein Detektormaterial mit einer größeren Ordnungszahl gehabt. Die durch eine geringe Vergrößerung des Bandabstandes entstehende Auflösungsverschlechterung kann man in vielen Fällen zugunsten einer besseren Detektorhandhabung in Kauf nehmen.

Im Anhang in Tabelle 7.1.2 [3.128] ist eine Anzahl von Materialien zusammengestellt, die im Hinblick auf ihre Einsatzmöglichkeit als Detektormaterialien bereits ins Auge gefaßt wurden. Diese Zusammenstellung erhebt keinen Anspruch auf Vollständigkeit, sondern stellt lediglich eine Auswahl eventuell geeigneter Stoffe dar.

Die interessantesten Materialien in dieser Tabelle sind neben Silizium und Germanium die III-V-Verbindung GaAs und die II-VI-Verbindung CdTe. Die erste hat die größere Ladungsträgerbeweglichkeit, während die zweite die größere Ordnungszahl besitzt. Beim derzeitigen Stand ihrer Technologie sind diese Stoffe jedoch noch nicht zum Bau von Detektoren verwendbar. Ihre minimale Verunreinigungskonzentration ist größer als 10^{15} Atome pro cm^3, und damit wesentlich größer als die von Silizium oder Germanium. Hochohmiges Material ist in diesen Fällen immer kompensiertes Material. Solches kompensiertes Material hat sich jedoch für den Bau von Detektoren als nicht sehr geeignet erwiesen. Northrop und Mitarbeiter [3.129] haben bei ihrer Untersuchung von GaAs auf einige Schwierigkeiten hingewiesen, die bei kompensierten Materialien mit relativ großem Bandabstand auftreten, und die bei Verwendung dieser Stoffe zum Bau von Detektoren berücksichtigt werden müssen. Wegen der großen Bedeutung, die GaAs und CdTe für die Halbleiterdetektorentwicklung haben, werden an verschiedenen Stellen umfangreiche Untersuchungen an diesen Werkstoffen durchgeführt, die zum Teil schon zu sehr erfolgversprechenden Ergebnissen führten [3.153–3.157].

Auch die III-V-Verbindung InSb erscheint aufgrund ihrer Eigenschaften für die Verwendung als Detektormaterial geeignet [3.158]. InSb hat eine große Elektronenbeweglichkeit, eine große Ordnungszahl, einen sehr geringen Bandabstand und läßt sich sehr rein herstellen. Außerdem hat es einen niedrigen Schmelzpunkt, so daß man große Kristalle mit relativ geringer Störstellenkonzentration herstellen kann. Wegen des extrem geringen Bandabstandes muß man jedoch, um die Forderung a erfüllen zu können, den Kristall auf die Temperatur des flüssigen Heliums abkühlen. Aber selbst bei so tiefen Temperaturen ist das Rauschen, das hier durch die Wechselwirkung der Restverunreinigungen verursacht wird, immer noch so groß, daß ein solcher Detektor praktisch nicht verwendbar ist.

Die III-V-Verbindung GaSb ist in vielen Punkten dem Germanium ähnlich. Sie wurde jedoch bisher nur wenig untersucht, obwohl es hinsichtlich ihrer Anwendung bei Detektoren für die Gammaspektroskopie lohnend erscheint.

Auch GaP ist bisher im Hinblick auf seine Anwendung zum Bau von Halbleiterdetektoren wenig untersucht worden. Es ist in diesem Zusammenhang praktisch nur wegen seines relativ großen Bandabstandes interessant, da ein Detektor aus solchem Material bei Zimmertemperatur bzw. bei noch höheren Temperaturen betrieben werden könnte.

Die letzte in Tabelle 7.1.2 angegebene Verbindung ist CdS. CdS war das erste Halbleitermaterial, das zum Nachweis von Kernstrahlung benutzt wurde. Es ist sehr schwierig, störungsfreie und reine Einkristalle aus diesem Material herzustellen. Die Kristalle sind praktisch alle verunreinigt und enthalten eine große Anzahl von Gitterdefekten. Die Folge davon ist, daß viele Haft- und Rekombinationszentren im Detektor vorhanden sind, was ihn für Spektroskopierzwecke unbrauchbar macht. CdS-Detektoren werden aus diesem Grunde praktisch nur noch als integrierende Flußmonitore verwendet.

Die Suche nach geeigneten Materialien zum Bau von Halbleiterdetektoren wird sehr intensiv weitergeführt, so daß man heute noch nicht sagen kann, ob bzw. welche Stoffe einmal die klassischen Halbleiter Silizium und Germanium im Detektorbau verdrängen werden.

Literatur Kapitel 3

[3.1] Brown, W. L.: IRE Trans. Nucl. Sci. **NS-8,** Nr. 1, 2 (1961).
[3.2] Conwell, E. M.: Proc. IRE **46,** 1281 (1958).
[3.3] Seiler, K.: Physik und Technik der Halbleiter, Wissenschaftliche Verlagsgesellschaft mbH (Stuttgart 1964).
[3.4] Shockley, W., Read, W. T.: Phys. Rev. **87,** 835 (1952).
[3.5] Hoffmann, A.: Halbleiterprobleme **2,** 106 (1955).
[3.6] Klinger, D.: Nucl. Instr. and Meth. **23,** 302 (1963).
[3.7] McKay, K. G.: Phys. Rev. **94,** 877 (1954).
[3.8] Muss, D. R., Greene, R. F.: J. Appl. Phys. **29,** 1534 (1958).
[3.9] Shockley, W.: Solid-State Electronics **2,** 35 (1961).
[3.10] Chynoweth, A. G.: NAS-NRC 32, publ. **871,** 95 (1961).
[3.11] Czaja, W.: Helv. Phys. Acta **34,** 760 (1961).
[3.12] Halbert, M. L., Blankenship, J. L.: Nucl. Instr. and Meth. **8,** 106 (1960).
[3.13] Halbert, M. L.: IAEA-Report, STI/PUB/42, Wien **1,** 403 (1962).
[3.14] Friedland, S. S.: IRE Trans. Nucl. Sci. **NS-7,** Nr. 2—3, 181 (1960).
[3.15] Larsh, A. E.: Rev. Scient. Instr. **31,** 1114 (1960).
[3.16] Bussolati, C.: Phys. Rev. **136 A,** 1756 (1964).
[3.17] Seitz, F.: Discussions Faraday Soc. **5,** 271 (1949).
[3.18] Schweinler, H. C.: NAS-NRC, 32, publ. **871,** 91 (1961).
[3.19] Fabri, G.: Phys. Rev. **131,** 134 (1963).
[3.20] Bube, R. H.: Photoconductivity of solids, John Wiley & Sons, Inc. (New York, 1960).
[3.21] Fano, V.: Phys. Rev. **72,** 26 (1947).
[3.22] Van Roosbrock, W.: Phys. Rev. **139 A,** 1702 (1966).
[3.23] Alkhasov, G. D.: Nucl. Instr. and Meth. **48,** 1 (1967).
[3.24] Mann, H. M.: IEEE Trans. Nucl. Sci. **NS-12,** 88 (1965).
[3.25] — Bull. Am. phys. Soc. **11,** 127 (1966).
[3.26] — IEEE Trans. Nucl. Sci. **NS-13,** Nr. 3, 252 (1966).
[3.27] Pehl, R. H.: Nucl. Instr. and Meth. **59,** 45 (1968).
[3.28] Prior, A. C.: J. Phys. Chem. Solids **12,** 175 (1959).
[3.29] Miller, G. L.: IRE Trans. Nucl. Sci. **NS-7,** Nr. 2—3, 185 (1960).
[3.30] Gibson, W. M., Miller, G. L.: BNL-5391.
[3.31] Britt, H. C., Wegner, H. E.: Rev. Scient. Instr. **34,** 274 (1963).
[3.32] Lindhard, J., Nielsen, V.: Physics Letters **2,** 209 (1962).
[3.33] Sattler, A. R.: Bull. Amer. Soc. **9,** 668 (1964).
[3.34] Shirato, S.: Jap. J. Appl. Phys. **3,** 326 (1964).
[3.35] Shockley, W., Read, W. T.: Phys. Rev. **87,** 835 (1952).
[3.36] Northrop, D. C., Simpson, O.: Proc. Phys. Soc. **80,** 262 (1962).
[3.37] Day, R. B.: 13th Nucl. Sci. Symp., Boston, 19.—21. Okt. (1966).
[3.38] Mott, N. F.: Proc. Roy. Soc. **A 171,** 27 (1939).
[3.39] Schottky, W.: Z. Phys. **113,** 367 (1939).
[3.40] Bardeen, J.: Phys. Rev. **71,** 717 (1947).
[3.41] Tamm, I.: Physik Z. Sowjetunion **1,** 733 (1932).
[3.42] Shockley, W.: Phys. Rev. **56,** 317 (1939).
[3.43] Esaki, L.: Phys. Rev. **109,** 603 (1958).
[3.44] Sommers jr., H. S.: Proc. IRE **47,** 1201 (1958).
[3.45] Chynoweth, A. G.: Phys. Rev. **121,** 684 (1961).
[3.46] Alfrey, G. F., Taylor, K. N. R.: J. Electronics **8,** 301 (1960).
[3.47] Parkinson, W. C., Bilaniuk, O. M.: Rev. Sci. Instr. **32,** 1136 (1961).
[3.48] Davis, W. D.: Phys. Rev. **114,** 1006 (1959).

[3.49] Van Putten, J. D., van der Velde, J. C.: IRE Trans. Nucl. Sci. **NS-8,** Nr. 1, 124 (1961).
[3.50] Gibbons, P. E., Northrop, D. C.: Proc. Phys. Soc. **80,** 276 (1962).
[3.51] Hofstadter, R.: Nucleonics **4,** Nr. 4,2 und Nr. 5, 29 (1949).
[3.52] Champion, F. C.: Progr. Nucl. Phys. **3,** 159 (1953).
[3.53] McKay, K. G.: Phys. Rev. **76,** 1537 (1949).
[3.54] Solomon, R.: J. Appl. Phys. **31,** 1791 (1960).
[3.55] Siffert, P., Coche, A.: IEEE Trans. Nucl. Sci. **NS-12,** Nr. 1, 284 (1965).
[3.56] Marion, J. B.: Nuclear Data Tables, part 3, NRC, Washington (1960).
[3.57] Rich, M., Madey, R.: UCRL-2301 (1954).
[3.58] Goulding, F. S.: IEEE Trans. Nucl. Sci **NS-11,** Nr. 3, 177 (1964).
[3.59] Weiss, W. L., Whatley, E. M.: Nucleonics **20,** Nr. 8, 147 (1962).
[3.60] Dearnaley, G., Whitehead, A. B.: Nucl. Instr. and Meth. **12,** 205 (1961).
[3.61] Benveniste, J.: Nucl. Instr. and Meth. **12,** 67 (1961).
[3.62] Andrews, P. T.: Proc. of the Symposium on Nuclear Instruments, Harwell, 1961, Heywood & Co., 1962, S. 93.
[3.63] Fuller, C. S.: Transistor Technology, D. v. Nostrand & Co., Inc., New York, Bd. 3.
[3.64] Klema, E. D.: Nucl. Instr. and Meth. **26,** 205 (1964).
[3.65] Amsel, G.: Nucl. Instr. and Meth. **8,** 92 (1960).
[3.66] Williams, R. L., Webb, P. P.: IRE Trans. Nucl. Sci. **NS-9,** Nr. 3, 160 (1962).
[3.67] Jackson, R. W.: IRE Trans. Nucl. Sci. **NS-8,** Nr. 1, 29 (1961).
[3.68] Buck, T. M.: NAS-NRC, 32, publ. **871,** 111 (1961).
[3.69] Madden, T. C., Gibson, W. M.: Rev. Scient. Instr. **34,** 50 (1963).
[3.70] Hansen, W. L., Goulding, F. S.: UCRL-11227 (1964).
[3.71] Goulding, F. S., Hansen, W. L.: Nucl. Instr. and Meth. **12,** 249 (1961).
[3.72] Pell, E. M.: J. Appl. Phys. **31,** 291 (1960).
[3.73] Fuller, C. S., Severiens, J. C.: Phys. Rev. **96,** 21 (1954).
[3.74] Reiss, H.: Bell. Syst. techn. J. **35,** 535 (1956).
[3.75] Norgate, G., McIntyre, R. J.: IEEE Trans. Nucl. Sci. **NS-11,** Nr. 3, 291 (1964).
[3.76] Tavendale, A. J.: Electronique nucleaire (ENEA, Paris), 235 (1964).
[3.77] Goulding, F. S., Jarrett, B. V.: UCRL-16480 (1966).
[3.78] Tavendale, A. J.: IEEE Trans. Nucl. Sci. **NS-12,** Nr. 1, 255 (1965).
[3.79] Malm, H. L.: Can. J. Phys. **43,** 1173 (1965).
[3.80] Tavendale, A. J.: Aust. Atomic Energy Commission Rep. TM-299 (1965).
[3.81] Malm, H. L., Fowler, I. L.: IEEE Trans. Nucl. Sci. **NS-13,** Nr. 1, 62 (1966).
[3.82] Tavendale, A. J.: IEEE Trans. Nucl. Sci. **NS-13,** Nr. 3, 322 (1966).
[3.83] Malm, H. L.: IEEE Trans. Nucl. Sci. **NS-13,** Nr. 3, 285 (1966).
[3.84] Ewan, G. T.: IEEE Trans. Nucl. Sci. **NS-13,** Nr. 3, 297 (1966).
[3.85] Lithium-Drifted Germanium Detectors, STI/PUB/132, IAEA, Wien (1966).
[3.86] Levy, A. J.: IEEE Trans. Nucl. Sci. **NS-14,** Nr. 1, 509 (1967).
[3.87] Camp, D. C.: UCRL-50156 (1967).
[3.88] Jamini, M. A.: IEEE Trans. Nucl. Sci. **NS-14,** Nr. 1, 492 (1967).
[3.89] Armantrout, G. A.: IEEE Trans. Nucl. Sci. **NS-14,** Nr. 1, 503 (1967).
[3.90] Meyer, O.: Nucl. Instr. and Meth. **33,** 164 (1965).
[3.91] Day, R. B.: IEEE Trans. Nucl. Sci. **NS-14,** Nr. 1, 487 (1967).
[3.92] Van der Ziel, A.: Noise, Prentice Hall (New York 1954).
[3.93] Brown, W. L.: NAS-NRC, 32, publ. **871,** 9 (1961).
[3.94] Sah, C. T.: Proc. IRE **45,** 1228 (1957).
[3.95] Hofker, W. K.: Mémoires de la société royale des sciences de Liège **28,** 53 (1964).

[3.96] Cappellani, F., Rastelli, G.: Nucl. Instr. and Meth. **25,** 230 (1964).
[3.97] Goulding, F. S.: Nucl. Instr. and Meth. **43,** 1 (1966).
[3.98] Sakai, E.: AECL-2762 (1962).
[3.99] Poenaru, D. N.: IEEE Trans. Nucl. Sci. **NS-14,** Nr. 5, 1 (1967).
[3.100] Tove, P.A., Falk, K.: Nucl. Instr. and Meth. **12,** 278 (1961).
[3.101] — —: Nucl. Instr. and Meth. **29,** 66 (1964).
[3.102] Hansen, N. J.: Progress in Nuclear Energy **4,** Teil 1, Pergamon Press (Oxford, 1964).
[3.103] Siffert, P., Coche, A.: IEEE Trans. Nucl. Sci. **NS-13,** Nr. 1, 757 (1966).
[3.104] Alberigi Quaranta, A.: Nucl. Instr. and Meth. **50,** 169 (1967).
[3.105] —: Nucl. Instr. and Meth. **35,** 93 (1965).
[3.106] Ammerlaan, C. A. J.: Nucl. Instr. and Meth. **22,** 189 (1963).
[3.107] Gruhle, W.: Nucl. Instr. and Meth. **4,** 112 (1959).
[3.108] Wahl, H.: Nucl. Instr. and Meth. **25,** 247 (1964).
[3.109] Jungclaussen, H.: Nucl. Instr. and Meth. **27,** 88 (1964).
[3.110] Hill, N. W., Peelle, R. W.: ORNL-4091 (1967).
[3.111] Alberigi Quaranta, A.: Nucl. Instr. and Meth. **47,** 10 (1966).
[3.112] —: Nucl. Instr. and Meth. **57,** 131 (1967).
[3.113] Ostertag, E.: z. Zt. im Druck.
[3.114] Cottini, C.: NAS-NRC, publ. **1184,** 53 (1964).
[3.115] Gorodetzky, S.: L'Onde Electrique **46,** 864 (1966).
[3.116] Neal, W. R., Kraner, H. W.: Phys. Rev. **137 B,** 1164 (1965).
[3.117] McDonald, R. E.: Phys. Rev. **140 B,** 1198 (1965).
[3.118] Williams, C. W.: Rev. Sci. Instr. **35,** 1116 (1964).
[3.119] Meyer, H.: IEEE Trans. Nucl. Sci. **NS-13,** Nr. 3, 180 (1966).
[3.120] Strauss, M. G.: IEEE Trans. Nucl. Sci. **NS-13,** Nr. 3, 265 (1966).
[3.121] Graham, R. L.: IEEE Trans. Nucl. Sci. **NS-13,** Nr. 1, 72 (1966).
[3.122] Pigneret, J.: IEEE Trans. Nucl. Sci. **NS-13,** Nr. 3, 306 (1966).
[3.123] Balland, J. C.: 14th Nucl. Sci. Symp., Okt.-Nov. 1967, Los Angeles.
[3.124] Dodge, W. R.: IEEE Trans. Nucl. Sci. **NS-11,** Nr. 3, 238 (1964) und **NS-12,** Nr. 1, 295 (1965).
[3.125] Tuzzolino, A. J.: J. Appl. Phys. **33,** 148 (1962).
[3.126] Shockley, W.: Electrons and Holes in Semiconductors, S: 214, D. van Nostrand Comp. Inc. (Princeton 1950).
[3.127] Walter, F. J.: ORNL-2877 (1960).
[3.128] Dearnaley, G, Northrop, D. C.: Semiconductor Counters for Nuclear Radiations, S: 111, E & F.N. Spon Ltd. (London 1966).
[3.129] Northrop, D. C.: Solid-State Electron **7,** 17 (1964).
[3.130] Walter, F. J.: in Semiconductor Nuclear-Particle Detectors and Circuits, S: 63, National Academy of Sciences, publ. **1593** (Washington, D. C. 1969).
[3.131] Sakai, E.: IEEE Trans. Nucl. Sci. **NS-15,** Nr. 1, 432 (1968).
[3.132] Bilger, H. R.: wie [3.130], S: 50.
[3.133] Klein, C. A.: IEEE Trans. Nucl. Sci. **NS-15,** Nr. 3, 214 (1968).
[3.134] Forcinal, G.: IEEE Trans. Nucl. Sci. **NS-15,** Nr. 1, 475 (1968).
[3.135] Zanio, K. R., Akutagawa, W. M.: IEEE Trans. Nucl. Sci. **NS-15,** Nr. 3, 260 (1968).
[3.136] Webb, P. P.: wie [3.130], S: 138.
[3.137] Sakai, E.: IEEE Trans. Nucl. Sci. **NS-15,** Nr. 3, 310 (1968).
[3.138] Armantrout, G. A.: UCRL-71507 (1969).
[3.139] Zulliger, H. R., Aitken, D. W.: IEEE Trans. Nucl. Sci. **NS-15,** Nr. 1, 466 (1968).

[3.140] Makovskii, L. L.: IEEE Trans. Nucl. Sci. **NS-15**, Nr. 3, 304 (1968).
[3.141] Mayer, J. W.: wie [3.130], S: 88.
[3.142] Forcinal, G: IEEE Trans. Nucl. Sci., **NS-15**, Nr. 3, 275 (1968).
[3.143] Goradia, C. P., Reynolds, J.: IEEE Trans. Nucl. Sci. **NS-15**, Nr.3, 281 (1968).
[3.144] Webb, P. P.: IEEE Trans. Nucl. Sci. **NS-15**, Nr. 3, 320 (1968).
[3.145] Lopes da Silva, G.: wie [3.130], S: 201.
[3.146] Restinen, R. A.: Nucl. Instr. and Meth. **64**, 201 (1968).
[3.147] Goulding, F. S.: wie [3.130], S: 744.
[3.148] Bilger, H. R., McCarter, E. R.: wie [3.130], S: 160.
[3.149] Buck, T. M.: wie [3.130], S: 144.
[3.150] Haouat, G.: CEA-CONF-1179 (1968).
[3.151] Sakai, E., McMath, T. A.: Nucl. Instr. and Meth. **64**, 132 (1968).
[3.152] Chase, R. L.: Rev. Sci. Instr. **39**, 1318 (1968).
[3.153] Zanio, K.: in Nucleonics in Aerospace, S: 140, Plenum Press (New York 1968).
[3.154] Weisberg, L. R., Goldstein, B.: wie [3.153], S: 182.
[3.155] Arkad'eva, E. N.: JEEE Trans. Nucl. Sci. **NS-15**, Nr. 3, 258 (1968).
[3.156] Akutagawa, W., Zanio, K.: IEEE Trans. Nucl. Sci. **NS-15**, Nr. 3, 266 (1968).
[3.157] Zanio, K.: Appl. Phys. Lett. **14**, 56 (1969).
[3.158] Dearnaley, G., wie [3.130], S: 366.
[3.159] Siffert, P., Regal, R.: Rev. Phys. Appl., Suppl. J. Phys. **3**, 107 (1968).
[3.160] Ridley, J. D.: in Nucleonic Instrumentation, S: 147, Institution of Electrical Engineers (London 1968).

4. Die Herstellung von Halbleiterdetektoren

Über die Herstellungsverfahren von Halbleiterdetektoren ist eine Vielzahl von Arbeiten veröffentlicht worden. Im Rahmen dieses Buches kann auf die vorgeschlagenen Verfahren im einzelnen nicht näher eingegangen werden. Der interessierte Leser sei hier auf die entsprechenden Originalarbeiten verwiesen. Es sei in diesem Zusammenhang erwähnt, daß bei der Detektorherstellung oft Verfahren angewendet werden können, die aus der Transistortechnologie bekannt sind [4.1].

In den folgenden Abschnitten werden nur die wesentlichen Grundzüge der Detektorherstellung behandelt, ohne dabei allzu sehr ins Detail zu gehen.

4.1 Oberflächensperrschichtzähler

Wie im Kapitel 3.6.2 näher erläutert wurde, stellt man Oberflächensperrschichtdetektoren im allgemeinen aus n-leitendem Silizium oder Germanium her. Geeignetes n-leitendes Ausgangsmaterial ist kommerziell erhältlich. Es wird in kreisförmigen monokristallinen Scheiben in verschiedenen Dicken geliefert. Die Scheiben sind plan geschliffen und haben matt geläppte Oberflächen. Um ein Qualitätskriterium zu haben, werden vom Hersteller Messungen des spezifischen Widerstandes und der Ladungsträgerlebensdauer an den Ausgangsmaterialien durchgeführt.

Um die angelieferten Scheiben auf die Maße des zukünftigen Detektorkristalles zu bringen, können sie mit Diamantsägen, Ultraschallbohrern und Feinsandstrahlgebläsen im Labor weiter bearbeitet werden. Außerdem lassen sie sich mit geeigneten Werkzeugen schleifen, läppen und polieren.

Bei allen Bearbeitungsschritten des Ausgangsmaterials muß große Sorgfalt darauf verwendet werden, daß der Kristall keine mechanischen Schäden erleidet. Diese erzeugen Rekombinationszentren, die eine erhebliche Verkürzung der Ladungsträgerlebensdauer verursachen. Da sich bei der mechanischen Bearbeitung der Kristalloberfläche Beschädigungen derselben nicht vermeiden lassen, ist es unbedingt erforderlich, die Gebiete mit gestörter Kristallstruktur, bevor die Herstellung des eigentlichen Detektors beginnt, zu entfernen. Dieses kann durch Läppen und Polieren der Oberfläche geschehen, indem man in mehreren aufeinander folgenden Schritten Schleif- bzw. Poliermittel mit immer feinerer Körnung verwendet, bis zu einer Korndicke von etwa 0,25 μm. Zwischen zwei Schleifprozessen muß der Kristall in einem Ultraschallbad vom jeweiligen Schleifmittel gut gereinigt werden. Nach dem letzten Polierschritt wird der Kristall in Chromschwefelsäure und anschließend in deionisiertem und destilliertem Wasser gewaschen. Nach Beendigung dieses Reinigungsprozesses dürfen die Kristalle nicht mehr mit der bloßen Hand berührt werden oder mit Metall in Kontakt kommen. Sie dürfen nur noch mit Kunststoffpinzetten angefaßt werden. Geringste mechanische Verletzungen oder Verschmutzungen der Kristalloberfläche machen diesen für den Detektorbau unbrauchbar. Als letzte Stufe zur Herstellung einer möglichst vollständig störungsfreien Oberfläche, wird der Kristall einem Ätzprozeß unterworfen, bei dem die mechanischen Schäden, die durch die letzten Polierprozesse entstanden sind, entfernt werden. Als Ätzmittel wird ein unter der Bezeichnung CP 4A bekanntes Säuregemisch verwendet. Dieses setzt sich zusammen aus konzentrierter Salpeter-, Fluß -und Essigsäure im Volumenverhältnis 5 : 3 : 3. Zusammensetzung und Konzentration dieses Ätzmittels können jedoch zur Beeinflussung der Ätzwirkung in relativ weiten Grenzen varriiert werden [4.2, 4.3]. Während des eigentlichen Ätzvorganges wird das Ätzmittel häufig auf der Temperatur des schmelzenden Eises gehalten, um die Ätzgeschwindigkeit zu verkleinern und die Wahrscheinlichkeit zur Bildung von Ätzgruben zu verringern. Damit die an der Oberfläche des Kristalles entstehenden kleinen Gasblasen sofort entfernt werden, muß die Ätzflüssigkeit ständig in Bewegung gehalten werden. Nach einer Ätzdauer von 5–10 Minuten hat sich auf dem Kristall eine spiegelnde Oberfläche gebildet. Die bis zu diesem Zeitpunkt abgetragene Schichtdicke beträgt etwa 50 μm. Nach Ausbildung der spiegelnden Oberfläche ist soviel Material abgetragen worden, daß der Kristall eine praktisch störungsfreie, glatte Oberfläche hat. Nun wird der Ätzprozeß unterbrochen, was dadurch geschieht, daß man das Ätzmittel durch Zugabe von deionisiertem und destilliertem Wasser bis zur fast völligen Beseitigung der Säure verdünnt. Dieser relativ umständliche Vorgang ist erforderlich, da der Kristall nicht ohne weiteres aus dem Ätzbad genommen werden darf; denn die Wirkung des Luftsauerstoffs auf den Kristall vor Erreichen einer minimalen Säurekonzentration würde wegen der Oberflächenoxydation die Ausbildung der Inversionsschicht auf der Halbleiteroberfläche sehr erschweren. Nach Beendigung dieses Verdünnungsprozesses wird der Kristall mit Äthylalkohol abgespült und unter einer Infrarot-Lampe getrocknet. Der nun vorliegende Einkristall hat eine saubere, störungsfreie Oberfläche. Mit ihm kann nach Aufdampfen einer Goldschicht ein Oberflächensperrschichtdetektor hergestellt werden.

Über den Zeitpunkt, wann nach Beendigung des Ätzprozesses die Bedampfung vorgenommen werden soll, und in welcher Atmosphäre der Kristall vor dem Aufdampfen gelagert werden soll, bestehen zur Zeit noch erhebliche Unklarheiten. So wird beispielsweise von einer Autorengruppe vorgeschlagen, den Kristall vor der Bedampfung etwa 12–36 Stunden in sauberer, staubfreier Luft zu lagern. Was während dieser Zeit im einzelnen mit dem Kristall geschieht, ist unbekannt. Man nimmt an, daß sich in dieser Zeit ein stabiler Oxidfilm auf der Kristalloberfläche bildet [4.4, 4.5]. Die Dicke dieses Filmes wächst mit der Zeit bis auf etwa 7 nm an. Offensichtlich stellt der Sauerstoff eine wichtige Komponente bei der Bildung der Oberflächensperrschicht dar. Außer Sauerstoff soll auch Wasserdampf hierbei eine Rolle spielen, da verschiedentlich festgestellt wurde, daß Oberflächensperrschichtdetektoren, die vor der Bedampfung in absolut trockener Luft gelagert wurden, nicht so gute Eigenschaften zeigten, wie solche, bei denen Feuchtigkeit in der Luft war. Es wurden auch gute Ergebnisse dadurch erzielt, daß man den Kristall vor der Bedampfung 30 Minuten in kochendes Wasser hielt [4.6].

Eine andere Gruppe von Autoren konnte zeigen, daß erst dann die Ausbildung einer ausgeprägten Sperrschicht nachgewiesen werden kann, wenn der Kristall nach Beendigung der Bedampfung einige Zeit in Luft- oder Sauerstoffatmosphäre gelagert wird [3.55, 4.7]. Ob die Kristalloberfläche vor der Goldbedampfung mit Sauerstoffionen behaftet war oder nicht, spielt nach ihrer Auffassung für die Ausbildung der Sperrschicht keine entscheidende Rolle. Der Kristall kann also unmittelbar im Anschluß an den Ätzprozeß bedampft werden [4.8]. Da auch an anderen Stellen festgestellt wurde, daß nach Beendigung des Aufdampfprozesses für eine gewisse Zeit die Änderung der Eigenschaften der Oberflächensperrschicht (Alterung) weitergeht, und da in [3.55] eine befriedigende Erklärung für diesen Effekt gegeben wird, besitzt diese These zur Zeit die größere Glaubwürdigkeit. Es ist wünschenswert, daß durch weitere Arbeiten auf diesem Gebiet bald eine endgültige, eindeutige Klärung der noch offenen Fragen herbeigeführt wird. In diesem Zusammenhang sei noch auf die Arbeiten von Forcinal und Mitarbeitern [4.105] und von Goradia und Reynolds [4.106] hingewiesen, die sich ebenfalls mit der hier behandelten Problematik befassen.

Die Seite des Detektorkristalles, an der die Sperrschicht entstehen soll, wird wie bereits mehrfach erwähnt wurde, mit Gold bedampft. Dieses geschieht bei einem Druck von 10^{-6} bis 10^{-5} Torr. Außer Gold können auch andere Metalle an dieser Stelle verwendet werden, wie z. B. Chrom oder Platin, wie im Kapitel 3.6.2 näher erläutert wurde. Die Kontaktabnahme auf der Goldschicht kann durch Aufkitten eines Drahtes mittels Silberleitkitt erfolgen, der möglichst außerhalb der empfindlichen Zone des Detektors angebracht wird [4.9]. Man wird dabei bestrebt sein, die Kontaktstelle mit einer zusätzlichen dickeren Goldschicht zu versehen, um zu verhindern, daß das Bindemittel des Leitkitts die dünne aufgedampfte Goldschicht durchdringt, und dadurch eine Beschädigung der Inversionsschicht verursacht.

Die Basiskontaktierung des Detektors kann im einfachsten Falle dadurch erfolgen, daß man ein Kontaktblech, z. B. Aluminium, mittels Silberleitkitt unmittelbar auf die geätzte Rückseite des Detektorkristalles kittet. Man benutzt für die Basiskontaktierung im allgemeinen nur eine kleine Fläche auf der Kristallrückseite, damit für die Oberflächenströme der Weg zwischen dem Goldkontakt an der Frontseite und dem Basiskontakt möglichst groß wird [4.9]. Eine andere Möglichkeit den Rückkontakt herzustellen besteht darin, eine hinreichend dicke Metallschicht (Aluminium) auf die Kristallrückseite aufzudampfen [4.10]. Beide Verfahren haben sich gut bewährt. Außer Aluminium eignen sich für die Basiskontaktierung auch Antimon [4.11] und mit Antimon dotiertes Gold [4.12]. Auch durch Nickelplattieren wurden schon Rückkontakte hergestellt [4.13].

Nach Anbringen von Vorder- und Rückkontakt ist der Oberflächensperrschichtdetektor im Prinzip arbeitsfähig. Um eine hinreichende mechanische Stabilität und eine möglichst große Betriebssicherheit zu erreichen, ist es erforderlich, den Detektor zu kapseln, bzw. den Halbleiterkristall mit einem Randschutz zu versehen. Darauf wird in einem späteren Kapitel näher eingegangen werden.

Abschließend sei noch erwähnt, daß der obigen Darstellung des Herstellungsverfahrens von Oberflächensperrschichtdetektoren die Arbeiten von Dearnaley und Whitehead [4.14, 4.15] zugrunde liegen. Eine Zusammenfassung der Herstellungsmethoden findet sich auch in [4.16]. Das beschriebene Herstellungsverfahren eignet sich im Prinzip sowohl für Silizium- als auch für Germaniumdetektoren [4.17, 4.18]. Schließlich seien zur Vervollständigung noch die Arbeiten von Tomlinson und Mitarbeitern [4.107, 4.108] genannt, die sich ebenfalls mit der Herstellung von Silizium-Oberflächensperrschichtdetektoren befassen. Diese Detektoren können bei 77 K betrieben werden. Sie eignen sich besonders zur hochauflösenden Betaspektroskopie [4.108]. Die in [4.107] beschriebenen Zähler haben eine empfindliche Oberfläche von 200 mm².

4.2 Diffundierte Sperrschichtzähler

Wie im Kapitel 3.6.3 eingehend erläutert wurde, ist das Charakteristische eines diffundierten Sperrschichtzählers der *p*-*n*-Übergang, der sich unmittelbar unter der Kristalloberfläche befindet. Er wird dadurch erzeugt, daß man in den Ausgangskristall solche Stoffe eindiffundieren läßt, die, jenachdem ob das Ausgangsmaterial *p*- oder *n*-leitend ist, in diesem als Donatoren oder Akzeptoren wirken.

Man verwendet im allgemeinen möglichst hochohmiges *p*-leitendes Silizium als Ausgangsmaterial für die Herstellung von diffundierten Sperrschichtzählern. Um den *p*-*n*-Übergang zu erzeugen, läßt man bei hoher Temperatur (im Bereich von etwa 1000 °C) Phosphor in die Vorderseite des Kristalles eindiffundieren. Dadurch entsteht eine hochdotierte *n*-leitende Frontseite, die später als Strahleintrittsfenster dient. Eine ausführliche Darstellung der Probleme, die im Zusammenhang mit der Herstellung diffundierter Sperrschichtdetektoren beachtet werden müssen, findet sich in der Arbeit von Czulius und Mitarbeitern [4.13].

Die Vorbehandlung des Ausgangskristalles ist bis einschließlich der Trocknung nach Beendigung des Ätzprozesses für die Herstellung von diffundierten Sperrschichtzählern im Prinzip die gleiche wie bei den Oberflächensperrschichtdetektoren.

Um den *p*-*n*-Übergang unter der Kristalloberfläche zu erzeugen, gibt es zwei verschiedene Diffusionsverfahren: das Gasdiffusionsverfahren und das Pastenverfahren.

Das erstere arbeitet folgendermaßen [4.13, 4.19]: In einem Zweizonenofen werden zwei Temperaturbereiche erzeugt. Die erste Zone hat eine Temperatur von etwa 300 °C. Hier wird analytisch hochreines P_2O_5-Pulver zum Verdampfen gebracht und mittels eines Trägergases (im allgemeinen Stickstoff) in die zweite Zone des Ofens geleitet. In dieser Zone befindet sich der Detektorkristall, der eine Temperatur von etwa 900 bis 1000 °C hat. Das Gas wird so geleitet, daß es über den heißen Detektorkristall strömt. Dabei diffundiert Phosphor von allen Seiten in den Kristall ein. Die dabei entstehende hochdotierte *n*-leitende Außenschicht hat eine Dicke von 0,5 bis 2 μm. Da dieser Diffusionsprozeß für die spätere Funktionstüchtigkeit des Detektors von sehr großer Bedeutung ist, muß er ständig sehr genau kontrolliert werden [4.20–4.22]. Nach Beendigung des Diffusionsprozesses wird die Zählfläche des Detektorkristalles mit Wachs (z.B. Apiezonwachs) abgedeckt. Dann wird von dem übrigen Teil der Kristalloberfläche die *n*-leitende Schicht wieder abgeätzt. Schließlich wird auch die Wachsschicht wieder entfernt und der Kristall nochmals gründlich gewaschen und getrocknet. Er ist jetzt fertig zum Anbringen der Kontakte. Da man im allgemeinen bestrebt sein wird, den Kristall nicht nochmals zu erhitzen, können hier im Prinzip die gleichen Kontaktierungsverfahren benutzt werden, wie bei den Oberflächensperrschichtdetektoren. Wenn man den Kristall jedoch nochmals erhitzt, kann man den Basiskontakt auch durch Einlegieren von Aluminium, Gold-Gallium oder ähnlichen Metallen herstellen.

Beim Pastenverfahren [4.13, 4.23–4.25] wird die zukünftige Zählfläche des Detektorkristalles mit einer Lösung von P_2O_5 in Äthylglykol gleichmäßig bestrichen. Sodann läßt man in einem Ofen bei 800 bis 950 °C unter Schutzgas (Argonatmosphäre) die Phosphordiffusion ablaufen. Nach Beendigung des Diffusionsprozesses läßt man den Ofen sehr langsam auf Zimmertemperatur abkühlen. Der große Vorteil des Pastenverfahrens gegenüber dem Gasdiffusionsverfahren besteht darin, daß man gleichzeitig mit der Phosphordiffusion durch Einlegieren von Aluminium einen sehr guten ohmschen Rückkontakt herstellen kann. Das Aluminium hierfür kann man vor dem Heizprozeß auf die Rückseite des Detektorkristalles aufdampfen. Das Aluminium legiert mit dem Silizium bei etwa 577 °C. Dann diffundiert es von der Legierungsstelle aus in den Kristall und bildet so eine hochdotierte *p*-Schicht unter der aufgedampften Metallschicht. Beim Pastenverfahren können also an zwei Seiten des Detektors gleichzeitig verschiedene Diffusionsprozesse durchgeführt werden [4.25, 4.26]. Nach Beendigung des Heizprozesses hat sich auf der Kristalloberfläche ein schwarzer Niederschlag gebildet, der aus Phosphorsilikatglas und verkohlten Äthylglykol-Rückständen besteht. Dieser Niederschlag wird mit Flußsäure abgeätzt. Sodann wird der Kristall nochmals gründlich gewaschen und getrocknet, wie es bereits vor dem Heizprozeß geschehen ist. Nach Anbringen der Zuführungsdrähte für die Elektroden und seiner Kapselung ist der diffundierte Sperrschichtdetektor einsatzfähig.

Zum Abschluß dieses Kapitels seien noch kurz zwei weitere Verfahren genannt, mit denen Sperrschichtdetektoren hergestellt werden können: die Dotierung des Ausgangsmaterials durch Ionenbeschuß und die Kompensation des Ausgangsmaterials durch Kernumwandlung infolge Neutronenabsorption mit anschließendem Diffusionsprozeß.

Beim ersten Verfahren beschießt man das Ausgangsmaterial mit solchen Ionen, die den Aufbau einer Sperrschicht im Detektorkristall bewirken. So beschoß man beispielsweise *p*-Silizium mit Phosphorionen [4.27, 4.28]. Bei diesem Prozeß dringen die Geschoßionen in die Kristalloberfläche und damit ins Gitter ein, wo sie einen *p*-*n*-Übergang aufbauen, ähnlich wie nach dem Diffusionsprozeß. Dabei kann man den Verlauf des Konzentrationsprofils der eingeschossenen Ionen im Kristall in gewissen Grenzen steuern. Wenn die hochenergetischen Ionen, die aus einem Teilchenbeschleuniger stammen, auf das Kristallgitter treffen, werden dort Gitterschäden (Strahlenschäden) erzeugt. Da diese Schäden eine erhebliche Verschlechterung der Detektoreigenschaften verursachen, muß man den Kristall nach Beendigung des Ionenbeschusses einige Zeit bei 400 bis 600 °C ausheizen, um die Strahlenschäden auszuheilen. Nach diesem Verfahren hergestellte Detektoren erreichten bei Beschuß mit 6 MeV Alphateilchen eine Auflösung von 75 keV FWHM [4.27].

Auch aus *n*-Silizium wurden nach diesem Verfahren Detektoren hergestellt [4.29, 4.30]. Hier wurden als Geschoßionen Borionen verwendet. Die mit solchen Detektoren erzielte Auflösung betrug bei Bestrahlung mit 5 MeV Alphateilchen etwa 50 keV FWHM [4.30].

Die Herstellung von Sperrschichtdetektoren durch Bestrahlung mit thermischen Neutronen und anschließendem Diffusionsprozeß wurde auch schon mit Erfolg erprobt [4.31, 4.32]. Dieses Verfahren beruht darauf, daß eine fortlaufende Reihe von Siliziumisotopen einen merklichen Wirkungsquerschnitt für (n, γ)-Reaktionen hat. Diese Reaktionskette endet mit einem stabilen Phosphorisotop. Die Reaktion läuft folgendermaßen ab:

$$^{28}\mathrm{Si}(n,\gamma)^{29}\mathrm{Si}; \quad ^{29}\mathrm{Si}(n,\gamma)^{30}\mathrm{Si}; \quad ^{30}\mathrm{Si}(n,\gamma)^{31}\mathrm{Si} \xrightarrow[2{,}6\,\mathrm{h}]{\beta^-} {}^{31}\mathrm{P}.$$
$$\sigma = 0{,}08\ \mathrm{b} \qquad \sigma = 0{,}27\ \mathrm{b} \qquad \sigma = 0{,}11\ \mathrm{b}$$

Das Endprodukt dieser Reaktionskette, ^{31}P, kann die Borverunreinigungen des Ausgangs-*p*-Siliziums kompensieren. Auch bei diesem Verfahren muß der Kristall im Anschluß an die Bestrahlung ausgeheizt werden, um die durch die Neutronen verursachten Strahlenschäden auszuheilen. Messier [4.31] bestrahlte $8 \cdot 10^3\ \Omega$ cm *p*-Silizium mit einem integrierten Neutronenfluß von etwa 10^{16} n cm^{-2}. Nach einer Ausheizzeit von 15 Stunden hatte das Silizium durch Kompensation einen spezifischen Widerstand von $3 \cdot 10^4$ bis $15 \cdot 10^4\ \Omega$ cm erreicht. Die Schwankung der Größe des spezifischen Widerstandes ist dabei wahrscheinlich auf die inhomogene Verteilung der Borkonzentration im *p*-Silizium zurückzuführen. Die Trägerlebensdauer in diesem Material betrug etwa 3–10 μs. Mit diesem hochohmigen Silizium konnten nun diffundierte Sperrschichtdetektoren hergestellt werden, die eine relativ dicke Verarmungszone zu erreichen gestatteten. Nach dieser Methode gefertigte Detektoren lieferten, wenn sie bei der Temperatur des flüssigen Stickstoffs betrieben wurden, bei Beschuß mit 796 keV Elektronen eine Auflösung von 14 keV FWHM [4.31, 4.32].

Da die beiden oben beschriebenen Verfahren bisher noch keine praktische Bedeutung erlangt haben, soll auf sie hier nicht weiter eingegangen werden. Abschließend sei noch auf eine neuere Arbeit von Mayer [4.104] hingewiesen, die sich ausführlich mit dem Verfahren der Dotierung des Ausgangsmaterials durch Ionenbeschuß befaßt. Außerdem sei noch die Arbeit [4.109] genannt, welche die Herstellung ortsempfindlicher Halbleiterdetektoren nach diesem Verfahren behandelt.

4.3 Lithiumgedriftete Halbleiterdetektoren

4.3.1 Si(Li)-Detektoren

Die ersten lithiumgedrifteten Siliziumdetektoren (Si(Li)-Detektoren) wurden von Mayer und Mitarbeitern [4.33–4.35], von Elliott [4.36] und von Mann [4.37] hergestellt. Das hierbei verwendete Herstellungsverfahren beruhte auf der von Pell [4.38] angegebenen Ionendriftmethode.

Als Ausgangsmaterial für die Herstellung von Si(Li)-Detektoren verwendet man *p*-Silizium mit einem spezifischen Widerstand zwischen 3 und etwa $2 \cdot 10^3\ \Omega$ cm. Die Vorbehandlung der Einkristalle bis zur Lithiumdiffusion entspricht derjenigen für Oberflächensperrschichtdetektoren und diffundierte Sperrschichtdetektoren. Mit dem Lithiumdiffusionsprozeß beginnt der für die Herstellung lithiumgedrifteter Detektoren typische Herstellungsprozeß.

Bei dem Lithiumdiffusionsprozeß gibt es im Prinzip zwei Möglichkeiten, das Lithium auf die Kristalloberfläche aufzubringen: eine dem im Kapitel 4.2 beschriebenen Pastenverfahren ähnliche Methode und ein Verfahren, bei dem man das Lithium im Vakuum auf die Kristalloberfläche aufdampft.

Bei der ersten Methode [4.39–4.41] wird eine Lithium-Öl-Suspension auf die Vorderseite des Kristalles aufgetragen. Im Anschluß daran wird der Kristall in einen mit Edelgas gespülten Ofen gesetzt, der zwei Temperaturzonen besitzt. In der ersten Temperaturzone wird der Kristall auf 200–250 °C aufgeheizt. Hier verdampft das Öl der Suspension. In der zweiten Zone findet bei Temperaturen zwischen 350 und 450 °C der Lithiumdiffusionsprozeß statt. Die Wahl der Diffusionstemperatur und der Diffusionszeit hängt von der Lithiumkonzentration an der Kristalloberfläche und von der gewünschten Diffusionstiefe ab. Im allgemeinen liegt die Diffusionszeit zwischen 1 und 10 min. Ein typischer Wert ist eine Diffusionszeit von 5 min bei 400 °C, wie sie bei Kristallen mit einem spezifischen Widerstand von größer als 100 Ω cm benutzt wird. Der Verlauf der Donatorkonzentration N_D in einem Silizium mit einem spezifischen Widerstand von 200 Ω cm als Funktion der Entfernung von der Kristalloberfläche wurde für verschiedene Temperaturen und Diffusionszeiten berechnet [4.42]. Die sich ergebenden Kurven sind in Abb. 4.1a und b wiedergegeben. Um eine bessere Übersicht zu bekommen, wurden die Kurven auf zwei Diagramme aufgeteilt. Um zu erreichen, daß die Donatorkonzentration in der Nähe der Kristalloberfläche wesentlich größer ist als die Akzeptorkonzentration im Kristall, muß man bei niederohmigem Ausgangsmaterial hohe Diffusionstemperaturen wählen, da die Lithiumlöslichkeit in einem Halbleiter mit steigender Temperatur stark zunimmt, wie im Kapitel 3.6.4 ausgeführt wurde.

Häufig wird beim Lithiumdiffusionsprozeß auch das zweite oben genannte Verfahren verwendet, bei dem Lithium auf die Kristalloberfläche aufgedampft wird [4.37, 4.43, 4.44]. Durch die Verwendung einer aufgedampften Lithiumschicht vermeidet man einen wesentlichen Nachteil des ersten Verfahrens, der darin besteht, daß man nach Beendigung des Diffusionsprozesses und nach Abwaschen der Lithiumrückstände von der als Zählfläche benutzten Kristallseite, eine unebene Oberfläche zurückbehält. Das ist darauf zurückzuführen, daß man die Lithium-Öl-Suspension nicht absolut gleichmäßig auf die Kristallvorderseite aufbringen kann, und daß sich während des Diffusionsprozesses Risse in der aufgetragenen Schicht bilden. Durch die ungleichmäßige Oberfläche entsteht ein inhomogenes Strahleintrittsfenster mit relativ großer Dicke, was die Anwendungsmöglichkeiten solcher Detektoren zur Teilchenspektroskopie sehr nachteilig beeinflußt. Das Lithiumaufdampfverfahren hat außerdem noch weitere Vorzüge. So ist es beispielsweise möglich, den Aufdampf- und den Diffusionsprozeß gleichzeitig ablaufen zu lassen, indem man den Kristall in der Bedampfungsapparatur auf etwa 400 °C aufheizt. Das hat weiterhin den Vorteil, daß man eine Oxydation der Lithiumschicht verhindern kann.

Nach Beendigung des Diffusionsprozesses läßt man den Kristall abkühlen und wäscht dann das überschüssige Lithium mit Alkohol und deionisiertem Wasser ab. Darauf prüft man durch Messen des spezifischen Widerstandes die Gleichmäßigkeit der Diffusion und die Diffusionstiefe. Wegen der großen Diffusionskonstante von Lithium in Silizium können hier Diffusionsschichtdicken (n-Schicht) von 100 bis 200 μm erreicht werden. Bevor der Driftprozeß begonnen werden kann, müssen die n- und p-Seite des Kristalles noch mit ohmschen Kontakten versehen werden. Um einen guten p^+-Kontakt zu erreichen, kann man Aluminium

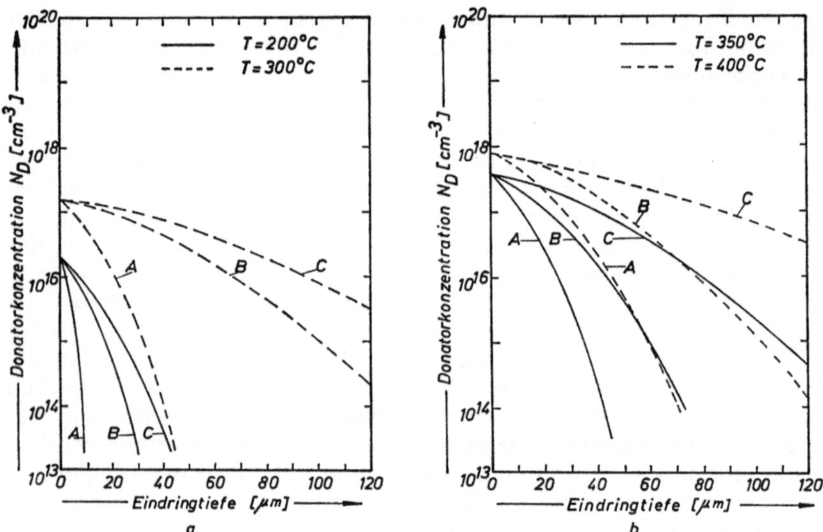

Abb. 4.1. Die berechnete Verteilung der Lithiumkonzentration (N_D) in Silizium als Funktion der Entfernung von der Kristalloberfläche für verschiedene Diffusionstemperaturen (T) und Diffusionszeiten (A—C) [4.42]
Diffusionszeiten:
in 4.1a: 3 min (A), 30 min (B), 60 min (C)
in 4.1b: 1 min (A), 3 min (B), 10 min (C)

oder Gold, das 1% Bor enthält, in die p-leitende Oberfläche (Rückseite) des Kristalles einlegieren. Für die ohmsche Kontaktierung der n-leitenden Frontseite kann reines Gold oder Gold mit 1% Antimon verwendet werden. Auch nickelplattierte Elektroden können für beide Seiten des Kristalles benutzt werden [4.45].

Nach Anbringen der Kontakte ist der Kristall für den Driftprozeß vorbereitet. Dieser findet im allgemeinen bei Temperaturen zwischen 100 und 200 °C statt. Um den Driftprozeß durchzuführen, muß an den Kristall eine Sperrspannung gelegt werden. Während des Driftprozesses ist eine genaue Kontrolle der Temperatur des Kristalles von großer

Wichtigkeit. Der Sperrstrom durch den p-n-Übergang nimmt während des Driftprozesses mit größer werdender Feldzone zu. Das kann besonders im Kristallinneren zu Überhitzungserscheinungen führen, die die Lithiumdrift erheblich stören, was so weit führen kann, daß sie völlig aus der Kontrolle gerät.

Eine brauchbare Driftapparatur wurde zuerst von Mayer [4.46] entwickelt. Er benutzte zur Aufrechterhaltung einer konstanten Oberflächentemperatur des Kristalles ein Wärmebad aus Silikonöl, das ständig umgerührt wurde. Außerdem regelte er die Driftspannung. Während des eigentlichen Driftprozesses wurden dann die Badtemperatur und die Driftspannung (Sperrspannung) so aufeinander abgestimmt, daß der Kristall eine elektrische Leistung von weniger als 2 W verbrauchte. Diese Apparatur benötigte jedoch wegen der geringen Leistungsaufnahme sehr lange Driftzeiten, wenn tiefe Verarmungszonen erzeugt werden sollten.

Miller und Mitarbeiter [4.47] haben gezeigt, daß bei konstanter Temperatur während des Driftprozesses die Dicke der kompensierten Zone proportional zur dritten Wurzel aus der Leistung ist, die der Kristall verbraucht. Das bedeutet, daß zur Erlangung großer Driftraten der Kristall eine relativ große elektrische Leistung aufnehmen muß, was ein sehr leistungsfähiges Kühlverfahren erforderlich macht, um an allen Punkten des Kristalles eine konstante Temperatur zu gewährleisten. Wenn an einer Stelle innerhalb der Verarmungszone eine lokale Überhitzung auftritt, so bewirkt das eine Zunahme der Ladungsträgererzeugungsrate und über den Leistungsverbrauch im Endeffekt wieder eine Temperaturerhöhung. Das bedeutet, daß eine starke lokale Überhitzung zu einem völligen Kurzschluß des Detektors führen kann. Aufgrund obiger Überlegungen entwickelten Miller und Mitarbeiter [4.47] eine Driftapparatur, bei der im Detektorkristall größere Leistungen verbraucht werden können. Sie erhielten Driftraten von 4 mm in 28 h bei 15 W, und 11 mm in 240 h bei 45 W.

Der Driftprozeß kann auch im Vakuum [4.43] oder in Luft [4.40, 4.44] durchgeführt werden. Wichtig ist jedoch in jedem Falle, daß geeignete Überwachungs- und Regelvorrichtungen in die jeweiligen Driftapparaturen eingebaut sind, die eine Kontrolle bzw. Regelung der Drifttemperatur und des Leistungsverbrauches des Detektorkristalles gewährleisten. Mit einer Driftapparatur, bei der der Driftprozeß in Luft durchgeführt wurde, und bei der zur Kühlung des Detektorkristalles dieser an seiner Front- und Rückseite mit metallischen Kühlplatten versehen war, wurden Driftraten von 4 mm in 20 h und von 7 mm in 65 h bei einem Leistungsverbrauch von 15 W erzielt [4.44].

Mit Hilfe des Nomogrammes 7.2.2 ist es möglich, einen Driftparameter zu bestimmen, wenn die anderen gegeben sind. Unter Driftparameter werden folgende Größen verstanden: Sperrspannung, Dicke der kompensierten Zone, Driftzeit und Drifttemperatur.

Um die Dicke der kompensierten Zone experimentell zu ermitteln, sind mehrere Verfahren entwickelt worden. Eine Methode besteht beispielsweise darin, die Kapazität des Detektors zu messen. Bei einer anderen plattiert man den Kristall mit Kupfer, was dadurch geschieht, daß man an den Detektorkristall eine Sperrspannung legt und ihn so in ein Kupfersulfatbad taucht. Dann scheidet sich Kupfer an dem *p*-leitenden Teil des Kristalles ab, so daß er auf diese Weise sichtbar gemacht wird. Der wesentliche Nachteil dieser Verfahren ist jedoch darin zu sehen, daß man zu ihrer Anwendung in jedem Falle den Driftprozeß unterbrechen muß, d.h. mit ihnen ist keine kontinuierliche Überwachung dieses Prozesses möglich. Ein Verfahren, das dieses in gewissem Rahmen erlaubt, kann aus den Beobachtungen von Mann [4.48] entwickelt werden. Er beobachtete, daß eine merkliche Zunahme des Sperrstromes und eine Abnahme des Vorwärtsstromes auftraten, wenn man den Driftprozeß länger fortsetzte, als es zur Erreichung der Kompensation des gesamten Kristalles erforderlich war. Dieser Effekt wurde zum Steuern einer Driftapparatur benutzt [4.44]. Die Steuerung der Apparatur wurde dabei so durchgeführt, daß in dem Augenblick, da das Lithium bis zur Rückseite des Kristalles gedriftet war, durch den nun auftretenden vergrößerten Strom die Driftapparatur abgeschaltet wurde. Eine ähnliche Steuerung besitzt auch die Apparatur von Goulding und Hansen [4.49].

Die Notwendigkeit, die Lithiumdrift bis zur Rückseite des Kristalles durchzuführen, ergab sich aufgrund folgender Überlegungen: Durch den Lithiumdiffusionsprozeß entsteht an der Vorderseite des Kristalles ein etwa 100 bis 200 μm dickes Strahleintrittsfenster. Wenn man den Detektor zur Spektroskopie geladener Teilchen verwenden will, muß man jedoch bestrebt sein, möglichst dünne Strahleintrittsfenster zu erreichen. Dieses ist unter anderem dadurch möglich, daß man die Lithiumdrift bis zur Rückseite des Kristalles durchführt und dort ein dünnes Strahleintrittsfenster durch Bildung einer entsprechenden Oberflächensperrschicht erzeugt [4.44, 4.47]. Ein anderer, häufig beschrittener Weg besteht darin, daß man den Driftprozeß vor dem Erreichen der Kristallrückseite abbricht, so daß noch ein Teil des *p*-leitenden Ausgangsmaterials stehen bleibt (Abb. 4.2a). Im Anschluß daran entfernt man diese *p*-Schicht beispielsweise durch Schleifen und Polieren. Dann erzeugt man auf der nun frei hervortretenden kompensierten Zone durch Aufdampfen von Gold eine Oberflächensperrschicht (Abb. 4.2b) [4.40, 4.44, 4.47, 4.50]. Die aufgedampfte Goldfläche stellt, wie bei den früher besprochenen Oberflächensperrschichtdetektoren, das dünne Strahleintrittsfenster dar. Mit solchen Detektoren erhielt man bei Einstrahlung von 6 MeV Alphateilchen eine Auflösung von 16 keV FWHM [4.40]. Dabei wurden die Detektoren bei Zimmertemperatur betrieben.

Außer mit den genannten Verfahren versuchte man auch lithiumgedriftete Siliziumdetektoren mit dünnen Eintrittsfenstern dadurch herzustellen, daß man nach Beendigung des Driftprozesses die *n*- und *p*-leitenden Teile des Kristalles (Abb. 4.2a) durch Schleifen und Polieren entfernte und dann auf die eine Seite des kompensierten Bereiches eine

Goldschicht und auf die andere eine Aluminiumschicht aufdampfte [4.51, 4.52]. Solche Detektoren zeigten bisher jedoch noch keine befriedigenden Eigenschaften. Falls es gelingt, derartige Detektoren mit hinreichender Stabilität zu bauen, würden sich diese Zähler sehr gut zum Aufbau von Zählerteleskopen eignen, wie sie bei Experimenten mit sehr

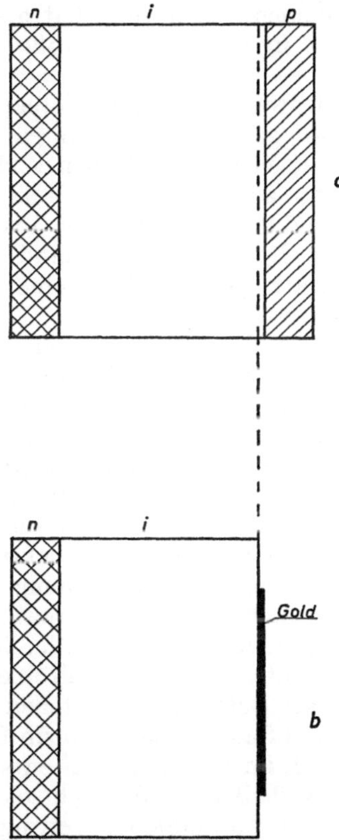

Abb. 4.2. Zur Herstellung eines lithiumgedrifteten Halbleiterdetektors mit einem dünnen Strahleintrittsfenster

hochenergetischen Teilchen benutzt werden. Weitere Verfahren zur Herstellung von Si(Li)-Detektoren mit dünnen Strahleintrittsfenstern wurden von Blankenship [4.43] und Williams [4.53] vorgeschlagen. Auf sie soll hier jedoch nicht weiter eingegangen werden.

Abschließend sei noch auf die Arbeiten [4.110, 4.111] hingewiesen. Sie behandeln im Vergleich zu den oben beschriebenen Herstellungsmethoden von Si(Li)-Detektoren etwas modifizierte Herstellungsverfahren.

4.3.2 Ge(Li)-Detektoren

Wegen seiner größeren Ordnungszahl ist Germanium ($Z = 32$) dem Silizium ($Z = 14$) als Material für den Bau von Detektoren, die zum Nachweis und zur Spektroskopie von Gammaquanten eingesetzt werden sollen, überlegen. Da für diesen Anwendungszweck der Detektor ein großes empfindliches Volumen haben muß, hat man der Untersuchung des Lithiumdriftprozesses in Germanium große Aufmerksamkeit geschenkt.

Der erste lithiumgedriftete Germaniumdetektor wurde 1962 von Freck und Wakefield [4.54] gebaut. Sie benutzten als Ausgangsmaterial p-leitendes Germanium mit einem spezifischen Widerstand von 6 Ω cm. Auch ihr Verfahren beruhte auf der von Pell [4.38] angegebenen Ionendriftmethode. Die Lithiumdiffusion führten sie analog zu derjenigen bei Siliziumdetektoren durch. Der Driftprozeß fand in einem Ölbad mit regulierter Temperatur statt. Sie erreichten eine maximale Dicke der kompensierten Zone von etwa 4 mm.

Die grundlegende Arbeit über das Verhalten von Lithium in Germanium wurde bereits 1956 von Reiss und Mitarbeitern [4.55] gemacht. Sie befaßt sich mit der Löslichkeit und der Ionenpaarbildung von Lithium in Germanium und stellt die Ausgangsbasis für die spätere Entwicklung der lithiumgedrifteten Germaniumdetektoren dar. Obwohl die Herstellung eines Ge(Li)-Detektors im Prinzip mit der eines Si(Li)-Detektors übereinstimmt, müssen hier doch die spezifischen Eigenschaften des Germanium-Lithium-Systems berücksichtigt werden, da sie unter Umständen die Fertigung und Handhabung betriebssicherer Germaniumdetektoren erheblich erschweren können. So muß man beispielsweise die relativ große Beweglichkeit der Lithiumionen im Germanium bei Zimmertemperatur beachten, da dadurch Probleme bei der Lagerung und der Handhabung dieser Detektoren entstehen. Weiterhin muß der Einfluß von Störstellen und Sauerstoffatomen im Germaniumgitter bedacht werden, da hierdurch im Gitter Stellen entstehen, an denen das Lithium ausfallen kann. Außerdem wird durch solche Stellen im Gitter die Driftgeschwindigkeit der Lithiumionen verringert. Ferner muß die Rolle der Oberflächenzustände bei Ge(Li)-Detektoren berücksichtigt werden. Diese führen zu einer schnellen Verschlechterung der Detektoreigenschaften, wenn der Detektorkristall mit Luft in Berührung kommt. Dieser Effekt ist hier wesentlich stärker als bei Siliziumdetektoren.

Es hat sich gezeigt, daß sich Ausgangs-Germaniumkristalle häufig nicht für die Detektorherstellung eigneten, da sie die speziellen Bedingungen, die das Germanium-Lithium-System stellt, nicht oder nur zum Teil erfüllen. Aus diesem Grunde werden an den Ausgangskristallen bzw. an Teilen hiervon, wie etwa an Kopf- und Schwanzstücken, vor Beginn des eigentlichen Fertigungsprozesses bereits einige Untersuchungen durchgeführt, um ungeeignete Kristalle auszusondern. Solche Untersuchungen sind beispielsweise die Bestimmung der Lithiumionenbeweglichkeit, der Ladungsträgerbeweglichkeit [4.56, 4.57] und der Lithiumausfallrate

[4.58, 4.59]. Diese Voruntersuchungen sollen hier jedoch nicht weiter behandelt werden. Ein Verfahren für die Herstellung von Ausgangs-Germaniumkristallen, die für den Bau von Halbleiterdetektoren geeignet sind, wird in [4.112] beschrieben.

Wie bereits erwähnt, sind die einzelnen Schritte im Herstellungsverfahren eines Ge(Li)-Detektors im Prinzip die gleichen wie bei der Herstellung eines Si(Li)-Detektors. Um das Lithium auf den Kristall zu bringen, kann man sich auch hier des Pastenverfahrens bedienen [4.60]. Dabei wird der Diffusionsprozeß bei Temperaturen zwischen 400 und

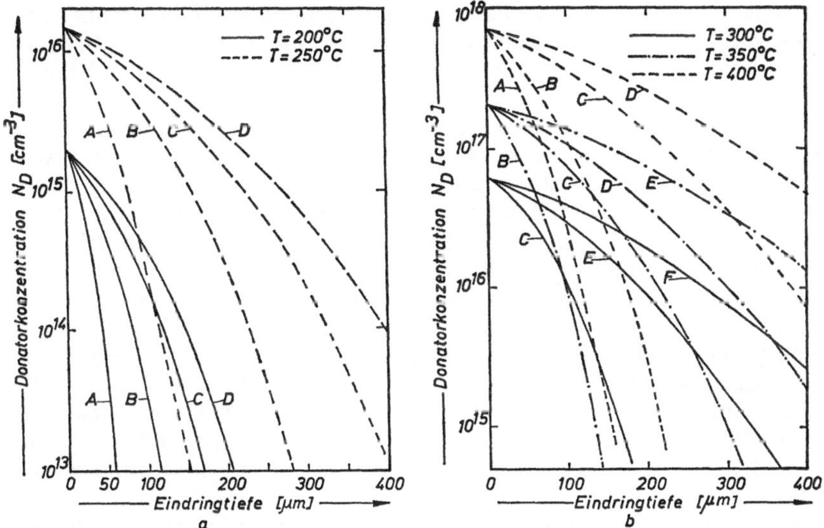

Abb. 4.3. Die berechnete Verteilung der Lithiumkonzentration (N_D) in Germanium als Funktion der Entfernung von der Kristalloberfläche für verschiedene Diffusionstemperaturen (T) und Diffusionszeiten (A—F) [4.42]

Diffusionszeiten:

in 4.3a: 5 min (A), 20 min (B), 40 min (C), 60 min (D)

in 4.3b: 1 min (A), 2 min (B), 5 min (C), 10 min (D), 20 min (E), 40 min (F)

425 °C durchgeführt. Wegen der im letzten Kapitel genannten Nachteile dieses Verfahrens gegenüber dem Aufdampfverfahren, wird das letztere häufiger angewendet [4.61–4.64]. Hier liegen die Diffusionstemperaturen zwischen 375 und 425 °C. Analog zu den Kurven in Abb. 4.1 sind in Abb. 4.3 die berechneten Verläufe der Donatorkonzentration (Lithiumkonzentration) N_D als Funktion des Abstandes von der Kristalloberfläche für verschiedene Temperaturen und Diffusionszeiten wiedergegeben [4.42].

Die Untersuchungen von Carter und Swalin [4.65] haben gezeigt, daß das Ausfallen von Lithium an Gitterstörstellen bei Anwesenheit von Sauerstoff vermieden werden kann, wenn man vor der Lithiumdiffusion

Kupfer in den Kristall diffundieren läßt. Aufgrund dieser Untersuchungen wurde von einigen Autoren das Herstellungsverfahren von Ge(Li)-Detektoren um diesen Fertigungsschritt erweitert [4.62, 4.66]. Die Zweckmäßigkeit dieses Verfahrens ist jedoch noch umstritten [4.64], da Kupfer im Germanium sehr starke Einfangzentren bildet. Weitere Untersuchungen über die Ursachen für das Ausfallen von Lithium wurden von Lopes da Silva und Mitarbeitern durchgeführt [4.113]. Eine Berechnung der Lithiumausfallrate in einem Ge(Li)-Detektor findet sich in [4.114].

Ein drittes Verfahren zum Aufbringen des Lithiums auf den Kristall wurde von Fiedler und Mitarbeitern [4.67] vorgeschlagen. Hierbei wird der Kristall in ein LiCl-KCl-Eutektikum getaucht, das eine Temperatur von etwa 450 °C hat. Dabei scheidet sich das Lithium elektrolytisch an der Kristalloberfläche ab. Gleichzeitig damit findet auch die Lithiumdiffusion in den Detektorkristall statt.

Nach Beendigung des Diffusionsprozesses werden mit Ausnahme der Frontseite alle anderen Seiten des Kristalles vom Lithium gereinigt, was beispielsweise durch Abätzen geschehen kann. Nach Beendigung dieses Prozesses kann der Kristall mit den notwendigen elektrischen Kontakten an der Vorder- und Rückseite versehen werden. Das kann durch Diffusion oder Einlegieren geeigneter Metalle [4.68], durch elektrolytisches Abscheiden von Gold [4.69] oder durch die Verwendung eines Gallium-Indium-Eutektikums [4.70, 4.71] bzw. Quecksilber-Indium-Eutektikums [4.66] geschehen. Auch nickelplattierte Elektroden, wie man sie bei Siliziumdetektoren anwendet, wurden hier schon benutzt [4.72]. Dabei können jedoch, wegen der schlechten Adhäsion von Nickel an Germanium, Schwierigkeiten auftreten. Auch die Möglichkeit, geeignete n^+- und p^+-Kontakte durch Ionenbeschuß zu erzeugen, wurde erprobt [4.115].

Nachdem die Kontakte angebracht sind, kann der Driftprozeß durchgeführt werden. Die hierbei verwendete Drifttechnik ist der bei Siliziumdetektoren benutzten sehr ähnlich. Der wesentliche Unterschied besteht darin, daß bei der Lithiumdrift in Germaniumkristallen niedrigere Temperaturen verwendet werden. So führte Tavendale [4.61] den Driftprozeß in Luft bei 60 °C durch, wobei er Sperrspannungen bis zu 100 V benutzte. Bei der Wahl der Drifttemperatur ist die Tatsache entscheidend, daß diese immer unterhalb der Temperatur liegen muß, bei der die thermisch erzeugte Ladungsträgerzahl im unkompensierten Germanium so groß wird, daß der Kristall als eigenleitend zu betrachten ist. Dadurch wird sichergestellt, daß der durch die Lithiumdiffusion entstandene p-n-Übergang im Kristall vorhanden ist, und daß die Lithiumionen in dem durch die Sperrspannung erzeugten Feld driften können. Die maximale Drifttemperatur hängt vom spezifischen Widerstand des Germaniums ab. Je kleiner dieser ist, d.h. je höher der Dotierungsgrad ist, desto höher kann die Drifttemperatur gewählt werden, desto größer ist aber auch der zur Erzeugung der kompensierten Zone erforderliche Lithiumbedarf. Für die Wahl der Drifttemperatur bei Siliziumdetektoren gelten analoge Überlegungen.

Wie bei dem im vorigen Kapitel behandelten Driftprozeß von Lithium in Silizium, so sind auch beim Driftprozeß in Germanium genau und betriebssicher arbeitende Regel- und Kontrollsysteme zur Prozeßüberwachung erforderlich. Hier wurden verschiedene Verfahren vorgeschlagen [4.73—4.75]. Hansen und Jarrett [4.66] benutzten für Germanium eine Driftapparatur, wie sie ähnlich von Goulding und Mitarbeitern [4.49] für die Herstellung von lithiumgedrifteten Siliziumdetektoren verwendet wurde. Bei diesem Verfahren wird der Detektorkristall durch einen 30W-Leistungstransistor auf die Drifttemperatur hochgeheizt. Der Strom, der während des Driftprozesses in dem Detektorkristall fließt, wird zur Regelung der Transistorausgangsleistung und damit zur Temperaturregelung benutzt. Eine andere Driftapparatur wurde von Palms und Greenwood [4.62, 4.76] vorgeschlagen. Sie ordneten den Germaniumkristall zwischen zwei thermoelektrischen Elementen an, die so betrieben wurden, daß sie den Kristall entweder heizten oder kühlten. Dadurch konnten sie konstante Temperaturniveaus zwischen 0 und 60 °C einstellen. Es erwies sich dabei als zweckmäßig, den Germaniumkristall während des Driftprozesses trocken zu halten, um das Auftreten großer Leckströme zu vermeiden. Aus diesem Grunde wurde die Apparatur in trockener Stickstoffatmosphäre betrieben.

Mit den genannten Herstellungsverfahren wurden Germaniumdetektoren bis zu einer maximalen Dicke der kompensierten Zone von 12 mm hergestellt. Um großvolumige Germaniumdetektoren zu bauen, die während des Driftprozesses eine relativ große Leistungsaufnahme haben, ist ein wirkungsvolles Kühlsystem erforderlich, da ein Überhitzen des Kristalles vermieden werden muß. Hier erwies sich als eine sehr zweckmäßige Lösung, beim Driftprozeß eine siedende Flüssigkeit als Kühlmittel zu benutzen. So verwendete Tavendale [4.72] siedendes Chloroform (Siedepunkt 61,3 °C) als Kühlmittel und hielt damit die Temperatur des Kristalles auf einem Niveau, das 10 bis 20 °C über der Siedetemperatur des Kühlmittels lag. Die Leistungsaufnahme der Kristalle in dieser Driftapparatur betrug 50 bis 100 W bei 30—50 V Driftspannung. Die Driftrate betrug etwa 11 mm in 700 h. Nach diesem Verfahren hergestellte Detektoren lieferten eine Auflösung von 3,5 keV bezogen auf eine 122 keV Gammalinie.

Chloroform hat jedoch als Kühlmittel einige Nachteile. Diese sind: wegen des relativ hohen Siedepunktes ist es nicht möglich höherohmiges Germanium ($\varrho > 15\ \Omega$ cm) für den Driftprozeß zu verwenden; die hohe Siedetemperatur des Kühlmittels verursacht große Sperrströme, so daß nur relativ niedrige Sperrspannungen angelegt werden können; Chloroform hat ein nicht zu vernachlässigendes Dipolmoment, was eine Zunahme des Oberflächenleckstromes verursacht; schließlich sei noch erwähnt, daß Chloroform mit dem Lithium an der Oberfläche des Kristalles reagiert, was eine Lithiumdiffusion aus dem Kristallinneren bewirkt.

Wegen dieser Nachteile suchte man nach anderen Kühlmitteln. So verwendeten Cappellani und Mitarbeiter [4.77] Pentan. Dieses hat einen Siedepunkt bei 36 °C und kein Dipolmoment. Es erlaubt die Verwendung von Sperrspannungen in der Größenordnung von 1000 V. Dadurch kann die reduzierte Beweglichkeit der Lithiumionen bei 36 °C gegenüber der bei 61 °C kompensiert werden. Pentan hat jedoch den Nachteil, daß es feuergefährlich ist. Fernerhin verwendete man Mischungen aus Petan und Hexan (Siedepunkt 69 °C), um Temperaturen zwischen den Siedepunkten der beiden Mischungskomponenten zu erreichen [4.78]. Siedepunkte des Kühlmittels im Bereich zwischen 40 und 60 °C wurden auch

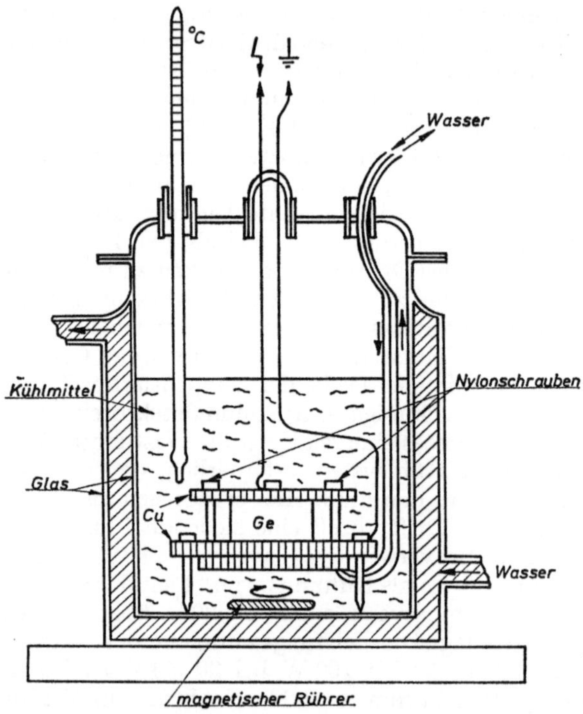

Abb. 4.4. Driftapparatur zur Herstellung lithiumgedrifteter Germaniumdetektoren [4.80]

durch Mischungen von Chloroform und Methylendichlorid erreicht [4.79]. Kalbitzer [4.80] benutzte als Kühlmittel siedendes Freon (Siedepunkt 24 °C), was sich ebenfalls sehr bewährte. Der Aufbau der von ihm verwendeten Driftapparatur ist in Abb. 4.4 wiedergegeben. Wie man sieht, sind hier zwei Kühlwasserleitungen vorgesehen. Wegen dieses doppelten Kühlsystems kann die Leistungsaufnahme des Germaniumkristalles beim Driftprozeß mehr als 50 W betragen.

Analog zu dem Nomogramm 7.2.2, das für Si(Li)-Detektoren gilt, ist das Nomogramm 7.2.3 aufgebaut, das sich auf Ge(Li)-Detektoren bezieht.

Aus ihm kann für diese Detektoren die Dicke der kompensierten Zone als Funktion der anderen Driftparameter abgelesen werden [4.81, 4.82].

Zur experimentellen Ermittlung der Ausdehnung der kompensierten Zone im Germaniumkristall können die im Kapital 4.3.1 beschriebenen Meßmethoden eingesetzt werden. Außerdem können die von Armantrout [4.83] und von Henck und Mitarbeitern [4.78] vorgeschlagenen Meßverfahren benutzt werden. In diesem Zusammenhang sei ergänzend noch auf die neueren Arbeiten [4.116, 4.117] hingewiesen. Dabei ist die Arbeit [4.116] von besonderem Interesse, da die dort behandelte Meßmethode zur Bestimmung der Ausdehnung der kompensierten Zone keine Unterbrechung des Driftprozesses erforderlich macht.

Nach Beendigung des Driftprozesses muß besonders bei Germaniumdetektoren noch eine sogenannte „kalte Nachdrift" durchgeführt werden. Sie findet bei Temperaturen statt, die wesentlich niedriger liegen als beim Driftprozeß. Sie liegen zwischen −30 und 0 °C. Die „kalte Nachdrift" ist aus folgendem Grunde erforderlich: Die Temperaturen, bei denen der Driftprozeß stattfindet, sind so hoch, daß innerhalb der eigenleitenden Zone thermisch eine merkliche Anzahl von Ladungsträgern erzeugt wird. Wenn keine Sperrspannung anliegt, sind thermische Erzeugungs- und Rekombinationsrate gleich. Liegt jedoch eine Sperrspannung an dem System, dann wandern die thermisch erzeugten Ladungsträger auf die jeweiligen Elektroden zu (Abb. 4.5a), das heißt, die Elektronen gehen in Richtung des *n*-Gebietes und die Defektelektronen in Richtung des *p*-Gebietes. Wenn man Rekombinationseffekte vernachläßigt, entsteht durch diese Ladungsträgerbewegung eine Raumladungsverteilung, die sich linear mit dem Abstand von den Elektroden ändert. Nimmt man an, daß die Ladungsträgerbeweglichkeiten für beide Trägerarten gleich sind, dann ergibt sich die in Abb. 4.5b wiedergegebene, symmetrische Raumladungsverteilung. Sind die Trägerbeweglichkeiten verschieden groß, bleibt zwar die lineare Raumladungsverteilung erhalten, jedoch ist der Anstieg der Verteilungskurven für beide Ladungsträgerarten unterschiedlich, d.h. die Gesamtverteilung ist nicht mehr symmetrisch. Durch die in der eigenleitenden Zone entstehende Raumladung wird das hier durch die angelegte Sperrspannung erzeugte elektrische Feld gestört. Bei gleicher Beweglichkeit für beide Ladungsträgerarten ergibt sich die in Abb. 4.5c wiedergegebene räumliche Verteilung der elektrischen Feldstärke. Sie hat in der Mitte zwischen den beiden Sammelelektroden ein Minimum. Die durch die Raumladungen verursachten Störungen beeinflussen auch die Verteilung der Lithiumionen. Die Lithiumionenverteilung stellt sich dabei so ein, daß sie die Raumladungsverteilung kompensiert. Die sich dadurch ergebende Verteilung von Donatoren und Akzeptoren in der eigenleitenden Zone ist in Abb. 4.5d dargestellt. Wie man sieht, ist durch eine solche Lithiumverteilung nur eine unvollständige Kompensation der Akzeptoren möglich, da das Lithium in diesem System zwei Funktionen wahrnimmt: einerseits kompensiert es die Raumladungen und andererseits die Akzeptoren. Daraus ist ersichtlich, daß mit zunehmenden Temperaturen und größer werdenden Dicken der eigenleitenden Zonen, die Akzeptorkompensation immer schlechter wird [4.33, 4.84]. Um die verschlechterte Akzeptorkompensation nach Beendigung des Driftprozesses zu beseitigen, schließt man die „kalte Nachdrift" an. Bei den niedrigen Temperaturen, bei denen diese stattfindet, ist die thermische Erzeugnungsrate der die Raumladung verursachenden Ladungsträger praktisch zu vernachlässigen, während die Beweglichkeit

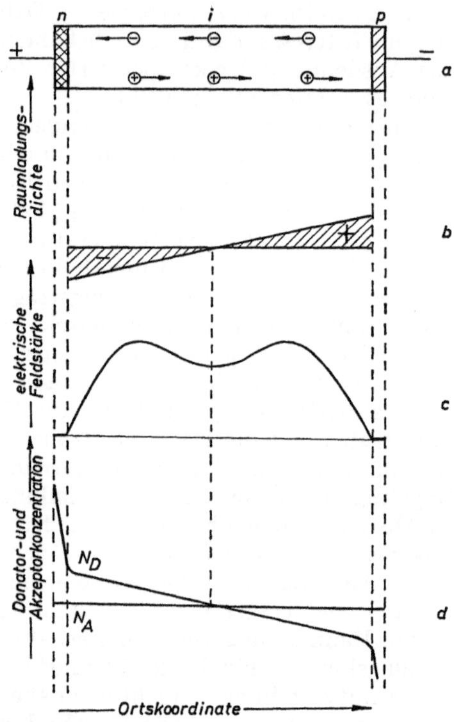

Abb. 4.5. Zur Erläuterung der Notwendigkeit einer „kalten Nachdrift" bei lithiumgedrifteten Detektoren
a Aufbau des *n-i-p*-Detektors
b Verteilung der Raumladungsdichte
c Verteilung der elektrischen Feldstärke
d Verteilung der Donator- und Akzeptorkonzentration

der Lithiumionen noch hinreichend groß ist. Mit diesem Verfahren kann also eine homogenere Lithiumverteilung und damit eine bessere Akzeptorkompensation erreicht werden. Die Temperatur, die Größe der angelegten Sperrspannung und die Driftdauer bei der „kalten Nachdrift" hängen von der Dicke der eigenleitenden Zone und den allgemeinen Drifteigenschaften des verwendeten Kristalles ab. Die Veränderung der Lithiumverteilung in der kompensierten Zone und damit die Vollständigkeit der Akzeptorkompensation können durch Kapazitätsmessungen überwacht werden [4.33, 4.61]. Die Änderung der Strom-Spannungs-Charakteristik eines Ge(Li)-Detektors mit einer 13 mm dicken kompensierten Zone durch die „kalte Nachdrift" zeigt Abb. 4.6. Kurve *I* ergab sich vor und Kurve *II* nach der Nachdrift, die bei −20 °C durchgeführt wurde. Als ein Kriterium für die Beendigung der „kalten Nachdrift" kann das Erreichen einer flachen Strom-Spannungs-Charakteristik bei möglichst niedrigem Strom betrachtet werden. Im allgemeinen liegen die Driftzeiten je nach Kristallgröße zwischen 18 und 72 h und die verwendeten

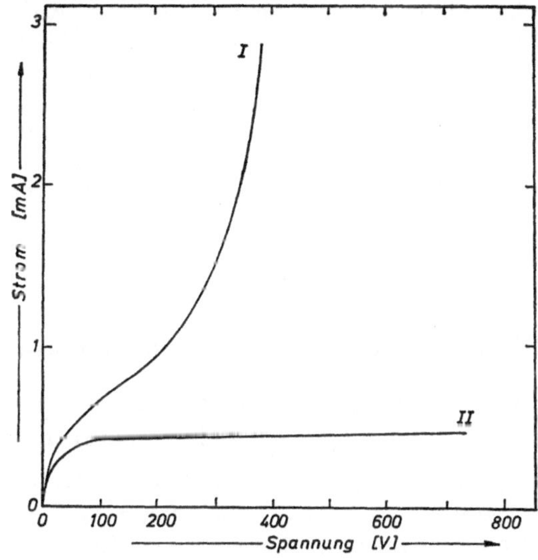

Abb. 4.6. Die Strom-Spannungs-Charakteristik eines Ge(Li)-Detektors mit 13 mm dicker kompensierter Zone vor (*I*) und nach (*II*) dem Nachdriftprozeß

Sperrspannungen in der Größenordnung von etwa 500 bis 2000 V. Allgemein gültige Regeln für die Wahl der Temperatur, der Driftzeit und der Größe der Sperrspannung können zur Zeit noch nicht angegeben werden, da umfangreiche systematische Untersuchungen auf diesem Gebiet noch fehlen.

Nach Beendigung des gesamten Driftprozesses wird der Germaniumkristall nochmals geätzt und einer letzten Oberflächenbehandlung unterzogen. Diese muß mit äußerster Sorgfalt vorgenommen werden, damit der fertige Kristall einen möglichst geringen Leckstrom aufweist. Für diese Oberflächenbehandlung sind eine Anzahl Verfahren vorgeschlagen worden. So empfehlen einige Autoren, den Kristall im Anschluß an den Ätzprozeß in Wasserstoffperoxid zu waschen [4.62, 4.66, 4.81, 4.85]. Im

Gegensatz dazu empfiehlt Armantrout [4.83] eine Oberflächenbehandlung mit Methylalkohol und Salpetersäure. Weitere Vorschläge für die letzte Oberflächenbehandlung von Ge(Li)-Detektoren finden sich in den Arbeiten [4.118, 4.119]. Es würde den Rahmen dieses Buches überschreiten, wollte man alle hier vorgeschlagenen Verfahren mit ihren Vor- und Nachteilen einzeln erwähnen.

Nach Beendigung der letzten Oberflächenbehandlung kann die Montage des Detektorkristalles durchgeführt werden. Wegen der großen Empfindlichkeit der Kristalloberfläche und wegen der Notwendigkeit, den Germaniumkristall während des Betriebes auf die Temperatur des flüssigen Stickstoffs kühlen zu müssen, wird dieser in eine Vakuumkammer oder eine Schutzgasatmosphäre eingebaut. Auf die Probleme der Detektorkapselung wird im nächsten Kapitel näher eingegangen.

Der fertig montierte Detektor muß bei Trockeneistemperatur (−79 °C) gelagert werden, um die Stabilität der kompensierten Zone zu gewährleisten. Ein Erwärmen des Kristalles auf Temperaturen oberhalb −50 °C kann den Detektor unbrauchbar machen. Zumindest führt es zu einer Veränderung der kompensierten Zone und damit zu einer Änderung seiner Eigenschaften. Wird der Detektor jedoch ständig hinreichend tief gekühlt, behält er seine Eigenschaften über Monate hin.

4.4 Die Kapselung von Halbleiterdetektoren

4.4.1 Die Kapselung von Silizium-Oberflächensperrschicht- und diffundierten Sperrschichtdetektoren

Nach Abschluß der in den letzten Kapiteln behandelten Herstellungsprozesse ist der Detektor im Prinzip arbeitsfähig. Wegen der Empfindlichkeit der Kristalloberflächen wird es im allgemeinen jedoch notwendig sein, den Detektorkristall einzufassen oder zu kapseln, da nur so ein minimaler Oberflächenleckstrom und damit ein betriebssicheres Arbeiten des Detektors gewährleistet werden kann. Eine Montagemöglichkeit für einen Oberflächensperrschichtdetektor zeigt Abb. 3.39.

Häufig umkleidet man die äußere Randzone des Kristalles eines Oberflächensperrschichtdetektors vor seinem Einbau in einen keramischen Montagering und vor dem Aufdampfen der Goldschicht mit einem Epoxydharz. Die kritische Stelle bei einer solchen Einfassung stellt der äußere Rand der aufgedampften Goldschicht dar, d.h. die Kontaktstelle Epoxydharz—Gold—Silizium. Untersuchungen der Oberflächenleitfähigkeit haben ergeben, daß an den Kontaktstellen zwischen dem Silizium und dem Epoxydharz die Siliziumoberfläche stark n-leitend ist [4.86]. Wegen der Raumladungsschicht in der Siliziumoberfläche besteht am äußeren Rand der aufgedampften Goldschicht besondere Gefahr für einen Durchbruch (hohe Feldstärke), so daß nur niedrige Sperrspannungen verwendet werden können. Um den steilen Potentialgradienten an dieser Stelle zu verringern, wurde vorgeschlagen, durch Verwendung eines geeigneten Epoxydharzes den Leitungscharakter der Siliziumoberfläche hier so zu verändern, daß eine p-leitende Oberfläche entsteht [4.86, 4.87]. Man erreicht dieses dadurch, daß man vor der Goldbedampfung die Übergangsstelle zwischen dem Epoxydharz und dem Silizium auf der Kristalloberseite mit einem aminfreien Epoxydharz ausgießt, welches schwach mit Jod dotiert ist (Abb. 4.7). Durch eine solche Behandlung des Kristalles gelingt es, das schmale Gebiet hoher Feldstärke am Rande der Goldschicht bei R zu vermeiden, und die Oberflächenfeldzone an die Stelle F in Abb. 4.7 zu verlegen. An solche Detektoren können relativ hohe Sperrspannungen gelegt werden, so daß sich dementsprechend große Sperrschichtdicken erreichen lassen. Man hat festgestellt, daß diese Detektoren Spannungen von 4000 V ohne Schaden aushielten. Ein Detektor mit einer Fläche von 1,5 cm² hatte bei 1500 V einen Sperr-

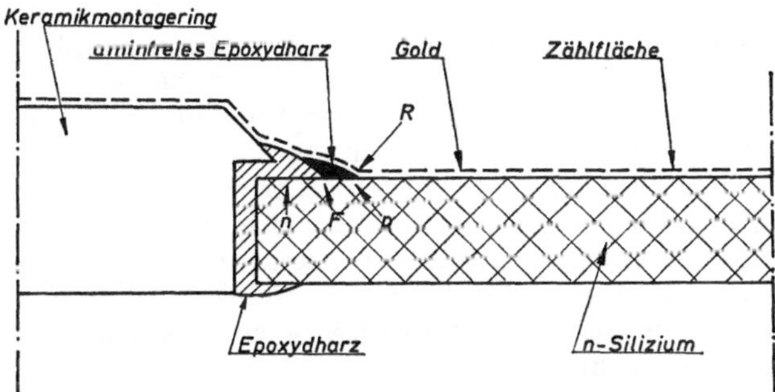

Abb. 4.7. Zur Erläuterung der Einfaßtechnik von Oberflächensperrschichtdetektoren unter Verwendung von Epoxydharzen [4.86]

strom von 1,5 μA. Durch zusätzliche Anwendung einer Schutzringanordnung, die den Oberflächenleckstrom aufnimmt, kann das Betriebsverhalten eines solchen Detektors bei hohen Sperrspannungen noch verbessert werden [4.86, 4.88]. So erzielte man beispielsweise eine Auflösung von 7,5 keV FWHM für die Linie der Konversionselektronen des ^{137}Cs mit einem Detektor, der bei 1000 V Sperrspannung betrieben wurde. Das hier besprochene Verfahren zur Kapselung von Oberflächensperrschichtdetektoren hat den Nachteil, daß sich das verwendete Epoxydharz im Laufe der Zeit verändert und keine so gute Verbindung mit dem Silizium mehr hat wie vorher, was zu Durchbrüchen in der Oberflächensperrschicht und zu Änderungen der Detektoreigenschaften führen kann. Dieses Problem kann durch die Entwicklung geeigneter Epoxydharze gelöst werden.

Diffundierte Sperrschichtdetektoren können im Prinzip ähnlich gekapselt werden wie Oberflächensperrschichtdetektoren. Jedoch muß bei ihnen die starke Abhängigkeit der Sperrstromcharakteristik von der umgebenen Atmosphäre besonders berücksichtigt werden. Im Kapitel 3.6.3 wurde bereits die Kapselung eines solchen Detektors behandelt. An dieser

Stelle seien noch drei weitere Verfahren zitiert, die, ähnlich wie das zu Anfang dieses Kapitels beschriebene, im Prinzip auf der Ausbildung eines Randschutzes für den Teil des Detektorkristalles beruhen, an dem das elektrische Feld der Verarmungszone an die Kristalloberfläche tritt. Diese Verfahren bestehen in dem Ummanteln der betreffenden Kristallzone mit Apiezonwachs [4.23], mit einem niedrig schmelzenden Glas [4.89] oder mit einem geeigneten Epoxydharz oder Teflonpolymer [4.90].

4.4.2 Die Kapselung von lithiumgedrifteten Detektoren

Die Kapselung lithiumgedrifteter Siliziumdetektoren erfolgt ähnlich wie die diffundierter Sperrschichtdetektoren. Im Gegensatz dazu erfordert die Kapselung von Ge(Li)-Detektoren jedoch einen größeren Aufwand. Das ist einerseits dadurch bedingt, daß der Detektor auf die Temperatur des flüssigen Stickstoffs kühlbar sein muß, und andererseits dadurch, daß die Germaniumoberfläche extrem sauber gehalten werden muß, damit der Detektor trotz der im Vergleich zum Silizium erhöhten Oberflächenleitfähigkeit seine Eigenschaften im Laufe der Zeit nicht ändert. Um diese sauberen Bedingungen zu erreichen, ist es erforderlich, den Kristall in einer Edelgasatmosphäre z.B. in Argon, oder, was noch besser ist, in kohlenwasserstofffreiem Vakuum zu betreiben. Grundsätzlich gibt es zwei Möglichkeiten den Germaniumkristall zu kapseln, entweder man baut ihn in ein Detektorgehäuse ein, das vom Kryostat getrennt transportiert und gelagert werden kann, oder man baut ihn unmittelbar in den Kryostaten ein.

Die Kapselung in einem separaten Detektorgehäuse hat den Nachteil, daß hierdurch eine zusätzliche Streukapazität in das System Detektor-Vorverstärkereingangskreis eingeführt wird. Diese zusätzliche Streukapazität hat im allgemeinen jedoch keinen großen Einfluß auf die erzielbare optimale Energieauflösung. Die Vorteile einer getrennten Detektorkapselung sind unter anderem, daß solche Detektoren leicht transportiert und gelagert werden können, und daß man mit einem Kryostaten je nach Bedarf verschiedene Detektortypen betreiben kann. Es ist damit zu rechnen, daß sich in Zukunft die Kapselung der Detektorkristalle in einer separaten Vakuumkammer immer mehr durchsetzen wird; denn außer den genannten Vorteilen ist es bei Verwendung eines so gekapselten Detektors leichter möglich, die mit Feldeffekttransistoren (FET's) bestückte Eingangsstufe des Vorverstärkers mit in den Kryostaten einzubauen und ebenfalls auf Stickstofftemperatur zu kühlen. Fällt einmal ein FET aus, so ist es bei einer solchen Anordnung ohne weiteres möglich, den Kryostaten zu belüften und das defekte Bauelement auszuwechseln. Das Vakuum in der eigentlichen Detektorkammer wird dabei nicht beeinflußt.

Über die separate Kapselung von Germaniumdetektoren ist an verschiedenen Stellen berichtet worden, so beispielsweise in den Arbeiten [4.91–4.94]. In den Detektorgehäusen erzeugt man nach Einbau der

Kristalle entweder eine Edelgasatmosphäre oder ein sehr gutes kohlenwasserstofffreies Vakuum. Die letzte Möglichkeit ist heute allgemein verbreitet, da sie für den Kristall bessere Betriebsbedingungen schafft. Bei einem vakuumgekapselten Detektorkristall kann man grundsätzlich zwei Gehäusetypen unterscheiden: Gehäuse mit angebauter Ionenzerstäuberpumpe und Gehäuse mit eingebautem Adsorptionsmittel (Molekularsieb). Die Gehäuse mit eingebautem Adsorptionsmittel haben zwar den Vorteil, daß sie sich sehr klein und handlich ausführen lassen, und daß sie sehr preiswert sind, haben aber auch einige erhebliche Nachteile. Diese sind darin zu sehen, daß das Molekularsieb nur eine Lebensdauer von etwa 3 Jahren hat. Dann verliert es an Wirksamkeit und muß regeneriert werden. Wann dieser Zeitpunkt erreicht ist, läßt sich nicht erkennen, da es sich in einem hermetisch abgeschlossenen Metallgehäuse befindet. Mit zunehmender Verringerung seiner Wirksamkeit steigt jedoch die Gefahr einer Kontamination der Kristalloberfläche. Fernerhin ist die Erneuerung des Adsorptionsmittels in einem solchen Gehäuse ein sehr aufwendiger und kostspieliger Prozeß, da im allgemeinen nach Öffnung des Detektorgehäuses auch eine erneute Oberflächenbehandlung des Germaniumkristalles erforderlich ist. Alle diese Nachteile treten bei Verwendung einer Ionenzerstäuberpumpe nicht auf. Ihre Nachteile bestehen darin, daß durch den Einbau einer solchen Pumpe die Konstruktion des Detektorgehäuses erheblich teurer und komplizierter wird. Außerdem läßt es sich nicht mehr so klein und kompakt bauen. Fernerhin ist zum Betrieb der Pumpe ein Hochspannungsnetzgerät erforderlich. Die Vorteile einer solchen Kapselung überwiegen jedoch diese Nachteile. Die Lebensdauer der Pumpe beträgt 10—40 Jahre und ist somit größer als die Lebensdauer des Detektors. Durch Überwachung des Pumpenstromes ist eine ständige Überwachung des Vakuums in der Kammer möglich und es ist keinerlei Kontaminationsgefahr der Kristalloberfläche gegeben.

Das einfachste Gehäuse zur Kapselung von Ge(Li)-Detektoren ist das in Abb. 4.8 schematisch dargestellte. Es handelt sich dabei um ein Gehäuse, das dem in Abb. 3.43 ähnlich ist. Es kann z.B. aus Aluminium bestehen. Der Germaniumkristall befindet sich in einer Edelgasatmosphäre oder im Vakuum. Ober- und Unterteil, d.h. Kappe und Boden des Gehäuses, sind miteinander kaltverschweißt. Sie können auch durch Schrauben zusammengehalten werden. In einem solchen Falle muß eine Indiumdichtung zwischen beiden Gehäuseteilen angeordnet werden. Die Halterung des Kristalles im Gehäuseinneren kann dadurch erfolgen, daß man eine Druckfeder in die Kapsel einbaut, die den Kristall an den Deckel des Gehäuses preßt. Zwischen diesem und dem Germaniumkristall befindet sich ein dünnes Indiumblech, welches einen guten elektrischen Kontakt zwischen Gehäuse und der lithiumdiffundierten Schicht gewährleistet. Die Hauptprobleme, die im Zusammenhang mit einer solchen Kapselung auftreten, bestehen einerseits in der Halterung und guten Kontaktierung des Kristalles im Gehäuse und andererseits darin, das Detektorgehäuse so abzudichten, daß sich über Monate hin der Innendruck nicht ändert. Zum Betrieb des Detektors wird dieses Gehäuse in gut wärmeleitenden Kontakt mit der Kaltfläche eines Kryostaten, wie er beispielsweise in Abb. 4.12 wiedergegeben ist, gebracht. Hier zeigt sich ein weiterer Nachteil dieses Kapselungsprinzips, denn die einfallenden Gammaquanten müssen zwei Metallumhüllungen durchdringen, ehe sie auf den Detektorkristall treffen. Das macht sich besonders bei Untersuchungen mit niederenergetischen Gammaquanten störend bemerkbar. An dieser Stelle sei noch auf die Arbeit von Meyer und Mitarbeitern [4.120] hingewiesen. Sie befaßt sich eingehend mit dem Problem der Kapselung von Ge(Li)-Detektoren.

Eine andere Art der Detektorkapselung, die besonders für großvolumige Germaniumkristalle geeignet ist, zeigt Abb. 4.9. Sie wurde vom

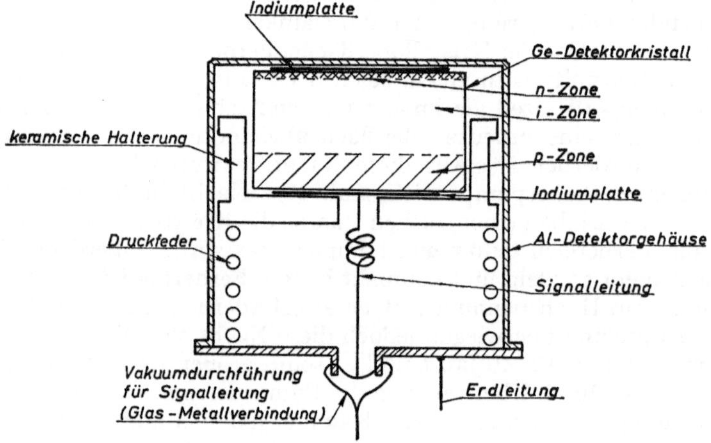

Abb. 4.8. Schematische Darstellung der Kapselung eines Ge(Li)-Detektors in einem luftdichten Metallgehäuse

Verfasser in Zusammenarbeit mit der Firma Siemens AG,. Erlangen, entwickelt. Sie stellt im Prinzip eine Vakuumkammer dar, die an einen Kryostaten, wie ihn Abb. 4.12 zeigt, montiert wird. Sie kann unter Aufrechterhaltung des Vakuums im Detektorraum (10^{-8} Torr) vom Kryostaten getrennt werden. Der Kontakt zur Kaltfläche des Kryostaten wird dadurch hergestellt, daß beim Anflanschen der Kammer an den Kryostaten die Kontaktplatte der Kammer an die Kaltfläche gepreßt wird. An der Kontaktplatte befindet sich ein Kühlfinger, an dessen unterem Ende der Germaniumkristall angebracht ist. Zwischen den Kristall und den Kühlfinger kann zur Erreichung eines möglichst guten thermischen und elektrischen Kontaktes eine Indium-Folie gelegt werden. Der obere Teil der Vakuumkammer ist durch einen Edelstahlbalg abgeschlossen. Das System Kontaktplatte – Kühlfinger – Detektorkristall ist in der Vakuumkammer elastisch angeordnet. Der Unterteil der Kammer, in dem sich der Detektorkristall befindet, ist durch eine Aluminiumkappe abgeschlossen. Der Kammeroberteil besteht aus Edelstahl. Um in der Kammer das Vakuum aufrechterhalten zu können, ist an diese eine Ionenzerstäuberpumpe mit einem Saugvermögen von 0,2 l s^{-1} angeschweißt. Außerdem ist an ihr ein Verschlußflansch angebracht, über den eine Turbomolekularpumpe zum Nachevakuieren angeschlossen werden kann, falls der Druck einmal zu weit angestiegen sein sollte ($> 10^{-2}$ Torr).

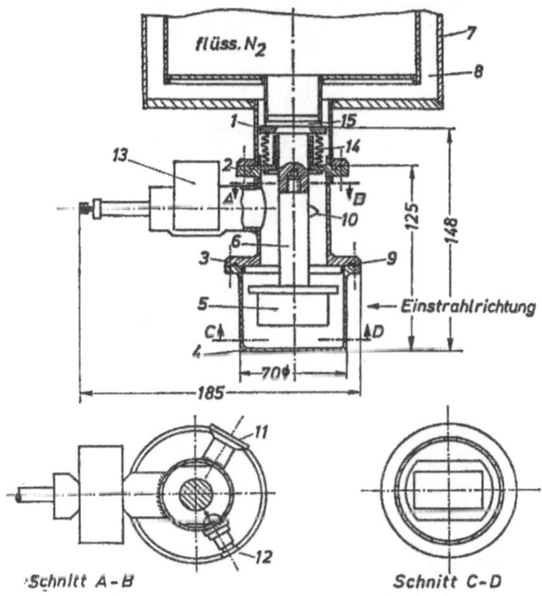

Abb. 4.9. Detektorkammer mit angeschweißter Ionenzerstäuberpumpe für großvolumige Ge(Li)-Detektoren

1 Cu-Kontaktplatte der Detektorkammer, *2* oberer Flansch der Detektorkammer, *3* unterer Flansch der Detektorkammer, *4* Al-Kappe, *5* Ge-Detektorkristall, *6* Cu-Kühlfinger, *7* Kryostat, *8* Vakuumraum, *9* In-Dichtung, *10* Pumpenanschluß, *11* Verschlußflansch NW 10 mit In-Dichtung, *12* MHV-Stecker für Verstärkeranschluß, *13* Ionenzerstäuberpumpe (Saugvermögen 0,2 ls^{-1}), *14* Edelstahlbalg, *15* Cu-Kaltfläche des Kryostaten

Alle Dichtungen an der Kammer sind Indiumdichtungen, um auch bei der Lagerung im Trockeneis immer eine optimale Gehäusedichtigkeit zu gewährleisten.

Nach dem Prinzip dieser Kammer kann man auch Gehäuse bauen, bei denen der Detektorkristall nicht über Kühlfinger, Kontaktplatte und Kryostatkaltfläche gekühlt wird, sondern über einen Kühlfinger, der unmittelbar in den flüssigen Stickstoff hineinragt. Abb. 4.10a zeigt eine solche Anordnung (Siemens AG., Erlangen). Für manche Anwendungs-

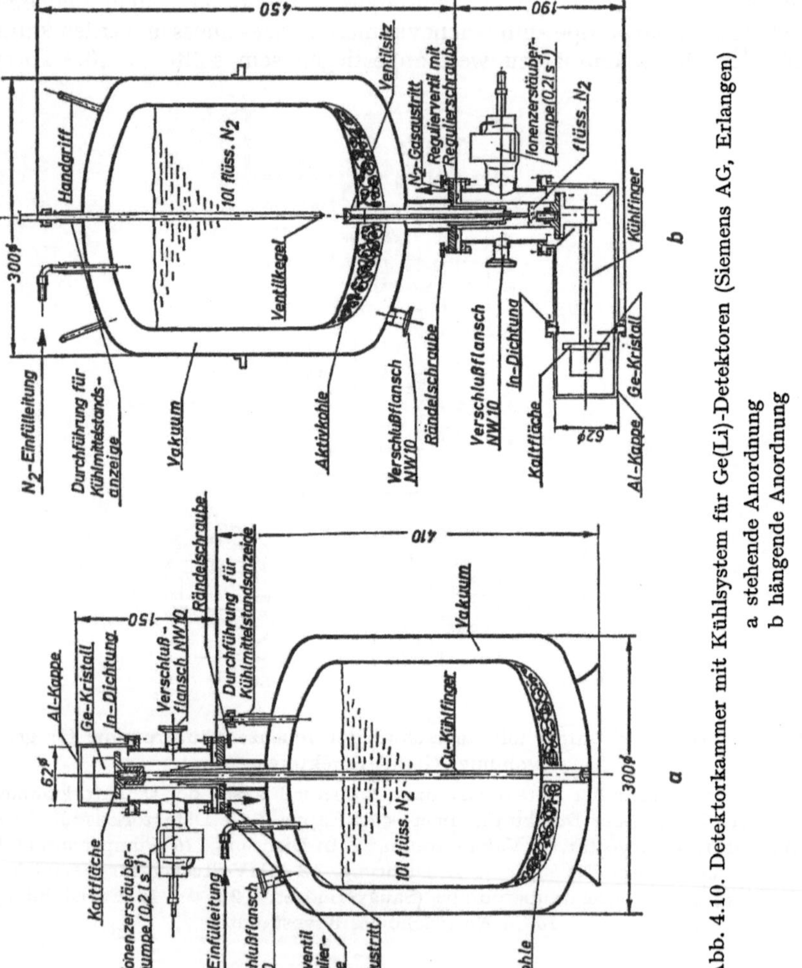

Abb. 4.10. Detektorkammer mit Kühlsystem für Ge(Li)-Detektoren (Siemens AG, Erlangen)
a stehende Anordnung
b hängende Anordnung

zwecke ist eine hängende Detektoranordnung sehr vorteilhaft. Eine Konstruktionsmöglichkeit für ein solches System zeigt Abb. 4.10b (Siemens AG., Erlangen).

Abb. 4.11 zeigt ein anderes Detektorgehäuse. Es wurde vom Verfasser in Zusammenarbeit mit der Firma Leybold-Heraeus GmbH., Köln, entwickelt und dient zur Kapselung von Bohrloch-Germaniumdetektoren [4.95]. Die Halterung des Kristalles im Gehäuse erfolgt ähnlich wie in Abb. 4.8 mit Hilfe einer Druckfeder und eines Keramikringes. Um die Gehäusekonstruktion in Abb. 4.11 jedoch klarer hervortreten zu lassen,

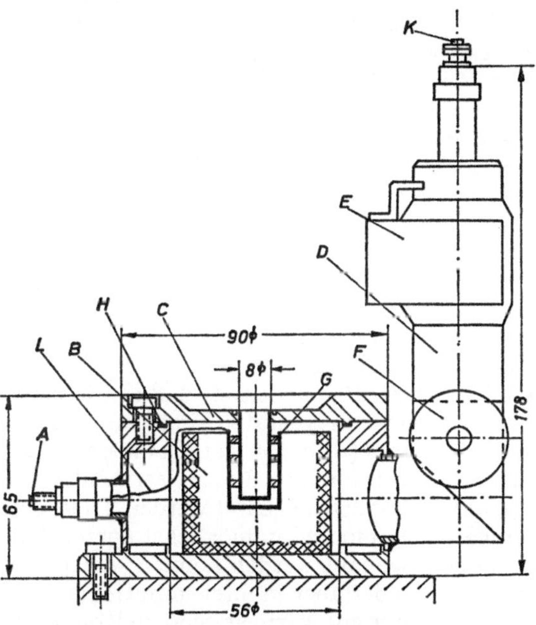

Abb. 4.11. Gehäuse zur Kapselung von Bohrloch-Germaniumdetektoren [4.95] *A* Vakuumdurchführung für Signalleitung, *B* Detektorkristall, *C* Deckel des Detektorgehäuses, *D* Ionenzerstäuberpumpe (0,2 ls^{-1}), *E* Permanentmagnet, *F* Verschlußflansch NW 10 (indiumgedichtet), *G* Teflon-Zentrierringe, *H* Indiumdichtung des Gehäusedeckels, *K* Vakuumdurchführung für die Betriebsspannung der Ionenzerstäuberpumpe, *L* Signalleitung

wurden diese beiden Teile nicht eingezeichnet. Das Detektorgehäuse wurde so konstruiert, daß es als Ganzes auf die Temperatur des flüssigen Stickstoffs gekühlt werden kann. Aus diesem Grunde sind auch hier alle Dichtungen aus Indium gefertigt. Transport und Lagerung eines so gekapselten Detektors sind ebenfalls ohne Schwierigkeiten möglich, da man das Gehäuse in flüssigen Stickstoff oder Trockeneis legen kann. Das Gehäuse ist aus Edelstahl gefertigt und besitzt eine so große Wärmekapazität, daß man es schlagartig von Zimmertemperatur auf Stickstofftemperatur abkühlen kann, ohne daß der Germaniumkristall dabei einen Kälteschock erleidet. Beim Betrieb des Detektors steht dieses Gehäuse in einer zweiten Vakuumkammer, die es erlaubt, den Detektor unter Aufrechterhaltung des Umgebungsvakuums mit den zu untersuchenden Proben zu beschicken. Dieses Detektorgehäuse stellt eine Weiterentwicklung des in Abb. 4.8 gezeigten dar. Durch die angebaute Ionenzerstäuberpumpe kann der Druck im Detektorgehäuse kontrolliert und aufrechterhalten werden; durch die Beschickung des Detektors im Vakuum haben die Gammaquanten nur eine Metallumhüllung zu durchdringen. Die zu untersuchenden Substanzen werden in Plexiglaspräparatekapseln ins Bohrloch eingesetzt. Durch den Betrieb des Detektors in einer zweiten Vakuumkammer ist es leicht möglich, die mit FET's bestückte Vorverstärkereingangsstufe in unmittelbarer Nähe des Signalausganges am Detektorgehäuse anzuordnen und ebenfalls auf Stickstofftemperatur zu kühlen. Der Bohrlocheinsatz im Deckel des Gehäuses kann aus dünnwandigem Edelstahl oder Beryllium bestehen.

4.4.3 Der Kryostat

Wie bereits mehrfach erwähnt wurde, müssen Germaniumdetektoren während des Betriebes auf die Temperatur des flüssigen Stickstoffs (– 196 °C) gekühlt werden. Das bedeutet, daß sie, je nach Gehäusekonstruktion, entweder in einen Kryostaten eingebaut (Abb. 4.8) oder aber an den Kryostaten angebaut (Abb. 4.9) werden müssen. Bei der Konstruktion eines Stickstoffkryostaten für diesen Verwendungszweck müssen einige Gesichtspunkte besonders beachtet werden. Diese sind: Der Detektor muß leicht zugänglich sein und in möglichst kurzer Zeit ein- und ausgebaut, bzw. an- und abgebaut werden können; der Detektor soll möglichst auf der Kaltfläche oder aber in ihrer unmittelbaren Umgebung angeordnet sein; er soll in sehr gut wärmeleitendem Kontakt mit ihr stehen; in der unmittelbaren Umgebung des Detektors soll sich möglichst wenig Material befinden, um Rückstreuungen zu vermeiden; das Strahleintrittsfenster am Kryostaten sollte möglichst dünnwandig sein; der Kryostat sollte eine möglichst geringe Stickstoff-Verdampfungsrate haben und sein Isolationsvakuum auch ohne angeschlossene Vakuumpumpe möglichst lange aufrechterhalten können; das Stickstoffreservoir des Kryostaten muß hinreichend groß sein, so daß die Kühlung des Detektors über mehrere Stunden oder Tage hin ohne Stickstoffnachfüllung sichergestellt werden kann.

Ein Kryostat, der die oben genannten Bedingungen erfüllt und der sich im Betrieb sehr gut bewährt hat, ist in Abb. 4.12 wiedergegeben. Der Kryostat ist mit Ausnahme der unteren Abdeckkappe in der unmittelbaren Umgebung des Detektors aus poliertem Edelstahl gefertigt. Er wurde nach Vorschlägen des Verfassers von der Firma F. X. Stöhr, Augsburg, gebaut. Er kann sowohl mit Detektorgehäusen nach Abb. 4.8

als auch mit solchen nach Abb. 4.9 bestückt werden. Im stationären Zustand kann der Kryostat ohne externe Vakuumpumpe betrieben werden. Zur Aufrechterhaltung des Isolationsvakuums wird das Molekularsieb „Zeolith 13 X“ verwendet, das am Stickstoffvorratsgefäß angebracht ist und dadurch ebenfalls tiefgekühlt wird. Es kann mit Hilfe einer eingebauten Heizwendel ausgeheizt werden, wenn seine Wirksamkeit nachläßt. Dabei wird über den Verschlußflansch NW 32 ein Vakuumpumpsystem

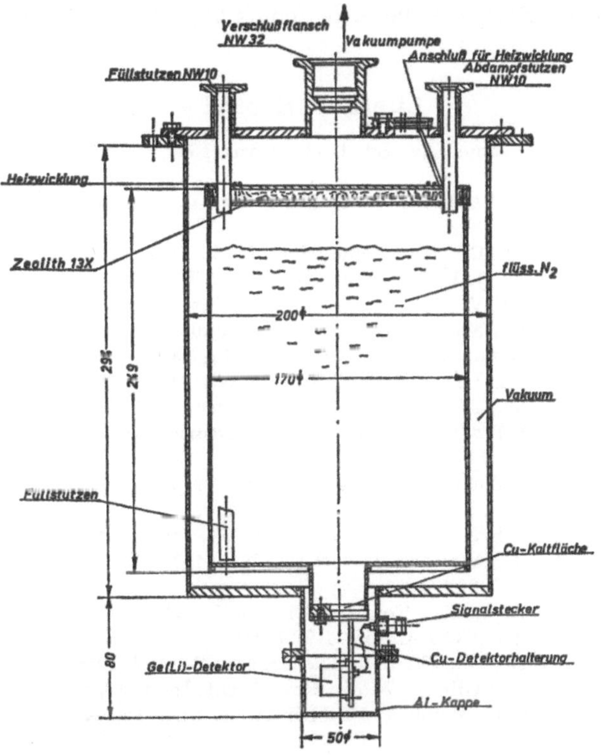

Abb. 4.12. Stickstoffkryostat zur Kühlung von Ge(Li)-Detektoren

angeschlossen. Das geschieht auch unmittelbar nach dem Einbau eines Detektors, um den Kryostaten schnell auf den optimalen Arbeitsdruck des Adsorptionsmittels zu evakuieren. Der Kryostat wird über eine automatische Stickstoffnachfüllvorrichtung an ein 100 l-Speichergefäß angeschlossen, so daß eine wartungsfreie Kühlung des Detektors über mehrere Tage hin sichergestellt ist. Die Stickstoff-Verdampfungsrate des Kryostaten beträgt 2,5–3 l pro Tag.

Andere Konstruktionsmöglichkeiten für Stickstoffkryostate zur Kühlung von Germaniumdetektoren zeigen Abb. 4.10a und b.

Wenn in einen Kryostaten ein ungekapselter Detektor eingebaut wird, muß besondere Sorgfalt darauf verwendet werden, daß im Detektorraum ein hinreichend gutes, kohlenwasserstofffreies Vakuum (10^{-8}–10^{-7} Torr) herrscht. Das kann durch Einbau einer Ionenzerstäuberpumpe erreicht werden. Ein Kryostatsystem mit ungekapseltem Detektor wird beispielsweise in [4.96] ausführlich beschrieben.

In der Literatur findet sich eine Anzahl von Arbeiten, die sich mit dem Bau geeigneter Kühlsysteme für Germaniumdetektoren befassen. Hier seien als Beispiele die Arbeiten [4.92, 4.97–4.103, 4.121–4.123] genannt.

Literatur Kapitel 4

[4.1] Transistor Technology, Bd. 1—3, D. van Nostrand Comp. Inc. (Princeton 1958).

[4.2] Madden, T. C., Gibson, W. M.: IEEE Trans. Nucl. Sci. **NS-11**, Nr. 3, 254 (1964).

[4.3] Baily, N. A.: IRE Trans. Nucl. Sci. **NS-9**, Nr. 1, 91 (1962).

[4.4] Archer, R. J.: J. Electrochem. Soc. **104**, 619 (1957).

[4.5] Andreyeva, V. V., Shishakov, N. A.: Zh. Fis. Khim. **35**, 1351 (1961).

[4.6] Klema, E. D.: Nucl. Instr. and Meth. **26**, 205 (1964).

[4.7] Siffert, P.: Mem. Soc. Roy. des Sci. de Liège **X**, Nr. 2 (1964).

[4.8] —, Coche, A.: IEEE Trans. Nucl. Sci. **NS-11**, Nr. 3, 244 (1964).

[4.9] Dearnaley, G., Whitehead, A. B.: Nucl. Instr. and Meth. **12**, 205 (1961).

[4.10] Andrews, P. T.: Proceedings Nuclear Instrument Symposium, Harwell, Heywood & Co. (London 1962).

[4.11] Fabri, G., Redaelli, G.: Energia Nucleare **11**, 276 (1964).

[4.12] — Nucl. Instr. and Meth. **53**, 337 (1967).

[4.13] Czulius, W.: Ergebn. d. exakt. Naturw. **34**, 236 (1962).

[4.14] Dearnaley, G., Whitehead, A. B.: AERE-3437 (1960).

[4.15] — — AERE-3662 (1961).

[4.16] Coche, A.: Mem. Soc. Roy. des Sci. de Liège **28**, 23 (1964).

[4.17] Walter, F. J.: ORNL-CF-58-11-99 (1958).

[4.18] Mayer, J., Gossick, B.: Rev. Scient. Instr. **27**, 407 (1956).

[4.19] Madden, T. C., Gibson, W. M.: Rev. Scient. Instr. **34**, 50 (1963).

[4.20] Williams, R. L., Webb, P. P.: IRE Tıans. Nucl. Sci. **NS-9**, Nr. 3, 160 (1962).

[4.21] Friedland, S. S.: IEEE Trans. Nucl. Sci. **NS-10**, Nr. 1, 190 (1963).

[4.22] Inskeep, C. N., Eidson, W. W.: Nuclear electronics OECD, 163 (Paris 1963).

[4.23] Donovan, P. F.: NAS-NRC, 32, publ. **871**, 268 (1961).

[4.24] McKenzie, J. M., Waugh, J. B. S.: IRE Trans. Nucl. Sci. **NS-7**, Nr. 2—3, 195 (1960).

[4.25] Moncaster, M. E.: Nucl. Instr. and Meth. **22**, 157 (1963).

[4.26] Ziemba, F. P.: IRE Trans. Nucl. Sci. **NS-9**, Nr. 3, 155 (1962).

[4.27] Alväger, T., Hansen, N. J.: Rev. Scient. Instr. **33**, 567 (1962).

[4.28] Kalbitzer, S.: Z. Physik **203, 117** (1967).

[4.29] Ferber, R. R.: IEEE Trans. Nucl. Sci. **NS-10**, Nr. 2, 15 (1963).

[4.30] Martin, F. W.: IEEE Trans. Nucl. Sci. **NS-11**, Nr. 3, 280 (1964).

[4.31] Messier, J: IEEE Trans. Nucl Sci **NS-11**, Nr. 3, 276 (1964).

[4.32] Le Coroller, Y.: CEA-2722 (1965).

[4.33] Mayer, J. W.: J. Appl. Phys. **33,** 2894 (1962).
[4.34] Baily, N. A., Mayer, J. W.: Bull. Am. Phys. Soc. **6,** 107 (1961).
[4.35] — Rev. Scient. Instr. **32,** 865 (1961).
[4.36] Elliott, J. H.: Nucl. Instr. and Meth. **12,** 60 (1961).
[4.37] Mann, H. M.: IRE Trans. Nucl. Sci. **NS-9,** Nr. 4, 43 (1962).
[4.38] Pell, E. M.: J. Appl. Phys. **31,** 291 (1960).
[4.39] Ammerlaan, C. A. J., Mulder, K.: Nucl. Instr. and Meth. **21,** 97 (1963).
[4.40] Siffert, P., Coche, A.: Compt. Rend. **256,** 3277 (1963).
[4.41] Bertolini, G.: Nucl. Instr. and Meth. **32,** 86 (1965).
[4.42] Ziemba, F. P.: UCRL-13106 (1963) und UCRL-13128 (1963).
[4.43] Blankenship, J. L., Borkowski, C. J.: IRE Trans. Nucl. Sci. **NS-9,** Nr. 3, 181 (1962).
[4.44] Dearnaley, G., Lewis, J. C.: Nucl. Instr. and Meth. **25,** 237 (1964).
[4.45] Sullivan, M. H., Eigler, J. H.: J. Electrochem. Soc. **104,** 226 (1957).
[4.46] Mayer, J. W.: IRE Trans. Nucl. Sci. **NS-9,** Nr. 3, 124 (1962).
[4.47] Miller, G. L.: IEEE Trans. Nucl. Sci. **NS-10,** Nr. 1, 220 (1963).
[4.48] Mann, H. M., Janarek, F. J.: Nucl. Instr. and Meth. **17,** 71 (1962).
[4.49] Goulding, F. S., Hansen, W. L.: IEEE Trans. Nucl. Sci. **NS-11,** Nr. 3, 286 (1964).
[4.50] Chasman, C., Allen, J.: Nucl. Instr. and Meth. **24,** 253 (1963).
[4.51] Gibbons, P. E., Blamires, N. G.: J. Scient. Instr. **42,** 862 (1965).
[4.52] Siffert, P.: Mem. Soc. Roy. des Sci. de Liège **10,** 95 (1964).
[4.53] Williams, R. L., Wilburn, C. D.: Nucl. Instr. and Meth. **29,** 175 (1964)
[4.54] Freck, D. V., Wakefield, J.: Nature **193,** 669 (1962).
[4.55] Reiss, H.: Bell. Syst. techn. J. **35,** 535 (1956).
[4.56] Kuchly, J. M.: Nucl. Instr. and Meth. **47,** 148 (1967).
[4.57] Armantrout, G. A.: IEEE Trans. Nucl. Sci. **NS-13,** Nr. 3, 370 (1966).
[4.58] Fox, R. J.: IEEE Trans. Nucl. Sci. **NS-13,** Nr. 3, 367 (1966).
[4.59] Edwards, W. D., Wilburn, C.: Nucl. Instr. and Meth. **48,** 357 (1967).
[4.60] Mann, H. M.: IEEE Trans. Nucl. Sci. **NS-13,** Nr. 3, 336 (1966).
[4.61] Tavendale, A. J.: Nuclear electronics OECD, 235 (Paris, 1963).
[4.62] Palms, J. M., Greenwood, A. H.: Rev. Scient. Instr. **36,** 1209 (1965).
[4.63] Camp, D. C., Armantrout, G. A.: UCRL-12245 (1965).
[4.64] Cappellani, F.: Nucl. Instr. and Meth. **47,** 121 (1967).
[4.65] Carter, J. R., Swalin, R. A.: J. Appl. Phys. **31,** 1191 (1960).
[4.66] Hansen, W. L., Jarrett, B. V.: Nucl. Instr. and Meth. **31,** 301 (1964).
[4.67] Fiedler, H. J.: Nucl. Instr. and Meth. **40,** 229 (1966).
[4.68] Armantrout, G. A.: IEEE Trans. Nucl. Sci. **NS-13,** Nr. 3, 328 (1966).
[4.69] Janarek, F. J.: Rev. Scient. Instr. **36,** 1501 (1965).
[4.70] Mooney, J. B: Nucl. Instr. and Meth. **50,** 242 (1967).
[4.71] Hansen, W. L., Jarrett, B. V.: UCRL-11589 (1964).
[4.72] Tavendale, A. J.: IEEE Trans. Nucl. Sci. **NS-11,** Nr. 3, 191 (1964).
[4.73] Harpster, J. W.: Nucl. Instr. and Meth. **48,** 175 (1967).
[4.74] Thompson, A. C., Dalby, D. A.: Nucl. Instr. and Meth. **51,** 178 (1967).
[4.75] Schuler, W. A.: Rev. Scient. Instr. **38,** 539 (1967).
[4.76] Palms, J. M., Greenwood, A. H.: Bull. Am. Phys. Soc. **10,** 124 (1965).
[4.77] Cappellani, F.: Nucl. Instr. and Meth. **37,** 352 (1965).
[4.78] Henck, R.: IEEE Trans. Nucl. Sci. **NS-13,** Nr. 3, 245 (1966).
[4.79] Malm, H. L., Fowler, I. L.: CRGP-1224 (1965).
[4.80] Kalbitzer, S.: in Lithium-drifted germanium detectors, STI-PUB-132, IAEA (Wien 1966).
[4.81] Stab, L.: Nucl. Instr. and Meth. **35,** 113 (1965).

[4.82] Takacs, J.: Nucl. Instr. and Meth. **33,** 171 (1965).
[4.83] Armantrout, G. A.: IEEE Trans. Nucl. Sci. **NS-13,** Nr. 1, 84 (1966).
[4.84] Mayer, J. W.: in Nuclear Electronics, **I,** STI-PUB-42, IAEA (Wien 1962).
[4.85] Adams, F.: Nucl. Instr. and Meth. **48,** 338 (1967).
[4.86] Fox, R. J., Borkowski, C. J.: IRE Trans. Nucl. Sci. **NS-9,** Nr. 3, 213 (1962).
[4.87] Blankenship, J. L.: in Nuclear Electronics, STI-PUB-42, IAEA (Wien 1962).
[4.88] Fox, R. J., Borkowski, C. J.: Rev. Scient. Instr. **33,** 757 (1962).
[4.89] Flaschen, S. S.: J. Appl. Phys. **31,** 431 (1960).
[4.90] Gibson, W. M.: NAS-NRC, 32, publ. **871,** 232 (1961).
[4.91] Webb, P. P.: IEEE Trans. Nucl. Sci. **NS-13,** Nr. 3, 351 (1966).
[4.92] Miner, E. C.: UCRL-11946 (1965).
[4.93] Gibbons, P. E.: Nucl. Instr. and Meth. **45,** 322 (1966).
[4.94] Fowler, I. L., Toone, R. J.: AECL-2569 (1964).
[4.95] Büker, H.: Nucl. Instr. and Meth. **69,** 293 (1969).
[4.96] Miner, C. E.: Nucl. Instr. and Meth. **55,** 125 (1967).
[4.97] Buhler, S., Marcus, L.: Nucl. Instr. and Meth. **50,** 170 (1967).
[4.98] Chasman, C., Restinen, R. A.: Nucl. Instr. and Meth. **34,** 250 (1965).
[4.99] Plaske, R. E., Slade, B.: AERE-M 1623.
[4.100] Kraner, H. W.: Nucl. Instr. and Meth. **36,** 328 (1965).
[4.101] Fox, R. J.: Nucl. Instr. and Meth. **35,** 331 (1965).
[4.102] Lippert, J.: Nucl. Instr. and Meth. **32,** 360 (1965).
[4.103] Williamson, C. F., Alster, J.: Nucl. Instr. and Meth. **46,** 341 (1967).
[4.104] Mayer, J. W.: Nucl. Instr. and Meth. **63,** 141 (1968).
[4.105] Forcinal, G.: IEEE Trans. Nucl. Sci. **NS-15,** Nr. 3, 275 (1968).
[4.106] Goradia, C. P., Reynolds, J.: IEEE Trans. Nucl. Sci. **NS-15,** Nr. 3, 281 (1968).
[4.107] Tomlinson, F. K.: Nucl. Instr. and Meth. **65,** 101 (1968).
[4.108] — Rev. Scient. Instr. **40,** 497 (1969).
[4.109] Laegsgaard, E.: IEEE Trans. Nucl. Sci. **NS-15,** Nr. 3, 239 (1968).
[4.110] Ristinen, R. A.: Nucl. Instr. and Meth. **56,** 55 (1967).
[4.111] Schuler, W.: Nucl. Instr. and Meth. **60,** 278 (1968).
[4.112] Adda, L. P.: IEEE Trans. Nucl. Sci. **NS-15,** Nr. 3, 347 (1968).
[4.113] Lopes da Silva, G.: IEEE Trans. Nucl. Sci. **NS-15,** Nr. 1, 448 (1968).
[4.114] Kegel, G.: IEEE Trans. Nucl. Sci. **NS-15,** Nr. 3, 332 (1968).
[4.115] Meyer, O.: IEEE Trans. Nucl. Sci. **NS-15,** Nr. 3, 232 (1968).
[4.116] Brownridge, J., McLoughlin, D.: Nucl. Instr. and Meth. **60,** 116 (1968).
[4.117] Rivet, E. J.: Nucl. Instr. and Meth. **67,** 349 (1969).
[4.118] McKenzie, J. M., De Wit, R. C.: IEEE Trans. Nucl. Sci. **NS-15,** Nr. 1, 444 (1968).
[4.119] De Wit, R. C., McKenzie, J. M.: IEEE Trans. Nucl. Sci. **NS-15,** Nr. 3, 352 (1968).
[4.120] Meyer, H.: EUR-4063 (1968).
[4.121] Marten, R.: Nucl. Instr. and Meth. **57,** 274 (1967)
[4.122] Lauber, A.: AE-320 (1968).
[4.123] Fleck, C. M., Niederstätter, W.: Nucl. Instr. and Meth. **66,** 304 (1968).

5. Die rauscharme Elektronik zum Betrieb von Halbleiterdetektoren

5.1 Einführung

In den bisherigen Kapiteln wurde an verschiedenen Stellen eingehend das hohe Energieauflösungsvermögen von Halbleiterdetektoren behandelt. Um dieses jedoch erreichen zu können, ist es erforderlich, hinter den Detektor ein stabiles und möglichst rauscharmes lineares elektronisches Verstärkersystem zu schalten; denn außer den bereits behandelten Rauschkomponenten des Detektors selbst trägt auch das Rauschen der nachgeschalteten Elektronik zur Linienverbreiterung im Spektrum, d.h. zur Verschlechterung der Energieauflösung mit bei. Aus diesem Grunde lief parallel zur Detektorentwicklung die Entwicklung einer geeigneten Elektronik, die ein optimales Signal-Rausch-Verhältnis zu erreichen gestattet.

Den prinzipiellen Aufbau eines Halbleiterspektrometers zeigt Abb. 5.1. Ein solches Spektrometer besteht aus dem Halbleiterdetektor mit

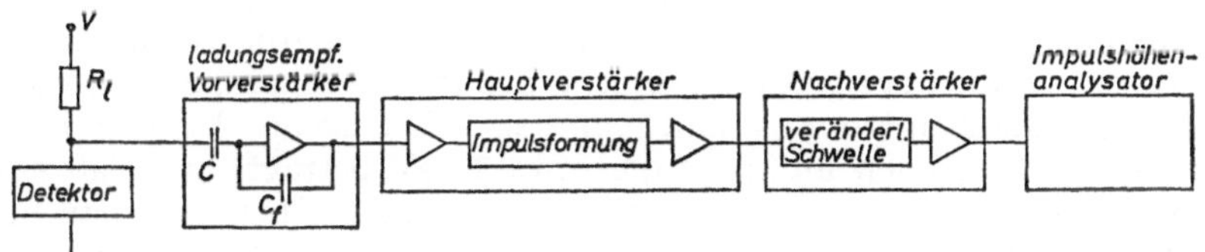

Abb. 5.1. Blockschaltbild eines Halbleiterspektrometers

Spannungsversorgung, dem Vorverstärker, dem Linearverstärker, einem mit einer kontinuierlich veränderlichen Schwelle ausgestatteten Nachverstärker und einem Vielkanalimpulshöhenanalysator. Der für das Rauschen des Gesamtsystems entscheidende Verstärker ist der Vorverstärker und hier speziell dessen Eingangsstufe. Deshalb wird auf ihn in den beiden folgenden Kapiteln genauer eingegangen werden.

An den Vorverstärker schließt sich ein Spannungsverstärker, der sogenannte Haupt- oder Linearverstärker, an. Dieser enthält veränderliche Impulsformungsglieder. Durch die Wahl geeigneter Differentiations- und Integrationszeitkonstanten, läßt sich seine Bandbreite so wählen, daß das Rauschen möglichst weitgehend unterdrückt wird, d.h., daß sich ein optimales Signal-Rausch-Verhältnis ergibt. Das Frequenzspektrum des Rauschens setzt sich aus mehreren Komponenten zusammen: Das Detektorrauschen ohne Berücksichtigung des Oberflächenleckstromes und das Gitterstromrauschen der Verstärkereingangsröhren stellen ein reines, hochfrequentes Schrotrauschen dar, während das Anodenstromrauschen der Eingangsröhren und das durch den Oberflächenleckstrom verursachte Rauschen im wesentlichen niederfrequent sind. Im allgemeinen bestehen die Impulsformungsglieder aus integrierenden und differenzierenden RC-Netzwerken, deren Zeitkonstanten verändert werden können. Ein optimales Signal-Rausch-Verhältnis ergibt sich, wenn Differentiations- und Integrationszeitkonstante den gleichen Wert haben. Bei Germaniumdetektoren liegt dieser je nach Detektorgröße zwischen 1 und 5 μs. Häufig bieten die Linearverstärker auch die Möglichkeit, den Impuls doppelt zu differenzieren, was für bestimmte Anwendungszwecke, z.B. bei Koinzidenzexperimenten, sehr praktisch ist.

Hinter dem Linearverstärker folgt ein Nachverstärker, der mit einer kontinuierlich einstellbaren Schwelle ausgerüstet ist. Er dient dazu, den unteren Teil des Spektrums abzuschneiden und nur die Impulse nachzuverstärken, deren Höhe größer ist als die eingestellte Schwellenspannung. Das macht sich als ein Auseinanderziehen des verbliebenen oberen Spektrumteiles bemerkbar. Durch geeignete Wahl der Schwellenspannung und der Verstärkung kann der jeweils interessierende Teil des Spektrums ausgesucht und auseinandergezogen werden.

Der Ausgang des Nachverstärkers ist mit dem Eingang eines Vielkanalimpulshöhenanalysators verbunden. Da die Halbleiterdetektoren eine wesentlich höhere Energieauflösung ermöglichen als es beispielsweise bei den bisher üblichen NaJ(Tl)-Szintillationskristallen der Fall ist, müssen die hier verwendeten Vielkanalanalysatoren eine größere Kanalzahl aufweisen, damit man größere Bereiche des Impulshöhenspektrums geschlossen darstellen kann. Nimmt man beispielsweise an, daß die Halbwertsbreite der Linien im Spektrum etwa 1 keV beträgt, und daß auf diese Halbwertsbreite 5 Kanäle entfallen sollen, dann benötigt man für die Darstellung eines Gammaspektrums, das von 0 bis 1 MeV reicht, etwa 5000 Kanäle. Das bedeutet, die Kanalzahl ist hier etwa zehnmal größer als bei einem entsprechenden NaJ-Spektrometer.

5.2 Der rauscharme Vorverstärker

5.2.1 Der mit Röhren bestückte Vorverstärker

Die Aufgabe des Vorverstärkers besteht darin, an seinem Ausgang einen Spannungsimpuls zur Verfügung zu stellen, der dem Ladungsimpuls proportional ist, der von dem angeschlossenen Halbleiterdetektor auf seinen Eingang gegeben wird. Die sonst üblichen spannungsempfindlichen Vorverstärker sind für den Einsatz mit Halbleiterdetektoren nicht geeignet, da ihre Ausgangsspannung stark von der Gesamteingangskapazität abhängt. Die Größe dieser Kapazität wird im wesentlichen durch die Detektorkapazität bestimmt. Diese hängt jedoch von der Detektorvorspannung ab. Eine Schwankung dieser Spannung bewirkt also eine Änderung der Gesamteingangskapazität des Vorverstärkers, was bei einem spannungsempfindlichen Verstärker zu einer Änderung der Impulshöhen-Energie-Eichung des Spektrometers führt. Um diesen Nachteil zu umgehen, verwendet man im Zusammenhang mit Halbleiterdetektoren praktisch nur ladungsempfindliche Vorverstärker [5.1, 5.2]. Diese enthalten im Gegensatz zu den spannungsempfindlichen Verstärkern einen kapazitiven Gegenkopplungskreis, der eine große effektive Eingangskapzität erzeugt. Diese Kapazität ist stabil und überwiegt die durch Spannungsschwankungen verursachten Kapazitätsänderungen des Detektors. Aus diesem Grunde wird der Ausgangsimpuls eines solchen Verstärkers durch

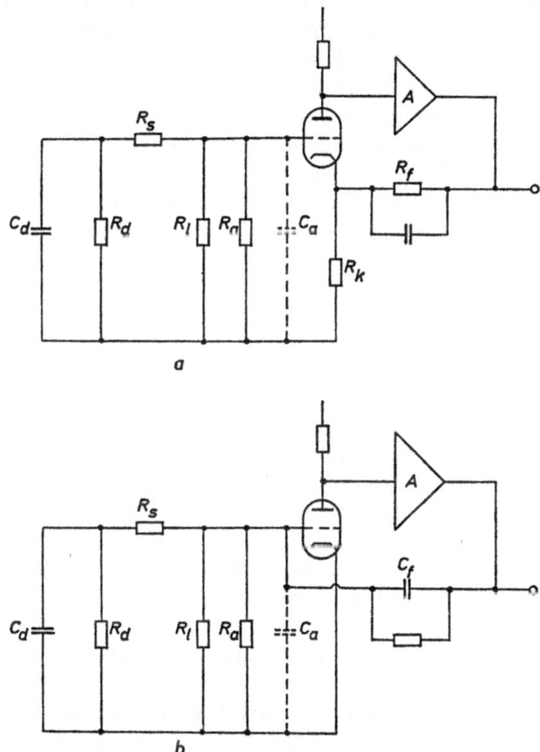

Abb. 5.2. Der Eingangskreis eines spannungsempfindlichen Vorverstärkers (a) und eines ladungsempfindlichen Vorverstärkers (b) [5.3]
(C_d = Detektorkapazität, R_d = Detektorparallelwiderstand, R_s = Detektorserienwiderstand, R_l = Detektorlastwiderstand, R_a = Verstärkereingangswiderstand, C_a = Verstärkereingangskapazität, C_f = Gegenkopplungskondensator, R_f = Gegenkopplungswiderstand, R_k = Kathodenwiderstand)

Änderungen der Detektorkapzität praktisch nicht beeinflußt. Abb. 5.2 zeigt die Eingangskreise eines spannungsempfindlichen (a) und eines ladungsempfindlichen (b) Vorverstärkers [5.3]. Es sei erwähnt, daß der ladungsempfindliche Vorverstärker ein etwas schlechteres Signal-Rausch-Verhältnis hat als der spannungsempfindliche. Das wird durch den Gegenkopplungskondensator C_f verursacht, der sich zur gesamten Eingangskapazität addiert. Da C_f jedoch im allgemeinen klein ist im Vergleich zur Gesamteingangskapazität, kann man in erster Näherung davon ausgehen, daß das Signal-Rausch-Verhältnis beider Verstärkertypen gleich ist. Eine eingehende vergleichende Untersuchung beider Verstärkerkonzepte wurde von Blalock [5.4] durchgeführt.

Da das Signal eines Halbleiterdetektors in Form eines elektrischen Ladungsimpulses an den Vorverstärkereingang abgegeben wird, kann man den Rauschbeitrag der Elektronik zum Ausgangsimpuls durch eine „äquivalente Rauschladung" (*ENC*) in Einheiten der Elementarladung ausdrücken. Eine andere Möglichkeit besteht darin, den durch dieses Rauschen zusätzlich gelieferten Beitrag zur Vergrößerung der Halbwertsbreite einer Spektrallinie anzugeben. Eine dritte Möglichkeit, diesen Rauschbeitrag auszudrücken, besteht in der Angabe einer effektiven Rauschspannung U_{eff}. Unter der Annahme, daß der Vorverstärker eine kapazitive Eingangsimpedanz hat, ist der Zusammenhang zwischen den genannten drei Beschreibungsmöglichkeiten durch folgende Gleichung gegeben

$$ENC = \frac{C_{\text{ges}}}{q} U_{\text{eff}} = \frac{\text{FWHM}}{2{,}35\, w}. \tag{5.1}$$

Hierin ist C_{ges} die Gesamteingangskapazität des Vorverstärkers, q die Elementarladung und w die mittlere Energie, die zur Bildung eines Ladungsträgerpaares im Detektor erforderlich ist. Da w vom Detektormaterial abhängt, muß man, wenn man den Rauschbeitrag durch die zusätzlich verursachte Vergrößerung der Halbwertsbreite ausdrückt, außerdem noch das Detektormaterial nennen, das der Berechnung zugrunde liegt. Man gibt den Rauschbeitrag dann in keV FWHM (Si) oder in keV FWHM (Ge) an.

Die Energieauflösung eines Halbleiterspektrometers wird u.a. auch durch die Rauscheigenschaften des verwendeten elektronischen Verstärkersystems bestimmt. Falls die Verstärkung der Vorverstärkereingangsstufe hinreichend groß ist, sind für den Rauschbeitrag der gesamten Elektronik praktisch nur die Rauscheigenschaften dieser Eingangsstufe von Bedeutung. Aus diesem Grunde erstrecken sich die folgenden Betrachtungen auch nur auf die Vorverstärkereingangsstufe. Wie die bereits früher behandelten einzelnen Rauschbeiträge des Detektors, so addieren sich auch Detektor- und Vorverstärkerrauschbeitrag quadratisch.

Allgemein kann man das Rauschen des Systems Detektor-Vorverstärker auf das Rauschen einer Anordnung zurückführen, die aus einem rauschfreien Verstärker und mehreren Rauschgeneratoren besteht. Einige dieser Rauschgeneratoren liegen parallel zum Verstärkereingang, während andere in Serie mit ihm liegen. Je nach Art der Rauschquellen erzeugen sie konstante Rauschspannungen (U_r) oder Rauschströme (I_r). Falls sie parallel zum Verstärkereingang liegen, fließt das Rauschen auf demselben Wege in den Verstärker wie das Signal des Detektors. Dieses Rauschen ist unabhängig von der Gesamteingangskapazität. Im Gegensatz dazu ist das Rauschen der anderen Quellen proportional zu dieser Kapazität [5.5]. Zu den Rauschquellen, die parallel zum Vorverstärkereingang liegen, gehören: das Detektor-Leckstromrauschen $(I_r)_L$, das Gitterstromrauschen der Eingangsröhren bzw. das Torstromrauschen der Eingangsfeldeffekttransistoren $(I_r)_G$ und das thermische Widerstandsrauschen der Widerstände, die parallel zum Verstärkereingang liegen. Das sind der Detektorparallelwiderstand R_p, der durch den Widerstand der kompensierten Zone bzw. der Verarmungszone gebildet wird, und der Detektorlastwiderstand R_l. Rauschquellen, die in Serie mit dem Verstärkereingang liegen, sind: das thermische Widerstandsrauschen des Detektorserienwiderstandes R_s, der durch den Kontaktwiderstand der Anschlußverbindungen und durch den Widerstand des Grundmaterials an der unempfindlichen Seite des Detektors gegeben ist, und das Schrotrauschen (Anodenstromrauschen) der Eingangsröhren bzw. das thermi-

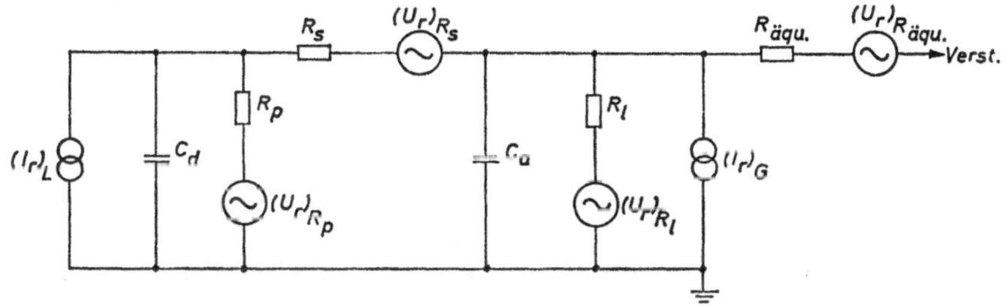

Abb. 5.3. Ersatzschaltbild des Vorverstärkereingangskreises (Erläuterung im Text)

sche Rauschen der Leitungskanäle der Eingangsfeldeffekttransistoren. Die letzte Rauschkomponente kann durch einen äquivalenten Rauschwiderstand $R_{äqu}$ beschrieben werden. Zur Verdeutlichung der Verhältnisse ist das Ersatzschaltbild des Eingangskreises mit allen Rauschquellen in Abb. 5.3 wiedergegeben. Die Rauschspannungsquellen (Widerstandsrauschen) sind in dieser Darstellung durch die Hintereinanderschaltung eines rauschfreien ohmschen Widerstandes und des jeweiligen Rauschspannungsgenerators wiedergegeben. In Abb. 5.3 stellt C_d die Detektorkapazität und C_a die Verstärkereingangskapazität dar.

Um ein gutes Signal-Rausch-Verhältnis zu erreichen, ist es erforderlich, die Konstruktion des Detektors und des Vorverstärkers so auszuführen, daß die Beiträge der genannten Rauschquellen möglichst gering werden. Außerdem muß man bestrebt sein, das Nutzsignal in den nachfolgenden Verstärkerstufen mehr zu verstärken als das Rauschsignal. Das kann durch geeignete Wahl der Zeitkonstanten der Impulsformungsnetzwerke im Linearverstärker geschehen.

In den vergangenen Jahren wurden als rauscharme Vorverstärker praktisch nur mit Elektronenröhren bestückte Verstärker eingesetzt. Um das erforderliche niedrige Rauschniveau zu erreichen, sind diese Verstärker im allgemeinen in ihrer Eingangsstufe mit zwei Trioden bestückt, die in Kaskode geschaltet sind. Eine solche Schaltung vereinigt die charakteristischen Merkmale eines kleinen Röhrenverstärkungsfaktors μ, einer großen Röhrensteilheit S und einer hohen Stufenverstärkung. Die Kaskodenschaltung ermöglicht also in der Vorverstärkereingangsstufe eine „pentodenähnliche" Verstärkung bei einem „triodenähnlichen" Rauschen. Durch den kleinen Röhrenverstärkungsfaktor wird ein Betrieb der Verstärkerstufe bei relativ niedrigen Spannungen ermöglicht, was einen kleinen Gitterstrom bewirkt. Die große Steilheit führt zu niedrigem Schrotrauschen. Eine Pentode hat zwar eine große Steilheit und ermöglicht eine hohe Stufenversärkung, hat aber den Nachteil, daß sie einen größeren Rauschbeitrag liefert, da bei ihr noch das

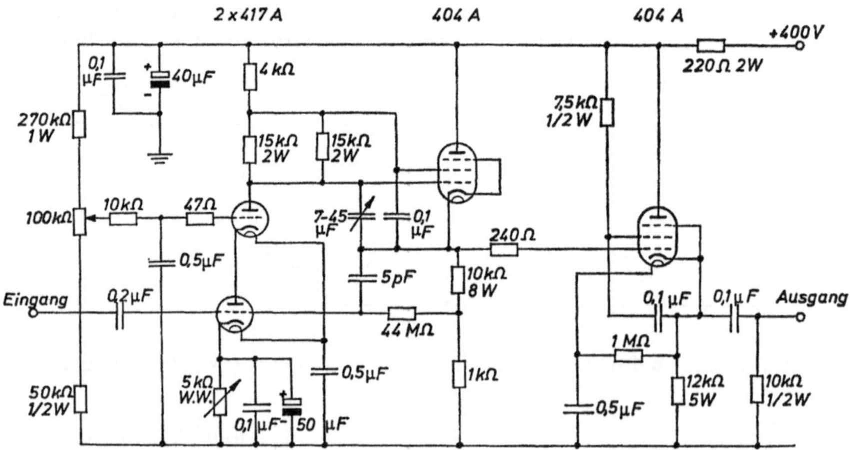

Abb. 5.4. Die Schaltung eines ladungsempfindlichen Kaskoden-Vorverstärkers [5.2]

Stromverteilungsrauschen zu berücksichtigen ist, was bei der Triode, da sie nur ein Gitter besitzt, nicht auftritt. Abb. 5.4 zeigt die Schaltung eines ladungsempfindlichen Kaskoden-Vorverstärkers [5.2]. Er besteht aus der Eingangsstufe mit zwei in Kaskode geschalteten Trioden, einer Verstärkerstufe, die mit einer Pentode bestückt ist, und einem Kathodenverstärker im Ausgang.

Um ein optimales Signal-Rausch-Verhältnis zu erreichen, müssen der verwendete Detektor und die Vorverstärkereigenschaften aufeinander abgestimmt sein. Die heute benutzten Detektoren haben Leckströme im Bereich von 10 μA bis 1 nA und Kapazitäten zwischen etwa 1,5 und 2000 pF. Es ist jedoch bisher nicht möglich, einen Vorverstärker zu bauen, der es gestattet, über den gesamten Leckstrom- und Kapazitätsbereich ein optimales Signal-Rausch-Verhältnis zu erreichen. So benötigt man beispielsweise für einen Detektor, der einen sehr geringen Leckstrom und eine kleine Kapazität hat, einen Vorverstärker mit kleiner Eingangskapazität und geringem Gitterstrom, d.h. die verwendeten Eingangsröhren müssen dementsprechend ausgewählt werden. Außerdem müssen diese Röhren eine möglichst gleichmäßige Kathodenemission haben (Funkelrauschen) und möglichst mikrophonieunempfindlich sein, um zusätzliche Rausch- bzw. Störeffekte zu vermeiden. Röhren, die sich hier recht gut bewährt haben, sind beispielsweise die Typen E 88 CC, EC 1000, 6922 und 417 A. Benutzt man jedoch Detektoren, die einen großen Leckstrom und eine große Kapazität haben, dann erweist es sich als zweckmäßig, in der Eingangsstufe steile Pentoden zu verwenden, obwohl diese einen merklichen Gitterstrom und eine große Eingangskapazität besitzen. Hier haben sich beispielsweise Röhren vom Typ E 810 F und 7788 recht gut bewährt. Verschiedene Aufbaumöglichkeiten von Vorverstärkereingangsstufen finden sich zum Beispiel in den Arbeiten [5.6–5.10].

Die Rauscheigenschaften eines Vorverstärkers können durch die äquivalente Rauschladung ENC_0 des Verstärkers bei 0 pF externer Kapazität und durch die Zunahme dieser Rauschladung pro zusätzlicher externer Kapazitätseinheit $\Delta ENC/\Delta C$ (Rauschanstieg) charakterisiert werden. Mit Hilfe von Gl. (5.1) kann die äquivalente Rauschladung in den entsprechenden Rauschbeitrag zur Linienverbreiterung umgerechnet werden. Der niedrigste Rauschbeitrag, den man, soweit dem Verfasser bekannt, mit einem hochgezüchteten Röhrenvorverstärker bis heute erreichte, beträgt etwa 1,2 keV FWHM (Ge) mit einem Rauschanstieg von 0,04 keV/pF. Kommerziell erhältliche Röhrenvorverstärker erreichen einen solchen Wert im allgemeinen nicht. Abb. 5.5 zeigt die Schaltung eines sehr rauscharmen kommerziellen ladungsempfindlichen Vorverstärkers (ORTEC 105 XL), der für den Einsatz mit lithiumgedrifteten Germaniumdetektoren entwickelt wurde. Er hat ein Rauschen von maximal 2,5 keV FWHM (Si) bei 0 pF externer Kapazität und einen Rauschanstieg von 0,07 keV/pF. Bei Verwendung von RC-Gliedern mit einer Zeitkonstanten von 2 μs zur Impulsformung ergab sich ein minimaler Rauschbeitrag dieses Vorverstärkers von etwa 1,9 keV FWHM (Si).

Wie bereits im Kapitel 3.7.1 erwähnt wurde, ist es sehr schwierig, das durch den Oberflächenleckstrom des Detektors verursachte Rauschen theoretisch genau zu beschreiben. Man kann lediglich sagen, daß dieses Rauschen einen überwiegend niederfrequenten Anteil hat. Durch eine gute Passivierung der Kristalloberfläche und durch die Verwendung der Schutzringtechnik kann die Wirkung dieses Rauschbeitrages erheblich verringert werden, so daß er hier nicht weiter betrachtet zu werden braucht.

Die anderen Rauschquellen können theoretisch behandelt werden und haben eine vorhersagbare Frequenzzusammensetzung [5.11, 5.12]. Das durch den Volumenleckstrom des Detektors verursachte Rauschen kann praktisch als Schrotrauschen betrachtet werden. Dieses wurde im Kapitel 3.7.1 bereits erörtert. Die durch Elektronenröhren verursachten Rauschbeiträge wurden von mehreren Autoren eingehend untersucht [5.12–5.14]. Außer den bereits genannten Rauschquellen bei einer Triode, dem Gitterstromrauschen und dem Schrotrauschen, ist noch

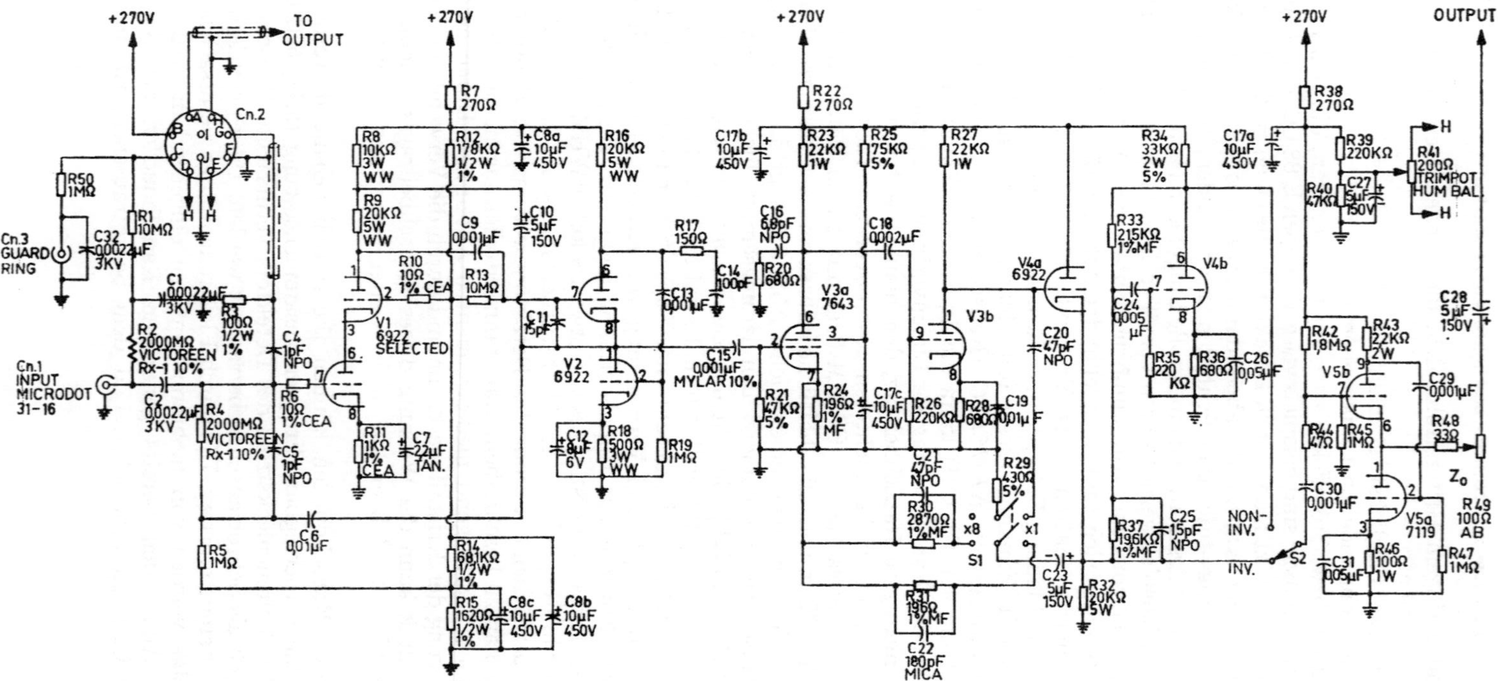

Abb. 5.5. Die Schaltung eines rauscharmen, ladungsempfindlichen Vorverstärkers für den Betrieb von Ge(Li)-Detektoren (Typ ORTEC-105 XL)

(Hersteller: ORTEC, Oak Ridge, Tenn., USA)

das sogenannte Funkelrauschen zu erwähnen. Es wird durch Schwankungen der Kathodenemission der Röhre verursacht. Durch geeignete Röhrenwahl kann sein Beitrag jedoch wesentlich geringer gehalten werden als die Rauschbeiträge der beiden anderen Quellen, so daß er häufig vernachlässigt werden kann. Bei einer Pentode tritt zusätzlich noch das Stromverteilungsrauschen auf, welches durch die Aufteilung des Röhrenstromes auf Anode und Schirmgitter bedingt wird. Weitere Rauschquellen in der Vorverstärkereingangsstufe, wie etwa das thermische Rauschen des Detektorserienwiderstandes R_s, des Detektorparallelwiderstandes R_p und des Anodenlastwiderstandes der ersten Röhre können wegen ihres geringen Beitrages zum Gesamtrauschen des Systems in vielen Fällen vernachlässigt werden. Die gesamte effektive Rauschspannung des Detektor-Vorverstärker-Systems ergibt sich als Wurzel aus der Summe der einzelnen integrierten mittleren Rauschspannungsquadrate, wobei sich die Integrationen über den gesamten Frequenzbereich erstrecken.

Wie bereits erwähnt wurde, ist dem Vorverstärker ein Linearverstärker mit variablen Impulsformungszeitkonstanten zur Erlangung eines optimalen Signal-Rausch-Verhältnisses nachgeschaltet. Als Impulsformungsglieder werden in der Differentiationsstufe sowohl Widerstands-Kondensator-Netzwerke (RC-Glieder) als auch Verzögerungskabel verwendet [5.12]. Zur Integration kommen praktisch nur RC-Glieder in Frage. Da sich jedoch differenzierende Impulsformungsnetzwerke mit veränderlichen Zeitkonstanten leichter mit Hilfe von RC-Gliedern aufbauen lassen als unter Verwendung von Verzögerungskabeln, wird die Impulsdifferentiation in praktisch allen modernen, rauscharmen Linearverstärkern mit RC-Netzwerken durchgeführt. Häufig besitzen diese Verstärker auch die Möglichkeit einer doppelten Impulsdifferentiation, was für bestimmte Experimente, wie z.B. Koinzidenzexperimente und Versuche mit großen Zählraten, von Bedeutung ist. Im allgemeinen erhält man jedoch ein optimales Signal-Rausch-Verhältnis nur bei einfacher Differentiation der Impulse.

Betrachtet man einen Linearverstärker mit einfacher RC-Differentiation und Integration, so ergibt sich, wie von Gillespie [5.13] gezeigt wurde, dann ein optimales Signal-Rausch-Verhältnis, wenn die Zeitkonstanten τ beider Netzwerke gleich sind, d.h. wenn gilt $\tau_{\text{diff}} = \tau_{\text{int}} = \tau$. Das sei im folgenden vorausgesetzt. Die durch die Wahl dieser Zeitkonstanten festgelegte Bandmittenfrequenz und Bandbreite des Verstärkers bestimmen bei der Berechnung der gesamten effektiven Rauschspannung des Detektor-Verstärker-Systems den Frequenzbereich, über den die einzelnen Rauschspannungskomponenten integriert werden müssen. Man wählt die Zeitkonstante τ im allgemeinen so, daß sie groß ist gegenüber der Anstiegszeit der Detektorausgangsimpulse und gegenüber der Gesamteingangszeitkonstante des Vorverstärkers. Die letztere wird gebildet durch das Produkt aus der Gesamteingangskapazität (einschließlich Detektorkapazität) und dem Serienwiderstand des Vorverstärkereingangskreises. Die Größe von τ

liegt etwa zwischen 0,1 und 5 μs. Der günstigste Wert für τ hängt bei vorgegebener Steilheit der Eingangsröhre und vorgegebenem Gitterstrom vom Detektorstrom I_d und von der Gesamteingangskapazität ab. Das machen die Kurven in Abb. 5.6 deutlich [5.11]. Hier ist für zwei Gesamteingangskapazitäten (40 und 80 pF) und verschiedene Detektorströme der Verlauf des Rauschens in Abhängigkeit von der Verstärkerzeitkonstanten τ wiedergegeben. Die Steilheit der Eingangsröhre betrug hier 16 mA/V und der Gitterstrom 2 nA. Aus diesen Kurven ist auch die

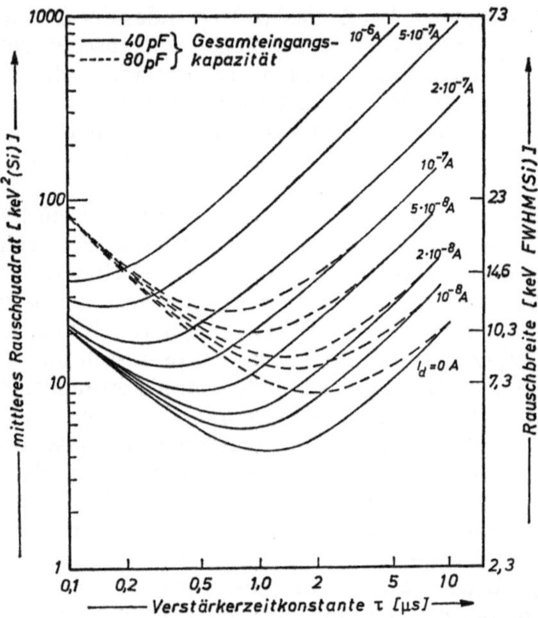

Abb. 5.6. Die Abhängigkeit des Rauschens von der Verstärkerzeitkonstanten τ bei verschiedenen Detektorströmen I_d und bei einer Gesamteingangskapazität von 40 pF bzw. 80 pF [5.11] (Steilheit der Eingangsröhre 16 mA/V, Gitterstrom $2 \cdot 10^{-9}$ A, $\tau_{\text{diff}} = \tau_{\text{int}} = \tau$)

Abhängigkeit des Rauschens von der Gesamteingangskapazität ersichtlich. Sie beeinflußt sehr stark das Schrotrauschen der Eingangsröhre. Es ist proportional zum Quadrat der Gesamteingangskapazität. Diese Kapazität setzt sich, wie früher schon erwähnt wurde, aus der eigentlichen Verstärkereingangskapazität und den zusätzlich extern auf den Verstärkereingang geschalteten Kapazitäten, z. B. der Detektorkapazität, zusammen. Abb. 5.7 zeigt die Abhängigkeit des Elektronikrauschens von der Verstärkerzeitkonstanten τ für verschiedene externe Kapazitäten C_{ext}. Für diese Messungen wurde ein Vorverstärker mit einer EC 1000 als Eingangsröhre verwendet; der Gitterstrom betrug etwa 1 nA, die Röhrensteilheit 15 mA/V und die Verstärkereingangskapazität 15 pF. Wie aus diesen Kurven hervorgeht, kann man nur dann ein optimales Signal-Rausch-Verhältnis erreichen, wenn man die externe Kapazität, d.h. praktisch die Detektorkapazität, möglichst klein macht.

Im einzelnen soll hier auf die Probleme einer geeigneten Impulsformung zur Erlangung eines optimalen Signal-Rausch-Verhältnisses nicht weiter eingegangen werden. Der interessierte Leser sei zum weiteren Studium dieser Fragen auf die Arbeiten [5.5, 5.12, 5.13, 5.15–5.18] verwiesen.

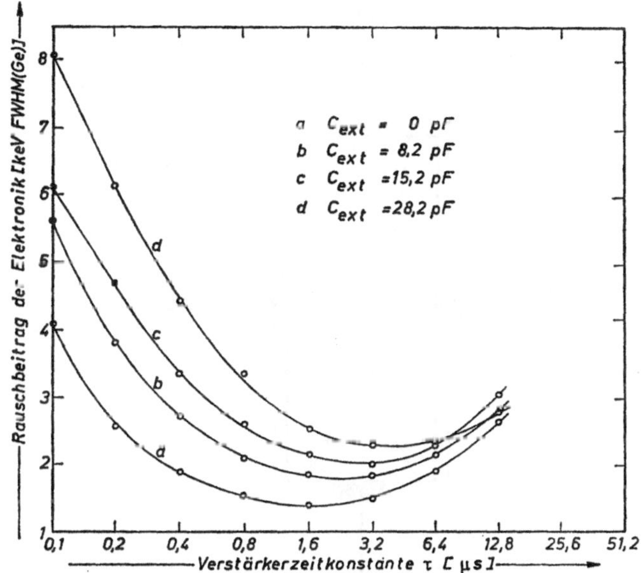

Abb. 5.7. Die Abhängigkeit des Rauschbeitrags der Elektronik von der Verstärker-Zeitkonstanten τ für verschiedene externe Kapazitäten C_{ext}
(Steilheit der Eingangsröhre 15 mA/V, Gitterstrom 10^{-9} A, Verstärkereingangskapazität 15 pF, $\tau_{diff} = \tau_{int} = \tau$)

5.2.2 Der mit Transistoren bestückte Vorverstärker

Die bekannten Vorteile, die die Verwendung von Transistoren in elektronischen Geräten bietet, führten dazu, daß man sich schon frühzeitig darum bemühte, auch beim Bau von rauscharmen Vorverstärkern Transistoren einzusetzen. Das bot unter anderem die Möglichkeit, die Vorverstärkereingangsstufe im Vakuum in unmittelbarer Nähe des Halbleiterdetektors anzuordnen, was eine erhebliche Verminderung der Streukapazität bewirkt. Zunächst konnten sich jedoch voll transistorisierte rauscharme Vorverstärker nicht durchsetzen, da man mit ihnen im allgemeinen kein so gutes Signal-Rausch-Verhältnis erreichen konnte wie mit guten Röhrenverstärkern. Diese Situation änderte sich jedoch grundsätzlich, als es vor etwa 2 bis 3 Jahren gelang, serienmäßig hinreichend leistungsfähige Feldeffekttransistoren (FET's) für die Eingangsstufen der Vorverstärker zu bauen. Durch optimale Auslegung der Verstärker und durch Kühlen der FET's gelang es, die Rauscheigenschaften so zu verbessern, daß sie diejenigen von Röhrenverstärkern übertrafen.

Der unipolare Feldeffekttransistor ist bereits 1952 von Shockley [5.19] beschrieben worden. Seine Wirkungsweise besteht im Prinzip

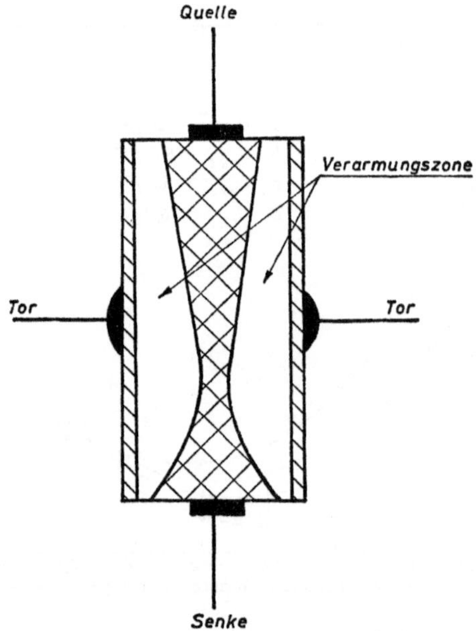

Abb. 5.8. Der Aufbau eines Feldeffekttransistors (Schematische Darstellung)

darin, daß der Majoritätsladungsträgerfluß durch einen halbleitenden Kanal mit Hilfe einer von außen angelegten Steuerspannung beeinflußt werden kann. In Abb. 5.8 ist der Aufbau eines Feldeffekttransistors schematisch dargestellt. Er besteht aus einem n- oder p-leitenden Siliziumkristall, an dessen oberem und unterem Ende je ein sperrfreier, ohmscher Kontakt (Quelle und Senke) angebracht ist. Senkrecht dazu, d.h. an der Seite des Kristalles, sind ein oder zwei sperrende Kontakte angeordnet. Diese stellen das sogenannte Tor dar, was bei der Elektronenröhre dem Steuergitter entspricht, während Quelle und Senke mit der Kathode bzw. Anode verglichen werden können. An die sperrenden Kontakte wird eine Sperrspannung gelegt. Dadurch breitet sich in der Umgebung dieser Kontakte im Silizium eine Verarmungszone aus, wie es in Abb. 5.8 angedeutet ist. Die Ausdehnung dieser Verarmungszonen wird durch die Größe der angelegten Sperrspannung bestimmt. Je größer diese ist, desto weiter ragen die Verarmungszonen in den Kristall hinein und desto kleiner wird der Querschnitt des Leitungskanals zwischen Quelle und Senke. Überlappen sich beide Verarmungszonen, so wird der Strom durch den Kristall unterbrochen. Das entspricht bei den Elektronenröhren dem Zustand einer Triode mit sehr stark negativ vorgespanntem Gitter. Da das Tor ein in Sperrichtung vorgespannter *p-n*-Übergang ist, stellt es für den FET einen sehr großen Eingangswiderstand dar, der in der Größenordnung von etwa 100 MΩ liegt. Im Gegensatz dazu ist

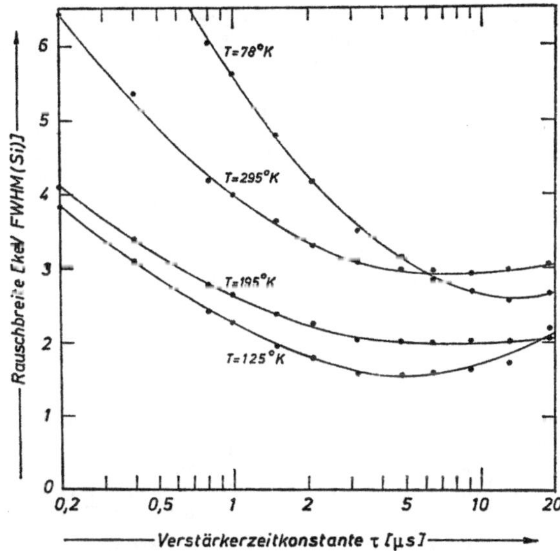

Abb. 5.9. Die Abhängigkeit des Rauschens von der Verstärkerzeitkonstanten τ für einen Feldeffekttransistor-Vorverstärker bei verschiedenen FET-Temperaturen [5.22]

die Eingangskapazität, d. h. die Tor-Quelle- oder die Tor-Senke-Kapazität, klein. Sie beträgt einige pF. Die Eigenschaften des Feldeffekttransistors werden eingehend in der Arbeit von Radeka [5.20] behandelt.

Eine Theorie über das Rauschen der Feldeffekttransistoren wurde von Van der Ziel [5.21] aufgestellt. Nach dieser Theorie ist die Hauptrauschquelle in einem FET das thermische Rauschen, das im Leitungskanal entsteht. Dieser Rauschbeitrag wird zusätzlich noch beeinflußt durch die Modulation des Leitungskanalquerschnitts. Weitere Rauschquellen sind das Schrotrauschen in der Sperrschicht des Torkanals und das Funkelrauschen. Zusätzliche Rauschquellen befinden sich im Vorverstärker-Eingangskreis, wie etwa das thermische Rauschen des Torwiderstandes und des Detektorarbeitswiderstandes. An dieser Stelle sei auch eine Arbeit von Radeka [5.32] genannt, die sich mit der Abhängigkeit des Feldeffekttransistor-Rauschens von der Temperatur und der Frequenz befaßt.

Da die größte Rauschquelle im FET das thermische Rauschen bzw. Widerstandsrauschen ist, und da dieses Rauschen proportional zu kT ist, kann man es durch Kühlen des Transistors verringern. Man darf ihn jedoch nicht zu tief kühlen, da bei sehr tiefen Temperaturen die Ladungs-

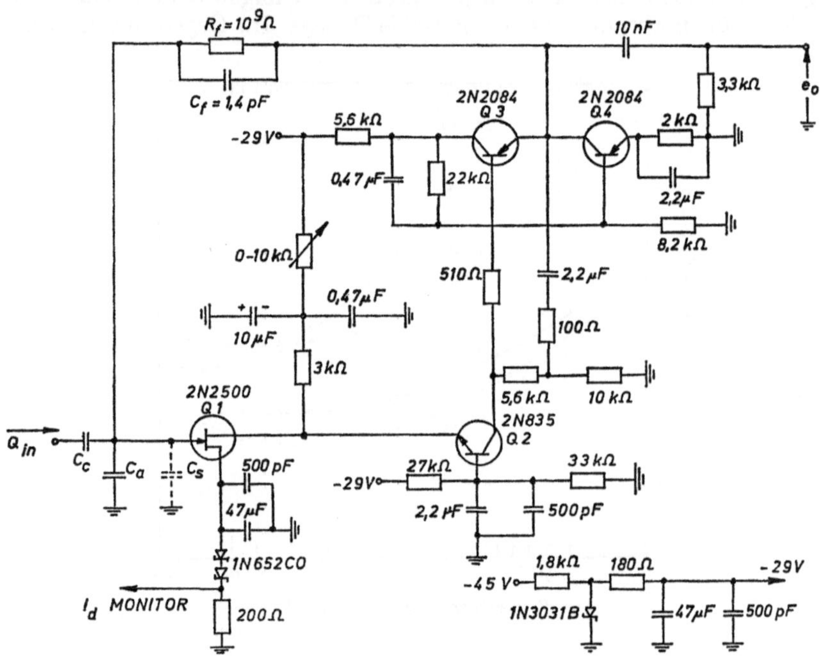

Abb. 5.10. Die Schaltung eines ladungsempfindlichen Vorverstärkers mit einem Feldeffekttransistor in der Eingangsstufe [5.22]

trägerdichte im Leitungskanal abnimmt, was eine Zunahme der statistischen Schwankungen des Transistorstromes bewirkt. Blalock [5.22] hat in diesem Zusammenhang eingehende Untersuchungen an einem FET-Vorverstärker durchgeführt. Er ermittelte die durch das Rauschen dieses Verstärkers verursachte Linienverbreiterung als Funktion der Linearverstärker-Zeitkonstanten τ für FET-Temperaturen von 78, 125, 195 und 295 K. Die ermittelten Kurven sind in Abb. 5.9 wiedergegeben. Wie man aus den Kurven entnimmt, ergibt sich das optimale Signal-Rausch-Verhältnis, wenn der FET auf 125 K gekühlt wird. Die Schaltung des für diese Untersuchungen benutzten Vorverstärkers ist in Abb. 5.10 wiedergegeben. Dieser Verstärker lieferte bei 0 pF externer Kapazität und Zimmertemperatur ein minimales Rauschen von weniger als 3 keV FWHM (Si) und bei 125 K ein solches von 1,6 keV FWHM (Si). Der Rauschanstieg betrug weniger als 0,06 keV/pF.

Obwohl Feldeffekttransistoren gleichen Typs im allgemeinen gleiche elektrische Parameter haben, ist dieses bezüglich ihrer Rauschcharakteristik durchaus nicht immer der Fall. Die Rauscheigenschaften variieren von FET zu FET in einer nicht vorhersagbaren Weise. Hierüber wurden ebenfalls von Blalock [5.23] eingehende Untersuchungen durchgeführt.

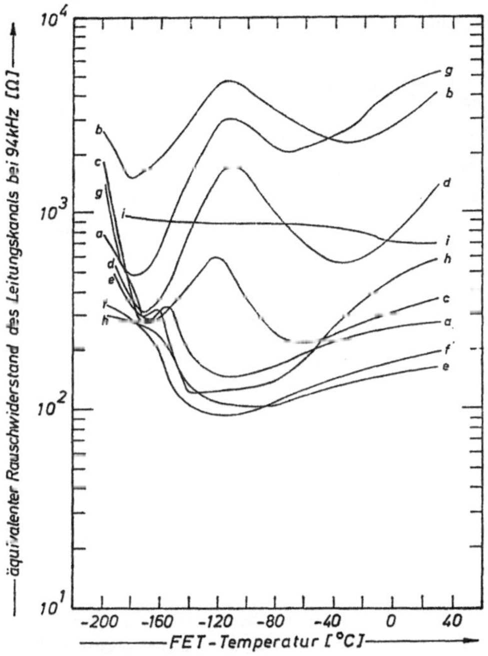

Abb. 5.11. Der äquivalente Rauschwiderstand des Leitungskanals bei 94 kHz in Abhängigkeit von der Temperatur für verschiedene Feldeffekttransistoren (*a*—*i*) des Typs 2 N 3823 [5.23]

Im Rahmen dieser Experimente ermittelte er unter anderem die Abhängigkeit des äquivalenten Rauschwiderstandes des Leitungskanals bei 94 kHz von der Temperatur des FET für mehrere Transistoren des Typs 2 N 3823. Das Ergebnis dieser Messungen ist in Abb. 5.11 wiedergegeben. Wie man sieht, weichen die Rauscheigenschaften zum Teil erheblich voneinander ab. Aus den Kurven ergibt sich, daß einige Transistoren im Temperaturbereich zwischen Zimmertemperatur und — 200 °C ein Rauschminimum haben, während andere in diesem Temperaturbereich zwei Minima und ein Maximum aufweisen. Nur die Transistoren der ersten Gruppe sind als FET's für die Eingangsstufen rauscharmer Vorverstärker geeignet. Wegen der stark voneinander abweichenden Rauscheigenschaften verschiedener FET's des gleichen Typs, ist es erforderlich, die Exemplare, die zur Bestückung von rauscharmen Vorverstärkern geeignet sind, jeweils einzeln auszusuchen. Das ist mit ein Grund dafür, daß solche Feldeffekttransistoren heute noch relativ teuer sind.

In den letzten Jahren hat die Entwicklung auf dem Gebiet der Feldeffekttransistoren große Fortschritte gemacht. Heute stehen FET's mit kleinem Torleckstrom (10 pA—1 nA) und guten Rauscheigenschaften zur Verfügung. Dementsprechend ist im Laufe der Zeit eine Anzahl von rauscharmen Vorverstärkern mit FET-Eingangsstufen entwickelt worden. In

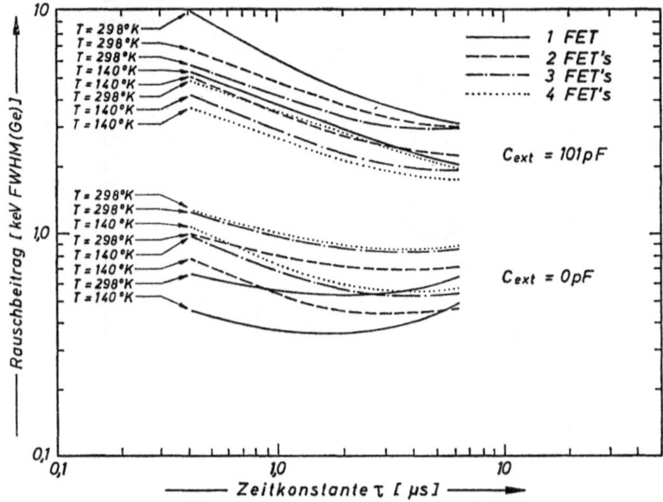

Abb. 5.12. Die Abhängigkeit des Rauschens von der Verstärkerzeitkonstanten τ für 140 und 298 K FET-Temperatur, für 1—4 parallelgeschaltete Eingangs-FET's und für externe Kapazitäten von 0 bzw. 101 pF [5.29]

diesem Zusammenhang seien die Arbeiten [5.20, 5.22—5.30, 5.33—5.35] genannt.

Ähnlich wie bei den im vorigen Kapitel beschriebenen Röhrenverstärkern müssen auch hier die Eingangsstufen der Vorverstärker den Eigenschaften der jeweils verwendeten Detektoren angepaßt sein, wenn optimale Ergebnisse erzielt werden sollen. So erzielte man beispielsweise mit einem gut angepaßten Detektor-Verstärker-System eine Energieauflösung von 700—800 eV bei einer Gammaenergie von 100 keV. Diese Auflösung wurde unter Verwendung eines kleinen, kapazitätsarmen Germaniumdetektors erreicht. Dabei wurde die Vorverstärkereingangsstufe auf −180 bis −140 °C gekühlt. Goulding erreichte eine Auflösung von 140 eV bei einer Gammaenergie von 6 keV.

Um auch mit großvolumigen Detektoren, die eine dementsprechend große Eigenkapazität besitzen, optimale Signal-Rausch-Verhältnisse zu erreichen, mußte man sich darum bemühen, den Rauschanstieg der Vorverstärker zu verringern. Hier gelang es Smith und Cline [5.29] durch Parallelschalten von vier Feldeffekttransistoren eine erhebliche Verminderung des Rauschanstieges zu erreichen. Gegenüber der Verwendung eines Feldeffekttransistors verringerte sich der Rauschanstieg von 0,030 keV (Ge)/pF auf 0,017 keV (Ge)/pF. Allerdings muß dabei berücksichtigt werden, daß ein Vorverstärker, der zwei oder mehr parallelgeschaltete FET's in der Eingangsstufe besitzt, bei 0 pF externer Kapazität und einer Impulsformungszeitkonstanten von $\tau < 5\ \mu s$ ein größeres

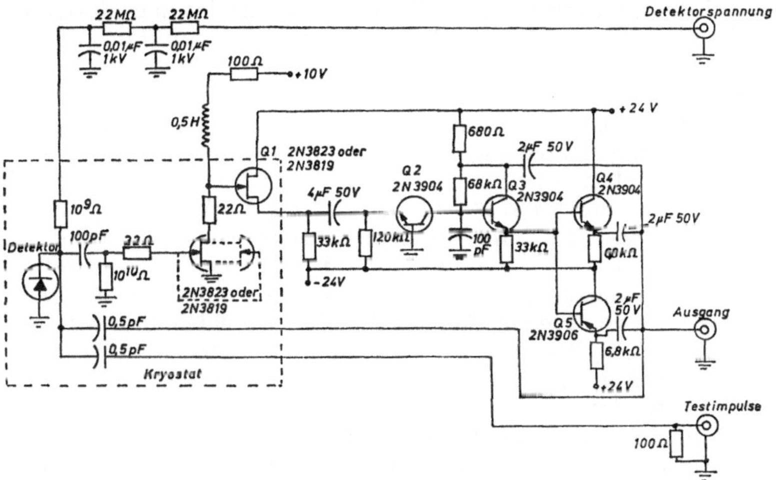

Abb. 5.13. Die Schaltung eines ladungsempfindlichen Vorverstärkers mit 1—4 parallelgeschalteten Eingangsfeldeffekttransistoren [5.29]

Rauschen zeigt als einer mit einem Eingangsfeldeffekttransistor. Abb. 5.12 zeigt die Abhängigkeit des Verstärkerrauschens von der Impulsformungszeitkonstanten für 0 und 101 pF externer Kapazität für Verstärkersysteme mit 1, 2, 3 und 4 parallelgeschalteten Eingangsfeldeffekttransistoren, die sich auf einer Temperatur von 298 bzw. 140 K befinden. Die Schaltung des Verstärkers, mit dem diese Messungen durchgeführt wurden, zeigt Abb. 5.13. Als Ergebnis dieser Untersuchungen kann zusammenfassend gesagt werden, daß man in den Fällen, in denen Spektroskopie mit hoher Auflösung betrieben wird, und bei denen Detektoren mit möglichst kleiner Eigenkapazität benutzt werden, Vorverstärker mit einem Eingangsfeldeffekttransistor verwenden soll, während dort, wo großvolumige Detektoren mit relativ großen Eigenkapazitäten eingesetzt werden, Verstärker mit zwei oder mehr parallelgeschalteten Eingangsfeldeffekttransistoren Einsatz finden sollen.

Wie bereits erwähnt wurde, läßt sich durch Kühlen der FET's das Rauschen des Verstärkers verringern, da der Hauptrauschanteil durch thermisches Rauschen verursacht wird (Rauschverringerung > 20–30%). Das bedeutet, daß man versuchen sollte, die Eingangsfeldeffekttransistoren zu kühlen. Da im allgemeinen so extrem rauscharme Vorverstärker, wie sie hier besprochen werden, in Verbindung mit gekühlten Germaniumdetektoren eingesetzt werden, bietet sich die Möglichkeit, Detektor und Vorverstärkereingangsstufe gemeinsam in den Kryostaten einzubauen. Dabei hat man neben der einfachen Kühlmöglichkeit der FET's auch noch den Vorteil, daß die Streukapazitäten im Vorverstärkereingang sehr klein gehalten werden können, da man die Eingangsstufe in unmittelbarer Nähe des Detektors anordnen kann, und dadurch extrem kurze Leitungsführungen erhält. Weiterhin vermeidet man durch diese Bauweise im Verstärkereingang die relativ große Kapazität der Vakuumdurchführung der Signalleitung durch die Kryostatwand. Neben ihrer großen Kapazität hat diese Durchführung auch noch den Nachteil, daß sie sehr feuchtigkeitsempfindlich ist. Wenn der gesamte Vorverstärker außerhalb des Kryostaten angeordnet ist, muß die Vakuumdurchführung eine so gute Isolation besitzen, daß bei voller Detektorspannung (bei großvolumigen Detektoren 900 bis 1200 V) der Leckstrom nur weniger als 100 pA beträgt. Da durch die Signalleitung jedoch wärmeleitender Kontakt zwischen der Durchführung und dem tiefgekühlten Detektor besteht, ist die Gefahr groß, daß sich durch Abkühlung in der Durchführung Spuren von Feuchtigkeitsniederschlägen bilden, die einen Leckstrom verursachen, der erheblich größer als der Detektorleckstrom sein kann. Man muß also, besonders wenn mit hohen Detektorspannungen gearbeitet wird, dafür sorgen, daß die Umgebungsatmosphäre der Signaldurchführung möglichst wenig Feuchtigkeit enthält.

Der Einsatz der Vorverstärkereingangsstufe in den Kryostaten ist jedoch nur dann empfehlenswert, wenn gekapselte Detektoren verwendet werden; denn nur in diesem Falle können defekte Komponenten der Eingangsstufe ohne große Schwierigkeiten ausgewechselt werden. Diesem Punkt ist besondere Aufmerksamkeit zu schenken, da die FET's zur Zeit noch sehr störanfällig sind und durch falsche Behandlung, z.B. zu schnelles Hoch- oder Herunterfahren der Detektorspannung, sehr leicht zerstört werden können.

Neuere Entwicklungen auf dem Gebiet der Feldeffekttransistoren und der rauscharmen Vorverstärker haben ergeben, daß zur Erzielung eines hohen Auflösungsvermögens im Bereich der Gammaspektroskopie eine Kühlung der Eingangs-FET's nicht mehr unbedingt erforderlich ist. Sie ist lediglich im Bereich sehr niedriger Quantenenergien, d.h. im Bereich der Röntgenstrahlung, noch notwendig.

Als Beispiel für einen kommerziell gefertigten FET-Vorverstärker sei der Verstärker ORTEC 120–1 genannt. Er besitzt bei 0 pF externer Kapazität eine Rauschbreite von 0,450 keV FWHM (Ge) und hat einen Rauschanstieg von 0,040 keV/pF. Dieser Verstärker ist für den Betrieb mit sehr kapazitätsarmen Ge(Li)-Detektoren (< 20 pF) ausgelegt. Eine modifizierte Version (ORTEC 120–2) ist für den Betrieb mit größeren Detektoren ausgelegt. Dieser Verstärker hat eine Rauschbreite von 0,700 keV FWHM (Ge) mit einem Rauschanstieg von 0,020 keV/pF.

Durch den mechanischen Aufbau des Systems Kryostat-Vorverstärker können unter Umständen zusätzliche Rauschquellen entstehen, die mit zur Auflösungsverschlechterung beitragen. Diese Störungen kommen durch mechanische Schwingungen zustande, die sich auf den Vorverstärker übertragen. Sie können beispielsweise von den rotierenden Pumpen des Vakuumsystems oder durch die Blasen des siedenden Stickstoffs erzeugt werden. Durch einen geeigneten Aufbau der Apparatur,

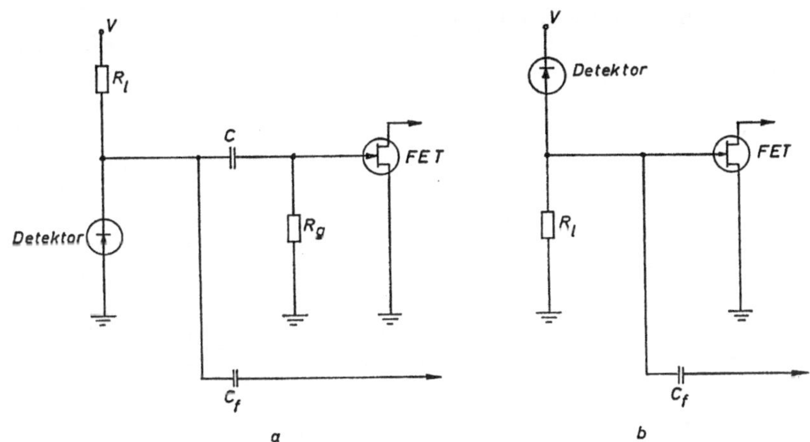

Abb. 5.14. Zwei Ankopplungsmöglichkeiten des Detektors an den Vorverstärkereingang

a Wechselstromkopplung
b Gleichstromkopplung

z.B. durch gut gefederte Lagerung des Vorverstärkers auf Schaumgummi, kann man diesen Effekt jedoch vernachlässigbar klein machen.

Im Prinzip gibt es zwei Möglichkeiten, den Detektor an den Vorverstärkereingang anzukoppeln, die Wechselstrom- und die Gleichstromkopplung. In den meisten Fällen verwendet man heute die Wechselstromkopplung (Abb. 5.14a), obwohl sie im allgemeinen schlechtere Rauscheigenschaften hat als die Gleichstromkopplung (Abb. 5.14b) [5.24]. Das geringere Rauschen im Falle der Gleichstromkopplung ist darauf zurückzuführen, daß bei dieser Schaltungsart die wirksame Streukapazität geringer ist und nur ein Widerstand im Vorverstärkereingang erforderlich ist. Ein wesentlicher Nachteil der Gleichstromkopplung besteht jedoch darin, daß die Art des Eingangsfeldeffekttransistors von der Polarität der Detektorspannung abhängt, d.h. wenn der Detektor eine negative Vorspannung benötigt, muß der Leitungskanal des FET

n-leitend sein; ist die Detektorspannung jedoch positiv, muß der FET aus p-leitendem Material gefertigt sein. Ist diese Bedingung nicht erfüllt, verursacht der Detektorleckstrom eine solche Polarisation der Torkanal-Sperrschicht, daß ein hoher Torstrom fließt und unter Umständen sogar eine Zerstörung des FET auftreten kann. Allgemein gilt bei Gleichstromkopplung, daß der durch den Detektorleckstrom verursachte Spannungsabfall am Lastwiderstand eine Verschiebung des FET-Arbeitspunktes bewirkt. Daraus ergibt sich ein weiterer Nachteil, der darin zu sehen ist, daß diese Kopplungsart nur bei Verwendung von Detektoren mit sehr niedrigem Leckstrom optimale Rauscheigenschaften besitzt. Falls der Detektorleckstrom groß ist, muß ein entsprechend kleinerer Lastwiderstand verwendet werden, um die Torspannung zu verringern. Das bedeutet aber eine Vergrößerung des thermischen Rauschen des Eingangswiderstandes. In diesem Falle liefert die Wechselstromkopplung bessere Ergebnisse.

Bei der Wahl des Detektorlastwiderstandes im Falle der Wechselstromkopplung (Abb. 5.14a) müssen ebenfalls zwei Gesichtspunkte bedacht werden: einerseits ist man bestrebt diesen Widerstand möglichst groß zu machen, um sein Rauschen möglichst gering zu halten, und andererseits erfolgt über ihn ein Spannungsabfall der Detektorvorspannung, der dem Detektorleckstrom proportional ist, was einen kleineren Lastwiderstand wünschenswert macht. Als Kompromiß hat sich bei der Verwendung von Germaniumdetektoren (Leckstrom < 10 nA) beispielsweise ein Widerstandswert von etwa 1 bis 10 GΩ ergeben, während er bei Siliziumdetektoren mit Leckströmen > 100 nA im Bereich zwischen 20 und 100 MΩ liegt.

Die Schaltung eines kommerziellen, rauscharmen, ladungsempfindlichen Vorverstärkers (TENNELEC TC 130), der mit vier parallelgeschalteten FET's in der Eingangsstufe bestückt ist, zeigt Abb. 5.15. Die Eingangsstufe dieses Verstärkers ist für den Anschluß großvolumiger Germaniumdetektoren mit möglichst geringem Leckstrom (< 10 nA) ausgelegt.

Außer der Verwendung von vier parallelgeschalteten Eingangsfeldeffekttransistoren [5.29] wurde auch der Einsatz eines Tetroden-FET in der Eingangsstufe eines Vorverstärkers vorgeschlagen [5.31]. Diese Möglichkeit gewinnt neuerdings zunehmend an Bedeutung. Ein solcher Verstärker verspricht gute Ergebnisse in Verbindung mit großvolumigen Germaniumdetektoren zu erreichen. Die bisher unter Verwendung solcher Eingangstransistoren (Typ TIX S 35) erzielten Rauschwerte betrugen bei 0 pF externer Kapazität 0,6 keV FWHM (Ge) mit einem Rauschanstieg von 0,016 keV/pF bei einer Temperatur von 290 K, bzw. 0,4 keV FWHM (Ge) mit einem Rauschanstieg von 0,010 keV/pF bei einer Temperatur von 140 K. Ein Vorverstärker, der mit einem solchen Eingangstransistor bestückt ist, liefert also einen Rauschanstieg, der dem vergleichbar ist, den man mit vier parallelgeschalteten FET's vom Typ 2 N 3823 erhält. Siffert und Mitarbeiter [5.36] benutzten in Verbindung mit einem großvolumigen Germaniumdetektor (85 cm^3 empfindliches Volumen) einen Tetroden-FET in der Vorverstärkereingangsstufe. Sie

Additional material from *Theorie und Praxis der Halbeliterdetektoren für Kernstralung*,

ISBN 978-3-642-80614-8, is available at http://extras.springer.com

Additional material from Theorie und Praxis der Halbleiterdetektoren für Kernstrahlung,
ISBN 978-3-642-80614-8, is available at http://extras.springer.com

erzielten mit dieser Anordnung eine Auflösung von 4,3 keV FWHM bei einer Gammaenergie von 1,33 MeV. Dabei wurde der FET auf 150 K gekühlt.

Abschließend sei der interessierte Leser noch auf die zusammenfassenden Arbeiten [5.37, 5.38] hingewiesen. Sie stellen eine Ergänzung zu den Ausführungen in diesem Kapitel dar.

Literatur Kapitel 5

[5.1] Blankenship, J. L.: IEEE Trans. Nucl. Sci. **NS-11**, Nr. 3, 373 (1964).
[5.2] Chase, R. L.: IRE Trans. Nucl. Sci. **NS-8**, Nr. 1, 147 (1961).
[5.3] Dearnaley, G.: J. Brit. IRE **24**, 153 (1962).
[5.4] Blalock, T. V.: ORNL-TM-1055 (1965).
[5.5] Radeka, V.: Nucleonics **23**, Nr. 7, 52 (1965).
[5.6] Goulding, F.S., Hansen, W. L.: IEEE Trans. Nucl. Sci. **NS-11**, Nr. 3, 177 (1964).
[5.7] Tavendale, A. J.: IEEE Trans. Nucl. Sci. **NS-11**, Nr. 3, 191 (1964).
[5.8] Heywood, D. R., White, B. L.: Rev. Scient. Instr. **34**, 1050 (1963).
[5.9] Hahn, J., Mayer, R. O.: IRE Trans. Nucl. Sci. **NS-9**, Nr. 4, 20 (1962).
[5.10] Goulding, F. S.: UCRL-16231 (1965).
[5.11] —, Hansen, W. L.: Nucl. Instr. and Meth. **12**, 249 (1961).
[5.12] Fairstein, E.: IRE Trans. Nucl. Sci. **NS-8**, Nr. 1, 129 (1961).
[5.13] Gillespie, A. B.: Signal, noise and resolution in nuclear counter amplifiers Pergamon Press (London 1953).
[5.14] Van der Ziel, A.: Noise, Prentice Hall Inc. (Englewood Cliffs, N. J., 1956).
[5.15] Goulding, F. S.: Nucl. Instr. and Meth. **43**, 1 (1966).
[5.16] Tsukada, M.: IRE Trans. Nucl. Sci. **NS-9**, Nr. 4, 63 (1962).
[5.17] Fairstein, E., Hahn, J.: Nucleonics **23**, Nr. 7, 9, 11 (1965) und **24**, Nr. 1, 3, 5 (1966).
[5.18] Bilger, H. R.: Nucl. Instr. and Meth. **40**, 54 (1966).
[5.19] Shockley, W.: Proc. IRE **40**, 1365 (1952).
[5.20] Radeka, V.: IEEE Trans. Nucl. Sci. **NS-11**, Nr. 3, 358 (1964).
[5.21] Van der Ziel, A.: Proc. IRE **50**, 1808 (1962) und Proc. IEEE **51**, 461 und 1670 (1963).
[5.22] Blalock, T. V.: IEEE Trans. Nucl. Sci. **NS-11**, Nr. 3, 365 (1964).
[5.23] — IEEE Trans. Nucl. Sci. **NS-13**, Nr. 3, 457 (1966).
[5.24] Elad, E.: Nucl. Instr. and Meth. **37**, 327 (1965).
[5.25] Meyer, O.: Nucl. Instr. and Meth. **33**, 164 (1965).
[5.26] Nybakken, T. W., Vali, V.: Nucl. Instr. and Meth. **32**, 121 (1965).
[5.27] Elad, E., Nakamura, M.: Nucl. Instr. and Meth. **42**, 315 (1966).
[5.28] Harris, R. J., Shuler, W. B.: Nucl. Instr. and Meth. **51**, 341 (1967).
[5.29] Smith, K. F., Cline, J. E.: IEEE Trans. Nucl. Sci. **NS-13**, Nr. 3, 468 (1966).
[5.30] Bradley, A. E.: IEEE Trans. Nucl. Sci. **NS-12**, Nr. 1, 611 (1965).
[5.31] Gibbons, P. E.: Nucl. Instr. and Meth. **45**, 322 (1966).
[5.32] Radeka, V.: in Semiconductor Nuclear-Particle Detectors and Circuits, S: 393, National Academy of Sciences, publ. **1593** (Washington, D.C., 1969).
[5.33] Elad, E.: UCRL-18005 (1967).
[5.34] Sherman, I. S.: wie [5.32], S: 424.
[5.35] Elad, E., Nakamura, M.: IEEE Trans. Nucl. Sci. **NS-15**, Nr. 3, 477 (1968).
[5.36] Siffert, P., Regal, R.: Rev. Phys. Appl., Suppl. J. Phys. **3**, 107 (1968).
[5.37] Radeka, V.: BNL-12798 (1968).
[5.38] Goulding, F. S.: wie [5.32], S: 381.

6. Die Anwendung von Halbleiterdetektoren in Forschung und Technik

6.1 Teilchenspektroskopie

6.1.1 Die Alphaspektroskopie

Wie bei jeder Art von Spektroskopie, so ist auch bei der Alphaspektroskopie das Energieauflösungsvermögen des verwendeten Spektrometers das entscheidende Kriterium für die Beurteilung seiner Leistungsfähigkeit. Wie im Kapitel 3.7.1 ausführlich dargelegt wurde, tragen eine Anzahl von Komponenten zur Auflösungsverschlechterung eines mit einem Halbleiterdetektor bestückten Teilchenspektrometers bei. Die Auflösungsverschlechterung wird durch die Zunahme der Halbwertsbreite (FWHM) der betrachteten Linie beschrieben. Das Quadrat der Gesamtlinienverbreiterung ist gleich der Summe aus den Quadraten der Einzelkomponenten (Gl. (3.35)). Der Beitrag, der durch die statistische Schwankung der Anzahl der gebildeten Ladungsträger zustande kommt, beträgt bei 5 MeV Alphateilchen und unter der Annahme eines Fano-Faktors von $F = 0{,}15$ etwa 4 keV. Der durch Stöße mit den Atomkernen der Gitterbausteine verursachte Beitrag zur Linienverbreiterung beträgt etwa 6 keV. Ein weiterer Beitrag zur Auflösungsverschlechterung entsteht durch die endliche Dicke des Strahleintrittsfensters des verwendeten Halbleiterdetektors [6.1]. Er beträgt bei normalen Oberflächensperrschichtdetektoren 5 bis 7 keV. Das Rauschen der dem Detektor nachgeschalteten Elektronik kann bei einem Alphaspektrometer, wenn man mit FET's bestückte Vorverstärker einsetzt, gegenüber den anderen Beiträgen zur Linienverbreiterung vernachlässigt werden. Das Rauschen des Detektors selbst kann durch Kühlung auf −30 bis −40 °C so weit verringert werden, daß es ebenfalls vernachlässigbar ist [6.2].

Engelkemeir [6.3] schätzte ab, daß unter Vernachlässigung der genannten Rauschkomponenten bei 5,5 MeV Alphateilchen eine Gesamtlinienverbreiterung von etwa 9 keV auftreten dürfte. Er stellte jedoch bei Messungen mit verschiedenen Oberflächensperrschichtdetektoren fest, daß der Mittelwert der Linienverbreiterungen bei etwa 12 keV lag. Bei diesen Untersuchungen benutzte er auf −30 °C gekühlte Oberflächensperrschichtdetektoren mit 50 bis 100 mm^2 empfindlicher Fläche. Der Unterschied zwischen dem errechneten und dem gemessenen Wert ist wahrscheinlich dadurch zu erklären, daß in den Detektorkristallen Rekombinations- und Haftprozesse stattfanden, die bei der Berechnung nicht berücksichtigt wurden. Abb. 6.1 zeigt das Alphaspektrum einer ^{212}Bi-Quelle, das mit einem kleinen diffundierten Sperrschichtdetektor aufgenommen wurde, der bei Zimmertemperatur betrieben wurde [6.4]. Die hier erzielte Auflösung betrug etwa 15 keV FWHM. Chasman und Allen [6.5] erzielten mit einem gekühlten lithiumgedrifteten Siliziumdetektor, der ein dünnes Strahleintrittsfenster hatte, eine Auflösung von etwa 20 keV FWHM.

Um bei der Energiespektroskopie den linearen Zusammenhang zwischen der Einfallsenergie des Primärteilchens und der Höhe des Detektorausgangsimpulses zu gewährleisten, muß die Dicke der empfindlichen Zone des Detektors größer sein, als die maximale Reichweite der betrachteten Teilchen im Detektormaterial. Das Ansprechvermögen des Detektors ist in diesem Falle praktisch gleich Eins. Verwendet man beispielsweise als Detektormaterial *n*-leitendes Silizium mit einem spezifischen Widerstand von 100 Ω cm oder *p*-leitendes Silizium mit einem

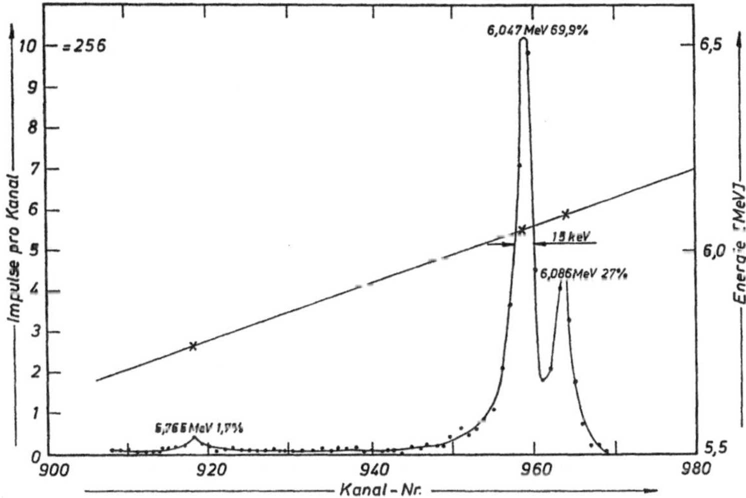

Abb. 6.1. Das Alphaspektrum von ^{212}Bi, aufgenommen mit einem diffundierten Sperrschichtdetektor [6.4]

spezifischen Widerstand von 300 Ω cm, so erhält man durch Anlegen einer Sperrspannung von 50 V eine Verarmungszone mit einer Dicke von 50 μm, was etwa der doppelten Reichweite von 5 MeV Alphateilchen in Silizium entspricht. Dabei entsteht in der Verarmungszone eine mittlere elektrische Feldstärke von etwa 10^4 V/cm. Durch Einsatz der Lithiumdrifttechnik kann man heute Silizium-*n*-*i*-*p*-Detektoren herstellen, deren kompensierte Zone so dick ist, daß 100 MeV Alphateilchen vollständig in ihr abgebremst werden können. In der Praxis wird man die Dicke der Verarmungszone jedoch nur so groß wählen, wie es aufgrund der Alphaenergie notwendig ist, um die Gammaempfindlichkeit des Detektors möglichst gering zu halten.

Neben der Energieauflösung ist auch die Form des aufgenommenen Spektrums von Bedeutung. Wenn man sich ein mit einem Halbleiterdetektor aufgenommenes Alphaspektrum genau ansieht, stellt man fest, daß die Kurvenform der einzelnen Linien nicht durch eine Gaußkurve beschrieben werden kann, da die Linien im Impulshöhenspektrum alle einen „niederenergetischen Schwanz" aufweisen. Das hat zur Folge, daß in der Nähe einer starken Linie niederenergetischere Linien, die nur eine relativ schwache Intensität besitzen, nicht oder nur sehr schwer aufgelöst werden können. In solchen Fällen ist es von großer Wichtigkeit, den „niederenergetischen Schwanz" so niedrig wie eben möglich zu halten. Chetham-Strode und Mitarbeiter [6.6] haben diese Spektrumsverfälschung eingehend untersucht. Eine Verringerung des störenden, niederenergetischen Untergrundes kann man beispielsweise dadurch er-

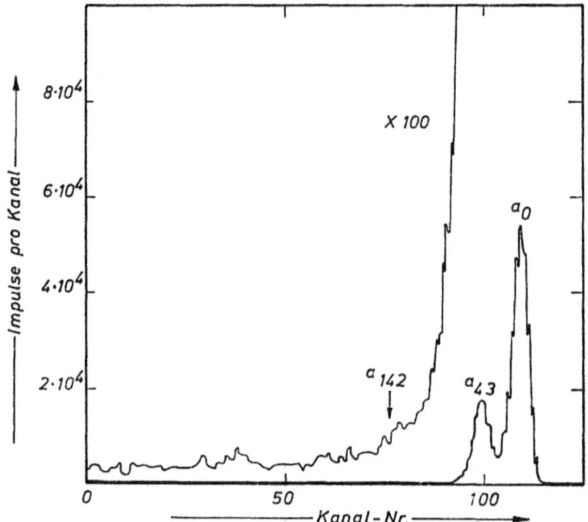

Abb. 6.2. Ein Teil des ^{244}Cm-Alphaspektrums, aufgenommen mit einem Silizium-Oberflächensperrschichtdetektor [6.6]

reichen, daß man den Primärteilchenstrahl möglichst genau auf die Mitte der empfindlichen Fläche des Detektors fallen läßt, da in den Randzonen das elektrische Feld, das die Ladungssammlung bewirkt, gestört ist. Als weitere Ursache für das Auftreten der genannten Spektrumsstörung ist das Vorhandensein von Rekombinations- und Haftzentren im Detektorkristall zu nennen. Eine umfassende Erklärung für das Auftreten des „niederenergetischen Schwanzes" kann zur Zeit nicht gegeben werden, da man noch nicht alle Effekte kennt, die ihn verursachen. Chetham-Strode und Mitarbeiter führten ihre Untersuchungen am ^{244}Cm-Alphaspektrum durch (Abb. 6.2). Sie verwendeten Silizium-Oberflächensperrschichtdetektoren, deren Silizium spezifische Widerstände zwischen 150 und 3600 Ω cm hatte. Sie erreichten ein Verhältnis von Linienhöhe zu Untergrund von 700 : 1. Dabei wurde der Untergrund 200 keV unterhalb der Hauptlinie gemessen. Eine merkliche Verringerung des Untergrundes mit zunehmender Detektorsperrspannung konnten sie nicht nachweisen. Das ist überraschend, da mit zunehmender Feldstärke in der Verarmungszone die Ladungsträgersammelzeit kürzer wird, so daß sich die Einfangwahrscheinlichkeit für die Ladungsträger verringert. Im Gegensatz dazu stellte Dearnaley eine merkliche Verbesserung des „Peak-zu-Untergrund-Verhältnisses" mit zunehmender Detektorvorspannung fest. Er erhielt bei 300 V Detektorspannung ein Verhältnis von 1200:1. Auch hier wurde die Untergrundmessung 200 keV unterhalb der Hauptlinie des ^{244}Cm-Spektrums durchgeführt.

Einen weiteren Beitrag zur Verschlechterung der Spektrumsform liefert der Effekt der Impulsüberlagerung, der bei hohen Zählraten und großen Verstärkerzeitkonstanten auftritt. Ihn kann man durch den Einsatz geeigneter elektronischer Systeme, auf die hier nicht näher eingegangen werden soll, verringern. Bei Zählraten, die kleiner sind als 10^4 Impulse pro Minute, braucht der Effekt der Impulsüberlagerung im allgemeinen jedoch noch nicht berücksichtigt zu werden.

Da die Halbleiterdetektoren, die auf dem Gebiet der Alphaspektroskopie verwendet werden, Ausgangsimpulse mit sehr kurzen Anstiegszeiten liefern, eignen sie sich gut zum Einsatz in Koinzidenzmeßanordnungen, mit denen die Zerfallsschemata alphaaktiver Nuklide untersucht werden können. Hierbei handelt es sich besonders um Alpha-Gamma-Koinzidenzmessungen. Als Gammadetektor kann sowohl ein zweiter Halbleiterdetektor als auch ein Szintillationsdetektor verwendet werden. Cottini und Mitarbeiter [6.7] führten beispielsweise Alpha-Gamma-Koinzidenzmessungen am ^{212}Bi durch und erhielten eine Linienbreite der prompten Auflösungskurve von 1,35 ns. Gorodetzky und Mitarbeiter [6.8] erreichten bei Untersuchungen am ^{211}Bi eine Linienbreite der Alpha-Gamma-Koinzidenzkurve von 0,38 ns.

Oberflächensperrschichtdetektoren zur Spektroskopie und zum Nachweis von Alphateilchen finden auch vielfältige Verwendung bei der Bestimmung von Verzweigungsverhältnissen und bei Feinstrukturmessungen [6.9, 6.10]. Eine sehr bedeutsame Anwendung fand die Alphaspektroskopie mit Halbleiterdetektoren bei der Entdeckung des Lawrenziums ($Z = 103$) [6.11]. Das neue Element wurde durch die Messung seines Alphaspektrums und die Bestimmung seiner Zerfallsrate identifiziert. Hierbei war die Verwendung eines Halbleiterdetektors wegen der sehr geringen Aktivität und der kurzen Halbwertszeit (8 s) des Lawrenziums unumgänglich.

Bevor geeignete Halbleiterdetektoren für die Alphaspektroskopie entwickelt worden waren, benutzte man auf diesem Gebiete bevorzugt Ionisationskammern. Nachdem es jedoch gelungen war, die empfindliche Fläche der Halbleiterdetektoren von einigen mm^2 auf einige cm^2 zu vergrößern, und dabei optimale Auflösungseigenschaften zu erzielen, verdrängten diese Detektoren nicht zuletzt auch wegen ihres relativ einfachen Aufbaues und wegen ihrer großen Unempfindlichkeit gegenüber äußeren Magnetfeldern immer mehr die Ionisationskammern. Williams und Wilburn [6.12] erzielten unter Verwendung eines auf -80 °C gekühlten Si(Li)-Detektors mit einer empfindlichen Fläche von 5 cm^2 bei Bestrahlung mit 5 MeV Alphateilchen eine Auflösung von 27 keV FWHM.

Um Untersuchungen an Alphapräparaten mit sehr geringer spezifischer Aktivität, wie beispielsweise an Nukliden mit Halbwertszeiten die größer als 10^6 Jahre sind, durchführen zu können, ist es erforderlich zur Erlangung einer großen Empfindlichkeit Detektoren mit sehr großen empfindlichen Flächen (>100 cm^2) zu verwenden. Da das jedoch auf Herstellungsschwierigkeiten stößt, kann man die notwendige Nachweisempfindlichkeit nur durch Parallelschalten einer Anzahl kleinerer Detektoren erreichen. Die Auflösung einer solchen Anordnung beträgt jedoch einige hundert keV, so daß ein solches System zur Alphaspektroskopie nicht eingesetzt werden kann. In diesen Fällen sind die Ionisationskammern den Halbleiterdetektoren überlegen [6.13]. Mit ihnen können schwache Alphapräparate untersucht werden, die eine Oberfläche von mehreren hundert cm^2 haben. Bei Koinzidenzexperimenten oder allgemein bei solchen Untersuchungen, bei denen es auf kurze Impulsanstiegszeiten, d.h. hohe Ansprechgeschwindigkeit, ankommt, sind die Halbleiterdetektoren den Ionisationskammern jedoch in jedem Falle überlegen. Die Ansprechgeschwindigkeit von Halbleiterdetektoren ist etwa mit derjenigen von Szintillationszählern vergleichbar.

Neben Alphaspektrometern, die mit Halbleiterdetektoren oder Ionisationskammern bestückt sind, gibt es auch sogenannte magnetische Spektrometer. Sie haben gegenüber den beiden anderen Spektrometern ein bei weitem besseres Auflösungsvermögen. Bei 6 MeV Alphateilchen wurde mit einem solchen Gerät eine Auflösung von etwa 3,5 keV FWHM erzielt [6.14]. Das Ansprechvermögen eines magnetischen Spektrometers ist jedoch wesentlich geringer als das eines Halbleiterdetektors. Ein weiterer Nachteil dieses Gerätes besteht darin, daß hier das komplette Alphaspektrum nicht gleichzeitig aufgenommen werden kann, da es ein Einkanalspektrometer ist. Dieser Nachteil macht sich besonders stark bemerkbar bei der Untersuchung kurzlebiger Nuklide.

6.1.2 Die Spektroskopie geladener Teilchen

Das erste Anwendungsgebiet von Halbleiterdetektoren war im Jahre 1959 die Untersuchung der Spektren geladener Teilchen, die bei Kernreaktionen entstanden [6.15]. Seit dieser Zeit haben die Anwendungsmöglichkeiten solcher Detektoren auf diesem Gebiet erheblich an Umfang zugenommen. Das gilt besonders, seit man in der Lage ist, die empfindlichen Zonen der Detektoren mit so großer Ausdehnung herzustellen, daß noch Teilchen mit Energien von einigen hundert MeV in ihnen abgebremst werden können.

Entscheidend für die schnelle Verbreitung der Halbleiterdetektoren auf dem genannten Gebiet sind eine Anzahl von Eigenschaften, die diese Zähler den bisher hier verwendeten Detektoren überlegen machen. Dabei sind besonders zu nennen: ihr hohes Energie- und Zeitauflösungsvermögen, ihre gute Linearität über einen großen Energiebereich, die Möglichkeit, die Ausdehnung der empfindlichen Zone eines Detektors verändern zu können, was eine gute Teilchendiskriminierung ermöglicht, ihre Unempfindlichkeit gegenüber äußeren Magnetfeldern, ihre dünnen Strahleintrittsfenster und ihre kompakte Bauweise , die ihre Installation an den einzelnen Experimenten wesentlich vereinfacht.

Ein Nachteil der Halbleiterdetektoren, der sich beim Einsatz in Strahlungsfeldern hochenergetischer geladener Teilchen bemerkbar macht, ist das Entstehen von Strahlenschäden im Detektorkristall bei hohen Strahlungsdosen. Hierüber gibt es mittlerweile eine große Anzahl von experimentellen Untersuchungen. In diesem Zusammenhang sei auf die Arbeiten [6.16–6.18, 6.166–6.168] verwiesen. Die Strahlenschädigung ist abhängig von der Energie der Primärstrahlung und tritt bei kleineren Sperrspannungen stärker in Erscheinung als bei größeren. In grober Annäherung kann man sagen, daß bei geladenen Teilchen bei Strahlungsdosen unterhalb von etwa 10^8 bis 10^9 Teilchen pro cm^2 keine merkliche Strahlenschädigung des Detektors zu erwarten ist.

Da die zur Bildung eines Elektron-Defektelektron-Paares im Detektor erforderliche Energie praktisch unabhängig von der Art der Primärteilchen ist, ist die Höhe des Detektorausgangsimpulses immer proportional zur Teilchenenergie, falls die Teilchen in der empfindlichen Detektorzone vollständig abgebremst worden sind, und falls man Einfänge von Ladungsträgern in Rekombinations- und Haftzentren vernachlässigt. Da man heute durch Anwendung der Lithiumdrifttechnik in Siliziumdetektoren Verarmungszonen mit einer Dicke bis zu etwa 10 mm erzeugen kann, und da andererseits eine 1 mm dicke Siliziumschicht ausreicht, um 12 MeV Protonen, 16 MeV Deuteronen, 48 MeV Alphateilchen und 200 MeV Sauerstoffionen vollständig abzubremsen, ist es verständlich, daß Halbleiterdetektoren bei Vernachlässigung von Ladungsträgereinfangeffekten über einen sehr großen Energiebereich einen linearen Zusammenhang zwischen Ausgangsimpulshöhe und Primärteilchenenergie zu erreichen gestatten. Schmitt und Mitarbeiter [6.19] konnten diesen linearen Zusammenhang beispielsweise für Br- und J-Ionen im Energiebereich zwischen 30 und 120 MeV nachweisen (Abb. 6.3). Außerdem beobachteten sie, verglichen mit Alphateilchen in demselben Energiebereich, einen Impulshöhenverlust, der bei den Br-Ionen $1{,}3 \pm 0{,}5$ MeV und bei den J-Ionen $5{,}5 \pm 1$ MeV betrug. Obwohl wegen der hohen Ionisationsdichte zu diesem Impulshöhenverlust Rekombinationseffekte mit beitragen, kann man doch annehmen, daß der Hauptanteil dieses Verlustes durch Stoßprozesse der Primärteilchen mit den Atomen im Gitter des Detektorkristalles verursacht wird [6.20–6.22, 6.169, 6.170]. Diese Stoßprozesse finden bevorzugt am Ende der Flugbahn des Primärteilchens statt, d.h. wenn es sehr energiearm geworden ist. Außerdem gewinnen sie speziell bei schwereren Ionen an Bedeutung. Daraus folgt, daß man bei der Bestimmung der absoluten Energie der Primärteilchen, besonders bei schweren Ionen und Spaltfragmenten, diesen Impulshöhenverlust berücksichtigen muß [6.19, 6.23].

Der lineare Zusammenhang zwischen Ausgangsimpulshöhe und Primärteilchenenergie beim Halbleiterdetektor macht diesen besonders bei Untersuchungen mit schweren Ionen dem Szintillationszähler überlegen, da beim letzteren mit zunehmender Ionenmasse der lineare Impulshöhen-Energie-Zusammenhang schlechter wird. Das Energieauflösungsvermögen von Halbleiterdetektoren nimmt jedoch mit zunehmender Ionenmasse ab, da außer dem eben genannten Effekt die Wirkung des Strahleintrittsfensters und der Rekombinationseffekte immer mehr an Bedeutung gewinnt.

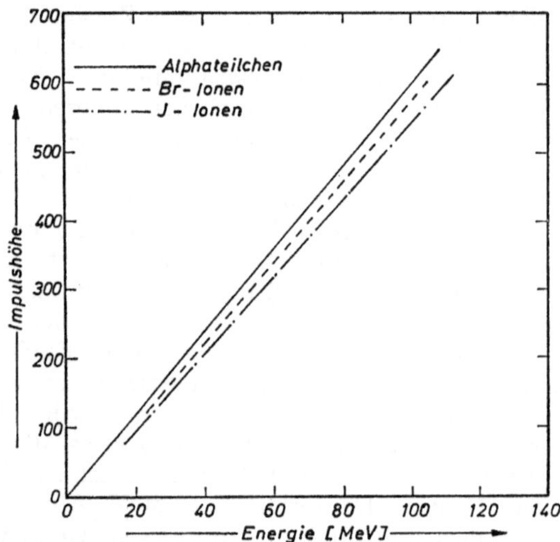

Abb. 6.3. Die Ausgangsimpulshöhe eines Halbleiterdetektors als Funktion der Primärteilchenenergie für Alphateilchen, Br-Ionen und J-Ionen [6.19]

Bei Protonen mit Energien von einigen MeV kann man heute mit Halbleiterdetektoren eine Energieauflösung in der Größenordnung von 25 bis 30 keV FWHM erreichen. Andersson-Lindstroem [6.171] erreichte für 12 MeV Protonen sogar eine Auflösung von 11 keV FWHM. Im Gegensatz dazu beträgt das Auflösungsvermögen von Szintillationsdetektoren nur 4 bis 5%. Das gute Auflösungsvermögen der Hableiterdetektoren kann nur noch durch das magnetischer Spektrometer übertroffen werden.

Wegen ihrer kompakten Bauweise eignen sich Halbleiterdetektoren besonders gut zum Einbau in Streukammern, wo sie bei Untersuchungen über die Winkelverteilung von geladenen Teilchen, die bei Kernreaktionen entstehen, eingesetzt werden. Lediglich Kernemulsionen gestatten beim Einbau in eine Streukammer einen ähnlich kompakten Aufbau.

Bei Verwendung von Halbleiterdetektoren kann eine große Anzahl solcher Zähler in die Streukammer eingebaut werden. Sie werden in der Kammer um das Target herum so angeordnet, daß jedem Detektor ein bestimmter Winkelbereich zugeordnet ist. Durch die gleichzeitige Registrierung der Meßergebnisse der einzelnen Detektoren kann im Vergleich zu Messungen mit nur einem Detektor eine erhebliche Verkürzung der Beschleunigerbetriebszeit erreicht werden. Allerdings erfordert eine solche Meßmethode ein aufwendiges elektronisches System zum Betrieb der Detektoranordnung. Um die rückgestreuten Teilchen nachzuweisen,

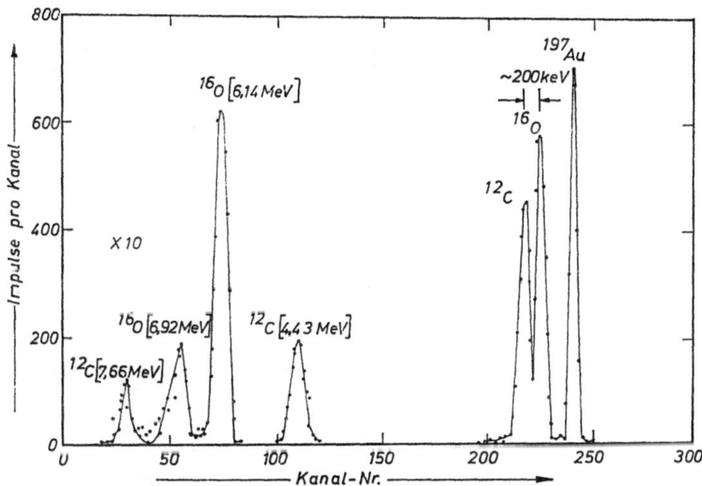

Abb. 6.4. Das Spektrum von elastisch und inelastisch gestreuten 42,7 MeV Alphateilchen. Die Streuung erfolgte an einem Target, das sich aus einer Mischung von ^{197}Au, ^{16}O und ^{12}C zusammensetzte. Die Aufnahme des Spektrums erfolgte mit einem Si(Li)-Detektor [6.24]

ordnet man eine Anzahl von Detektoren um das Loch herum an, durch das der Teilchenstrahl in die Kammer eintritt [6.24].

Ein Beispiel für die Anwendung von Halbleiterdetektoren bei der Untersuchung von Kernreaktionen zeigt Abb. 6.4 [6.24]. Hier ist das Spektrum von an einem Target elastisch und inelastisch gestreuten 42,7 MeV Alphateilchen wiedergegeben. Das Target bestand aus einer Mischung von ^{197}Au, ^{12}C und ^{16}O. Dieses Spektrum wurde mit einem Si(Li)-Detektor aufgenommen. Als weiteres Anwendungsbeispiel sei die Arbeit [6.172] genannt. Hier werden die Kernreaktionen ^{20}Ne (d, p)^{21}Ne und ^{20}Ne(d, α)^{18}F untersucht.

Ein weiteres Anwendungsgebiet für Halbleiterdetektoren ist ihr Einsatz in magnetischen Spektrometern. Wegen ihrer kompakten Bauweise und ihrer Unempfindlichkeit gegenüber Magnetfeldern ermöglichen sie hier einen einfacheren Aufbau, als es bei Verwendung von Szintillationszählern mit Photomultipliern der Fall ist. Letztere reagieren sehr empfindlich auf äußere Magnetfelder und müssen dementsprechend gut abgeschirmt werden. Parkinson und Bilaniuk [6.25] ordneten 20 Gold-Germanium-Oberflächensperrschichtdetektoren in der Brennebene eines magnetischen Spektrometers an. Die dabei erzielten Ergebnisse sind in Abb. 6.5 wiedergegeben. Abb. 6.5a zeigt das Protonenspektrum der Mg (d, p)-Reaktion, das mit der Halbleiterdetektor-Anordnung aufgenommen wurde, während in Abb. 6.5b das gleiche Protonenspektrum,

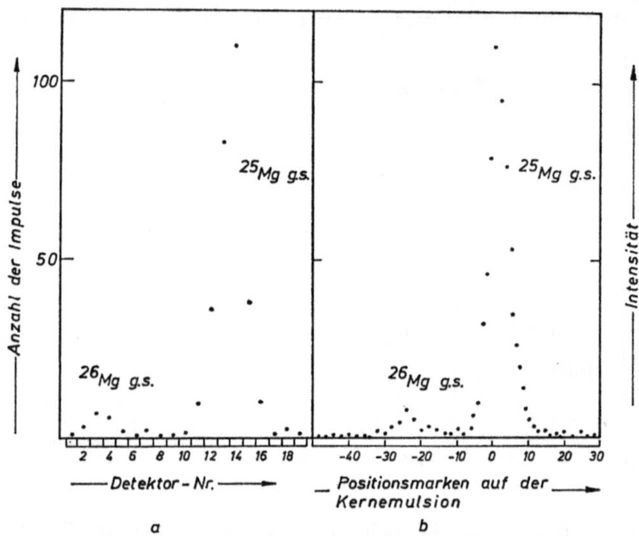

Abb. 6.5. Das Protonenspektrum der Mg(d,p)-Reaktion
a mit einer Anordnung von 20 Halbleiterdetektoren und
b mit einer Kernemulsion aufgenommen
Die Detektoren waren in beiden Fällen in der Brennebene eines magnetischen Spektrometers angeordnet [6.25]

aber mit einer herkömmlichen Kernemulsion aufgenommen, wiedergegeben ist. Weiterhin kann man ortsempfindliche Halbleiterdetektoren in einem magnetischen Spektrometer einsetzen. Als Beispiel hierfür sei die Arbeit von Bock und Mitarbeitern [6.26] erwähnt. Sie verwendeten in ihrem magnetischen Spektrometer 6 ortsempfindliche Detektoren, die jeweils 5 cm lang waren. Sie untersuchten mit diesem Spektrometer die Kernreaktionen ^{27}Al(d, d')^{27}Al und ^{27}Al(d, α)^{25}Mg. Das Ergebnis dieser Messungen zeigen die Abb. 6.6a und 6.6b.

Der schnelle Anstieg des Ausgangsimpulses bei einem Halbleiterdetektor erlaubt es, bei Verwendung geeigneter Elektronik, Zählraten in der Größenordnung von 10^5 Impulsen pro Sekunde ohne Verstärkungs-

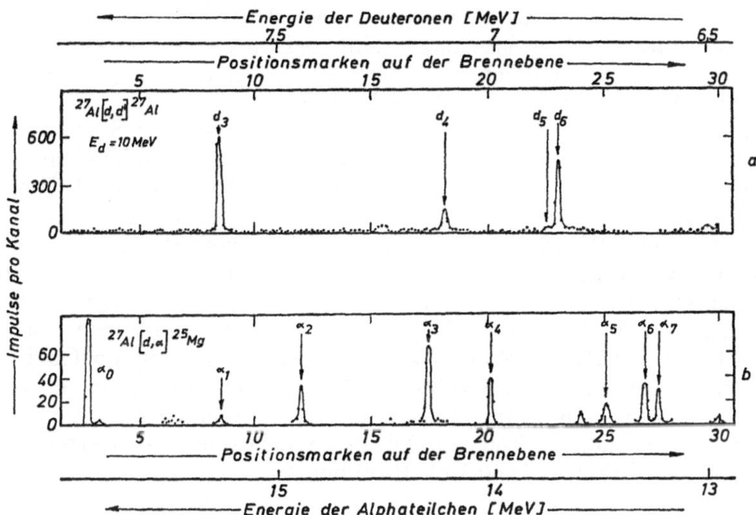

Abb. 6.6. Das Deuteronenspektrum der ^{27}Al(d,d')-Reaktion (a) und das Alphaspektrum der ^{27}Al(d,α)-Reaktion (b). Die Spektren wurden mit einer Anordnung von 6 ortsempfindlichen Halbleiterdetektoren mit jeweils 5 cm Länge in einem magnetischen Spektrometer aufgenommen [6.26]

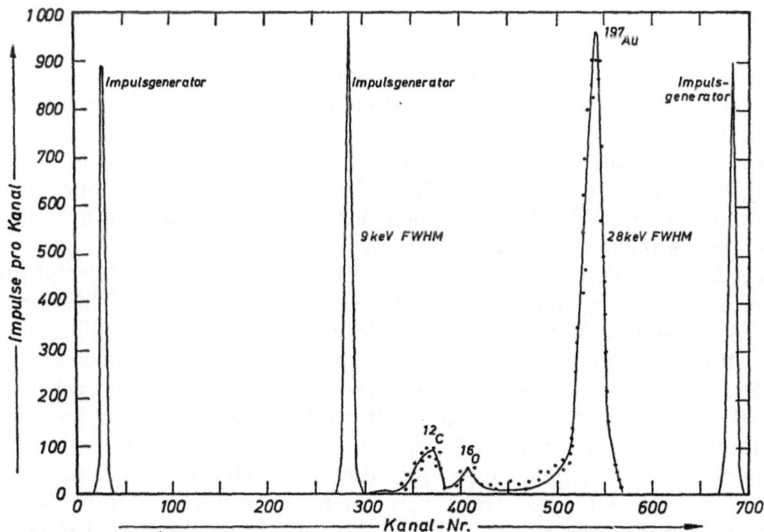

Abb. 6.7. Das Spektrum von an Gold gestreuten 29 MeV Protonen. Das Spektrum wurde mit einem Ge(Li)-Detektor aufgenommen, der ein dünnes Strahleintrittsfenster hatte [6.28]

drift zu verarbeiten [6.15]. Außerdem lassen sich Koinzidenzmessungen gut durchführen. Solche Messungen sind beispielsweise bei der Untersuchung von Kernzerfallsschemata oder zur Unterdrückung eines unerwünschten Untergrundes sehr nützlich [6.27].

Zur Spektroskopie geladener Teilchen werden sowohl Silizium- als teilweise auch Germaniumdetektoren eingesetzt. Besonders für den Nachweis hochenergetischer Teilchen mit großer Reichweite ist Germanium besser geeignet als Silizium, da es ein größeres Bremsvermögen besitzt. Pehl und Mitarbeiter [6.28] haben lithiumgedriftete Germaniumdetektoren mit dünnen Strahleintrittsfenstern bei Untersuchungen mit hochenergetischen Protonen mit Erfolg eingesetzt. Sie erhielten bei Einstrahlung von 29 bzw. 40 MeV Protonen Energieauflösungen von 28 bzw. 44 keV FWHM. Abb. 6.7 zeigt das Spektrum von an Gold gestreuten 29 MeV Protonen. Gruhn und Mitarbeiter [6.173] verwendeten ebenfalls Ge(Li)-Detektoren mit dünnen Strahleintrittsfenstern zur Spektroskopie geladener Teilchen. Die beste Auflösung, die sie erreichten, betrug 34 keV FWHM für 40 MeV Protonen.

6.1.3 Teilchenidentifikation

Bei Kernreaktionen, besonders wenn sie von schweren geladenen Teilchen verursacht werden, entsteht im allgemeinen eine Anzahl verschiedener Teilchen mit verschiedenen Energien. Die Kernreaktionen werden dadurch ausgelöst, daß man in einem Teilchenbeschleuniger, z. B. in einem Van de Graaf-Generator oder Zyklotron, beschleunigte geladene Teilchen auf ein geeignetes Target treffen läßt. Je höher dabei die Energie der Geschoßteilchen ist, um so komplexer und vielgestaltiger werden die im Target stattfindenden Kernreaktionen, und um so mehr Reaktionsprodukte entstehen. Beispielsweise werden von 24 MeV Deuteronen in einem ^{12}C-Target folgende Kernreaktionen induziert: $^{12}C(d, \alpha)^{10}B$; $^{12}C(d, {}^{3}He)^{11}B$; $^{12}C(d, t)^{11}C$; $^{12}C(d, d)^{12}C$ (elastische Deuteronenstreuung) und $^{12}C(d, p)^{13}C$. Die Energien der dabei entstehenden geladenen Teilchen erstrecken sich über ein ganzes Energiespektrum. Es gilt nun diese geladenen Teilchen nach Art und Energie zu sortieren. Hierfür gibt es bei Verwendung von Halbleiterdetektoren mehrere Möglichkeiten.

Die einfachste Methode besteht darin, die Tiefe der empfindlichen Zone durch geeignete Wahl der Detektorspannung so einzustellen, daß sie der Reichweite der jeweils zu untersuchenden Teilchengruppe entspricht. Das bewirkt, daß Teilchen mit größerer Reichweite und geringerer Ionisationsdichte einen niedrigeren Ausgangsimpuls liefern als die interessierende Teilchengruppe. Mit diesem Verfahren kann man beispielsweise ein Alphaspektrum von einem Protonenspektrum gleicher oder höherer Energie trennen. Die Detektorvorspannung wird dabei so gewählt, daß die Verarmungszonendicke etwa gleich der Reichweite der Alphateilchen mit der höchsten Energie ist. Protonen mit Reichweiten, die größer sind als die Tiefe der empfindlichen Zone, werden mit einer geringeren Impulshöhe nachgewiesen (Abb. 6.8). Da die Formen der Detektorausgangsimpulse von Teilchen, die im empfindlichen Volumen völlig abgebremst wurden, und von solchen, bei denen dieses nicht der Fall war, wesentlich voneinander abweichen, kann man hier außerdem noch die Methode der Impulsformdiskriminierung anwenden [6.29–6.31]. Damit kann man die Ausgangsimpulse der Teilchen, die die Verarmungszone durchqueren, unterdrücken. Dieses Verfahren kann auch dazu benutzt werden, einen die Messung störenden Untergrund, der durch starke Beta- und Gammastrahlung verursacht wird, zu eliminieren.

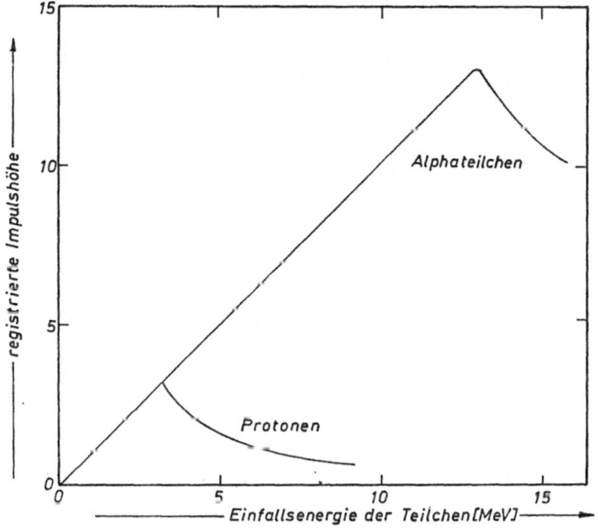

Abb. 6.8. Zum Prinzip der Teilchentrennung durch geeignete Wahl der Tiefe der empfindlichen Zone

Schwieriger wird die Anwendung der genannten Methode dann, wenn unter den Primärteilchen solche sind, die zwar eine höhere Energie aber eine kürzere Reichweite im Detektormaterial haben als die zu untersuchende Teilchenart, also etwa die Untersuchung von 6 MeV Protonen bei gleichzeitiger Anwesenheit von Alphateilchen mit Energien bis zu 20 MeV. Hier kann man sich manchmal dadurch helfen, daß man vor den Detektor geeignete Absorberfolien setzt, die die Maximalenergie der störenden Teilchen entsprechend verringern. So verringert beispielsweise eine 0,18 mm dicke Aluminiumfolie in dem oben genannten Beispiel die maximale Alphaenergie auf etwa 2 MeV, während die Protonenenergie nur auf etwa 3 MeV reduziert wird. Als Beispiel für dieses Verfahren zeigt Abb. 6.9 das Spektrum der Protonen bis 6,5 MeV und die 7,5 MeV Deuteronengruppe, die beim Beschuß von ^{11}B mit ^{6}Li-Ionen entstehen [6.32]. Dieses Spektrum wurde mit einem Silizium-Oberflächensperrschichtdetektor ($\varrho = 15 \cdot 10^3\,\Omega$ cm) aufgenommen, vor dem sich eine 0,1 mm dicke Aluminiumfolie befand, die die gestreuten Lithiumionen und die ebenfalls auftretenden Alphateilchen vom Detektor fernhielt. Die Detektorvorspannung betrug 30 V, um das Protonenspektrum bei 6,5 MeV abzuschneiden.

Beim Einsatz lithiumgedrifteter Halbleiterdetektoren zum Nachweis hochenergetischer geladener Teilchen, zeigt sich, daß die Form der

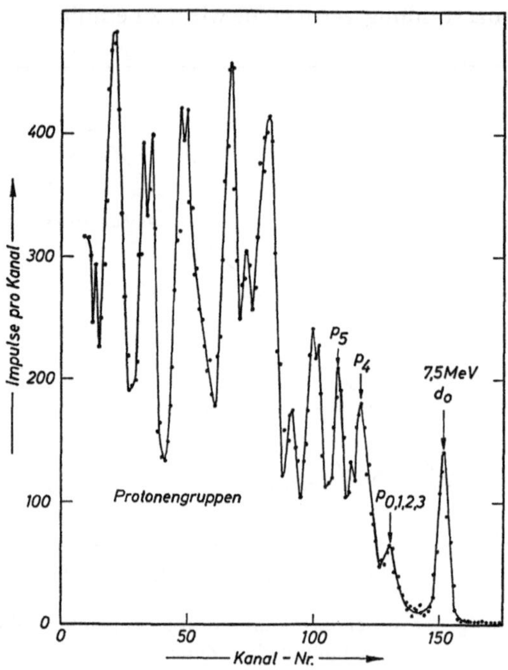

Abb. 6.9. Das Spektrum der beim Beschuß von ^{11}B mit ^{6}Li-Ionen entstehenden Protonen und Deuteronen [6.32]

Detektorausgangsimpulse vom Verhältnis der Teilchenreichweite im Detektor zur Tiefe der Verarmungszone abhängt [6.33, 6.34]. Diesen Effekt kann man bei Energien oberhalb von 8 MeV zur Trennung von Deuteronen und Alphateilchen und oberhalb 12 MeV zur Trennung von Protonen und Deuteronen verwenden [6.34].

Das heute am meisten benutzte Verfahren zur Teilchenidentifikation beruht auf der Tatsache, daß verschiedene Arten geladener Teilchen derselben Energie beim Durchtritt durch einen Absorber gegebener Dicke verschieden große Energieverluste erleiden, wie aus den Gln. (1.2) und (1.3) hervorgeht. Als Beispiel sei erwähnt, daß die Energieverlustrate eines Alphateilchens vorgegebener Energie etwa 12 mal größer ist als die eines Protons derselben Energie. Bei der hier erläuterten Meßmethode baut man ein Zählerteleskop auf, das aus einem dünnen Halbleiterdetektor mit durchgehender Sperrschicht besteht, der unmittelbar vor einem dickeren, normalen Halbleiterdetektor angeordnet ist. Der erste Detektor, der sogenannte (dE/dx)-Detektor, ermittelt die Energieverlustrate der durchtretenden Teilchen, während der dickere Detektor, der sogenannte E-Detektor, die Energie des Teilchens bestimmt. Im allgemeinen verwendet man bei diesem Meßverfahren Siliziumdetektoren. Als Ausgangssignal wählt man die Größe $E\,(dE/dx)$, die, wie sich aus Gl. (1.2) ableiten läßt, proportional zu dem Produkt aus der Masse (M) und dem Quadrat der Ladung (z^2) des Teilchens ist. Diese Größe ist von der Energie praktisch unabhängig. Es gilt der Zusammenhang

$$E\,\frac{dE}{dx} \sim M z^2 (\ln E + \text{const}) \,. \tag{6.1}$$

Das Signal zur Teilchenidentifikation wird also aus dem Produkt der Ausgangsimpulshöhen von E- und (dE/dx)-Detektor gebildet.

Bei dem hier beschriebenen Meßverfahren werden zwei vereinfachende Annahmen gemacht: die erste besteht darin, daß die Beziehung (6.1) trotz des Ausdruckes ($\ln E$) energieunabhängig ist, und die zweite besagt, daß im (dE/dx)-Detektor nur ein geringer Teil der Gesamtenergie des Primärteilchens absorbiert wird. Beide Annahmen sind jedoch nur beschränkt gültig. Auf die Korrekturen, die sich für Gl. (6.1) ergeben, wenn die Gültigkeitsbereiche der obigen Annahmen überschritten werden, soll hier jedoch nicht weiter eingegangen werden.

Eine andere Möglichkeit der Teilchenidentifikation mit E- und (dE/dx)-Detektoren im Energiebereich von 10 bis 100 MeV wurde von Goulding und Mitarbeitern [6.35, 6.174] vorgeschlagen. Der Vorteil dieses Verfahrens gegenüber dem früheren besteht darin, daß die genannten Annahmen nicht mehr erforderlich sind, und daß die Dicke des (dE/dx)-Detektors nicht mehr so kritisch ist. Die einzigen Annahmen, die noch gemacht werden, sind die, die der empirischen Energie-Reichweite-Beziehung zugrunde liegen, auf der dieses Verfahren basiert. Diese Energie-Reichweite-Beziehung besagt, daß im Bereich von 10 bis 100 MeV die Reichweite R eines Teilchens der Energie E durch folgende Gleichung gegeben ist

$$R = a\,E^{1,73} \,. \tag{6.2}$$

Hierin ist a eine Konstante, die von der Teilchenart abhängt. In Gl. (6.2) müssen R in mg cm^{-2} und E in MeV ausgedrückt werden. Nimmt man an, daß das Primärteilchen beim Durchgang durch den (dE/dx)-Detektor die Energie (dE) verloren hat, und daß es im E-Detektor seine Restenergie E abgibt, dann ist seine Reichweite R im letzteren durch Gl. (6.2) gegeben. Die Gesamtreichweite des Primärteilchens ist gegeben durch die Strecke $(R + dx)$, wobei dx die Dicke des (dE/dx)-Detektors ist. Hierfür ergibt sich aufgrund von Gl. (6.2)

$$R + dx = a\,(E + dE)^{1,73} \,. \tag{6.3}$$

Mit Hilfe der Reichweiten R und $(R + dx)$ kann die Größe (dx/a) bestimmt werden. Es ergibt sich

$$\frac{dx}{a} = (E + dE)^{1,73} - E^{1,73}\,. \tag{6.4}$$

Dieser Ausdruck hängt über die Größe a von der Teilchenart ab. Da die anderen Größen in Gl. (6.4) bekannt sind bzw. gemessen werden, läßt sich mit Hilfe dieses Zusammenhanges im Gültigkeitsbereich von Gl. (6.2) eine Teilchenidentifikation durchführen. Mit Hilfe dieses Identifikationsverfahrens können eine Anzahl von Teilchenarten mit einem weiten Energiespektrum gleichzeitig untersucht werden. Armstrong und Mitarbeiter [6.36] haben ein Computerprogramm entwickelt, das es ermöglicht, die von einem solchen Teilchenidentifikationssystem gelieferten Ausgangssignale unmittelbar in einem Digitalrechner zu verarbeiten und auszuwerten („on-line-Betrieb").

Eine Anzahl von Teilchenidentifikationssystemen, die auf der Auswertung des E (dE/dx)-Signals beruhen, wurde bisher schon gebaut und erprobt. Als Beispiele seien die Arbeiten [6.24, 6.37, 6.38, 6.175] genannt. Entscheidend für das sichere Arbeiten solcher Meßanordnungen, besonders im niederenergetischen Bereich, d.h. unterhalb 10 MeV, ist das Vorhandensein sehr dünner (dE/dx)-Detektoren. Man verwendet hier diffundierte Sperrschichtdetektoren oder Oberflächensperrschichtdetektoren, bei denen das empfindliche Volumen über die gesamte Dicke des Halbleiterkristalles ausgedehnt ist. (dE/dx)-Detektoren mit Dicken zwischen 10 und 50 μm wurden schon verschiedentlich hergestellt [6.39–6.44]. Besonders dünne Detektoren wurden von Inskeep und Eidson [6.40] und von Andersson-Lindström und Zausig [6.45] gebaut. Die ersteren bauten einen diffundierten Sperrschichtdetektor mit einem 7,5 μm dicken empfindlichen Volumen, während die letzteren einen Oberflächensperrschichtdetektor mit 4 μm Dicke herstellten.

Wegner [6.37] zeigte, daß bei der Ermittlung der optimalen Leistungsfähigkeit eines aus E- und (dE/dx)-Zähler bestehenden Detektorsystems die Schwankungen der Energieverlustrate im (dE/dx)-Detektor berücksichtigt werden müssen. Diese Schwankungen verschlechtern die Auflösung des Detektors. Es zeigte sich, daß die Auflösung des (dE/dx)-Detektors gut mit dem übereinstimmt, was sich aus der Landau-Verteilung [6.46, 6.47] ergibt, z.B. 6,3% für 8,8 MeV Alphateilchen bei einem 16 μm dicken Siliziumdetektor. Weiterhin kann bei einem (dE/dx)-Detektor die Orientierung des dünnen Siliziumeinkristalles relativ zum Strahl der Primärteilchen die Bildung eines „offenen Kanals" (vgl. Kap. 1.2.1) bewirken, was ebenfalls einen Beitrag zur Auflösungsverschlechterung liefert [6.48–6.50].

Ein Beispiel für die mit einem (dE/dx)-Detektor mögliche Teilchendiskriminierung durch Registrierung des Energieverlustes zeigt Abb. 6.10 [6.51]. Hier ist die Trennung von 16 MeV-Protonen, -Deuteronen und -Tritonen dargestellt. Sie wurde mit Hilfe eines 200 μm dicken Detektors ermittelt.

Wegen der großen Schwierigkeiten, die mit der Herstellung hinreichend dünner (dE/dx)-Detektoren verbunden sind, sind mit der hier beschriebenen Meßanordnung bisher nur relativ wenige Untersuchungen im Energiebereich unterhalb 10 MeV durchgeführt worden. Im Mittel- und Hochenergiebereich hat sich die Teleskopanordnung jedoch sehr bewährt. Als Beispiel zeigt Abb. 6.11 das Teilchenspektrum der beim Be-

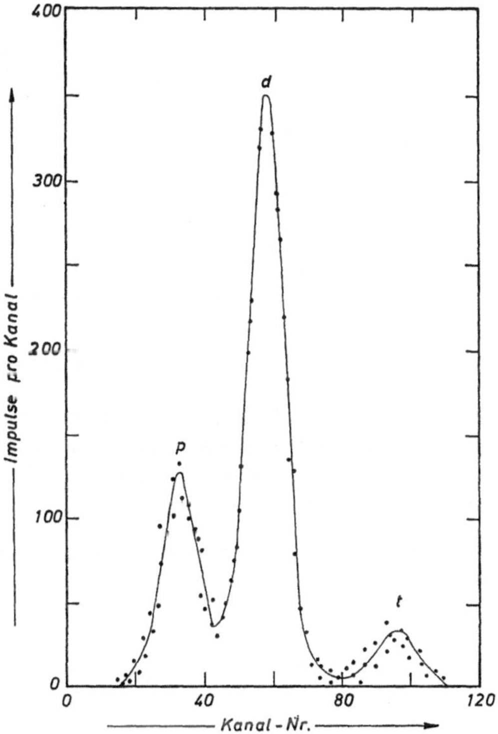

Abb. 6.10. Die Trennung von 16 MeV-Protonen, -Deuteronen und -Tritonen durch Registrierung des Energieverlustes in einem 200 μm dicken Detektor [6.51]

schuß eines ^{12}C-Target mit 126 MeV ^{12}C-Ionen entstehenden Reaktionsprodukte [6.24]. Das dargestellte Teilchenspektrum entstand durch die analoge Multiplikation des E- und (dE/dx)-Signals. Ein anderes Teilchenspektrum, das mit dem von Goulding und Mitarbeitern [6.35] vorgeschlagenen Verfahren ermittelt wurde, zeigt Abb. 6.12. Das dort wiedergegebene Spektrum entsteht beim Beschuß von ^{16}O-Atomen mit 40 MeV Protonen. Hierbei finden (p, α)-, $(p, {}^3\text{He})$-, (p, t)-, (p, d)- und (p, p)-Reaktionen statt. Dieses Verfahren wurde in den letzten Jahren speziell im Hinblick auf seine Anwendbarkeit bei der Untersuchung von Kern-

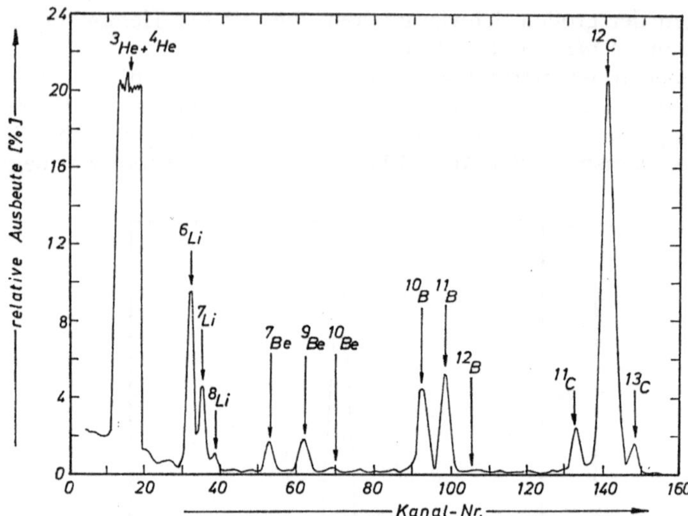

Abb. 6.11. Das Teilchenspektrum der beim Beschuß eines ^{12}C-Targets mit 126 MeV ^{12}C-Ionen entstehenden Reaktionsprodukte [6.24]

reaktionen mit schwacher Ausbeute bei gleichzeitiger Anwesenheit einer großen Anzahl anderer Reaktionsprodukte weiterentwickelt [6.52]. Das bei diesen Untersuchungen verwendete Zählerteleskop besteht aus zwei (dE/dx)- und einem E-Detektor.

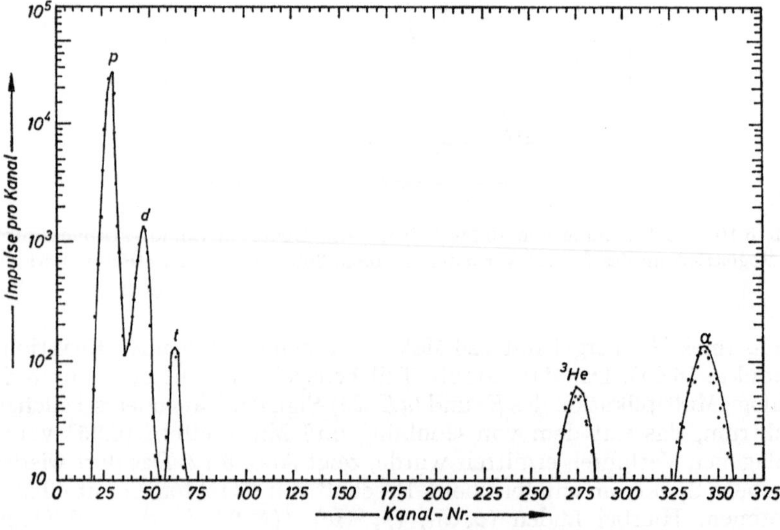

Abb. 6.12. Das Teilchenspektrum der beim Beschuß von ^{16}O-Atomen mit 40 MeV Protonen entstehenden Reaktionsprodukte [6.35]

Außer einem Detektorsystem, das aus zwei bzw. drei Halbleiterdetektoren besteht, kann man bei einem Zählerteleskop zur Teilchenidentifikation auch ein System aus Proportionalzähler und Halbleiterdetektor benutzen. Hierbei verwendet man im allgemeinen den Proportionalzähler als (dE/dx)-Zähler. Man hat dabei den Vorteil, daß man die Energieverlustrate in diesem Detektor über den Gasdruck beeinflussen kann. Aus Gas- und Halbleiterzählern kombinierte Systeme zur Teilchenidentifikation werden in den Arbeiten [6.24, 6.53, 6.54, 6.176] beschrieben.

Abschließend sei noch ein weiteres Verfahren zur Teilchenidentifikation erwähnt, die Flugzeitmethode. Sie eignet sich besonders für die Untersuchung niederenergetischer, schwerer geladener Teilchen, für die man keine hinreichend dünnen (dE/dx)-Halbleiterdetektoren herstellen kann. Für ein nichtrelativistisches Teilchen ist der Zusammenhang zwischen der Flugzeit t [ns], der Energie E [MeV], der Länge des Flugweges l [m] und der Masse M [atomare Masseneinheiten] gegeben durch

$$t = 71{,}92\, l \sqrt{M/E}\,. \tag{6.5}$$

Daraus geht hervor, daß durch die Messung von Flugzeit und Energie des Teilchens eine eindeutige Massenbestimmung gegeben ist, wenn man die Flugstrecke kennt. Unter Verwendung einer Flugstrecke von 63 cm, einer Gesamtzeitauflösung von 2 ns und eines Silizium-Oberflächensperrschichtdetektors mit 4 cm² empfindlicher Fläche gelang es beispielsweise, Teilchen mit den Massen 1, 2, 4, 10, 12 und 13 und Energien zwischen 1 und 6 MeV voneinander zu unterscheiden [6.55]. Diese Teilchen entstehen beim Beschuß von ^{12}C-Atomen mit 7 MeV Deuteronen.

6.1.4 Spaltfragmentuntersuchungen

Auch auf dem Gebiet der Spaltfragmentuntersuchungen, und hier besonders bei der Bestimmung der Energieverteilung, haben die Halbleiterdetektoren große Verbreitung gefunden. Das ist besonders auf ihr hohes Energieauflösungsvermögen, ihre leichte Handhabung, ihre große Stabilität bei langen Meßzeiten und auf die Möglichkeit, das zu spaltende Material unmittelbar auf die empfindliche Fläche des Detektors aufdampfen zu können, zurückzuführen.

Beim Einsatz von Halbleiterdetektoren bei der Untersuchung sehr schwerer geladener Teilchen oder Ionen treten jedoch einige Schwierigkeiten auf, von denen der sogenannte Impulshöhenverlust die größte Bedeutung hat. Dieser Impulshöhenverlust bewirkt, daß kein linearer Zusammenhang mehr besteht zwischen der Energie des in den Detektor eintretenden Spaltfragmentes und der Höhe des Detektorausgangsimpulses. Die Ausgangsimpulshöhe ist niedriger als es bei einem linearen Energie-Impulshöhenzusammenhang der Fall wäre. Das Vorhandensein eines solchen Impulshöhenverlustes wurde zuerst von Schmitt und Mitarbeitern [6.56] nachgewiesen. Sie geben folgenden Zusammenhang zwischen der Energie E eines Spaltfragmentes und der zugehörigen Impulshöhe x an:

$$E = a\,x + \delta\,. \tag{6.6}$$

Hierin ist a eine Apparatekonstante und δ der Impulshöhenverlust. δ liegt im allgemeinen zwischen 6 und 26 MeV. Die verschiedenen Ursachen, die zu diesem Effekt führen, sind bis heute noch nicht vollständig aufgeklärt. Vermutlich spielen hier mehrere Einzeleffekte eine Rolle wie z.B. die Dicke des Strahleintrittsfensters, Stöße der Spaltfragmente mit den Atomkernen des Detektormaterials und unvollständige Ladungssammlung. Der letzte Effekt wird zum Teil durch Rekombinationsprozesse in dem durch die schweren Teilchen erzeugten Plasmaschlauch verursacht.

Mit der eingehenden Untersuchung des genannten Impulshöhendefektes befassen sich eine Anzahl von Arbeiten. So stellten Wegner und Mitarbeiter [6.57] fest, daß δ vom Leitungstyp des Detektormaterials und von seinem spezifischen Widerstand unabhängig ist. Weiterhin fanden sie, daß δ bei schweren Teilchen etwa um 2,5 MeV größer ist als bei leichteren. Außerdem fand man, daß bei einer Vergrößerung der elektrischen Feldstärke im Detektor der Impulshöhenverlust geringer wurde. Das läßt darauf schließen, daß ein Teil dieses Verlustes auf Rekombinations- und Hafteffekte zurückzuführen ist. Kobayashi und Mitarbeiter [6.58] ermittelten, daß bei schweren Teilchen der Impulshöhenverlust proportional zur Teilchenenergie ist, während er bei leichteren Spaltfragmenten erst im Bereich hoher Energien sehr stark zunimmt. Als wesentliche Ursache dieses Verlustes betrachten einige Autoren die Stöße der Spaltfragmente mit den Atomkernen des Detektormaterials [6.59, 6.60]. Schmitt und Mitarbeiter [6.19] ermittelten, daß der Zusammenhang zwischen Teilchenenergie und Impulshöhe, wie er durch Gl. (6.6) beschrieben wird, zwar über einen großen Energiebereich gilt, daß aber gleichzeitig noch eine Abhängigkeit der Impulshöhe x von der Masse M des Spaltfragmentes besteht, die ebenfalls berücksichtigt werden muß. Aus diesem Grunde ersetzten sie Gl. (6.6) durch eine solche mit vier Parametern. Diese Gleichung lautet

$$E = (a + a'\,M)\,x + (b + b'\,M)\,. \tag{6.7}$$

Hierin sind a, a', b und b' vier Konstanten. Um die Bedeutung jeder dieser empirischen Konstanten befriedigend erklären zu können, sind noch weitere Untersuchungen über das Verhalten von Halbleiterdetektoren bei Bestrahlung mit schweren Ionen erforderlich. Dabei muß auch ein von Walter [6.61] beschriebener Ladungsmultiplikationseffekt berücksichtigt werden. Als Ergänzung zu den obigen Ausführungen sei der interessierte Leser noch auf die Arbeit von Shiraishi [6.177] hingewiesen, die sich u.a. ebenfalls mit dem Problem des Impulshöhenverlustes beim Nachweis von Spaltfragmenten befaßt.

Aufgrund des bisher Gesagten ergibt sich, daß für die Wahl eines geeigneten Halbleiterdetektors zum Einsatz bei Spaltfragmentuntersuchungen eine Anzahl von Kriterien entscheidend sind. Diese sind zum Teil in der Arbeit von Walter und Mitarbeitern zusammengefaßt [6.62].

Von den vielen Anwendungen der Halbleiterdetektoren auf dem in diesem Kapitel behandelten Gebiet seien im folgenden einige erwähnt: So zeigt beispielsweise Abb. 6.13 das Energiespektrum der bei Beschuß von ^{235}U mit thermischen Neutronen entstehenden Spaltfragmente [6.58]. Dieses Spektrum wurde mit einem Oberflächensperrschichtdetektor aufgenommen.

Weiterhin wurden viele Experimente durchgeführt, bei denen gleichzeitig die Energie der Spaltfragmente und ihre Geschwindigkeit bestimmt

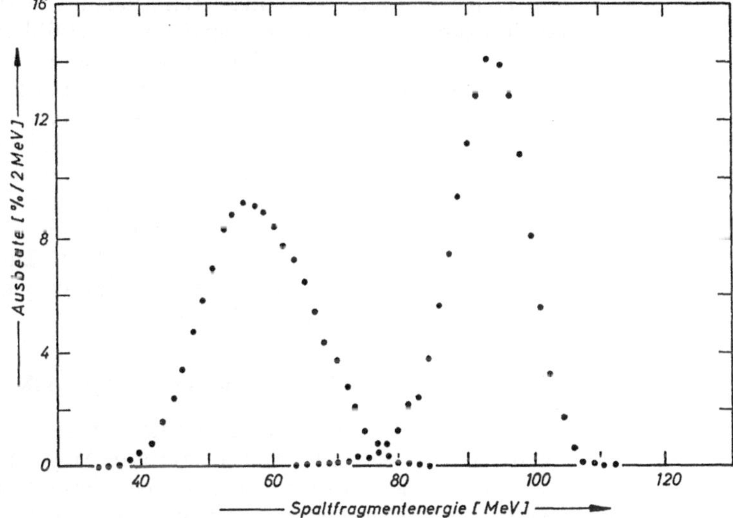

Abb. 6.13. Die Energieverteilung der Spaltfragmente, die beim Beschuß von ^{235}U mit thermischen Neutronen entstehen [6.58]

wurden [6.63 – 6.66, 6.178]. Mit solchen Messungen können Spaltfragmentmassen und Massen-Energie-Korrelationen ermittelt werden. Es liegt in der Natur solcher Untersuchungen, daß sie ein relativ kompliziertes und aufwendiges elektronisches System erfordern, da es in der Lage sein muß, die Informationen mehrerer Detektoren gleichzeitig auszuwerten. Hier werden im allgemeinen Mehrparameter-Analysatoren verwendet. So benutzten beispielsweise Williams und Mitarbeiter [6.66] in ihrer Meßanordnung einen Vierparameter-Analysator. Als Detektor verwendeten sie einen 4 cm² Silizium-Oberflächensperrschichtdetektor, der sich am Ende einer 2 m langen Flugstrecke befand. Die Zeitauflösung des Gesamtsystems betrug etwa 0,4 ns. Mit einer solchen Meßanordnung kann auch die Anzahl der von einem Spaltfragment prompt ermittierten Neutronen als Funktion der Masse des betreffenden Fragmentes bestimmt werden.

Huizenga und Mitarbeiter [6.67] untersuchten die Wirkungsquerschnitte für die durch geladene Teilchen induzierte Spaltung von ^{233}U und ^{238}U, sowie die Winkelverteilung der dabei entstehenden Spaltfragmente. Sie verwendeten auf 60 bis 120 MeV beschleunigte Kohlenstoffionen als Geschoßteilchen. Eine wesentliche Schwierigkeit dieser Messungen bestand darin, die Spaltfragmente von den gestreuten Kohlenstoffionen zu unterscheiden. Schließlich sei in diesem Zusammenhang noch auf die Arbeit von Vandenbosch und Mitarbeitern [6.65] hingewiesen, die mit Hilfe eines Dreiparameter-Analysators die durch Deuteronenbeschuß induzierte Spaltung von ^{234}U untersuchten. Auch durch Neutronen induzierte Spaltungen wurden mit Halbleiterdetektoren untersucht [6.68].

Ähnlich wie bei den Experimenten mit induzierten Spaltungen wurden auch bei Untersuchungen von spontanen Spaltungen Halbleiterdetektoren mit Erfolg eingesetzt. Als Beispiel hierfür seien die Arbeiten [6.63, 6.69, 6.70] genannt. Sie befassen sich mit den bei der spontanen Spaltung von ^{252}Cf entstehenden Spaltfragmenten. Das in [6.70] beschriebene Energie-Flugzeit-Korrelationsspektrometer, das zwei Silizium-Oberflächensperrschichtdetektoren mit jeweils 4 cm^2 empfindlicher Fläche benutzte, die sich in einem geringen Abstand gegenüberstanden, hatte eine Zeitauflösung von 1,8 ns FWHM für das Zeitspektrum der koinzidenten Spaltfragmente der Spontanspaltung von ^{252}Cf. Durch Ausblendung eines schmalen Spaltfragmentenergiebereiches in jedem Detektor, verbesserte sich die Zeitauflösung auf 0,4 ns.

6.1.5 Untersuchungen im Bereich der Hochenergiephysik

Auch bei den Untersuchungen mit sehr hochenergetischen geladenen Teilchen haben Halbleiterdetektoren eine weitverbreitete Anwendung gefunden. Wenn die Teilchenenergie hinreichend hoch ist, durchqueren diese im allgemeinen den Detektor, wobei sie nur einen relativ geringen Teil ihrer Energie abgeben. In solchen Fällen kann nur die Energieverlustrate (dE/dx) gemessen werden. Im relativistischen Energiebereich kann dabei nur eine geringe Energieauflösung erzielt werden. Die Verschlechterung der Energieauflösung bei der Registrierung des Energieverlustes wird im wesentlichen durch die statistischen Schwankungen der Ionisation, den sogenannten Landau-Effekt, verursacht. Abb. 6.14 zeigt das Spektrum von Protonen und π-Mesonen, die einen Impuls von 3 GeV/c hatten [6.70]. Dieses Spektrum wurde mit einem Si(Li)-Detektor aufgenommen, der eine 2 mm dicke kompensierte Zone und 1 cm Durchmesser hatte. Wie man sieht, stimmen die Meßpunkte sehr gut mit der theoretisch berechneten Landau-Kurve (durchgezogene Kurve) überein. Die Auflösung beträgt hier etwa 30 %.

Wie im Kapitel 6.1.3 dargelegt wurde, hängt die Energieverlustrate eines geladenen Teilchens beim Durchgang durch den Detektor von der Masse des Teilchens ab, so daß es aufgrund dieses Effektes möglich ist, in einem impulsanalysierten Strahl Teilchen verschiedener Masse zu unterscheiden. Das ist jedoch nur bei nicht zu hohen Teilchenenergien möglich.

Bei sehr hohen Energien (Teilchenimpuls von einigen GeV/c) reicht die Teilchenabhängigkeit des Energieverlustes nicht mehr zur Trennung aus. Da die Energieverlustrate hochenergetischer geladener Teilchen gering ist, ist man bestrebt, bei solchen Messungen Detektoren mit einem möglichst dicken empfindlichen Volumen einzusetzen. So hat man in diesem Zusammenhang mit Gold dotierte Silizium-Leitfähigkeitsdetektoren [6.71] und lithiumgedriftete Siliziumdetektoren eingesetzt. Abb. 6.15 zeigt das Spektrum von Protonen und π-Mesonen, die einen Impuls von

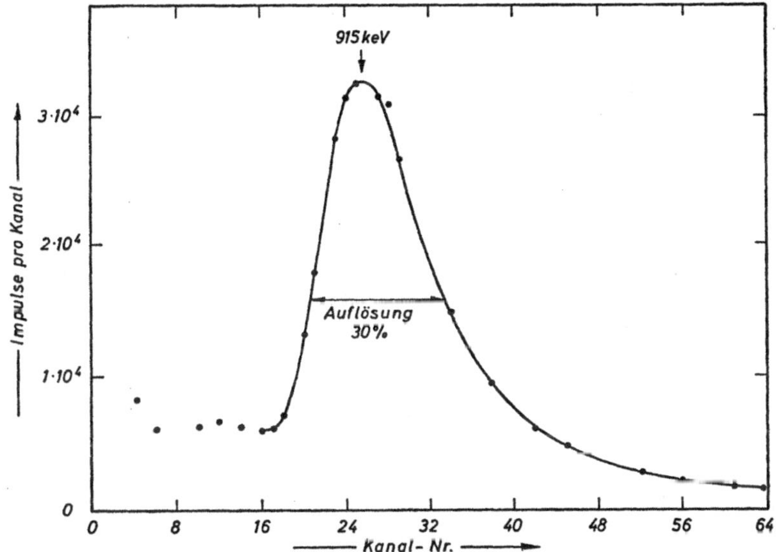

Abb. 6.14. Das Spektrum von Protonen und π-Mesonen mit einem Impuls von 3 GeV/c. Das Spektrum wurde mit einem Si(Li)-Detektor aufgenommen. Die durchgezogene Kurve ist die theoretisch berechnete Landau-Kurve [6.70]

787 MeV/c hatten [6.72]. Dieses Spektrum wurde in einem impulsanalysierten Strahl mit einem Si(Li)-Detektor aufgenommen, der ein empfindliches Volumen von 0,8 mm Dicke und 5 mm Durchmesser hatte. Bei dieser Messung verlief die Einstrahlrichtung der Teilchen senkrecht zur Richtung des elektrischen Feldes im Detektor. Dadurch erreicht man auf Kosten der empfindlichen Fläche eine wesentlich größere effektive Tiefe der kompensierten Zone. Mit Hilfe von Silizium-Halbleiterdetektoren, die eine Dicke der empfindlichen Zone von einigen Millimetern haben, kann man π-Mesonen und Protonen im Impulsbereich zwischen 750 MeV/c und 3 GeV/c voneinander unterscheiden [6.70, 6.72, 6.73].

Die großen Fortschritte, die in den letzten Jahren auf dem Gebiete der Herstellung betriebssicherer großvolumiger Germaniumdetektoren erzielt wurden, machten den Einsatz solcher Zähler auch für die Hochenergiephysik interessant. Das hat seinen Grund besonders darin, daß Germanium für geladene Teilchen ein größeres Bremsvermögen besitzt als Silizium. Beispielsweise können in 1 cm dickem Germanium 60 MeV Protonen vollständig abgebremst werden, während dieses in 1 cm dickem Silizium nur bis zu Protonenenergien von etwa 44 MeV der Fall ist.

Für Ge(Li)-Detektoren haben Pehl und Mitarbeiter [6.28] die mit zunehmender Teilchenenergie zu erwartende Auflösungsverschlechterung

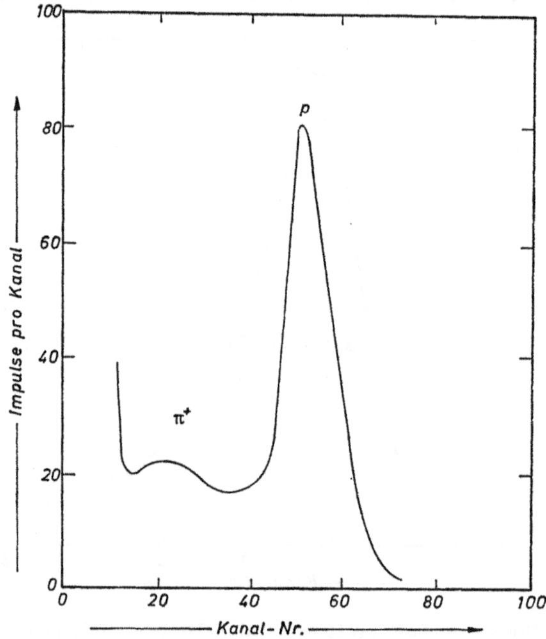

Abb. 6.15. Das Spektrum von Protonen und π-Mesonen mit einem Impuls von 787 MeV/c. Das Spektrum wurde im impulsanalysierten Strahl mit einem Si(Li)-Detektor aufgenommen [6.72]

berechnet. Einige typische Auflösungswerte für hochenergetische Protonen sind: bei 29 MeV 28 keV FWHM, bei 40 MeV 44 keV FWHM und bei 60 MeV 150 keV FWHM. Ein Vergleich der Auflösungen verschiedener Spektrometer für hochenergetische Protonen zeigt: bei einem magnetischen Spektrometer und 180 MeV Protonenenergie eine Auflösung von 350 keV FWHM, bei einem mit einem Ge(Li)-Detektor bestückten Spektrometer und 160 MeV Protonenenergie eine Auflösung von 650 keV FWHM und bei Verwendung eines NaJ(Tl)-Szintillationskristalles und ebenfalls 160 MeV Protonenenergie eine Auflösung von 1200 keV FWHM [6.74]. Diese Zahlen und das größere Bremsvermögen verdeutlichen den Vorteil, den der Einsatz von Ge(Li)-Detektoren bei Untersuchungen mit hochenergetischen Teilchen mit sich bringt.

6.1.6 Elektronen- und Betaspektroskopie

Zur Aufnahme von Konversionselektronenspektren und Betaspektren können Halbleiterdetektoren ebenfalls mit Erfolg eingesetzt werden. Je nach Teilchenenergie verwendet man hier Oberflächensperrschichtdetektoren, diffundierte Sperrschichtdetektoren oder lithiumgedriftete Halbleiterdetektoren. McKenzie und Ewan [6.4] untersuchten die Abhängigkeit der Form eines mit einem diffundierten Siliziumdetektor aufgenommenen Spektrums monoenergetischer Elektronen von der Elektronenenergie. Dabei wurde jeweils die gleiche Anzahl von Elektronen je Energie auf den Detektor geschossen. Die einzelnen Energien lagen im

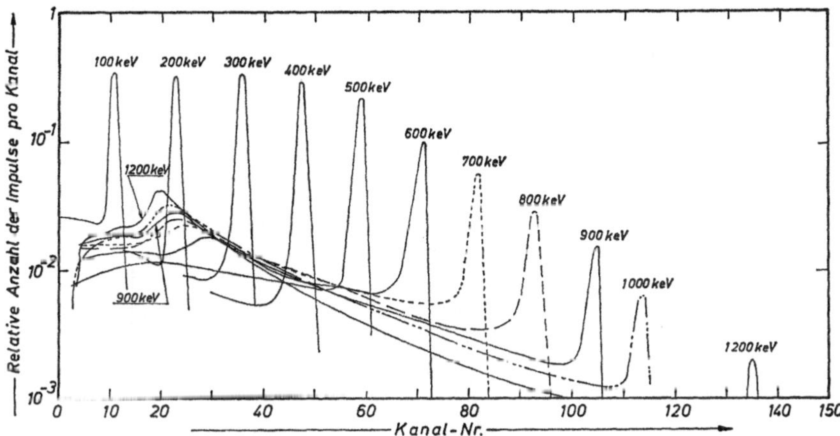

Abb. 6.16. Die Form des Impulshöhenspektrums monoenergetischer Elektronen in Abhängigkeit von der Elektronenenergie für einen diffundierten Siliziumdetektor. Die Dicke der Verarmungszone entsprach der Reichweite von 350 keV Elektronen [6.4.]

Bereich zwischen 100 und 1200 keV. Das Ergebnis dieser Untersuchungen zeigt Abb. 6.16. Der hierbei verwendete Detektor war ein phosphordiffundierter Siliziumdetektor, dessen Ausgangs-p-Silizium einen spezifischen Widerstand von $12 \cdot 10^3\ \Omega$ cm hatte. Die Detektorvorspannung betrug 200 V. Dadurch entstand eine Verarmungszonendicke, die ausreichend war, um Elektronen mit Energien bis zu 350 keV vollständig abzubremsen. Wie man aus Abb. 6.16 entnimmt, besteht das Spektrum der monoenergetischen Elektronen für Energien unterhalb 350 keV jeweils aus einer glockenförmig verbreiterten Totalabsorptionslinie und einem „niederenergetischen Schwanz". Dabei haben die Totalabsorptionslinien der einzelnen Energien jeweils die gleiche Höhe. Diese Linien kommen durch solche Elektronen zustande, die ihre Energie vollständig in der empfindlichen Zone des Detektors abgeben. Der „niederenergetische Schwanz" wird im wesentlichen durch die Elektronen verursacht, die vor ihrer vollständigen Abbremsung wieder aus dem Detektor herausgestreut werden und deshalb nur einen Teil ihrer Energie innerhalb des empfindlichen Volumens abgeben können (Rückstreuung der Elektronen). Eine eingehende Behandlung der Elektronen-Rückstreuung findet sich in der Arbeit von Planskoy [6.179].

Überschreitet die Elektronenenergie 350 keV, so nimmt mit zunehmender Teilchenenergie die Höhe der Totalabsorptionslinie ab, da der Anteil der Elektronen, die sich innerhalb des empfindlichen Detektor-

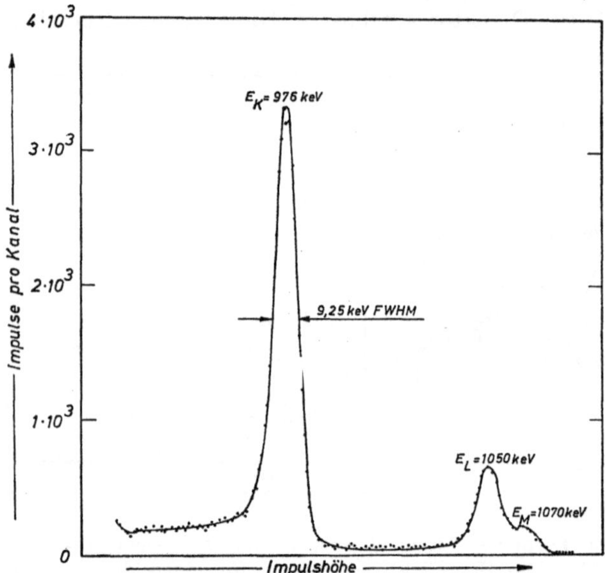

Abb. 6.17. Ein Teil des Konversionselektronenspektrums des ^{207}Bi. Das Spektrum wurde mit einem Oberflächensperrschichtdetektor aufgenommen, der mit einem Schutzring versehen war [6.75]

volumens totlaufen, kleiner wird. Im Gegensatz dazu steigt der „niederenergetische Schwanz" des Spektrums allmählich an. Mit weiter zunehmender Elektronenenergie verschwindet die Totalabsorptionslinie immer mehr, während gleichzeitig damit aus dem „niederenergetischen Schwanz" bei etwa 180 keV eine neue Linie emporwächst. Diese Linie entspricht der wahrscheinlichsten Energieverlustrate der hochenergetischen Elektronen beim Durchqueren des Detektors. Wegen der Mehrfachstreuung, die diese Elektronen auf ihrem Weg im Detektor erleiden, entsteht eine relativ starke Verbreiterung dieser 180 keV-Linie.

Zur Registrierung von Elektronenspektren haben Halbleiterdetektoren vielfache Anwendung gefunden. Abb. 6.17 zeigt einen Teil des Konversionselektronenspektrums des ^{207}Bi [6.75]. Es wurde mit einem Oberflächensperrschichtdetektor aufgenommen, der mit einer Schutzringanordnung versehen war. Er hatte eine empfindliche Fläche von 20 mm² und wurde mit einer Spannung von 1200 V betrieben. Durch diese hohe Detektorspannung ergab sich eine hinreichend tiefe empfindliche Zone, so daß Elektronen mit etwa 1 MeV Energie noch sicher registriert werden konnten. Während der Messungen wurde der Detektor auf 0 °C gekühlt.

Meyer und Langmann [6.76] verwendeten bei ihren Untersuchungen Siliziumdetektoren, die aus sehr hochohmigem Ausgangsmaterial gefertigt waren. Die Tiefe der Verarmungszone betrug dabei bis zu 3 mm. Abb. 6.18 zeigt das Röntgen- und Konversionselektronenspektrum von ^{207}Bi, das sie mit einem solchen Detektor aufgenommen haben. Es handelte sich

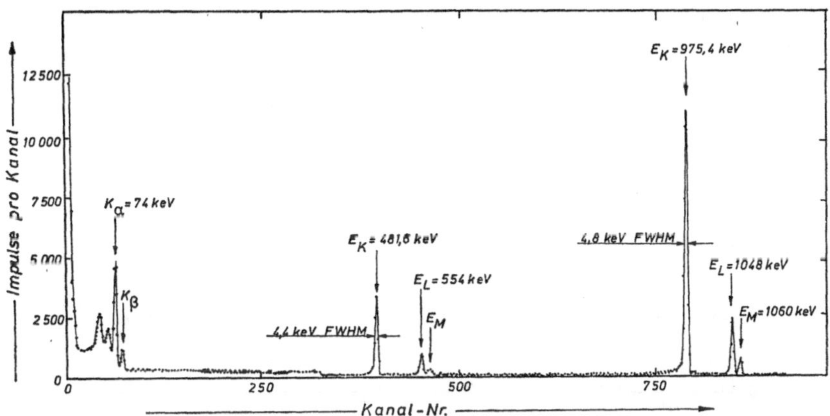

Abb. 6.18. Das Röntgen- und Konversionselektronenspektrum von ^{207}Bi. Das Spektrum wurde mit einem Silizium-Oberflächensperrschichtdetektor aufgenommen, der auf die Temperatur der flüssigen Luft gekühlt war. Das Silizium des Detektors hatte einen spezifischen Widerstand von $34 \cdot 10^3\ \Omega$ cm [6.76]

bei diesem Zähler um einen Silizium-Oberflächensperrschichtdetektor, dessen Ausgangsmaterial einen spezifischen Widerstand von $34 \cdot 10^3\ \Omega$ cm hatte, und der mit einer Spannung von 800 V betrieben wurde. Bei der Aufnahme des Spektrums in Abb. 6.18 wurde der Detektor auf die Temperatur der flüssigen Luft gekühlt. Die erzielte Auflösung betrug 4,8 keV FWHM bezogen auf die 975,4 keV-Konversionselektronenlinie. Bei einem Vergleich der Spektren in Abb. 6.17 und 6.18 wird die wesentlich verbesserte Auflösung unmittelbar sichtbar. Diese Auflösungsverbesserung wird neben der Tiefkühlung des Detektors unter anderem auch noch durch die Verwendung einer rauscharmen Elektronik mit einem Feldeffekttransistor in der Vorverstärkereingangsstufe erzielt. Die beste Auflösung erreichten diese Verfasser mit einem Siliziumdetektor, dessen Ausgangsmaterial einen spezifischen Widerstand von $13 \cdot 10^3\ \Omega$ cm hatte, und der auf 135 K gekühlt wurde. Diese Auflösung betrug 2,1 keV FWHM für 976 keV Elektronen. Tamura und Kuroyanagi [6.180] verwendeten bei ihren Untersuchungen ebenfalls einen Vorverstärker mit FET-Eingangsstufe. Sie erzielten eine Auflösung von 2,6 keV FWHM bezogen auf die *K*-Konversionselektronenlinie des 136 keV-Überganges von ^{57}Fe.

Ein Beispiel für die Anwendung lithiumgedrifteter Siliziumdetektoren zur Aufnahme von Elektronenspektren zeigt Abb. 6.19 [6.77]. Hier ist das Konversionselektronenspektrum von ^{170}Tm wiedergegeben. Es wurde mit einem Si(Li)-Detektor aufgenommen, der eine empfindliche Fläche von 80 mm² und eine 3 mm dicke kompensierte Zone hatte. Die Betriebs-

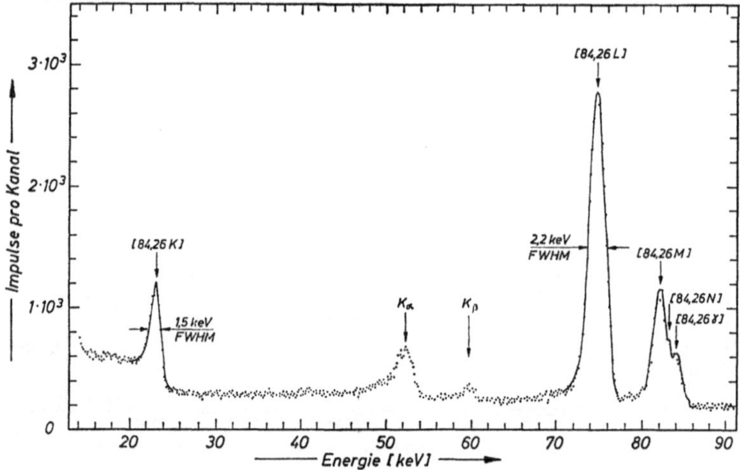

Abb. 6.19. Das Konversionselektronenspektrum von ^{170}Tm. Das Spektrum wurde mit einem Si(Li)-Detektor aufgenommen, der eine 3 mm dicke kompensierte Zone hatte. Die Detektortemperatur betrug 120 K [6.77]

temperatur des Detektors betrug bei dieser Messung 120 K. Wie man aus der Abbildung entnehmen kann, wurde eine Auflösung von 2,2 keV FWHM erreicht, bezogen auf die *L*-Konversionselektronenlinie des 84,26 keV-Überganges des ^{170}Yb. Elad und Nakamura [6.78] benutzten bei ihren Messungen einen Si(Li)-Detektor mit einer empfindlichen Fläche von 80 mm² und einer 3 mm tiefen kompensierten Zone. Sie erreichten eine optimale Auflösung von 1,5 keV FWHM bezogen auf eine Elektronenenergie von 89,4 keV.

Der Einsatz von Halbleiterdetektoren zur Elektronen- und Betaspektroskopie ist mittlerweile weit verbreitet. Obwohl ein magnetisches Spektrometer im allgemeinen eine bessere Auflösung erreicht, wird doch der Halbleiterdetektor häufig vorgezogen, da er einen größeren ausnutzbaren Raumwinkel besitzt, d.h. er hat ein größeres geometrisches Ansprechvermögen. Das ist bei der Elektronen- und Betaspektroskopie von großer Wichtigkeit, da hier die Proben im allgemeinen nur schwach aktiv sind. Diese schwache Aktivität rührt daher, daß man die Proben möglichst dünn herstellen muß, um störende Streuungen in denselben zu vermeiden, wenn man eine optimale Auflösung erreichen will. Aber auch als Elektronendetektoren in magnetischen Spektrometern finden Halbleiterdetektoren Verwendung [6.79, 6.80]. Hierbei ist besonders von Vorteil, daß sie durch äußere Magnetfelder nur wenig beeinflußt werden. Außerdem ermöglichen sie wegen ihres schnellen Ausgangssignals den Aufbau von sehr leistungsfähigen Koinzidenzmeßanordnungen, wie früher bereits dargelegt wurde. Sie werden häufig bei Beta-Gamma-Koinzidenzexperi-

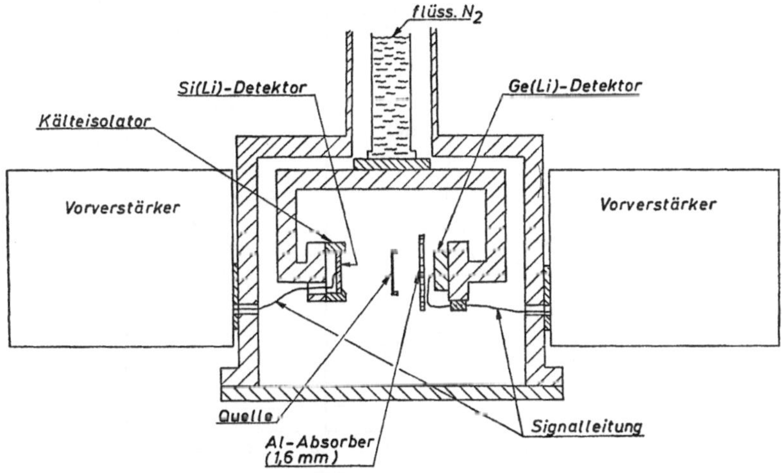

Abb. 6.20. Meßanordnung zur Bestimmung des Koeffizienten der inneren Konversion [6.81]

menten und bei Koinzidenzmessungen zwischen Elektronen und anderen geladenen Teilchen eingesetzt.

Easterday und Mitarbeiter [6.81] bauten eine Anordnung zur schnellen Bestimmung des Koeffizienten der inneren Konversion. Sie ist schematisch in Abb. 6.20 wiedergegeben. Bei diesem Spektrometer werden ein Si(Li)-Detektor zur Bestimmung der Intensitäten der Konversionslinien und ein Ge(Li)-Detektor zur Messung der Gammaintensitäten verwendet. Beide Detektoren befinden sich in derselben Vakuumkammer und werden über ein kälteisolierendes Zwischenstück bzw. direkt mit flüssigem Stickstoff gekühlt. Die Probe ist zwischen beiden angeordnet.

Der Einsatz von Halbleiterdetektoren im Zusammenhang mit der Untersuchung von Konversionselektronenspektren wird eingehend in den Arbeiten von Hollander [6.82, 6.83] behandelt. Abb. 6.21 zeigt das Konversionselektronenspektrum und das entsprechende Gammaspektrum des 279 keV-Überganges von ^{203}Hg [6.81], wie sie mit einem kombinierten Beta-Gamma-Spektrometer aufgenommen wurden. Im Elektronenspektrometer wurde dabei ein Si(Li)-Detektor mit 1 cm² empfindlicher Fläche und 3 mm dicker kompensierter Zone verwendet, während als Gammadetektor ein Ge(Li)-Detektor mit 4 cm² empfindlicher Fläche und 5 mm tiefer kompensierter Zone eingesetzt wurde. Die Auflösung des Elektronenspektrometers betrug 4,2 keV FWHM (Abb. 6.21a) und die des Gammaspektrometers 4,6 keV FWHM (Abb. 6.21b). Die Eichung der Apparatur erfolgte mit Präparaten, deren Gammaübergänge und Konversionskoeffizienten bekannt waren. Die mit solchen Apparaturen

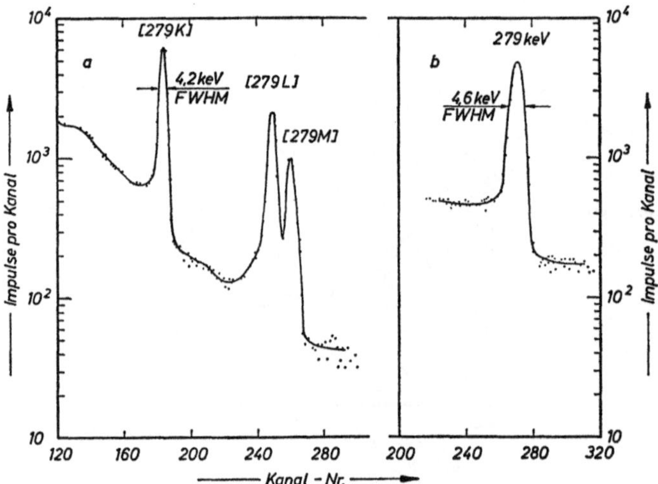

Abb. 6.21. Das Konversionselektronenspektrum (a) und das Gammaspektrum (b) des 279 keV Überganges von ^{203}Hg. Die Messung erfolgte mit einer Apparatur, wie sie in Abb. 6.20 dargestellt ist [6.81]

zur Zeit erzielbaren Genauigkeiten (bestenfalls 10–15 %) sind zwar nicht so hoch, wie sie mit aufwendigeren Meßverfahren erreicht werden können, für viele Zwecke ist die geringere Genauigkeit jedoch ausreichend, so daß das einfachere und billigere Meßverfahren dort mit Erfolg eingesetzt werden kann.

Es ist einleuchtend, daß Halbleiterdetektoren ebenso wie zur Registrierung von Elektronenlinienspektren (Konversionselektronenspektren) auch zur Aufnahme kontinuierlicher Elektronenspektren (Betaspektren) verwendet werden können. In diesem Zusammenhang sei auf die Arbeiten [6.84–6.91, 6.181–6.184] verwiesen.

Außer Siliziumdetektoren hat man auch versucht, Germaniumdetektoren zur Elektronenspektroskopie einzusetzen [6.92, 6.93]. Neben der Tatsache, daß diese Detektoren erst auf 77 K gekühlt werden müssen, um die mit ihnen theoretisch erzielbare hohe Auflösung auch praktisch zu erreichen, hat es sich gezeigt, daß sie für den Elektronennachweis keine so guten Eigenschaften haben, wie Siliziumdetektoren. Sie haben beispielsweise im Vergleich zu Siliziumdetektoren eine hohe Gammaempfindlichkeit, was ein großer Nachteil ist, da die zu untersuchenden Elektronenspektren häufig einen hohen Gammauntergrund besitzen. Außerdem ist ihr Rückstreukoeffizient etwa zweimal größer als der von Siliziumdetektoren. Das große Anwendungsgebiet der Germaniumdetektoren ist die Gammaspektroskopie. Damit wird sich der folgende Abschnit befassen.

6.2 Quantenspektroskopie

6.2.1 Einführung

Der Einsatz von Halbleiterdetektoren ist besonders für das Gebiet der Gammaspektroskopie von sehr weitreichender Bedeutung. Das ist auf ihr hohes Auflösungsvermögen bei gleichzeitigem großen Ansprechvermögen zurückzuführen. Bis zur Einführung der Halbleiterdetektoren hatte man nur die Möglichkeit zu wählen zwischen hohem Ansprechvermögen und relativ schlechter Energieauflösung, z.B. durch die Verwendung großvolumiger NaJ-Szintillationsdetektoren, oder hohem Auflösungsvermögen und relativ schlechtem Ansprechvermögen, z.B. durch den Einsatz von Kristallbeugungsspektrometern oder magnetischen Spektrometern. Letztere nutzen zur Umwandung der Gammaquanten in schnelle Elektronen den Compton- oder Konversionseffekt aus.

Zunächst verwendete man bei der Gammaspektroskopie Si(Li)-Detektoren. Nachdem es jedoch gelungen war, geeignete Ge(Li)-Detektoren herzustellen [6.94–6.96], wurden diese in zunehmendem Maße anstelle der Siliziumdetektoren eingesetzt. Das gilt besonders im Energiebereich von etwa 40 keV bis 2 MeV. Die Überlegenheit des Germaniums ist darauf zurückzuführen, daß es eine größere Ordnungszahl hat ($Z_{Ge} = 32$; $Z_{Si} = 14$). Da der Wirkungsquerschnitt für Photoeffekt etwa proportional zu Z^5 anwächst, ist das Höhenverhältnis von Photolinie und Comptonverteilung bei einem mit einem Ge(Li)-Detektor aufgenommenen Gammaspektrum größer als bei Verwendung eines Si(Li)-Detektors. Dieses wird durch die Spektren in Abb. 6.22 deutlich gemacht [6.97]. Abb. 6.22a zeigt das Gammaspektrum von ^{207}Bi, das mit einem Ge(Li)-Detektor aufgenommen wurde. In Abb. 6.22b ist das gleiche Spektrum wiedergegeben. Hier wurde es jedoch mit einem Si(Li)-Detektor aufgenommen. Wie man sieht, ist das Höhenverhältnis von Photolinie und Comptonverteilung beim Germanium etwa 20-mal günstiger als beim Silizium. In Abb. 6.23 ist der lineare Absorptionskoeffizient für Photo-, Compton- und Paareffekt in Abhängigkeit von der Energie für drei verschiedene Detektormaterialien (Ge, Si, NaJ) wiedergegeben [6.98]. Wie aus der Abbildung hervorgeht, ist der Wirkungsquerschnitt des

Germaniums für Photoeffekt etwa um einen Faktor 40 größer als der des Siliziums.

Im Energiebereich oberhalb von 2 MeV, wo bei der Absorption der Gammaquanten bevorzugt Paarbildung auftritt, ist der Vorteil des Germaniums gegenüber dem Silizium nicht mehr so groß. Wie man aus

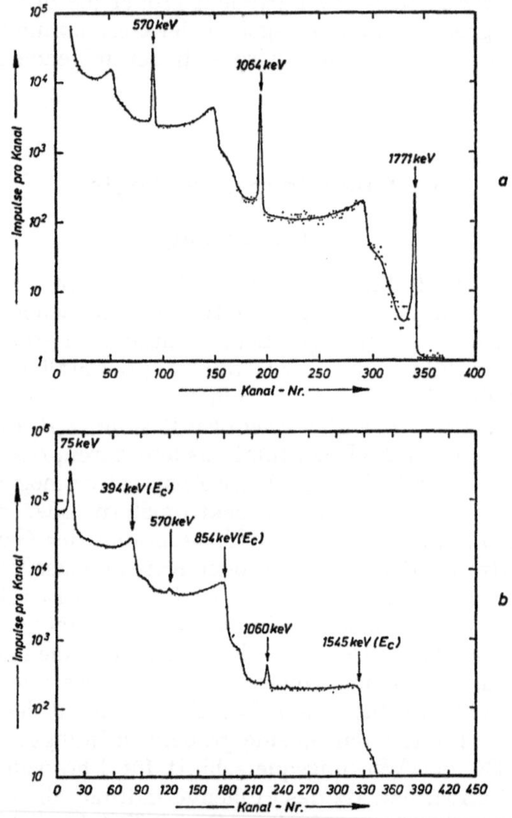

Abb. 6.22. Das Gammaspektrum von ^{207}Bi [6.97]
a mit einem Ge(Li)-Detektor aufgenommen
b mit einem Si(Li)-Detektor aufgenommen

Abb. 6.23 entnehmen kann, ist der lineare Absorptionskoeffizient des Germaniums für Paarbildung in diesem Energiebereich nur etwa 4-mal größer als der des Siliziums. Der Wirkungsquerschnitt für Comptoneffekt ist beim Germanium etwa doppelt so groß wie beim Silizium. Das bedeutet, daß sich beim Übergang von einem Germanium- auf einen Siliziumdetektor das Höhenverhältnis von Paarlinie (double-escape-peak) und Comptonverteilung etwa um einen Faktor 2 und das Gesamtansprechvermögen etwa um einen Faktor 4 verschlechtern, wenn beide Detektoren gleiches Auflösungsvermögen und gleichdicke empfindliche Zonen haben. Um dieses zu verdeutlichen zeigt Abb. 6.24 das Gammaspektrum einer Th (B + C + C″)-Quelle [6.97]. Das Spektrum in Abb. 6.24a wurde mit einem Ge(Li)-Detektor aufgenommen, der 19 mm Durchmesser und eine Dicke der empfindlichen Zone von 3,5 mm hatte. Abb. 6.24b zeigt ebenfalls das Gammaspektrum einer Th (B + C + C″)-Quelle, hier jedoch mit einem Si(Li)-Detektor aufgenommen, der eine 5 mm dicke empfindliche Zone hatte. Vergleicht man beide Spektren

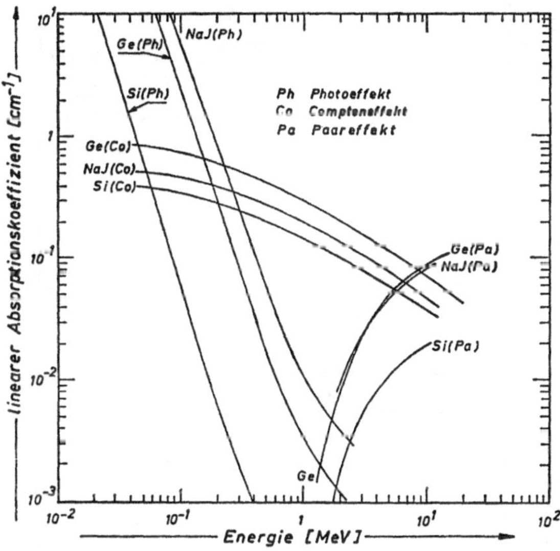

Abb. 6.23. Der lineare Absorptionskoeffizient für Photo-, Compton- und Paareffekt in Abhängigkeit von der Energie für verschiedene Detektormaterialien [6.98]

miteinander, so zeigt sich, daß der Germaniumdetektor zwar bessere Ergebnisse liefert, daß andererseits aber durchaus auch Siliziumdetektoren hier verwendet werden können.

Außer im hochenergetischen Bereich werden Si(Li)-Detektoren auch zum Nachweis sehr niederenergetischer Gamma- oder Röntgenstrahlung eingesetzt. Sie werden hier praktisch nur im Energiebereich unter 40 keV verwendet. Der Grund hierfür ist darin zu sehen, daß es bei Siliziumdetektoren leichter ist, extrem dünne Strahleintrittsfenster anzubringen als bei Germaniumdetektoren. Man bemüht sich jedoch seit jüngster Zeit verstärkt darum, auch diesen Energiebereich den Germaniumdetektoren zu erschließen.

Einen Vergleich der Leistungsfähigkeit verschiedener Gammaspektrometer-Typen zeigt Abb. 6.25 [6.99]. Hier ist die Energieauflösung der einzelnen Spektrometer in Abhängigkeit von der Quantenenergie aufgetragen. Die Abbildung enthält sowohl Einkanal- (*f*–*g*) als auch Vielkanalspektrometersysteme (*a*–*e*). Bei einem Vergleich verschiedener Gammaspektrometersysteme ist neben dem Auflösungsvermögen auch das Ansprechvermögen von großer Wichtigkeit. Aus diesem Grunde ist in Abb. 6.26 [6.99] das absolute Photoansprechvermögen verschiedener

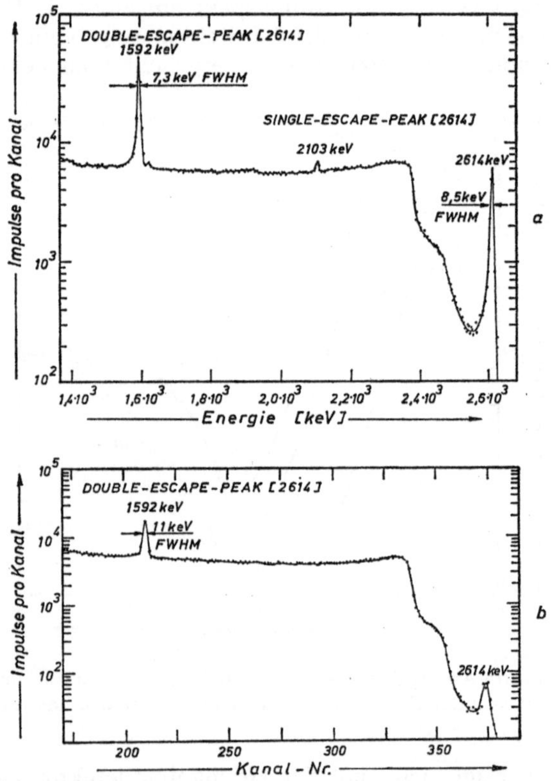

Abb. 6.24. Das Gammaspektrum einer Th(B + C + C″)-Quelle [6.97]
a mit einem Ge(Li)-Detektor aufgenommen (Dicke der kompensierten Zone 3,5 mm)
b mit einem Si(Li)-Detektor aufgenommen (Dicke der kompensierten Zone 5 mm)

Gammaspektrometer in Abhängigkeit von der Quantenenergie aufgetragen. Der jeweilige Raumwinkel ist bei jeder Kurve in Klammern angegeben. Deutlich geht aus dieser Abbildung der große Unterschied im Ansprechvermögen zwischen Einkanal- (*f*–*g*) und Vielkanalspektrometern (*a*–*e*) hervor. Außerdem zeigen die Abbildungen die großen Vorteile, die der Einsatz geeigneter Ge(Li)-Detektoren hat.

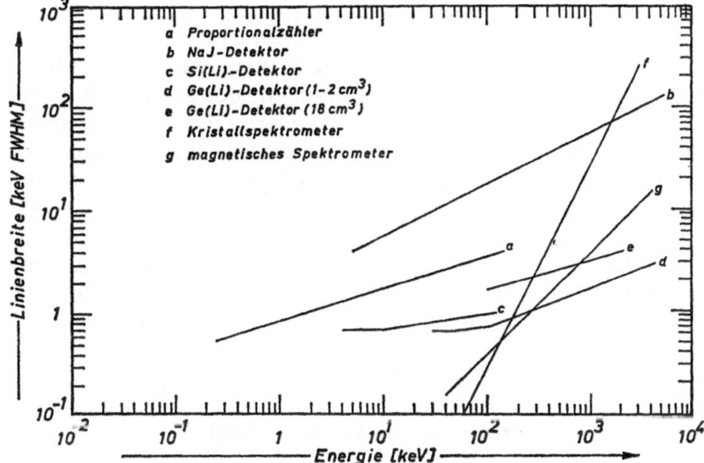

Abb. 6.25. Die Energieauflösung verschiedener Gammaspektrometer in Abhängigkeit von der Energie [6.99]

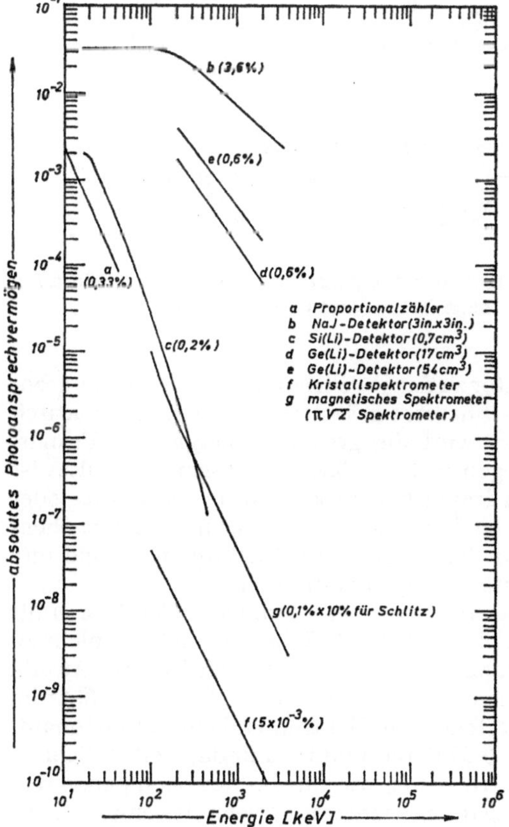

Abb. 6.26. Das absolute Photoansprechvermögen verschiedener Gammaspektrometer in Abhängigkeit von der Energie [6.99]. (Der jeweilige Raumwinkel ist bei jeder Kurve angegeben)

6.2.2 Das Photopeak-Spektrometer

Beim Photopeak-Spektrometer benutzt man den Photoeffekt, den die Gammaquanten im Detektor verursachen, um am Detektorausgang ein Impulshöhenspektrum zu erhalten. Man ist in diesem Falle also daran interessiert, daß möglichst viele der primären Gammaquanten einen Photoeffekt im Detektor machen. Hierbei befreit das eingefallene Gammaquant ein Elektron aus dem Atomverband des Detektormaterials, das praktisch die gesamte Energie des Primärquantes mit sich führt. Dieses energiereiche Elektron läuft sich nun im Detektorkristall tot und erzeugt dabei längs seiner Bahn weitere Elektron-Defektelektron-Paare, die durch

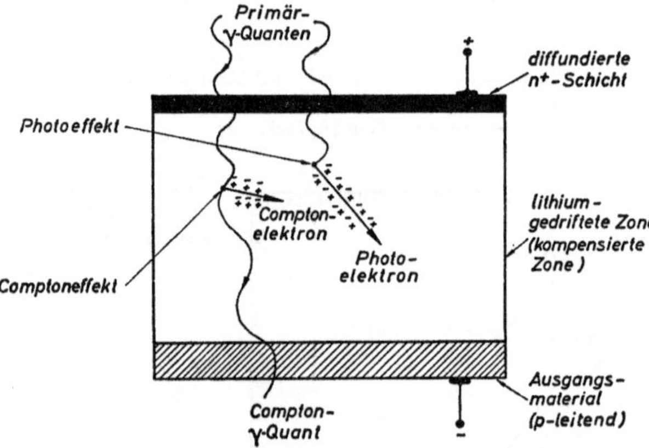

Abb. 6.27. Schematische Darstellung der Vorgänge in einem lithiumgedrifteten Halbleiterdetektor beim Photo- und Comptoneffekt

das elektrische Feld im Detektor zu der jeweiligen Sammelelektrode gezogen werden. Dieser Vorgang ist im rechten Teil von Abb. 6.27 schematisch dargestellt. Beim Photoeffekt wird die gesamte Energie des Primärquantes an den Kristall abgegeben. Die Höhe des Ausgangsimpulses ist dabei so groß, daß dieser im Impulshöhenspektrum in die Photo- oder Totalabsorptionslinie fällt. Die Lage der Photolinie im Impulshöhenspektrum ist also ein Maß für die Energie der Primärquanten und ihre Höhe ein Maß für die Intensität der Primärstrahlung.

Wie aus Abb. 6.23 hervorgeht, besteht bei Germaniumdetektoren für Primärquanten mit Energien oberhalb 100 keV jedoch auch ein nicht zu vernachlässigender Wirkungsquerschnitt für Comptoneffekt. Eine Anzahl Primärquanten wird also keinen Photo- sondern einen Comptoneffekt im Detektor machen. Hierbei entstehen ein Elektron und ein Gammaquant, wie es im linken Teil von Abb. 6.27 dargestellt ist. Für das weitere Schicksal des Comptonelektrons gilt dasselbe, wie für das des oben genannten Photoelektrons. Das Comptongammaquant kann, wenn das empfindliche

Volumen des Detektors hinreichend groß ist, seinerseits einen Photoeffekt verursachen, so daß sich hier wieder die oben genannten Vorgänge abspielen, und damit die Gesamtenergie des Primärquantes im Kristall abgegeben worden ist. Der bei diesem Prozeß entstehende Ausgangsimpuls fällt im Impulshöhenspektrum ebenfalls in die Photolinie. Ist das empfindliche Volumen des Detektors nicht groß genug, kann das Comptongammaquant aus dem Detektor entweichen und nur die Energie des Comptonelektrons wird absorbiert. Der dadurch verursachte Ausgangsimpuls ist dementsprechend kleiner und fällt im Impulshöhenspektrum in das sogenannte Comptonkontinuum, d.h. in den Spektralbereich, der

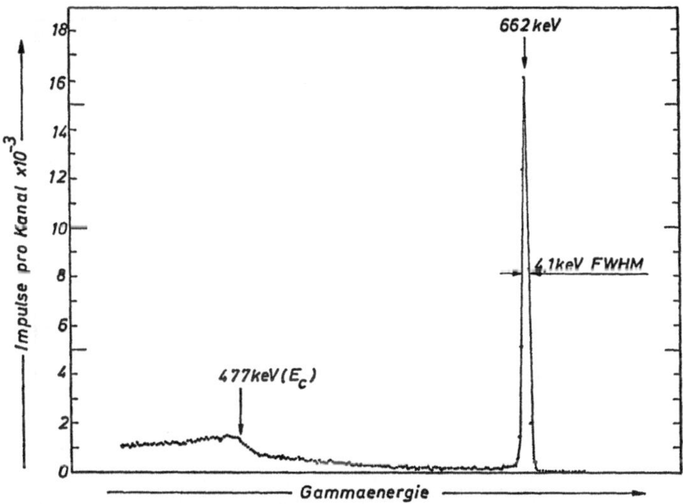

Abb. 6.28. Das Gammaspektrum von ^{137}Cs. Das Spektrum wurde mit einem Ge(Li)-Koaxialdetektor aufgenommen [6.100]. (Empfindliches Detektorvolumen 16 cm^3, Höhenverhältnis Photolinie : Comptonverteilung 11,5)

sich in Richtung abnehmender Energien an die Comptonkante E_C anschließt (Abb. 6.28). Da das Comptonkontinuum besonders bei der Analyse linienreicher, komplizierter Gammaspektren erhebliche Schwierigkeiten verursachen kann, zumal wenn in diesem Bereich noch schwache Gammalinien liegen, ist man bestrebt, das Höhenverhältnis von Photolinie und Comptonverteilung möglichst groß zu machen. Aufgrund des oben Gesagten besteht beim Photopeak-Spektrometer eine Möglichkeit dieses zu erreichen darin, ein möglichst großes empfindliches Detektorvolumen zu verwenden. Bei dem in Abb. 6.28 wiedergegebenen Gammaspektrum von ^{137}Cs wurde ein Ge(Li)-Koaxialdetektor mit einem empfindlichen Volumen von 16 cm^3 benutzt. Das Höhenverhältnis von Photolinie und Comptonverteilung beträgt hier 11,5 [6.100]. Ein Ge(Li)-Detektor mit einem wesentlich größeren empfindlichen Volumen wird in [6.101] beschrieben. Es beträgt 54 cm^3. Das Ansprechvermögen dieses Detektors ist mit dem eines NaJ-Szintillationskristalles mit 1,5 in. Durchmesser und 1 in. Höhe vergleichbar.

Die Energie E_C stellt die Maximalenergie dar, die beim Comptonprozeß auf das dabei entstehende Elektron übertragen werden kann. Durch diese Energie wird im Impulshöhenspektrum die zu der entsprechenden Photolinie gehörige Comptonkante definiert.

Abb. 6.29 zeigt das Photoansprechvermögen eines Ge(Li)-Detektors mit einer Dicke der kompensierten Zone von 3,5 mm und einer Front-

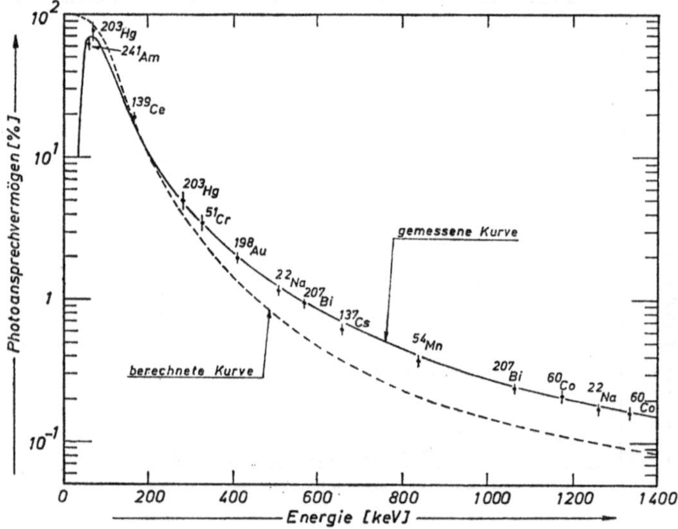

Abb. 6.29. Das Photoansprechvermögen eines Ge(Li)-Planardetektors mit 2,5 cm^2 Frontfläche und 3,5 mm dicker kompensierter Zone in Abhängigkeit von der Energie [6.97]. (Die gestrichelte Kurve wurde mit Hilfe des Photoeffektwirkungsquerschnittes berechnet)

fläche von 2,5 cm^2 in Abhängigkeit von der Energie der Primärquanten [6.97]. Die gestrichelt gezeichnete Kurve stellt den mit Hilfe des Photoeffektwirkungsquerschnittes berechneten Verlauf des Photoansprechvermögens dar, während die ausgezeichnete Kurve den experimentell ermittelten Verlauf wiedergibt. Die mit zunehmender Quantenenergie größer werdende Abweichung im Verlauf beider Kurven ist auf die bei höheren Energien zunehmende Anzahl absorbierter Compton-Gammaquanten zurückzuführen, die ein größeres Photoansprechvermögen vortäuschen. Dieser Effekt tritt mit zunehmender Größe des empfindlichen Detektorvolumens immer stärker in Erscheinung. Der steile Abfall des Ansprechvermögens unterhalb etwa 60 keV ist auf Absorptionen in dem etwa 200 μm dicken Strahleintrittsfenster (n-Zone) des Detektors zurückzuführen. Das in Abb. 6.29 wiedergegebene Ansprechvermögen stellt das Photoansprechvermögen des Detektors ohne Berücksichtigung des Raumwinkels dar. Es bedeutet also die Wahrscheinlichkeit dafür, daß ein Gammaquant, das auf die Detektorfrontfläche trifft, einen Ausgangsimpuls erzeugt, der in die Photolinie fällt. In Abb. 6.30 ist der Verlauf des Photoansprechvermögens für verschiedene Ge(Li)-Detektoren und für einen NaJ-Kristall mit 3 in. Durchmesser und 3 in. Höhe wiedergegeben [6.102]. Bei jeder Kurve ist der Abstand Quelle—Detektor, der bei der be-

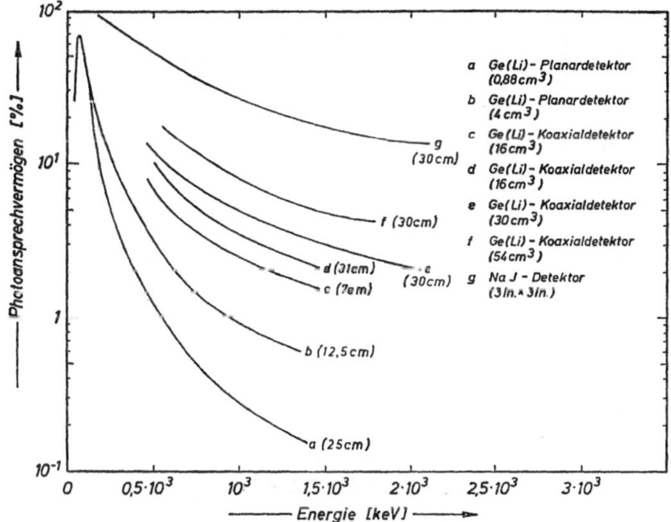

Abb. 6.30. Das Photoansprechvermögen verschiedener Ge(Li)-Detektoren und eines NaJ-Detektors in Abhängigkeit von der Energie [6.102]. (Der jeweils benutzte Abstand Quelle—Detektor ist bei jeder Kurve angegeben)

treffenden Messung benutzt wurde, mit angegeben. Deutlich ist in dieser Abbildung die Zunahme des Photoansprechvermögens mit zunehmendem Detektorvolumen zu erkennen. In diesem Zusammenhang seien auch die Arbeiten [6.185, 6.186] genannt, die sich u.a. ebenfalls mit der Ermittlung des Photoansprechvermögens von Ge(Li)-Detektoren befassen.

Das mit zunehmendem Detektorvolumen sich verbessernde Höhenverhältnis von Photolinie und Comptonverteilung geht besonders klar aus Abb. 6.31 hervor [6.103]. Hier ist das Verhältnis der Fläche unter der Photolinie zur Gesamtfläche der Impulshöhenverteilung in Abhängigkeit von der Energie für zwei verschieden große Ge(Li)-Detektoren aufgetragen. Außerdem ist noch der Verlauf dieses Verhältnisses, wie er sich aus Berechnungen mit Hilfe des Photoeffekt- und Gesamtabsorptionswirkungsquerschnittes ergibt, eingezeichnet.

Da das Photopeak-Spektrometer von den verschiedenen Gammaspektrometer-Typen den einfachsten Aufbau hat, findet es auch die am weitesten verbreitete Anwendung. Mit Ausnahme der Fälle, bei denen das große Ansprechvermögen großvolumiger NaJ-Szintillationsdetektoren erforderlich ist, oder bei denen die Notwendigkeit, den Detektor kühlen zu müssen, auf technische Schwierigkeiten stößt, haben die Germaniumdetektoren in den letzten Jahren die bis dahin allgemein üblichen Szintillationsdetektoren immer mehr verdrängt. Aus diesem Grunde liegt

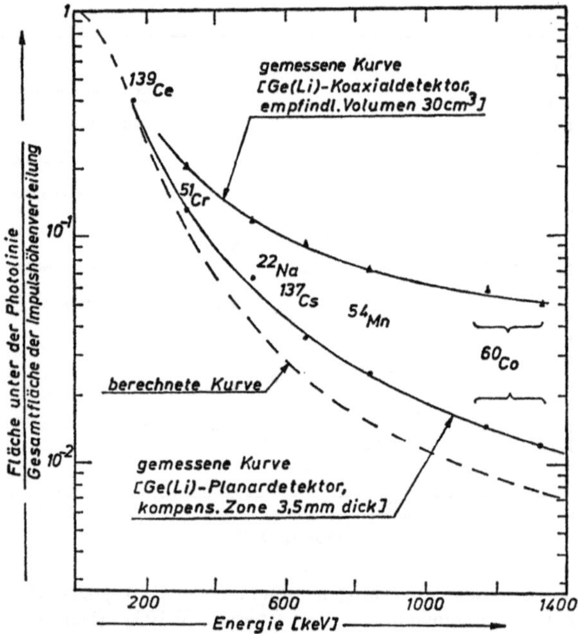

Abb. 6.31. Das Flächenverhältnis von Photolinie und Gesamtimpulshöhenverteilung in Abhängigkeit von der Energie für zwei Ge(Li)-Detektorkonfigurationen. Die gestrichelte Kurve stellt den Verlauf des Verhältnisses dar, wie er sich mit Hilfe des Photoeffekt- und Gesamtabsorptionswirkungsquerschnitts errechnet [6.103]

auch eine große Anzahl von Veröffentlichungen vor, die sich mit einem solchen Einsatz der Ge(Li)-Detektoren befassen. Im folgenden seien nur einige Anwendungsmöglichkeiten herausgegriffen.

Auf dem Gebiet der Kernphysik seien zunächst die Untersuchungen der Kernzerfallsschemata genannt. Durch den Einsatz von Germaniumdetektoren gelang es, eine große Anzahl neuer Übergänge zu finden. So fand man beispielsweise bei der Untersuchung des Gammaspektrums von ^{239}Np, daß die aufgrund der Messungen mit NaJ-Detektoren bekannten Gammalinien bei 440 und 490 keV in Wirklichkeit ein Liniensystem darstellen, das aus 12 Einzellinien besteht [6.104]. Ewan und Tavendale [6.105, 6.106] untersuchten die Gammaspektren von ^{134}Cs, ^{151}Pm, ^{153}Gd, ^{156}Eu, ^{159}Gd, ^{177}Yb und ^{226}Ra. Ein Beispiel dieser Messungen ist in Abb. 6.32a wiedergegeben. Hier ist der mit einem Ge(Li)-Detektor aufgenommene hochenergetische Teil des Gammaspektrums von ^{177}Yb dargestellt. Als Vergleich dazu zeigt Abb. 6.32b den gleichen Spektralbereich, jedoch mit einem 3 in. × 3 in. NaJ-Detektor aufgenommen [6.105]. An diesem

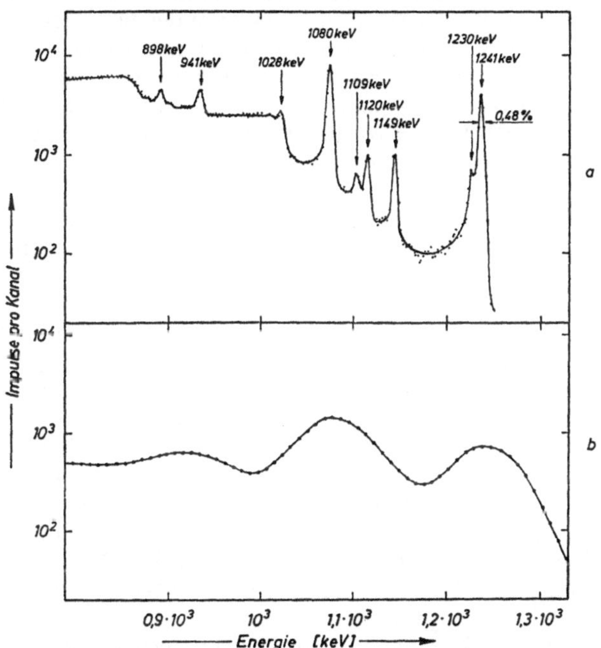

Abb. 6.32. Der hochenergetische Teil des Gammaspektrums von ^{177}Yb [6.105]
a mit einem Ge(Li)-Detektor aufgenommen,
b mit einem 3in. × 3in. NaJ-Detektor aufgenommen

Beispiel wird deutlich, wieviel neue Informationen über Kernzerfallsschemata durch die Verwendung von Ge(Li)-Detektoren gewonnen werden können. Seitdem man hinreichend großvolumige Germaniumdetektoren herstellen konnte, wendete man verschiedentlich im Rahmen dieser Untersuchungen auch Koinzidenzmeßmethoden an. Hierbei wurden auf der einen Seite der Koinzidenzanordnung ein Ge(Li)-Detektor und auf der anderen Seite ein NaJ-Szintillationsdetektor oder ebenfalls ein Germaniumdetektor eingesetzt. Mit Hilfe von Koinzidenzmessungen wurden beispielsweise Untersuchungen an ^{156}Eu [6.107] und an ^{208}Tl [6.108] durchgeführt. Beim letzten Beispiel handelt es sich allerdings nicht um ein γ-γ-Koinzidenzsystem sondern um ein α-γ-System, bei dem in einem

Koinzidenzkanal ein Silizium-Oberflächensperrschichtdetektor benutzt wurde. Ostertag und Mitarbeiter [6.187] bauten ein γ-γ-Koinzidenzsystem, das mit zwei großvolumigen (20 cm^3) Ge(Li)-Koaxialdetektoren bestückt war. Mit dieser Anordnung führten sie Untersuchungen an ^{132}J durch.

Ein weiteres Anwendungsgebiet von Photopeak-Spektrometern in der Kernphysik sind die Untersuchungen der inneren Konversion. Zur Ermittlung des Konversionskoeffizienten nimmt man das Gammaspektrum und das Konversionselektronenspektrum des betreffenden Elementes über getrennte Kanäle gleichzeitig auf. Hierüber wurde bereits im Kapitel 6.1.6 gesprochen. Das Gammaspektrum wird dabei mit einem Ge(Li)- und das Elektronenspektrum mit einem Si(Li)-Detektor aufgenommen [6.81, 6.82]. Ferner wurden Germaniumdetektoren mit großem Erfolg bei der Untersuchung von Neutroneneinfang-Gammaspektren und bei der Untersuchung von Gammaspektren, die bei Kernreaktionen mit energiereichen Teilchen ermittiert werden, eingesetzt. Die hier auftretenden Spektren sind sehr komplex und verlangen Spektrometer mit sehr hoher Auflösung. Es werden bei diesen Messungen sowohl einfache Photopeak-Spektrometer als auch kompliziertere Anordnungen wie etwa Anti-Comptonspektrometer und im höheren Energiebereich Drei-Kristall-Paarspektrometer eingesetzt [6.109–6.115, 6.188, 6.189]. Ein anderes Anwendungsgebiet für Photopeak-Spektrometer mit Germaniumdetektoren ist die Messung der Lebensdauer angeregter Kernniveaus im Bereich von etwa 4 bis 200 ps. Hier sei auf die Arbeit von Alexander und Allen [6.116] verwiesen. Mit Hilfe dieser Methode wurde beispielsweise die Lebensdauer des 871 keV-Niveaus des ^{17}O-Kernes zu $\tau = (233 \pm 27)$ ps bestimmt [6.116, 6.117]. Weitere Anwendungen solcher Gammaspektrometer auf dem Gebiete der Kernphysik sind: Die Mößbauer-Spektroskopie [6.118, 6.119], die Untersuchung der Röntgenspektren von Mesonenatomen [6.120, 6.190] und der Winkelverteilung der von orientierten Kernen emittierten Gammaquanten [6.121], ferner die Untersuchung der Resonanzstreuung von Gammaquanten [6.122] und die Messung des g-Faktors von angeregten Kernzuständen [6.121].

Ein anderes großes Anwendungsgebiet für Photopeak-Spektrometer mit Ge(Li)-Detektoren ist die Radiochemie. Hier werden diese Spektrometer bei der zerstörungsfreien Neutronenaktivierungsanalyse eingesetzt. Dieses gilt besonders, seit man so großvolumige Germaniumdetektoren bauen kann, daß ihr Ansprechvermögen mit dem herkömmlicher NaJ-Detektoren vergleichbar ist. In vielen Fällen kann man, wegen des großen Auflösungsvermögens der Germaniumdetektoren, die einzelnen gammaaktiven Nuklide einer zu analysierenden Probe unmittelbar aus dem komplexen Gammaspektrum dieser Probe ermitteln. Hierbei entfallen also die bei Verwendung von NaJ-Detektoren notwendigen chemischen Trennungen derjenigen Elemente, deren Gammaenergien dicht beieinanderliegen. In den Fällen, bei denen einige Komponenten der zu untersuchenden Probe hochenergetische Gammaquanten (2–5 MeV) emittieren und der Rest nur Gammaquanten im niederenergetischen

Bereich (100–500 keV), kann es auch beim Einsatz von Germaniumdetektoren zweckmäßig sein, die hochenergetischen Gammastrahler chemisch abzutrennen, um so den Untergrund im niederenergetischen Bereich (Comptonuntergrund der hochenergetischen Strahler) zu vermindern [6.123]. Die chemischen Trennungen, die bei der Verwendung von Germaniumdetektoren unter Umständen erforderlich sind, sind also verschieden von denen, die beim Einsatz von NaJ-Detektoren notwendig sind.

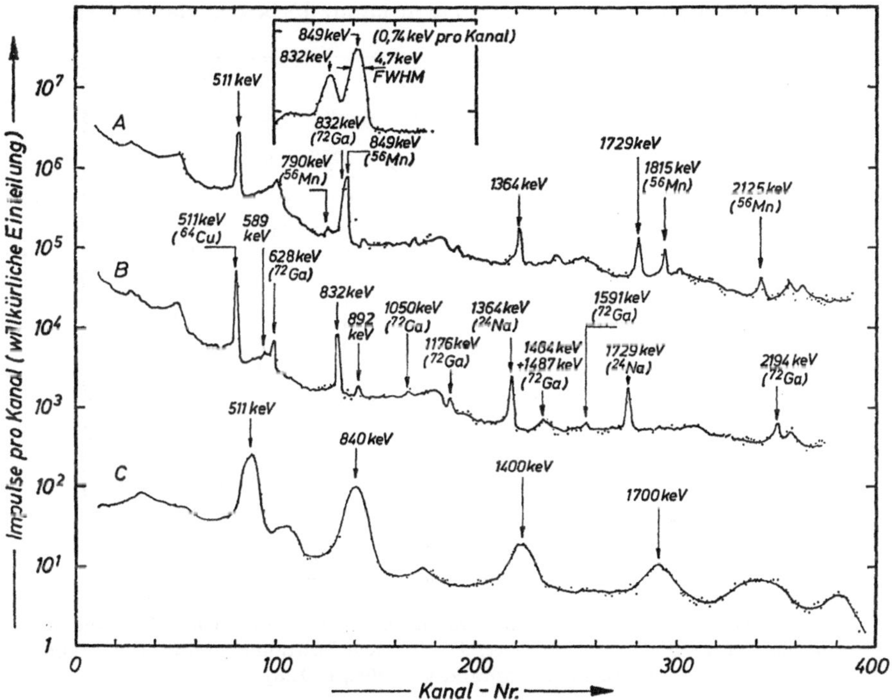

Abb. 6.33. Das Gammaspektrum von neutronenaktiviertem Aluminium, aufgenommen mit einem Ge(Li)-Detektor 5,2 h (*A*) und 54,7 h (*B*) nach der Aktivierung. Das Spektrum *C* wurde mit einem 3 in. × 3 in. NaJ-Detektor 5,7 h nach der Aktivierung aufgenommen [6.124]

Als Beispiele für den Einsatz von Ge(Li)-Detektoren auf dem genannten Gebiet seien die Arbeiten [6.124–6.126] genannt. Einen Eindruck von der Leistungsfähigkeit dieses Analyseverfahrens vermittelt Abb. 6.33 [6.124]. Hier ist das Gammaspektrum von neutronenaktiviertem Aluminium wiedergegeben. Die Spektren *A* und *B* wurden mit einem Ge(Li)-Detektor 5,2 bzw. 54,7 Stunden nach der Aktivierung aufgenommen. Im Gegensatz dazu wurde das Spektrum *C* mit einem 3 in. × 3 in. NaJ-Detektor 5,7 Stunden nach der Aktivierung gemessen. Die hohe

Empfindlichkeit dieser Analysenmethode geht daraus hervor, daß man in hochreinem Aluminium (99,9999 %) noch Spurenverunreinigungen von Mn (0,2 ppm), Cu (< 1 ppm), Sc (0,2 ppm), Hf (0,5 ppm) und Cr (0,5 ppm) eindeutig nachweisen konnte.

Wegen der großen Vorteile, die der Einsatz von Germaniumdetektoren bei der Neutronenaktivierungsanalyse bringt, nimmt die Zahl der Anwendungen hier ständig zu. Das gilt besonders, seit man Detektoren mit hinreichend hohem Ansprechvermögen und optimaler Meßgeometrie (z.B. Bohrlochdetektoren) [6.127] bauen kann. Je besser man die Her-

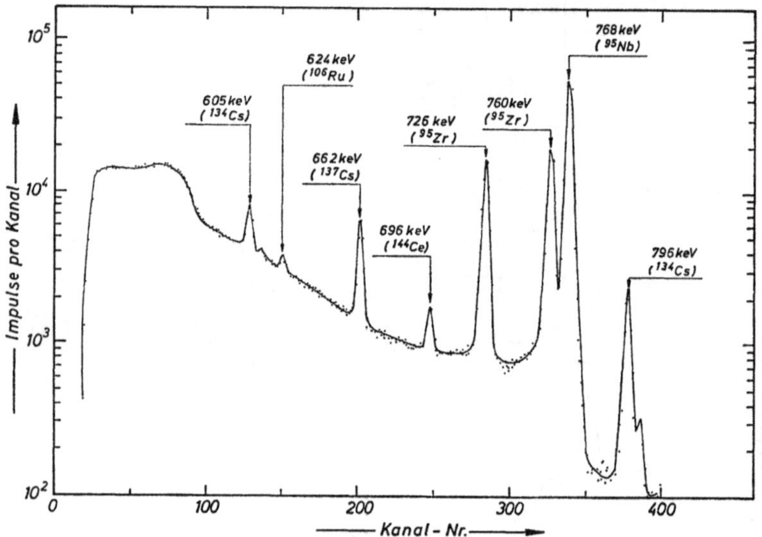

Abb. 6.34. Ausschnitt aus dem Spaltproduktgammaspektrum einer bestrahlten Uranprobe (93% mit ^{235}U angereichert) 1 Jahr nach Bestrahlungsende. Die Probe hatte einen Abbrand von 50% [6.128]

stellung geeigneter Germaniumdetektoren beherrscht, um so mehr werden diese die hier bisher vorwiegend benutzten NaJ-Szintillationsdetektoren verdrängen.

Ein anderes Anwendungsgebiet von Photopeak-Gammaspektrometern in der Radiochemie ist die Untersuchung von bestrahlten Kernbrennstoffen. Dieses Gebiet hat in den letzten Jahren stark an Bedeutung gewonnen. Die hier durchgeführten Untersuchungen erstrecken sich zum größten Teil auf die gammaaktiven Spaltprodukte, die bei der Spaltung der Kernbrennstoffe Uran und Plutonium entstehen. Eine Vielzahl von Problemen, die im Zusammenhang mit diesen Spaltprodukten auftreten, z.B. Fragen der Spaltproduktdiffusion, können mit Hilfe der hochauflösenden Gammaspektroskopie untersucht werden. In diesen Problemkreis gehört auch die zerstörungsfreie gammaspektroskopische Abbrandmessung. Dabei erhält man aus dem Spaltproduktgammaspektrum eine Information darüber, wieviel Kernbrennstoff in einem Brennelement während seiner Betriebszeit im Kernreaktor verbraucht wurde. Hierüber sind eine Anzahl Arbeiten veröffentlicht worden [6.128–6.133], die zum Teil jedoch keine reinen Photopeak-Spektrometer, sondern kompliziertere Spektrometeranordnungen verwenden, um den hohen niederenergetischen Untergrund im Spaltproduktgammaspektrum zu unterdrücken. Dieser ist besonders dann sehr stark, wenn nur eine kurze Zeit (einige Stunden oder Tage) zwischen Bestrahlungsende und Messung liegt. Das Prinzip dieser Abbrandmeßmethoden beruht darauf, daß man aus der Intensität einer oder mehrerer Gammalinien von Spaltprodukten, deren Spalt-

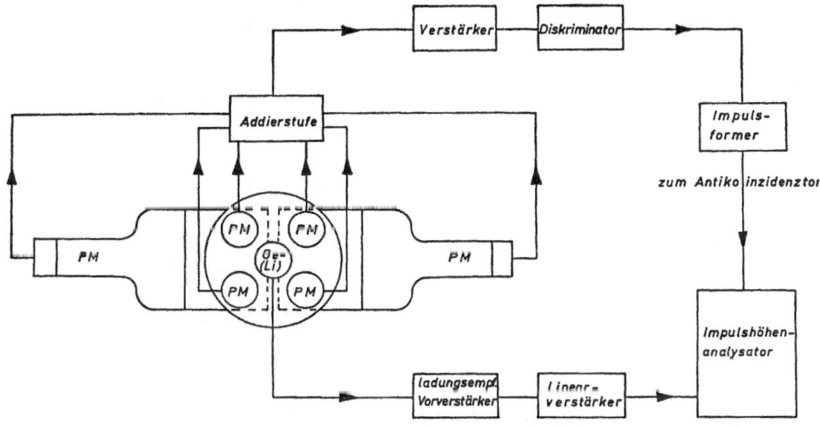

Abb. 6.35. Blockdiagramm eines Anti-Comptonspektrometers mit Ge(Li)-Detektorkristall und NaJ-Compton-Antikoinzidenzschild

ausbeute und Halbwertszeiten man kennt, und aus der Bestrahlungs- und Abklingzeit des Brennelementes die verbrauchte Kernbrennstoffmenge bestimmt. Ein gut geeigneter Abbrandindikator ist ^{137}Cs, da man aus dem Cs-Gehalt mit einem Minimum an zusätzlicher Information direkt den Abbrand bestimmen kann [6.128]. Abb. 6.34 zeigt einen Ausschnitt (die Umgebung der ^{137}Cs-Linie) aus dem Spaltproduktgammaspektrum einer Uranprobe (^{235}U 93 % angereichert), die 50 % Abbrand hatte. Die Zeit zwischen Bestrahlungsende und Messung betrug etwa 1 Jahr.

Bei der Untersuchung linienreicher Gammaspektren mit Hilfe eines Photopeak-Spektrometers kann der durch starke hochenergetische Gammastrahlung verursachte Comptonuntergrund zu erheblichen Schwierigkeiten führen, wenn in diesem Teil des Spektrums schwache Gammalinien liegen. Um diese Schwierigkeiten zu vermeiden, ist man bestrebt, den Comptonuntergrund so weit wie möglich zu reduzieren. Eine Möglichkeit, dieses zu erreichen, besteht wie früher schon erwähnt wurde darin, möglichst großvolumige Detektoren einzusetzen. Ein anderer häufig beschrittener Weg ist, den Detektorkristall mit einem Compton-Antikoinzidenzschild zu umgeben (Anti-Comptonspektrometer). Das bedeutet, man umgibt den Ge(Li)-Detektorkristall möglichst vollständig mit einem sehr großvolumigen anorganischen Szintillationskristall oder einem Plastikszintillator. Das Ausgangssignal dieses Szintillatormantels ist mit dem Ausgangssignal des Detektors in Antikoinzidenz geschaltet, d.h. der Weg des Detektorausgangssignals zum Impulshöhenanalysator wird

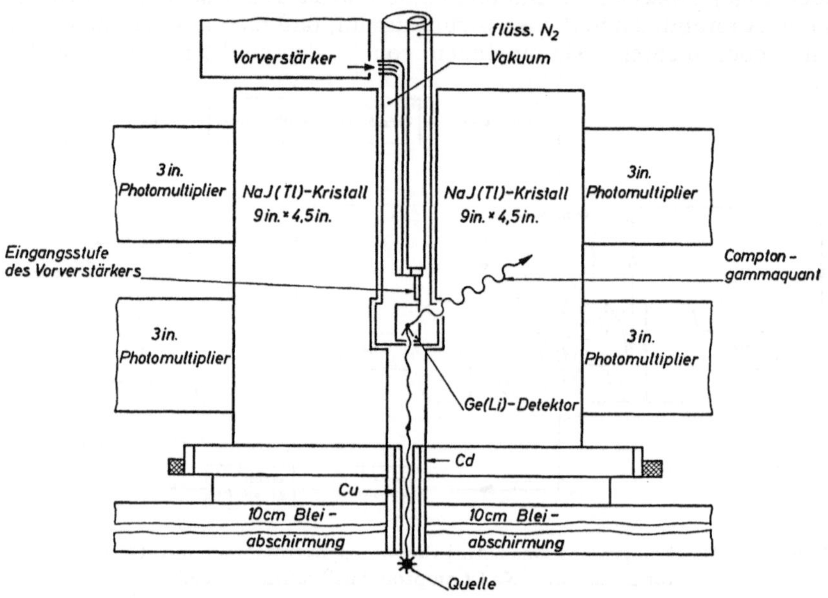

Abb. 6.36. Schematische Darstellung einer Aufbaumöglichkeit eines Anti-Comptonspektrometers mit Ge(Li)-Detektorkristall und NaJ-Compton-Antikoinzidenzschild [6.134]

nur dann freigegeben, wenn der Szintillationskristall kein Signal abgibt. Macht das primäre Gammaquant in dem Germaniumdetektor also einen Comptoneffekt und das Comptongammaquant verläßt den Detektorkristall, dann tritt es in den Szintillatormantel ein und verursacht im Szintillatorkreis einen Ausgangsimpuls, der auf das Antikoinzidenztor eines Vielkanalanalysators gegeben wird. Die Folge davon ist, daß der Ausgangsimpuls des Germaniumdetektors, der sonst ins Comptonkontinuum fallen würde, jetzt nicht auf den Analog-Digitalwandler des Analysators gelangt. Das führt zu einer Verringerung des Comptonuntergrundes. Abb. 6.35 zeigt das vereinfachte Blockdiagramm einer solchen Spektrometeranordnung. Eine Aufbaumöglichkeit eines Gammaspektrometers mit Compton-Antikoinzidenzschild geht aus Abb. 6.36

hervor [6.134]. Die Wirksamkeit eines solchen Antikoinzidenzschildes macht Abb. 6.37 deutlich [6.135]. Hier ist das Gammaspektrum von ^{60}Co wiedergegeben. Das Spektrum *I* wurde mit einem normalen Photopeak-Spektrometer aufgenommen, während beim Spektrum *II* zusätzlich ein Compton-Antikoinzidenzschild benutzt wurde. Der verwendete Germaniumdetektor hatte eine empfindliche Fläche von 2,5 cm² und eine Dicke der kompensierten Zone von 2,5 mm. Durch die Verwendung des Szintillatormantels verbesserte sich das Höhenverhältnis der 1,33 MeV Photolinie zur zugehörigen Comptonverteilung von 0,77 : 1 auf 5,5 : 1. Durch den Einsatz großvolumiger Ge(Li)-Koaxialdetektoren kann das Höhenverhältnis bis auf 30 : 1 verbessert werden.

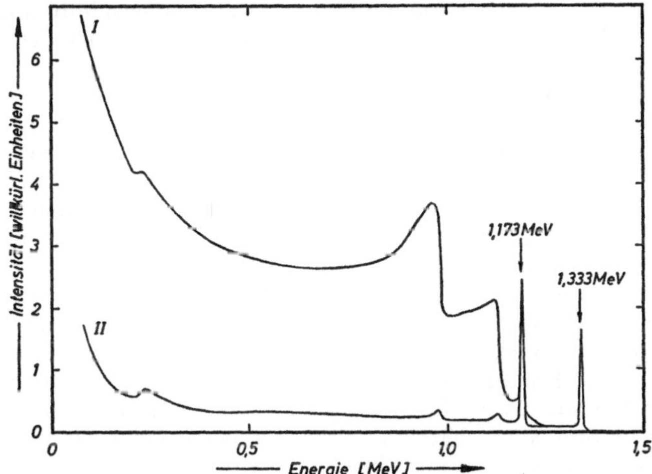

Abb. 6.37. Das Gammaspektrum von ^{60}Co mit einem Ge(Li)-Detektor aufgenommen, der beim Spektrum *I* ohne Compton-Antikoinzidenzschild (Photopeak-Spektrometer) und beim Spektrum *II* mit einem Compton-Antikoinzidenzschild arbeitete [6.135]

Über den hier besprochenen Spektrometertyp liegen eine Anzahl Veröffentlichungen vor, von denen als Beispiele außer den beiden oben genannten Arbeiten, noch die Veröffentlichungen [6.121, 6.136–6.141, 6.189, 6.191, 6.192] genannt seien. Die für diese Spektrometerart benötigten speziellen großvolumigen Szintillationskristalle mit beispielsweise 9 in. Durchmesser und 7 in. Höhe werden kommerziell hergestellt, z.B. von der Firma Harshaw-Chemie, Utrecht, Holland. Neben den sehr kostspieligen NaJ(Tl)-Szintillationskristallen lassen sich auch Plastikszintillatoren als Antikoinzidenzschild verwenden [6.121, 6.189, 6.191]. Sie haben neben dem günstigeren Preis noch den Vorteil der leichteren Handhabung. Ihr Nachteil ist jedoch der im Vergleich zu NaJ(Tl)-Szintillatoren geringere Absorptionswirkungsquerschnitt für Gammaquanten.

Ein spezielles Anti-Comptonspektrometer, welches mit zwei Ge(Li)-Detektoren bestückt ist und ohne Compton-Antikoinzidenzschild arbeitet, wurde von Sayres und Baicker [6.193] entwickelt. Auf diese Meßanordnung soll hier jedoch nicht näher eingegangen werden.

6.2.3 Das Paarspektrometer

Wenn die Energie der Primärquanten größer ist als 1,022 MeV, d.h. größer als die doppelte Ruheenergie ($m_0 c^2 = 511$ keV) eines Elektrons, besteht eine dritte Wechselwirkungsmöglichkeit der Gammaquanten mit dem Detektormaterial, der Paarbildungseffekt. Wie man aus Abb. 6.23 entnehmen kann, ist bei Germanium der Wirkungsquerschnitt für Paarbildung bei Gammaenergien oberhalb 1,5 MeV größer als der Photoeffektwirkungsquerschnitt. Oberhalb 8 MeV ist er auch größer als der Wirkungsquerschnitt für Comptoneffekt. Beim Paarbildungseffekt wird das primäre Gammaquant im Feld eines Atomkernes in ein Elektron-Positron-Paar umgewandelt. Dazu werden 1,022 MeV seiner Energie verbraucht. Der über dieser Energieschwelle liegende Anteil der Primärenergie wird als kinetische Energie auf die beiden entstandenen Teilchen übertragen. Das bei dem Paarbildungseffekt entstandene Elektron läuft sich, ähnlich wie die Photo- und Comptonelektronen, mit großer Wahrscheinlichkeit im Detektorkristall tot. Das Positron hingegen zerstrahlt nach seiner Abbremsung im Detektorkristall zusammen mit einem Elektron in meist zwei Gammaquanten (Vernichtungsstrahlung), die jeweils eine Energie von 511 keV besitzen. Diese Gammaquanten können nun ihrerseits wieder mit dem Detektorkristall wechselwirken. Hier gibt es drei Möglichkeiten: entweder beide Quanten werden im Detektor absorbiert, oder nur ein Quant wird absorbiert während das zweite entweicht, oder aber beide Quanten entweichen aus dem Detektor. Dementsprechend erscheinen im Impulshöhenspektrum einer monoenergetischen Gammastrahlung neben der Photolinie (Totalabsorptionslinie) bei E_γ zwei weitere Linien, deren Energien um m_0c^2 („single-escape-peak") und um $2\, m_0 c^2$ („double-escape-peak") unterhalb der Energie der Totalabsorptionslinie liegen. Abb. 6.38 zeigt den hochenergetischen Teil des Gammaspektrums einer Th(B + C + C″)-Quelle [6.97]. Hier liegt die Photolinie bei $E_\gamma = 2{,}614$ MeV, der single-escape-peak bei $E_\gamma - m_0c^2 = 2{,}103$ MeV und der double-escape-peak bei $E_\gamma - 2\, m_0c^2 = 1{,}592$ MeV. Außer diesen Linien ist deutlich das Comptonkontinuum zu erkennen. Wie man sieht, ist der double-escape-peak etwa 10-mal höher als die Comptonverteilung, während der single-escape-peak nur schwach ausgebildet ist. Das Höhenverhältnis von double-escape-peak und Comptonverteilung wird mit zunehmender Energie der Primärquanten günstiger, da der Wirkungsquerschnitt für Paarbildung zunimmt, während der für Comptoneffekt abnimmt (Abb. 6.23). Mit größer werdendem Detektorvolumen vergrößert sich auch die Absorptionswahrscheinlichkeit für die beiden Vernichtungsquanten, so daß sich der single-escape-peak und die Photolinie dann auf Kosten des double-escape-peaks ebenfalls vergrößern. Der hier benutzte Germaniumdetektor war ein Planardetektor mit einem Durchmesser von 19 mm und einer 3,5 mm dicken kompensierten Zone.

Abb. 6.39 zeigt das double-escape-peak-Ansprechvermögen dieses Detektors in Abhängigkeit von der Energie der Primärquanten [6.97, 6.106]. Kurve *I* stellt den experimentell ermittelten Verlauf des Ansprechvermögens dar, während Kurve *II* den aus dem Wirkungsquerschnitt für Paarbildung berechneten wiedergibt. Wie man sieht, besteht

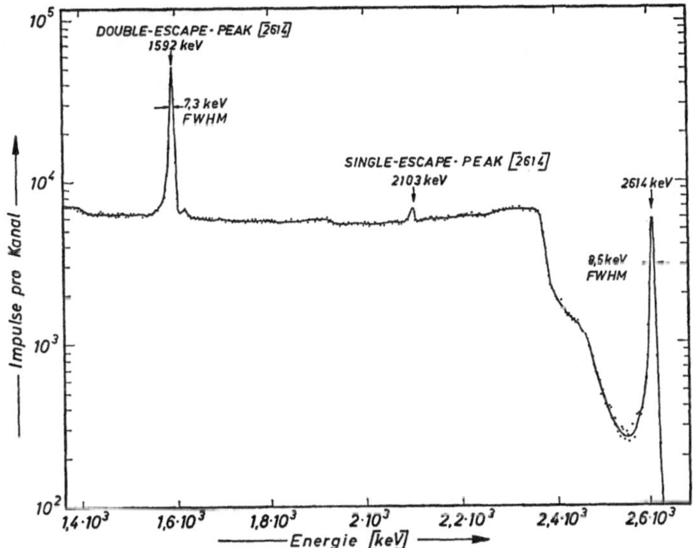

Abb. 6.38. Der hochenergetische Teil des Gammaspektrums einer Th(B + C + C″)-Quelle. Es wurde ein Ge(Li)-Planardetektor mit 3,5 mm dicker kompensierter Zone benutzt [6.97]

oberhalb von etwa 4 MeV eine starke Abweichung der experimentell ermittelten Werte von den berechneten. Das beruht auf zwei Effekten. Der erste besteht darin, daß in diesem Energiebereich ein großer Teil der Elektronen und Positronen soviel Energie besitzt, daß sie aus dem Detektor entweichen können, bevor sie ihre Energie vollständig abgegeben haben. Die Reichweite R von Elektronen in Germanium ist im Energiebereich von 1 MeV bis 20 MeV in guter Annäherung durch folgenden Zusammenhang mit der Energie E verknüpft $R\,[\text{mm}] = E\,[\text{MeV}] - 0{,}2$. Damit können die optimalen Detektorabmessungen zur Verringerung dieses Effektes abgeschätzt werden. Seine Wirkung ist um so geringer, je größer das Detektorvolumen ist.

Der zweite Effekt, der zu der genannten starken Diskrepanz zwischen Rechnung und Experiment beiträgt, besteht darin, daß die bei der Paarbildung entstandenen hochenergetischen Teilchen während ihrer Abbremsung im Detektorkristall auch Energie durch die Emission von Bremsstrahlung verlieren können. Ein Teil der Bremsstrahlungsquanten kann den Detektorkristall verlassen, und geht damit für die Energiemessung verloren. Auch die Wirkung dieses Effektes läßt sich durch Vergrößerung des Detektorvolumens verringern.

Bei der Untersuchung komplexer Spektren machen sich der in Abb. 6.38 sichtbare hohe Comptonuntergrund und die Tatsache, daß für jede primäre Quantenenergie drei Linien im Impulshöhenspektrum

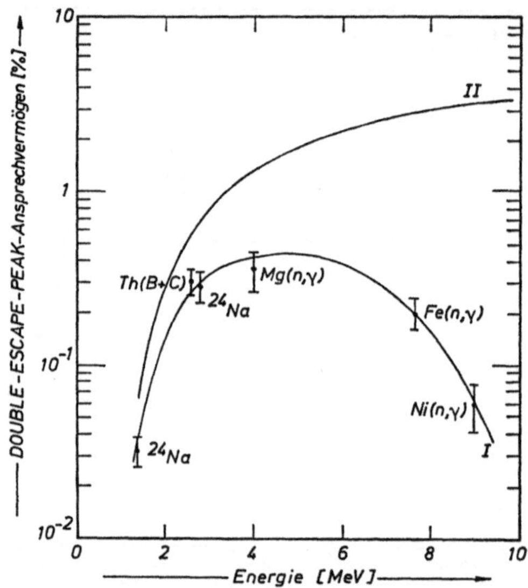

Abb. 6.39. Das double-escape-peak-Ansprechvermögen eines Ge(Li)-Planardetektors mit 19 mm Durchmesser und 3,5 mm dicker kompensierter Zone in Abhängigkeit von der Energie. Kurve *I* wurde experimentell ermittelt, während Kurve *II* aus dem Wirkungsquerschnitt für Paarbildung berechnet wurde [6.97, 6.106]

entstehen, oft sehr störend bemerkbar. Eine sehr wirksame Möglichkeit, diesen Nachteil zu umgehen, besteht in dem Einsatz eines Drei-Kristall-Paarspektrometers [6.97, 6.134, 6.142, 6.194, 6.195]. Dabei wird zur Unterdrückung des Untergrundes und der störenden Linien ein Koinzidenzsystem verwendet, das auf die bei der Positronenzerstrahlung entstehenden 511 keV-Vernichtungsquanten anspricht. Abb. 6.40 zeigt eine Aufbaumöglichkeit eines solchen Spektrometers [6.97]. Wie man sieht, ist hier der Germaniumkristall von zwei NaJ-Szintillationsdetektoren flankiert, die die beiden in entgegengesetzte Richtungen entweichenden Vernichtungsquanten nachweisen. Bei diesem Spektrometer werden nur diejenigen Ausgangsimpulse des Germaniumdetektors auf den Vielkanalimpulshöhenanalysator gegeben, die gleichzeitig mit den koinzidenten Vernichtungsquanten auftreten, die aus dem Detektor entweichen. Das bedeutet, im Impulshöhenspektrum erscheint nur der double-escape-peak. Ein solches Spektrometer ist ein sogenanntes Einlinienspektro-

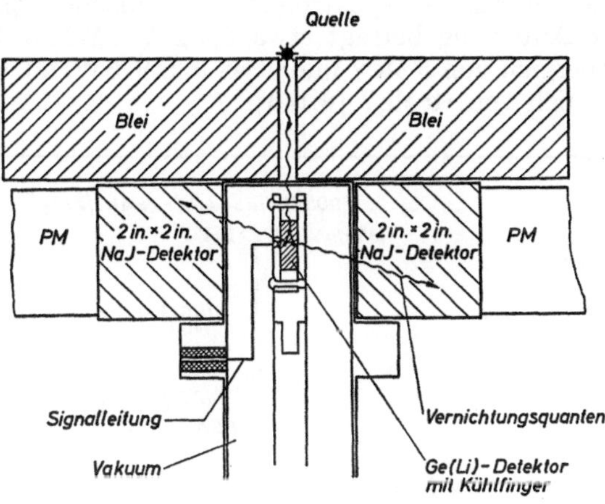

Abb. 6.40. Schematische Darstellung einer Aufbaumöglichkeit eines Drei-Kristall-Paarspektrometers [6.97]

meter. Das vereinfachte Blockdiagramm dieses Spektrometertyps zeigt Abb. 6.41. Die Leistungsfähigkeit einer solchen Anordnung geht aus Abb. 6.42 hervor [6.97]. Hier ist das Gammaspektrum einer ^{24}Na-Quelle wiedergegeben. Das Spektrum *I* wurde ohne das Koinzidenzsystem und das Spektrum *II* mit der genannten Koinzidenzanordnung

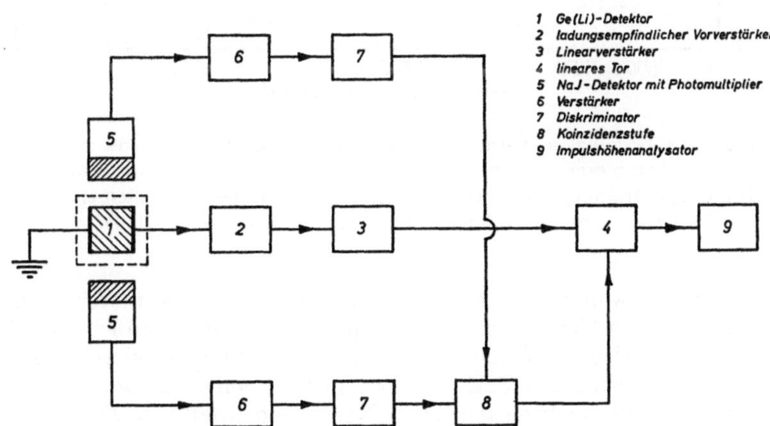

Abb. 6.41. Blockdiagramm eines Drei-Kristall-Paarspektrometers

aufgenommen. Deutlich ist die starke Verringerung des Untergrundes und die durch das Einlinienspektrometer erzielte Vereinfachung des Gammaspektrums zu erkennen. Dieser Gewinn muß jedoch mit einer erheblichen Verringerung des Ansprechvermögens erkauft werden.

Die mit Halbleitergammaspektrometern im hochenergetischen Bereich erzielbare Auflösung beträgt etwa 3,5 keV FWHM bei Gammaquanten mit Energien von 5 MeV und etwa 5 keV FWHM bei Quantenenergien im Bereich von 10 MeV [6.143].

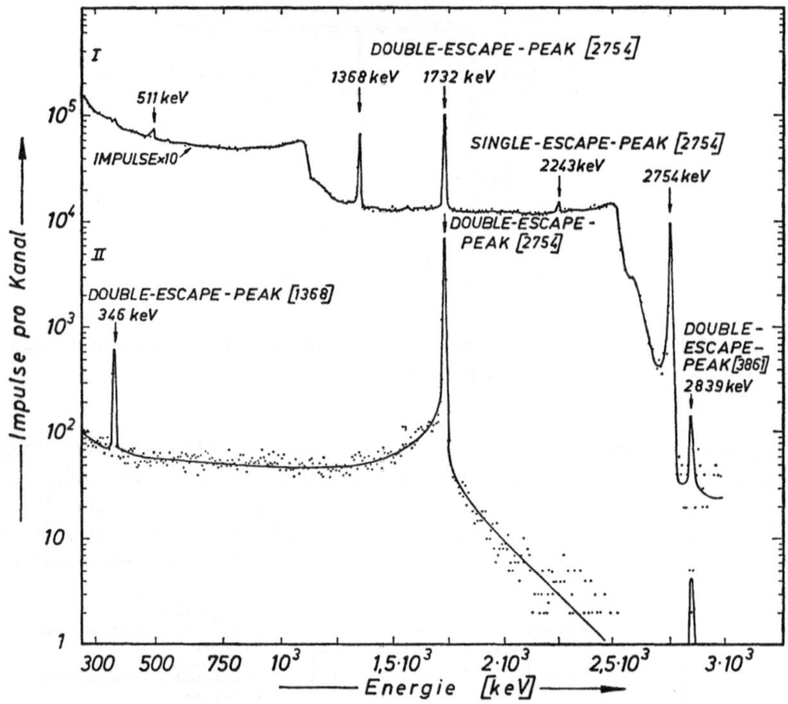

Abb. 6.42. Das Gammaspektrum von ^{24}Na. Das Spektrum *I* wurde mit einem Photopeak-Spektrometer aufgenommen und das Spektrum *II* mit einem Drei-Kristall-Paarspektrometer. Als Detektorkristall diente in beiden Fällen ein Ge(Li)-Planardetektor mit 3,5 mm dicker kompensierter Zone [6.97]

Vielfache Anwendung haben Drei-Kristall-Paarspektrometer bei der Untersuchung von Neutroneneinfang-Gammaspektren gefunden [6.144]. Aus der Anzahl, der hier erschienenen Veröffentlichungen sei als Beispiel die Arbeit von Orphan und Rasmussen [6.145] genannt. Die Verfasser dieser Arbeit untersuchten das beim Neutroneneinfang in Titan emittierte Gammaspektrum. Sie verwendeten einen Ge(Li)-Detektor mit einem empfindlichen Volumen von 30 cm³, der von zwei 6 in. × 3 in. NaJ-

Szintillationskristallen umgeben war. Für den zu einer 6,76 MeV Gammalinie gehörigen double-escape-peak verbesserte sich bei Verwendung eines Drei-Kristall-Paarspektrometers das Höhenverhältnis von Peak zu Untergrund etwa um den Faktor 6,1.

6.2.4 Das Röntgenspektrometer

Zum Abschluß des Kapitels über die Quantenspektroskopie sei noch erwähnt, daß man auch im Energiebereich der Röntgenstrahlung Halbleiterdetektoren verwendet. Im Energiebereich bis etwa 40 keV setzt man im allgemeinen Si(Li)-Detektoren ein [6.196–6.198], während man oberhalb dieser Energie Ge(Li)-Detektoren benutzt [6.198–6.200]. Die Halbleiterdetektoren konnten bei diesen niedrigen Energien erst mit Erfolg eingesetzt werden, nachdem man gelernt hatte, sie mit hinreichend dünnen Strahleintrittsfenstern zu versehen. Die untere Grenze der nach-

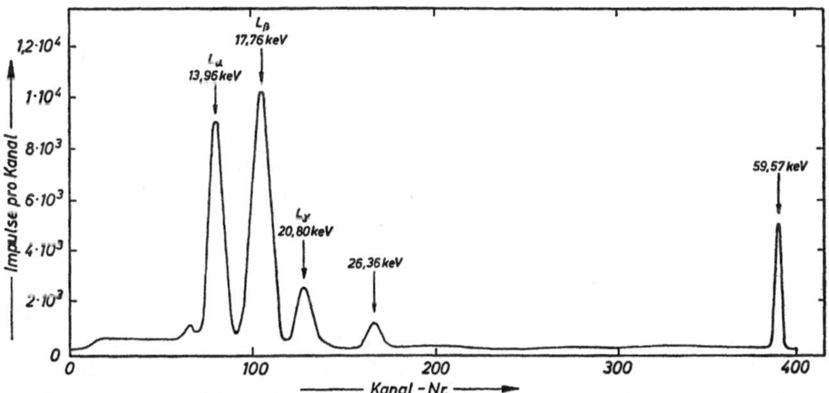

Abb. 6.43. Das Röntgen- und niederenergetische Gammaspektrum von ^{241}Am. Als Detektor wurde ein Si(Li)-Detektor mit dünnem Strahleintrittsfenster verwendet [6.146]

weisbaren Quantenenergie wird neben Absorptionseffekten — besonders im Strahleintrittsfenster — noch durch das Rauschen der angeschlossenen Elektronik bestimmt. Ein Anwendungsbeispiel für ein Halbleiterspektrometer bei sehr niedrigen Energien ist die Untersuchung der 4,51 keV Röntgenstrahlung des Titans von Bowman und Mitarbeitern [6.146]. Durch eine weitere Verbesserung der Elektronik wird es möglich, noch niederenergetischere Röntgenquanten nachzuweisen.

Durch den Einsatz von Halbleiterdetektoren zur Röntgenemissionsspektroskopie ergibt sich eine wesentliche Vereinfachung im Aufbau des Spektrometers gegenüber den hier bisher üblichen Kristallbeugungsspektrometern. Da ein Halbleiterspektrometer ein Vielkanalspektrometer ist, benötigt es kein Goniometer oder andere bewegliche Teile. Sein Ansprechvermögen für angeregte Röntgenstrahlung ist größer als es beim Kristallspektrometer der Fall ist, während sein Auflösungsvermögen im allgemeinen jedoch schlechter ist. Die Vorteile des Halbleiterspektrometers werden in [6.146] ausführlich behandelt. Mit Hilfe eines solchen Spektrometers lassen sich Meßanordnungen aufbauen, die eine sehr schnelle zerstörungsfreie chemische Analyse eines zu untersuchenden Stoffes ermöglichen [6.147]. Als Beispiel für ein mit einem Halbleiterdetektor aufgenommenes Röntgenspektrum zeigt Abb. 6.43 das Röntgen- und niederenergetische Gammaspektrum von ^{241}Am [6.146]. Dieses Spektrum wurde mit einem Si(Li)-Detektor mit dünnem Strahleintrittsfenster aufgenommen. Da die Röntgenlinien sich aus mehreren Komponenten zusammensetzen, sind sie breiter als die Gammalinie.

6.3 Neutronenspektroskopie

Wie aus den Darlegungen im Kapital 2.4 hervorgeht, sind zur Energiespektroskopie von Neutronen Rückstoßprotonenspektrometer und solche Spektrometer besonders geeignet, bei denen die Gesamtenergie der geladenen Teilchen registriert wird, die bei einer durch die Neutronen induzierten Kernreaktion freigesetzt werden. Anstelle der bei diesen Meßmethoden bisher verwendeten Gas- und Szintillationszähler können auch Halbleiterdetektoren eingesetzt werden. Das ist für manche Anwendungen ein großer Vorteil, da diese kleiner sind als die anderen Detektoren und somit durch sie kleinere Störungen in den zu untersuchenden Neutronenfeldern verursacht werden.

Beim Rückstoßprotonenspektrometer werden die durch einen elastischen Streuprozeß der primären Neutronen an Wasserstoffkernen erzeugten Rückstoßprotonen mit einem Oberflächensperrschichtdetektor nachgewiesen. Um dieses zu erreichen, wird eine dünne, wasserstoffhaltige Folie unmittelbar über der empfindlichen Fläche des Detektors oder direkt auf ihr angeordnet. Die Energie der entstehenden Rückstoßprotonen hängt von dem Winkel zwischen ihrer Flugrichtung und der Richtung der Primärneutronen ab. Da die Energiestreuung der Rückstoßprotonen die Energieauflösung des Systems bestimmt, bedeutet dieses, daß man den primären Neutronenstrahl und die Rückstoßprotonen möglichst gut kollimieren muß, um die durch die genannte Winkelabhängigkeit verursachte Energiestreuung zu eliminieren. Durch eine solche Kollimierung ergibt sich eine erhebliche Verringerung des Ansprechvermögens des Detektors. Da im allgemeinen die wasserstoffhaltige Konverterfolie in unmittelbarer Nähe der empfindlichen Fläche angebracht wird, um einen möglichst kleinen und einfachen Aufbau des Neutronendetektors zu erreichen, ist eine Kollimierung der Rückstoßprotonen oft nicht möglich. Die Folge davon ist, daß sich bei monoenergetischer Neutroneneinstrahlung eine gleichmäßige Energieverteilung der Rückstoßprotonen ergibt. Aus diesem Rückstoßprotonenspektrum kann durch Differentiation das zugehörige Neutronenspektrum ermittelt werden [6.148]. Dearnaley und Mitarbeiter [6.149] legten in ihrer Arbeit dar, daß bei einem solchen Neutronenspektrometer auch die geladenen Teilchen berücksichtigt werden müssen, die durch die Kernreaktionen entstehen, welche die Neutronen im Silizium des Detektors induzieren. Diese Teilchen erzeugen einen merklichen Untergrund. Um diese Störung zu beseitigen, bauten sie einen Oberflächensperrschichtdetektor, dessen empfindliche Oberfläche in zwei gleich große, getrennte, halbkreisförmige

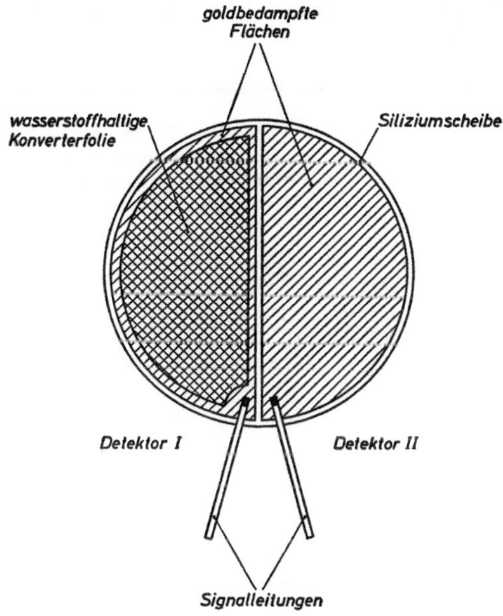

Abb. 6.44. Oberflächensperrschichtdetektor zur Neutronenspektroskopie. Die eine Hälfte des Detektors (Detektor *I*) ist mit einer wasserstoffhaltigen Konverterfolie (1,1 mg/cm^2) bedeckt [6.149]. (Nähere Erläuterungen im Text)

Bereiche unterteilt war, von denen einer mit einer dünnen wasserstoffhaltigen Konverterfolie bedeckt war (Abb. 6.44). Dieser Oberflächensperrschichtdetektor stellt also im Prinzip ein System aus zwei Detektoren dar, die aus identischem Material bestehen, gleich dicke Verarmungszonen besitzen und mit derselben Vorspannung betrieben werden. Setzt man einen solchen Detektor einem Neutronenfluß aus, so erzeugen die Neutronen in der einen Hälfte des Zählers Rückstoßprotonen und durch Reaktionen mit dem Detektormaterial geladene Teilchen. In der anderen Detektorhälfte werden nur die geladenen Teilchen erzeugt. Zieht man die beiden entstehenden Spektren voneinander ab, so erhält man das ungestörte Rückstoßprotonenspektrum. In Abb. 6.45 sind die bei Bestrahlung mit 4,2 MeV Neutronen in den beiden Detektorhälften entstehenden Spektren, das Differenzspektrum und das theoretische Rückstoßprotonenspektrum wiedergegeben [6.149]. Wie man sieht, stimmt das gemessene Rückstoßprotonenspektrum (Differenzspektrum) gut mit dem berechneten überein. Da die Rückstoßprotonen nicht kollimiert sind, zeigt ihr Spektrum die bereits erwähnte gleichmäßige Energieverteilung, deren obere Grenzenergie durch die Einfallsenergie der Neutronen gegeben ist. Wie man weiter aus Abb. 6.45 ersehen kann, wird durch die neutroneninduzierten Kernreaktionen im Silizium ein erheblicher Untergrund erzeugt, der die Auswertung komplizierter Neutronenspektren erheblich stören kann.

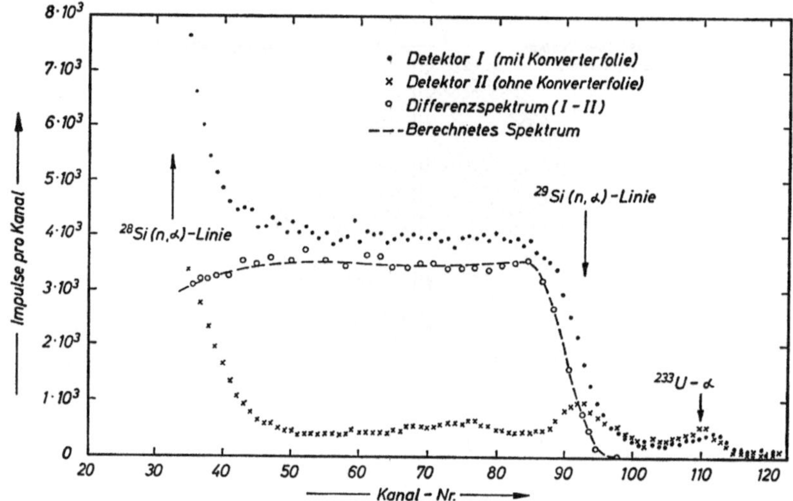

Abb. 6.45. Die bei Bestrahlung des in Abb. 6.44 dargestellten Detektorsystems mit 4,2 MeV Neutronen in den Detektoren *I* und *II* entstehenden Impulshöhenspektren, das Differenzspektrum und das theoretisch berechnete Rückstoßprotonenspektrum [6.149]

Detektorsysteme, bei denen die Rückstoßprotonen kollimiert werden, wurden auch schon zur Neutronenspektroskopie verwendet. Mit einer solchen Anordnung erzielte man beispielsweise bei Beschuß mit 6 MeV Neutronen eine Energieauflösung von etwa 270 keV FWHM. Die Empfindlichkeit lag dabei in der Größenordnung von 10^{-6} [6.150].

Eine andere Möglichkeit, das Verhältnis von Signal zu Untergrund bei einem Rückstoßprotonenspektrometer zu verbessern, besteht in der Verwendung eines Koinzidenzsystems (Rückstoßprotonenteleskop). Bei diesem Verfahren wird zwischen der Konverterfolie und einem dicken Siliziumdetektor ein (dE/dx)-Zähler angeordnet [6.151, 6.152]. Beide Detektoren sind in Koinzidenz geschaltet. Der größte Anteil der Kernreaktionen, die die Neutronen nach Durchqueren der Konverterfolie induzieren, findet in dem dicken Siliziumdetektor statt, und ist nicht koinzident mit Ereignissen im (dE/dx)-Detektor. Die Koinzidenzbedingung wird praktisch nur von den Rückstoßprotonen erfüllt. Diese Methode läßt sich jedoch erst bei Neutronenenergien oberhalb 3 MeV einsetzen. So erzielte man bei einer Einfallsenergie der Neutronen von 16,5 MeV eine Auflösung von etwa 7,3% [6.152]. Weitere interessante Abwandlungen des Rückstoßprotonenspektrometers und entsprechende Anwendungen auf dem Gebiet der Neutronenspektroskopie sind in [6.153–6.156] beschrieben.

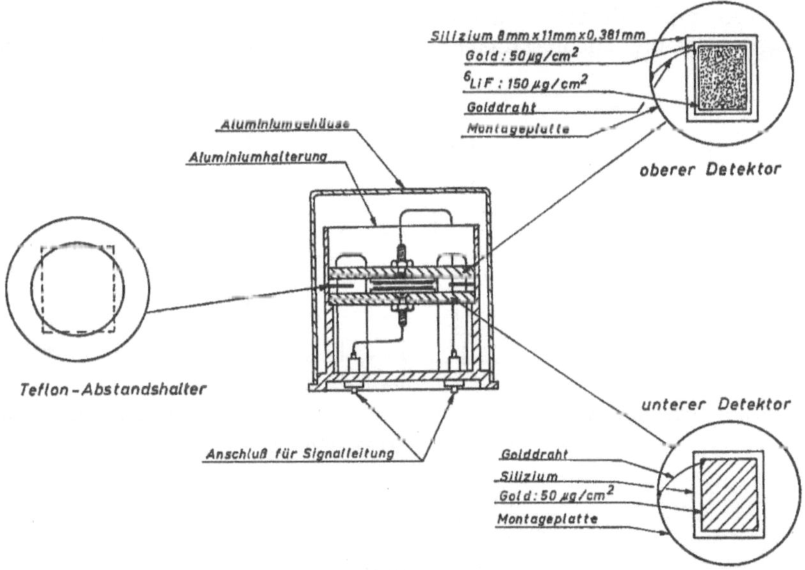

Abb. 6.46. Schematische Darstellung des Aufbaus eines ^{6}LiF-Sandwichdetektors zur Neutronenspektroskopie [6.159]

Eine andere Art von Neutronenspektrometern benutzt zur Ermittlung der Energieverteilung der Neutronen die Gesamtenergie der geladenen Teilchen, die bei Kernreaktionen entstehen, welche diese Neutronen in einem geeigneten Konvertermaterial induzieren. Hierzu werden bevorzugt (n, p)- und (n, α)-Reaktionen leichter Kerne benutzt. Am häufigsten verwendet man die bereits im Kapitel 2.4 genannten $^{10}B(n, \alpha)^{7}Li$-, $^{6}Li(n, \alpha)^{3}H$- und $^{3}He(n, p)^{3}H$-Reaktionen. Die Summe der kinetischen Energien der bei jeder dieser Reaktionen entstehenden Reaktionsprodukte ist gleich der Einfallsenergie der Neutronen E_N plus dem Energiebetrag Q, der bei der jeweiligen Reaktion freigesetzt wird. Der Detektorkopf eines Halbleiterneutronenspektrometers, welches nach diesem Prinzip arbeitet, besteht aus zwei Detektoren, die sich in einem geringen Abstand gegenüberstehen (Sandwichdetektor). Zwischen diesen befindet sich eine dünne Schicht des Konvertermaterials. Falls es sich bei dem Konverter um ein Gas handelt (z. B. ^{3}He), sind die beiden Detektoren in eine dichte Druckkammer eingebaut, die mit dem Konvertergas gefüllt ist. Der Gasdruck in dieser Kammer kann mehrere Atmosphären betragen.

Ein ^{6}Li-Sandwichdetektor wurde erstmals von Love und Murray [6.157] beschrieben. Sie verwendeten zwei Oberflächensperrschichtdetektoren. Die empfindliche Fläche eines dieser Detektoren war mit einer ^{6}LiF-Schicht mit einer Flächenbelegung von 150 μg/cm^2 bedampft. Die Dicke der Konverterschicht bestimmt bei Sandwichdetektoren die Empfindlichkeit und das Auflösungsvermögen. Je dicker diese Schicht ist, um so empfindlicher ist der Detektor und um so schlechter ist seine Energieauflösung. Die maximale Schichtdicke wird durch die Absorption

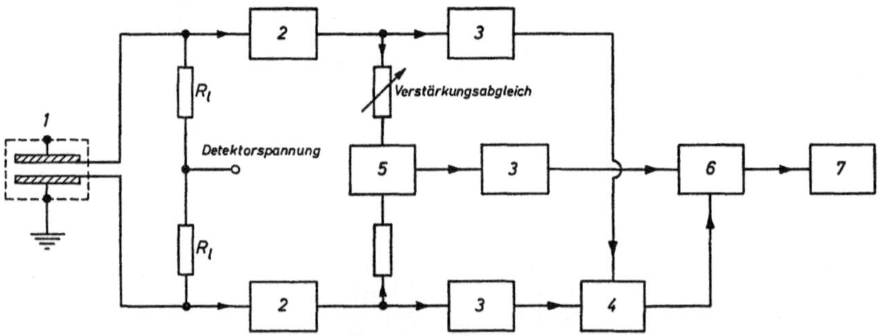

Abb. 6.47. Blockdiagramm eines Halbleiter-Neutronenspektrometers, das mit einem Sandwichdetektor bestückt ist

1 Sandwichdetektor
2 ladungsempfindlicher Vorverstärker
3 Linearverstärker
4 Koinzidenzstufe
5 Summierstufe
6 lineares Tor
7 Impulshöhenanalysator

bestimmt, die die bei der Kernreaktion entstehenden geladenen Teilchen in der Konverterschicht erfahren. Um eine optimale Energieauflösung zu erreichen, darf diese Schichtdicke nur einen Bruchteil der Reichweite betragen, die das Reaktionsprodukt mit der höchsten Ionisationsdichte im Konvertermaterial hat. Mit einer Flächenbelegung der Konverterschicht von 150 μg/cm^2 erzielte man eine Empfindlichkeit für thermische Neutronen von 10^{-3} und für schnelle Neutronen (2 MeV) von 10^{-6}. Die Energieauflösung betrug etwa 200–300 keV FWHM [6.157]. Demgegenüber erreichte man mit einer ^{6}LiF-Schicht, deren Flächenbelegung nur etwa 5 μg/cm^2 betrug, eine Empfindlichkeit für thermische Neutronen von 10^{-5} und eine Energieauflösung von etwa 35 keV FWHM [6.158]. Abb. 6.46 zeigt den Aufbau eines ^{6}LiF-Sandwichdetektors [6.159]. Das Blockdiagramm eines Halbleiter-Neutronenspektrometers, das mit einem solchen Detektor bestückt ist, zeigt Abb. 6.47. Ergänzend sei an dieser Stelle noch auf die Arbeiten [6.201–6.204] hingewiesen. Sie befassen sich ebenfalls mit den Problemen der ^{6}Li-Halbleiter-Neutronenspektrometer.

Da beim Nachweis thermischer Neutronen ($E_N = 0$) häufig der allgemeine Gammauntergrund stört, ist man daran interessiert, daß die von den Neutronen im Konverter ausgelöste Kernreaktion einen möglichst großen Q-Wert hat. Dadurch erreicht man, daß der neutroneninduzierte Ausgangsimpuls des Detektorsystems in seiner Größe merklich von den Ausgangsimpulsen des Gammauntergrundes abweicht. Eine Kernreaktion, die hier besonders geeignet ist, ist neben der ^{6}Li(n, α)- die ^{10}B(n, α)-Reaktion. Sie hat einen relativ großen thermischen Wirkungsquerschnitt von 3800 b. Ein Nachteil ist jedoch, daß bei ihr die Alphateilchen zwei verschiedene Energien haben können, je nachdem ob bei der Reaktion

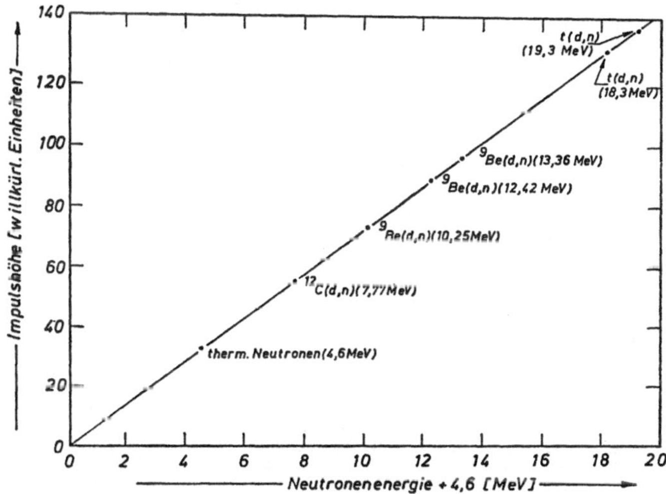

Abb. 6.48. Die Ausgangsimpulshöhe als Funktion der Energie bei einem ^{6}Li-Neutronenspektrometer [6.159]. (Die scheinbare Verringerung des Q-Wertes — 4,6 MeV anstatt 4,78 MeV — wird durch den mittleren Energieverlust bedingt, den die Reaktionsprodukte in der ^{6}LiF-Schicht und in den Goldschichten der Oberflächensperrschichtdetektoren erleiden)

der ^{7}Li-Kern im Grundzustand oder im angeregten Zustand (93% Häufigkeit) entsteht.

Ein wichtiges Charakteristikum von Neutronen-Halbleiter-Sandwichdetektoren ist der lineare Zusammenhang zwischen Ausgangsimpulshöhe und Neutronenenergie [6.160, 6.161]. In Abb. 6.48 ist dieser Zusammenhang, wie er für ein ^{6}Li-Spektrometer experimentell ermittelt wurde, dargestellt [6.159]. In dieser Hinsicht sind solche Detektoren den Szintillationskristallen, die ^{6}Li oder ^{10}B enthalten, überlegen.

Ein anderes Halbleiter-Neutronenspektrometer wurde von Dearnaley und Mitarbeitern [6.149] vorgeschlagen. Sie weisen über die ^{3}He(n, p)-Reaktion die Neutronen nach. Bei diesem Detektorsystem handelt es sich ebenfalls um ein Sandwichsystem. Die beiden Oberflächensperrschichtdetektoren, die sich in einem geringen Abstand gegenüberstehen, sind in eine dichte Druckkammer eingebaut, die mit ^{3}He gefüllt ist. Der in der oben genannten Arbeit benutzte Detektor arbeitete mit einem maximalen ^{3}He-Druck von 3 atm. Ein Gasdruck von mehreren Atmosphären ist in solchen Detektoren erforderlich, um eine hinreichend hohe Empfindlichkeit zu erreichen [6.149, 6.162]. Zum Neutronennachweis und zu ihrer Energiespektroskopie werden analog zum ^{6}Li-Spektrometer die koinzidenten Ausgangsimpulse der beiden Oberflächensperrschicht-

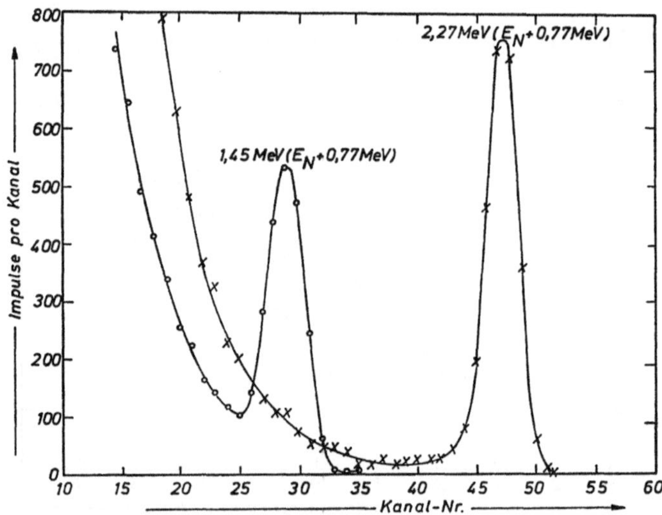

Abb. 6.49. Die Impulshöhenspektren von 680 keV und 1,5 MeV Neutronen. Zur Aufnahme der Spektren wurde ein ^{3}He-Halbleiter-Neutronenspektrometer verwendet [6.163]

detektoren benutzt, die die bei der Reaktion freigesetzten Protonen und Tritonen nachweisen. Mit einem ^{3}He-Sandwichdetektor, wie er in der oben genannten Arbeit [6.149] verwendet wurde, erreichte man für 2 MeV Neutronen eine Energieauflösung von 150 keV FWHM. Das Ansprechvermögen dieses Detektors betrug etwa 10^{-5}. Lee und Awcock [6.163] erzielten unter Verwendung eines kleineren Gasvolumens Ansprechvermögen in der Größenordnung von $3 \cdot 10^{-6}$ und eine Energieauflösung von etwa 100 keV FWHM. Abb. 6.49 zeigt die von ihnen gemessenen Impulshöhenspektren von 680 keV und 1,5 MeV Neutronen. Manning und Mitarbeiter [6.162] erreichten für 5 MeV Neutronen eine Auflösung von 100 keV FWHM bei einem Ansprechvermögen des Detektors von etwa 10^{-5}. Ergänzend sei an dieser Stelle auch noch die Arbeit [6.205] genannt, auf die hier jedoch nicht näher eingegangen werden soll.

Ähnlich wie beim Rückstoßprotonenspektrometer verursachen die von den Neutronen im Detektorsilizium induzierten (n, p)- und (n, α)-Kernreaktionen auch beim Sandwichspektrometer einen Störuntergrund im Impulshöhenspektrum. Die wichtigsten Reaktionen sind: die ^{28}Si(n, p)-Reaktion mit einer Energieschwelle von 3,86 MeV, die ^{28}Si(n,α)-Reaktion mit einer Schwelle bei 2,66 MeV und die ^{29}Si(n, α)-Reaktion, deren Energieschwelle bei 0,036 MeV liegt. Trotz der relativ kleinen

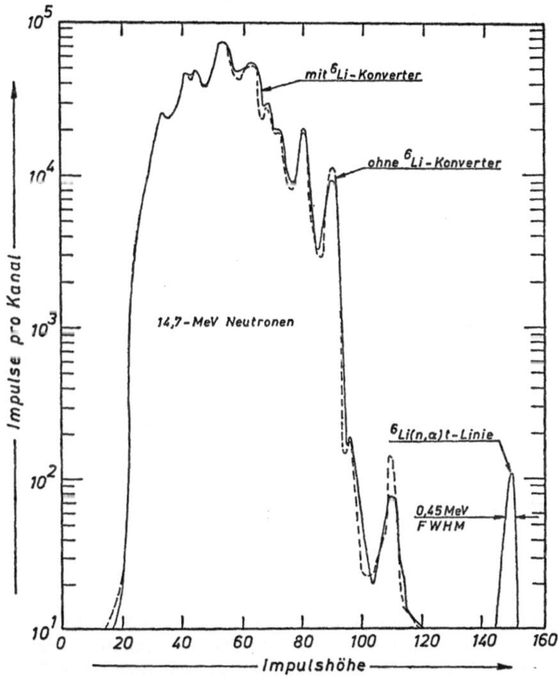

Abb. 6.50. Das Impulshöhenspektrum von 14,7 MeV Neutronen, aufgenommen mit einem ^{6}Li-Spektrometer. Die Neutronen wurden durch die Reaktion $t(d,n)^3$He erzeugt [6.157]

Wirkungsquerschnitte dieser Reaktionen verglichen mit denen der ^{6}Li- und ^{3}He-Reaktion macht sich dieser Untergrund doch stark bemerkbar. Das ist im wesentlichen darauf zurückzuführen, daß in einem Sandwichdetektor die Siliziummenge wesentlich größer ist als die Menge an Konvertermaterial. Der durch diese Kernreaktionen verursachte Untergrund kann die Auswertung der erhaltenen Neutronenspektren unter Umständen erheblich erschweren [6.160]. Als Beispiel für die Wirkung dieser Störreaktionen zeigt Abb. 6.50 das mit einem ^{6}Li-Spektrometer aufgenommene Spektrum von 14,7 MeV Neutronen [6.157]. Das gestrichelt gezeichnete Spektrum wurde ohne den ^{6}Li-Konverter und das durchgezogene Spektrum mit diesem aufgenommen. Wie man sieht, ändert sich der Untergrund kaum, wenn der Konverter entfernt wird. Ähnliche Verhältnisse ergeben sich beim ^{3}He-Spektrometer [6.163].

Im Vergleich zum ^{6}Li-Spektrometer ist beim ^{3}He-Spektrometer jedoch die Reichweite der Reaktionsprodukte trotz des kleineren Q-Wertes größer, so daß man hier Detektoren mit einer dickeren Verarmungszone einsetzen muß. Das bedeutet aber, daß die Anzahl der im Silizium induzierten Kernreaktionen größer wird, was besonders bei der Untersuchung kontinuierlicher Neutronenspektren von Nachteil ist. Diese Eigenschaft des ^{3}He-Sandwichdetektors führt dazu, daß solche

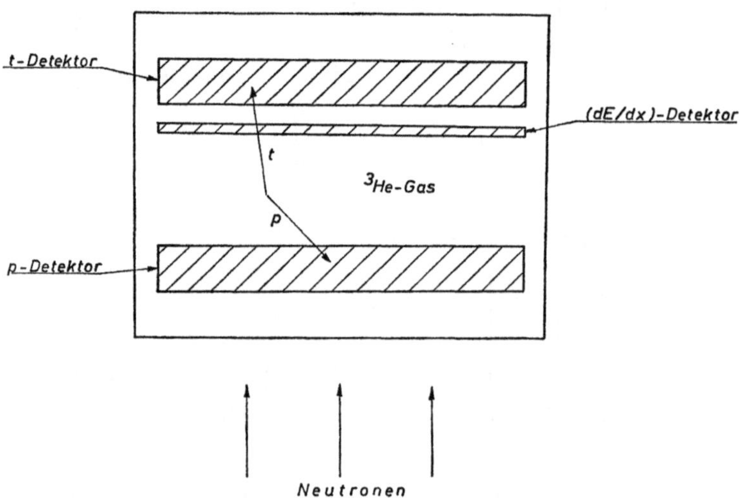

Abb. 6.51. Schematische Darstellung des Aufbaus eines modifizierten ^{3}He-Sandwichdetektors. Es wurde zusätzlich ein (dE/dx)-Detektor zwischen den Oberflächensperrschichtdetektoren angeordnet [6.164]

Neutronenspektrometer nur bis zu einer Neutronenenergie von maximal 6 MeV eingesetzt werden können.

Eine Möglichkeit, diesen Störuntergrund zu verringern, wurde von Dearnaley [6.164] vorgeschlagen. Er ordnet einen (dE/dx)-Zähler vor dem zweiten Oberflächensperrschichtdetektor an (Abb. 6.51). Das durch diese beiden Detektoren gebildete $E(dE/dx)$-Zählerteleskop zur Teilchenidentifikation wird so eingestellt, daß nur Tritonen registriert werden. Dadurch ergibt sich eine Verringerung des Untergrundes bei fast gleichem Ansprechvermögen.

Sandwichdetektorsysteme mit ^{3}He-Füllung haben gegenüber einem ^{3}He-Proportionalzähler den Vorteil, daß durch das bei Sandwichdetektoren benötigte Koinzidenzsystem ein Nachweis von ^{3}He-Rückstoßteilchen ausgeschlossen ist. Das ist besonders zweckmäßig, wenn kontinuierliche Neutronenenergieverteilungen untersucht werden. Außerdem kann man zur Untergrundmessung das Gas leicht aus dem Sandwichdetektor entfernen.

Ein Nachteil aller Halbleiter-Neutronenspektrometer ist ihr geringes Ansprechvermögen. Das führt dazu, daß man sie nur dort mit Erfolg einsetzen kann, wo hinreichend starke Quellen schneller Neutronen vorhanden sind, wie dieses beispielsweise bei Kernreaktoren oder Kritischen Anordnungen der Fall ist.

Eine eingehendere Behandlung der Halbleiter-Neutronenspektrometer als es hier möglich ist, findet der interessierte Leser in [6.165]. Dort wird auch der Einsatz von Halbleiterdetektoren zur Neutronenflußmessung kurz behandelt.

Literatur Kapitel 6

[6.1] Roux, G.: Nucl. Instr. and Meth. **33,** 329 (1965).
[6.2] Walter, F. J.: Proc. Conf. Nuclear electronics, Belgrad **1,** 391 (1962).
[6.3] Engelkemeir, D.: Nucl. Instr. and Meth. **48,** 335 (1967).
[6.4] McKenzie, J. M., Ewan, G. T.: IRE Trans. Nucl. Sci. **NS-8,** Nr. 1, 50 (1961).
[6.5] Chasman, C., Allen, J.: Nucl. Instr. and Meth. **24,** 253 (1963).
[6.6] Chetham-Strode, A.: IRE Trans. Nucl. Sci. **NS-8,** Nr. 1, 59 (1961).
[6.7] Cottini, C.: NAS, publ. **1184,** 53 (1964).
[6.8] Gorodetzky, S.: l'Onde Electrique **46,** 864 (1966).
[6.9] Briand, J. P., Lefort, M.: Phys. Letters **10,** 90 (1964).
[6.10] Graeffe, G., Kauranen, P.: J. Inorg. Nucl. Chem. **28,** 933 (1966).
[6.11] Ghiorso, A.: Phys. Rev. Letters **6,** 473 (1961).
[6.12] Williams, R. L., Wilburn, C. D.: Nucl. Instr. and Meth. **29,** 175 (1964).
[6.13] Kocharov, G. E., Korolev, G. A.: Izv. Akad. Nauk. SSSR **25,** 237 (1961).
[6.14] Baranov, S. A.: Izv. Akad. Nauk. SSSR **23,** 1402 (1959).
[6.15] McKenzie, J. M., Bromley, D. A.: Phys. Rev. Letters **2,** 303 (1959).
[6.16] Dearnaley, G.: IEEE Trans. Nucl. Sci. **NS-10,** Nr. 1, 106 (1963).
[6.17] Mann, H. M., Yntema, J. L.: IEEE Trans. Nucl. Sci. **NS-11,** Nr. 3, 201 (1964).
[6.18] George, G. G., Gunnersen, E. M.: Nucl. Instr. and Meth. **25,** 253 (1964).
[6.19] Schmitt, H. W.: Phys. and Chem. of Fission, IAEA (Wien, 1965), S: 531.
[6.20] Axtmann, R. C., Kedem, D.: Nucl. Instr. and Meth. **32,** 70 (1965).
[6.21] Lindhard, J., Nielsen, V.: Phys. Letters **2,** 209 (1962).
[6.22] Haines, E. L., Whitehead, A.B.: Rev. Scient. Instr. **37,** 190 (1966).
[6.23] Schmitt, H. W., Pleasanton, F.: Nucl. Instr. and Meth. **40,** 204 (1966).
[6.24] Bromley, D. A.: IRE Trans. Nucl. Sci. **NS-9,** Nr. 3, 135 (1962).
[6.25] Parkinson, W. C., Bilaniuk, O. M.: Rev. Scient. Instr. **32,** 1136 (1961).
[6.26] Bock, R.: Nucl. Instr. and Meth. **41,** 190 (1966).
[6.27] Almqvist, E.: NAS-NRC, publ. **871,** 61 (1961).
[6.28] Pehl, R. H.: IEEE Trans. Nucl. Sci. **NS-13,** Nr. 3, 274 (1966).
[6.29] Amsel, G.: IRE Trans. Nucl. Sci. **NS-8,** Nr. 1, 21 (1961).
[6.30] Funsten, H. O.: IRE Trans. Nucl. Sci. **NS-9,** Nr. 3, 190 (1962).
[6.31] Scheer, J. A.: Nucl. Instr. and Meth. **22,** 45 (1963).

[6.32] Dearnaley, G., Northrop, D. C.: Semiconductor Counters for Nuclear Radiations, E. & F. N. Spon Ltd. (London 1966), S: 267.
[6.33] Ammerlaan, C. A. J.: Mem. Soc. Roy. des Sci. de Liège **28, 211** (1964).
[6.34] — Nucl. Instr. and Meth. **22,** 189 (1963).
[6.35] Goulding, F. S.: IEEE Trans. Nucl. Sci. **NS-11,** Nr. 3, 388 (1964) und Nucl. Instr. and Meth. **31, 1** (1964).
[6.36] Armstrong, D. D.: Nucl. Instr. and Meth. **70,** 69 (1969).
[6.37] Wegner, H. E.: Rev. Scient. Instr. **33,** 271 (1962).
[6.38] Swenson, L. W.: Nucl. Instr. and Meth. **31,** 269 (1964).
[6.39] Wegner, H. E.: NAS, publ. **871,** 74 (1961).
[6.40] Inskeep, C. N., Eidson, W. W.: Nuclear electronics, OECD (Paris 1963), S: 163.
[6.41] Elliott, J. H., Pehl, R. H.: Rev. Scient. Instr. **33, 713** (1962).
[6.42] Madden, T. C., Gibson, W. M.: IEEE Trans. Nucl. Sci. **NS-11,** Nr. 3, 254 (1964).
[6.43] Stojic, M. D., Slavic, I. A.: Nuclear electronics, OECD (Paris 1963), S: 189.
[6.44] Blankenship, J. L.: Proc. Conf. Nuclear electronics (Belgrad 1961), S: 379.
[6.45] Andersson-Lindström, G., Zausig, B.: Nucl. Instr. and Meth. **40,** 277 (1966).
[6.46] Cranshaw, T. E.: Proc. Nucl. Phys. **2,** 271 (1952).
[6.47] Rossi, B.: High energy particles, Prentice Hall (New York 1952), Kap. 2.
[6.48] Dearnaley, G.: IEEE Trans. Nucl. Sci. **NS-11,** Nr. 3, 249 (1964).
[6.49] Wegner, H. E.: Nucleonics **23,** Nr. 12, 52 (1965).
[6.50] Gibson, W. M.: Phys. Rev. Letters **15,** 357 (1965).
[6.51] Mayer, J. W.: Proc. of the Intern. Symposium on Nuclear Electronics, OCDE-OECD Report (1964), S: 129.
[6.52] Goulding, F. S., Jarrett, B. V.: UCRL-16480 (1966).
[6.53] Halbert, M. L.: Nuclear Electronics, IAEA (Wien 1962), S: 403.
[6.54] Anderson, C. E.: Nucl. Instr. and Meth. **13,** 238 (1962).
[6.55] Gemmell, D. S.: IEEE Trans. Nucl. Sci. **NS-11,** Nr. 3, 409 (1964).
[6.56] Schmitt, H. W.: Bull. Am. Phys. Soc. **6,** 240 (1961).
[6.57] Wegner, H. E.: Bull. Am. Phys. Soc. **7,** 36 (1962).
[6.58] Kobayashi, H.: Nucl. Instr. and Meth. **34,** 222 (1965).
[6.59] Flicker, H.: Rev. Scient. Instr. **34,** 822 (1963).
[6.60] Colard, J., Gal, J.: Nucl. Instr. and Meth. **16,** 195 (1962).
[6.61] Walter, F. J.: IEEE Trans. Nucl. Sci. **NS-11,** Nr. 3, 232 (1964).
[6.62] Walter, F. J.: ORNL-3268 (1962).
[6.63] Schmitt, H. W.: Phys. Rev. **137,** B 837 (1965).
[6.64] Andritsopoulos, G.: Phys. and Chem. of Fission, IAEA (Wien 1965), S:481.
[6.65] Vandenbosch, R.: Phys. and Chem. of Fission, IAEA (Wien 1965), S: 558.
[6.66] Williams, C. W.: Rev. Scient. Instr. **35,** 1116 (1964).
[6.67] Huizenga, J. R.: Phys. Rev. **124,** 1964 (1961).
[6.68] Melkonian, E.: Nucl. Instr. and Meth. **11,** 307 (1961).
[6.69] Joyner, W. T.: IRE Trans. Nucl. Sci. **NS-8,** Nr. 1, 54 (1961).
[6.70] Yuan, L. C. L.: Proc. Conf. on Nucl. Instr. for High Energy Physics, CERN (1962).
[6.71] Van Putten, J. D., Vander Velde, J. C.: IRE Trans. Nucl. Sci. **NS-8,** Nr. 1, 124 (1961).
[6.72] Koch, L.: Nuclear Electronics, IAEA (Wien 1962), S: 465.
[6.73] Miller, G. L.: IRE Trans. Nucl. Sci. **NS-8,** Nr. 1, 73 (1961).
[6.74] Gruhn, C. R.: Phys. Letters **24B,** 266 (1967).
[6.75] Blankenship, J. L., Borkowski, C. J.: IRE Trans. Nucl. Sci. **NS-9,** Nr. 3, 181 (1962).

[6.76] Meyer, O., Langmann, H. J.: Nucl. Instr. and Meth. **39,** 119 (1966).

[6.77] Bertolini, G., Coche, A.: Semiconductor Detectors, North-Holland Publishing Company (Amsterdam 1968), S: 347.

[6.78] Elad, E., Nakamura, M.: Nucl. Instr. and Meth. **41,** 161 (1966).

[6.79] Walthard, B.: Helv. Phys. Acta **38,** 299 (1965).

[6.80] Nilsson, O.: Nucl. Instr. and Meth. **47,** 13 (1967).

[6.81] Easterday, H. T.: Nucl. Instr. and Meth. **32,** 333 (1965).

[6.82] Hollander, J. M.: Nucl. Instr. and Meth. **43,** 65 (1966).

[6.83] — Internal Conversion Processes, Academic Press (New York und London 1966), S: 89.

[6.84] Bosch, H.: Nucl. Instr. and Meth. **23,** 79 (1963).

[6.85] Persson, B., Reynolds, J.: Nucl. Phys. **66,** 439 (1965).

[6.86] Reynolds, J., Persson, B.: Nucl. Instr. and Meth. **33,** 77 (1965).

[6.87] Bertolini, G.: Nucl. Instr. and Meth. **27,** 281 (1964).

[6.88] Haschizume, A.: Proc. Conf. on Radioisotopes sample measurement techniques in medicine and biology, IAEA (Wien 1965), S: 669.

[6.89] Spejewski, E. H.: Nucl. Phys. **82,** 481 (1966).

[6.90] Wortman, D. E., Cramer, J. C.: Nucl. Instr. and Meth. **26,** 257 (1964).

[6.91] Charoenkwan, P.: Nucl. Instr. and Meth. **34,** 93 (1965).

[6.92] Camp, D. C., Armantrout, G. A.: Proc. Conf. on Radioisotopes sample measurement techniques in medicine and biology, IAEA (Wien 1965), S: 647.

[6.93] De Lyser, H.: IEEE Trans. Nucl. Sci. **NS-12,** Nr. 1, 265 (1965).

[6.94] Freck, D. V., Wakefield, J.: Nature **193,** 669 (1962).

[6.95] Webb, P. P., Williams, R. L.: Nucl. Instr. and Meth. **22,** 361 (1963).

[6.96] Tavendale, A. J.: Electronique nucleaire, ENEA (Paris 1964), S: 235.

[6.97] Ewan, G. T.: AECL-1960 (1964).

[6.98] wie [6.77], S: 368.

[6.99] wie [6.77], S: 385.

[6.100] Ewan, G. T.: Lithium-drifted germanium detectors, IAEA (Wien 1966), S: 102.

[6.101] Malm, H. L., Fowler, I. L.: IEEE Trans. Nucl. Sci. **NS-13,** Nr. 1, 62 (1966).

[6.102] wie [6.77], S: 372.

[6.103] — IEEE Trans. Nucl. Sci. **NS-13,** Nr. 3, 285 (1966).

[6.104] Davies, D. W., Hollander, J. M.: Nucl. Phys. **68,** 161 (1965).

[6.105] Tavendale, A. J., Ewan, G. T: Nucl. Instr. and Meth. **25,** 185 (1963).

[6.106] Ewan, G. T., Tavendale, A. J.: Can. J. Phys. **42,** 2286 (1964).

[6.107] — IEEE Trans. Nucl. Sci. **NS-13,** Nr. 3, 297 (1966).

[6.108] Benoit, R.: Il Nuovo Cimento, Ser. X **49,** 125 (1967).

[6.109] Wasson, O. A.: Phys. Rev. **136B,** 1640 (1964).

[6.110] Prestwich, W. V.: Phys. Rev. **140B,** 1562 (1965).

[6.111] Christie, D. R.: Nucl. Instr. and Meth. **37,** 165 (1965).

[6.112] Jackson, H. E.: Lithium-drifted germanium detectors, IAEA (Wien 1966), S: 154.

[6.113] Motz, H. T.: wie [6.112], S: 56.

[6.114] Michaelis, W., Schmidt, H.: wie [6.112], S: 90.

[6.115] Arnell, S. E.: wie [6.112], S: 185.

[6.116] Alexander, T. K., Allen, K. W.: Can. J. Phys. **43,** 1563 (1965).

[6.117] Allen, E. W.: wie [6.112], S: 142.

[6.118] Huntzicker, J. J.: UCRL-11828 (1964).

[6.119] Easley, W.: Bull. Am. Phys. Soc. **9,** 435 (1964).

[6.120] Nilsson, S.: wie [6.112], S: 163.
[6.121] Matthias, E.: Phys. Rev. **140B,** 264 (1965).
[6.122] Graham, R. L., Geiger, J. S.: Bull. Am. Phys. Soc. **11,** 369 (1966).
[6.123] Girardi, F.: Nuclear Activation Techniques in the Life Sciences, IAEA (Wien 1967), S: 117.
[6.124] Prussin, S. G.: Anal. Chem. **37,** 1127 (1965).
[6.125] Lamb, J. F.: Anal. Chem. **38,** 813 (1966).
[6.126] Girardi, F.: Radiochim. Acta **4,** 109 (1965).
[6.127] Büker, H.: Nucl. Instr. and Meth. **69,** 293 (1969).
[6.128] Büker, H.: Nukleonik **9,** 346 (1967).
[6.129] Buhler, S., Marcus, L.: Nucl. Instr. and Meth. **50,** 170 (1967).
[6.130] Rasmussen, N. C.: IAEA Proc. Symp. on Nuclear Mater. Manag. (Wien 1965).
[6.131] Forsyth, R. S., Rongvist, N.: AE-241 (1966).
[6.132] Bresesti, M.: EUR-3123e (1966).
[6.133] Banham, M. F.: Analyst. **91,** 180 (1966).
[6.134] Camp, D. C.: UCRL-50156 (1967).
[6.135] Kantele, J., Suominen, P.: Nucl. Instr. and Meth. **41,** 41 (1966).
[6.136] Holm, D. M.: IAEA Proc. Symp. Radiochem. meth. analysis (Salzburg 1964).
[6.137] Hill, M. W.: Nucl. Instr. and Meth. **36,** 350 (1965).
[6.138] Sever, J., Lippert, J.: Nucl. Instr. and Meth. **33,** 347 (1965).
[6.139] Ramayya, A. V.: Nucl. Instr. and Meth. **43,** 379 (1966).
[6.140] Williams, G. H., Morgan, I. L.: Nucl. Instr. and Meth. **45,** 313 (1966).
[6.141] Auble, R. L.: Nucl. Instr. and Meth. **51,** 61 (1967).
[6.142] Hofstadter, R., McIntyre, J. A.: Phys. Rev. **79,** 389 (1950).
[6.143] Mann, H. M.: IEEE Trans. Nucl. Sci. **NS-13,** Nr. 3, 336 (1966).
[6.144] Lithium-drifted germanium detectors, STI-PUB-132, IAEA (Wien 1966).
[6.145] Orphan, W. J., Rasmussen, N. C.: Nucl. Instr. and Meth. **48,** 282 (1967).
[6.146] Bowman, H. R.: Science **151,** 562 (1966).
[6.147] Fitzerald, R.: Science **159,** 528 (1968).
[6.148] Parker, J. B.: Nucl. Instr. and Meth. **23,** 61 (1963).
[6.149] Dearnaley, G.: IRE Trans. Nucl. Sci. **NS-9,** Nr. 3, 174 (1962).
[6.150] Birk, M.: Nucl. Instr. and Meth. **21,** 197 (1963).
[6.151] Fort, E., Thouvenin, P.: J. Phys. Appl. (Paris) **26,** 7A (1965).
[6.152] Figuera, A. S., Milone, C.: Nucl. Instr. and Meth. **27,** 339 (1964).
[6.153] Potenza, R., Rubbino, A.: Nucl. Instr. and Meth. **25,** 77 (1963).
[6.154] Potenza, R., Rubbino, A.: Nucl. Instr. and Meth. **26,** 93 (1964).
[6.155] Furr, A. K., Runyon, R. S.: Nucl. Instr. and Meth. **27,** 292 (1964).
[6.156] Harris, L.: Trans. Am. Nucl. Soc. **8,** 73 (1965).
[6.157] Love, T. A., Murray, R. B.: IRE Trans. Nucl. Sci. **NS-8,** Nr. 1, 91 (1961).
[6.158] Huber, R. J.: Trans. Am. Nucl. Soc. **7,** 368 (1964).
[6.159] Love, T. A.: Nuclear electronics, IAEA (Wien 1962), S: 415.
[6.160] — ORNL-3016 (1960).
[6.161] Verbinski, V. V.: ORNL-3499 (1963).
[6.162] Manning, A. W.: Nucleonics **23,** Nr. 4, 69 (1965).
[6.163] Lee, M. E., Awcock, M. L.: AERE-SM-36/55 (1962).
[6.164] Dearnaley, G.: in Progr. in Fast Neutron Physics, University of Chicago Press (Chicago 1963), S: 173.
[6.165] wie [6.77], S: 409.
[6.166] Singh, J. J., Rind, E.: N-68-24660, NASA-TN-D-4528 (1968).

[6.167] Coleman, J. A.: IEEE Trans. Nucl. Sci. **NS-15,** Nr. 1, 482 (1968).
[6.168] — IEEE Trans. Nucl. Sci. **NS-15,** Nr. 3, 363 (1968).
[6.169] Karcher, T., Wotherspoon, N: NYO-2962-6, 55 (1967).
[6.170] Forcinal, G.: IEEE Trans. Nucl. Sci. **NS-15,** Nr. 1, 475 (1968).
[6.171] Andersson-Lindstroem, G: Nucl. Instr. and Meth. **56,** 309 (1967).
[6.172] Meynadier, C., Kamert, J. C.: Nucl. Instr. and Meth. **56,** 136 (1967).
[6.173] Gruhn, C. R.: IEEE Trans. Nucl. Sci. **NS-15,** Nr. 3, 337 (1968).
[6.174] Goulding, F. S., Landis, D. A.: in Semiconductor Nuclear-Particle Detectors and Circuits, S: 757, National Academy of Sciences, publ. **1593** (Washington, D. C. 1969).
[6.175] Helleboid, J. M.: CEA-R-3378 (1967).
[6.176] Shirato, S., Koori, N.: Nucl. Instr. and Meth. **57,** 325 (1967).
[6.177] Shiraishi, F.: Nucl. Instr. and Meth. **69,** 316 (1969).
[6.178] — Hosoe, M.: Nucl. Instr. and Meth. **66,** 130 (1968).
[6.179] Planskoy, B.: Nucl. Instr. and Meth. **61,** 285 (1968).
[6.180] Tamura, T., Kuroyanagi, T.: Nucl. Instr. and Meth. **67,** 38 (1969).
[6.181] Andersen, V., Christensen, C. J.: Nucl. Instr. and Meth. **61,** 77 (1968).
[6.182] Daniel, Ch. D.: Dissertation Tulane University (New Orleans 1968).
[6.183] Trischuk, J., Kankeleit, E.: Nucl. Instr. and Meth. **66,** 197 (1968).
[6.184] Andersen, V.: Nucl. Instr. and Meth. **65,** 225 (1968).
[6.185] Kane, W. R., Mariscotti, M. A.: Nucl. Instr. and Meth. **56,** 189 (1967).
[6.186] Cline, J. E.: IEEE Trans. Nucl. Sci. **NS-15,** Nr. 3, 198 (1968).
[6.187] Ostertag, E.: IEEE Trans. Nucl. Sci. **NS-15,** Nr. 3, 413 (1968).
[6.188] Thomas, G. E.: Nucl. Instr. and Meth. **56,** 325 (1967).
[6.189] Michaelis, W., Kuepfer, H.: Nucl. Instr. and Meth. **56,** 181 (1967).
[6.190] Pratt, T. A. E. C.: Nucl. Instr. and Meth. **66,** 348 (1968).
[6.191] Cooper, J. A.: IEEE Trans. Nucl. Sci. **NS-15,** Nr. 3, 407 (1968).
[6.192] Swinth, K. L.: IEEE Trans. Nucl. Sci, **NS-15,** Nr. 3, 486 (1968).
[6.193] Sayres, A. R., Baicker, J. A.: IEEE Trans. Nucl. Sci. **NS-15,** Nr. 3, 393 (1968).
[6.194] Suominen, P., Kantele, J.: Nucl. Instr. and Meth. **58,** 229 (1968).
[6.195] Alexander, T. K.: Nucl. Instr. and Meth. **65,** 169 (1968).
[6.196] Greening, J. R.: Phys. Med. Biol. **14,** 55 (1969).
[6.197] Yamamoto, S.: USNRDL-TR-68-77 (1968).
[6.198] Aitken, D. W.: IEEE Trans. Nucl. Sci. **NS-15,** Nr. 3, 10 (1968).
[6.199] CERN Cour. **3,** 92 (1969).
[6.200] Ungrin, J., Johns, M. W.: Nucl. Instr. and Meth. **70,** 112 (1969).
[6.201] Silk, M. G.: J. Nucl. Energy **22,** 163 (1968).
[6.202] Bishop, G. B.: Nucl. Instr. and Meth. **62,** 247 (1968).
[6.203] Silk, M. G.: AERE-M-2009 (1968).
[6.204] — Nucl. Instr. and Meth. **66,** 93 (1968).
[6.205] Jeter, T. R., Hennison, M. C.: IEEE Trans. Nucl. Sci. **NS-14,** Nr. 1, 422 (1967).

7. Anhang

7.1 Tabellen

Tabelle 7.1.1. *Stoffkonstanten von Silizium und Germanium*

	Silizium	Germanium
Ordnungszahl	14	32
Atomgewicht	28,09	72,60
Isotopenzusammensetzung	28 (92,21%), 29 (4,70%), 30 (3,09%)	70 (20,52%), 72 (27,43%), 73 (7,76%), 74 (36,54%), 76 (7,76%)
Kristallstruktur	Diamanttyp	Diamanttyp
Gitterkonstante	5,42 Å	5,66 Å
Zahl der Atome pro cm^3	$4{,}96 \cdot 10^{22}$	$4{,}41 \cdot 10^{22}$
Dichte	$2{,}33\ g\ cm^{-3}$	$5{,}33\ g\ cm^{-3}$
linearer thermischer Ausdehnungskoeffizient	$4{,}2 \cdot 10^{-6}\ K^{-1}$	$6{,}1 \cdot 10^{-6}\ K^{-1}$
spezifische Wärme (273 bis 373 K)	$0{,}181\ cal\ K^{-1}\ g^{-1}$	$0{,}074\ cal\ K^{-1}\ g^{-1}$
Dielektrizitätskonstante	12	16
Bandabstand	1,10 eV (300 K)	0,66 eV (300 K) 0,75 eV (77 K)
spezifischer Widerstand bei Eigenleitung	$2{,}3 \cdot 10^{5}\ \Omega\ cm$ (300 K)	$47\ \Omega\ cm$ (300 K) $5 \cdot 10^{4}\ \Omega\ cm$ (77 K)
Ladungsträgerkonzentration bei Eigenleitung	$1{,}5 \cdot 10^{10}\ cm^{-3}$ (300 K)	$2{,}35 \cdot 10^{13}\ cm^{-3}$ (300 K)
Elektronenbeweglichkeit	$1350\ cm^2\ V^{-1}\ s^{-1}$ (300 K) $4 \cdot 10^{4}\ cm^2\ V^{-1}\ s^{-1}$ (77 K)*	$3750\ cm^2\ V^{-1}\ s^{-1}$ (300 K) $3{,}4 \cdot 10^{4}\ cm^2\ V^{-1}\ s^{-1}$ (77 K)*
Defektelektronenbeweglichkeit	$480\ cm^2\ V^{-1}\ s^{-1}$ (300 K) $1{,}8 \cdot 10^{4}\ cm^2\ V^{-1}\ s^{-1}$ (77 K)*	$1850\ cm^2\ V^{-1}\ s^{-1}$ (300 K) $4{,}2 \cdot 10^{4}\ cm^2\ V^{-1}\ s^{-1}$ (77 K)*
Energie pro Elektron-Defektelektron-Paar	3,55 eV (300 K)	2,85 eV (77 K)

* Näherungswerte, berechnet

Tabelle 7.1.2. *Zusammenstellung der Eigenschaften verschiedener Halbleiterwerkstoffe im Hinblick auf ihre Verwendbarkeit als Detektormaterialien*

Halbleitermaterial	Bandabstand [eV] bei 300 K	Elektronen-Beweglichkeit [cm^2 V^{-1} s^{-1}] bei 300 K	Defektelektronen-Beweglichkeit [cm^2 V^{-1} s^{-1}] bei 300 K	Elektronen-Lebensdauer [s] in p-Material	Defektelektronen-Lebensdauer [s] in n-Material	Ordnungszahl
Si	1,08	1500	500	$3 \cdot 10^{-3}$	$3 \cdot 10^{-3}$	14
Ge	0,67	3800	1800	10^{-3}	10^{-3}	32
GaAs	1,43	8500	420	10^{-7}	10^{-7}	31,33
GaP	2,25	140	150	10^{-8}	10^{-8}	31,15
CdTe	1,5	$\approx$ 100	$\approx$ 100	$4 \cdot 10^{-5}$	$> 10^{-5}$	48,34
InSb	0,17	78000	750	$\approx 10^{-7}$	$\approx 10^{-7}$	49,51
GaSb	0,67	4000	1400	$\approx 10^{-8}$	$\approx 10^{-8}$	31,51
CdS	2,4	300	10	$\approx 10^{-3}$	$< 10^{-8}$	48,16

7.2 Nomogramme

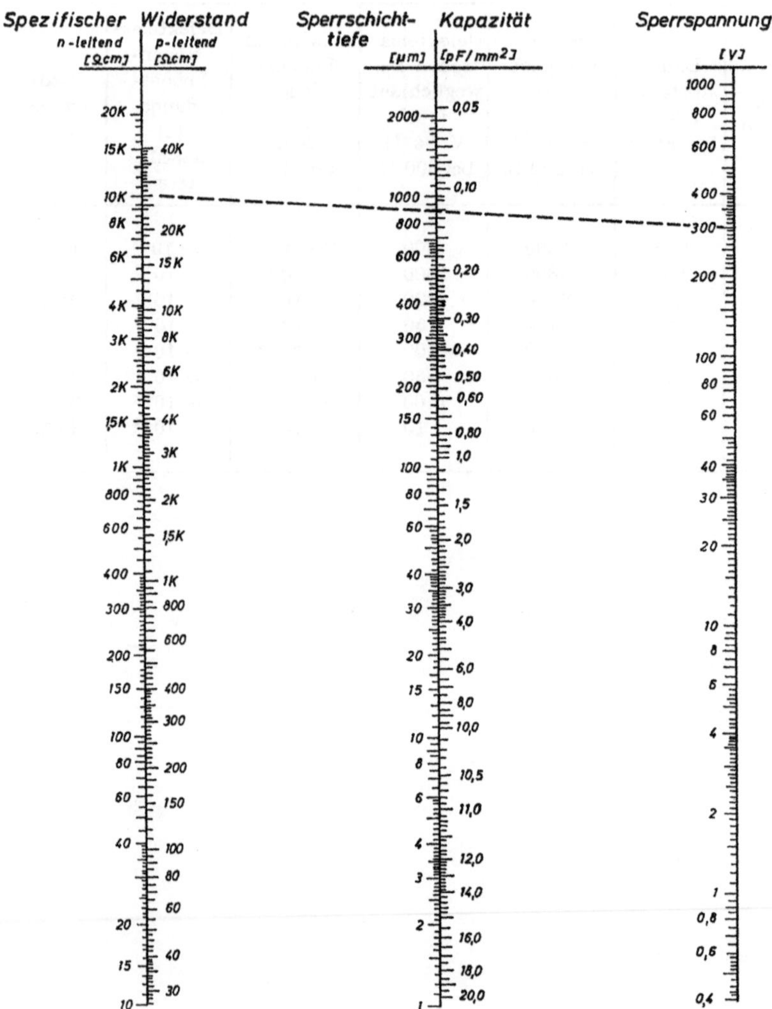

Abb. 7.2.1. Nomogramm zur Bestimmung der Sperrschichttiefe und der Kapazität als Funktion des spezifischen Widerstandes und der Sperrspannung für Siliziumdetektoren mit *n*- und *p*-leitendem Ausgangsmaterial [3.6]

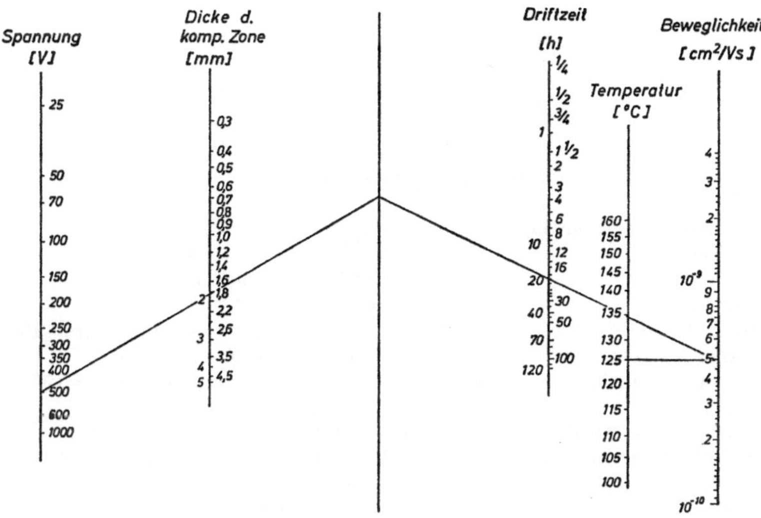

Abb. 7.2.2. Nomogramm zur Bestimmung der Dicke der kompensierten Zone als Funktion der Sperrspannung, der Driftzeit und der Drifttemperatur für Silizium

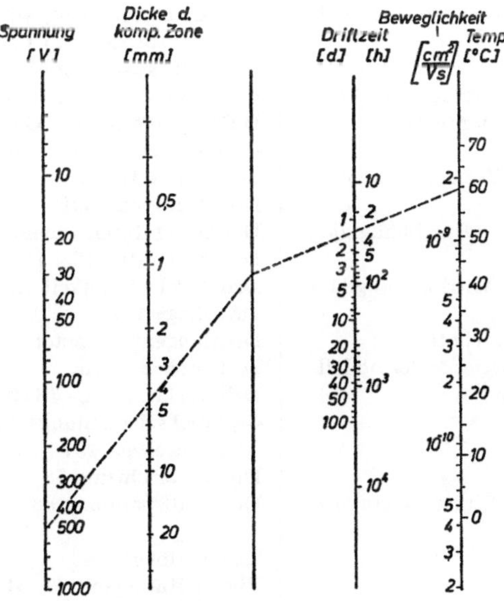

Abb. 7.2.3. Nomogramm zur Bestimmung der Dicke der kompensierten Zone als Funktion der Sperrspannung, der Driftzeit und der Drifttemperatur für Germanium [4.81, 4.82]

Sachverzeichnis